农药安全使用百问百答

石明旺　许光日　主编

化学工业出版社
·北京·

图书在版编目（CIP）数据

农药安全使用百问百答/石明旺，许光日主编．—北京：化学工业出版社，2017.9（2020.1重印）
ISBN 978-7-122-30103-1

Ⅰ．①农…　Ⅱ．①石…②许…　Ⅲ．①农药施用-安全技术-问题解答　Ⅳ．①S48-44

中国版本图书馆 CIP 数据核字（2017）第 156082 号

责任编辑：邵桂林　　文字编辑：李　玥
责任校对：王　静　　装帧设计：关　飞

出版发行：化学工业出版社（北京市东城区青年湖南街 13 号　邮政编码 100011）
印　　刷：三河市延风印装有限公司
装　　订：三河市宇新装订厂
850mm×1168mm　1/32　印张 10¾　字数 332 千字
2020 年 1 月北京第 1 版第 6 次印刷

购书咨询：010-64518888　　售后服务：010-64518899
网　　址：http://www.cip.com.cn
凡购买本书，如有缺损质量问题，本社销售中心负责调换。

定　　价：39.00 元

编写人员名单

主　　编　石明旺　许光日

副 主 编　谢兰芬　文祥朋　张安邦　张兆沛

参编人员　（按姓氏笔画排序）

文祥朋　石明旺　刘润强　许光日

张兆沛　张安邦　晁毛妮　谢兰芬

前 言

在农林生产中，对病、虫、草害的防治是重要内容，特别是对于突发性病虫害的防治，化学农药具有不可替代的作用。

长时期以来人们单纯依靠大量施用农药来防治有害生物，也产生了一系列不容忽视的新问题。一是有害生物的抗药性种群呈指数增长，使一些农药的防治效果大大降低，以致无效。二是化学农药在杀灭有害生物的同时，也大量杀伤非防治对象，特别是对有害生物发生、发展起控制作用的天敌，破坏了生态平衡，导致有害生物的再度猖獗。三是污染大气、水域和土壤等生态环境和农产品，特别是一部分农药潜藏着致癌、致畸、致突变的可能，威胁人们的健康。四是不加节制地滥用化学农药，还影响到养蜂业、养蚕业、渔业的安全和威胁到野生生物资源的存亡。因此，我们必须大力提倡科学用药，既要充分发挥农药的重大作用，又要把其不利作用尽可能地降低到最小限度。为了充分发挥农药控害保产的积极作用，避免或降低农药的负面影响，必须科学安全地使用农药。

本书以问答的形式介绍农药的安全使用知识，包含了杀虫剂、杀螨剂、杀鼠剂、杀菌剂、杀病毒剂、除草剂、生物源农药、杀线虫剂、杀软体动物剂和植物生长调节剂的安全用药知识等，希望能为广大菜农、果农和农技人员正确使用农药起到一定的帮助，也可供农林院校师生、科研工作者参考。

由于水平有限，加之时间较紧，书中定有疏漏之处，恳请广大读者批评指正。

编者

2017 年 9 月

目 录

第一章　农药基础知识　/1

1. 农药的定义或概念是什么？ …… 1
2. 农药品种如何分类？ …… 2
3. 什么是有机合成农药？ …… 6
4. 什么是矿物源农药？ …… 7
5. 我国矿物油农药登记管理的主要事项是什么？ …… 7
6. 什么是生物源农药？ …… 7
7. 什么是微生物源农药？ …… 8
8. 生物农药无毒无害吗？ …… 8
9. 生物农药能够取代化学农药吗？ …… 8
10. 看农药标签主要有哪八项内容？ …… 9
11. 农药毒性如何分级及标志是什么？ …… 9
12. 什么是农药剂型？ …… 10
13. 农药剂型有几种类别？ …… 11
14. 常用的几种农药剂型施用方法有什么差别？ …… 14
15. 为什么农药必须做成剂型，而不能直接喷施原药？ …… 16
16. 粉剂的特点是什么？ …… 16
17. 可湿性粉剂和可溶性粉剂的特点是什么？ …… 17
18. 悬浮剂的特点是什么？ …… 18
19. 微胶囊缓释剂的优点是什么？ …… 18
20. 水剂的特点是什么？ …… 18
21. 乳油的特点是什么？ …… 19
22. 水乳剂的特点是什么？ …… 19
23. 颗粒剂的特点是什么？ …… 20
24. 烟剂的使用误区是什么？ …… 20

25. 农药安全使用的相关法律规定有哪些？ …… 21
26. 我国禁限用的农药有哪些？ …… 21
27. 什么是假农药、劣质农药？如何从外观识别假农药、劣质农药？ …… 21
28. 过期农药能否销售和使用？ …… 23
29. 假除草剂如何鉴别？ …… 23
30. 有哪些因素影响农药在土壤中的残留量？ …… 24
31. 农药标签制作应注意什么？ …… 24
32. 植物病虫害防治中的“3R”问题是什么意思？ …… 25
33. 农药登记有哪些类别，毒性如何标示？ …… 26
34. 农药安全使用的主要原则有哪些？ …… 27
35. 药液浓度有哪几种表示方法？ …… 28
36. 如何科学选择农药？ …… 28
37. 农药混配的原则是什么？ …… 29
38. 农药配制应注意哪些问题？ …… 30
39. 农药各种浓度表示法之间如何换算？ …… 31
40. 农药施用安全操作应注意哪些问题？ …… 32
41. 施用农药如何做好安全防护？ …… 33
42. 如何选择适宜的天气施药？ …… 34
43. 为什么喷药时要均匀喷雾尤其是叶背面喷雾要周到？ …… 34
44. 为什么在下午打药效果更好？ …… 35
45. 为什么有时施用农药后效果不好？ …… 35
46. 什么是农药残留和最高残留限量（MRL）？ …… 36
47. 药害产生的原因是什么？如何预防植物产生药害？ …… 37
48. 内吸性农药与触杀性农药使用技术有哪些区别？ …… 38
49. 如何预防病虫草害产生抗药性？ …… 39
50. 如何鉴别农药是否失效？ …… 40
51. 怎么保存农药防止失效？ …… 40
52. 什么是农药保质期？ …… 41
53. 过了保质期的农药还能使用吗？ …… 42
54. 家中如何保管和储存农药？ …… 42
55. 假冒伪劣农药都有哪些特点？ …… 42
56. 如何避免买到假冒伪劣农药？ …… 43

57. 什么是农药通用名？…………………………………………… 44
58. 为什么农药不再使用商品名？………………………………… 44
59. 农药有效成分含量有几种表示方法？………………………… 44
60. 国家对农药名称有哪些规定？………………………………… 45

第二章 安全用药知识 / 47

61. 农药的毒性越大药效就越好吗？……………………………… 47
62. 什么是《农药合理使用准则》？……………………………… 47
63. 如何减少农药对蔬菜的污染？………………………………… 48
64. 蔬菜发生药害后如何补救？…………………………………… 48
65. 如果出现农药事故，农民如何依法维权？ ………………… 48
66. 哪些药剂适合在有机蔬菜上使用？…………………………… 50
67. 如何科学使用农药？…………………………………………… 50
68. 什么是安全间隔期与半衰期？………………………………… 51
69. 哪些人不宜进行喷施农药工作？……………………………… 52
70. 施药工作结束后，还要做哪些善后工作？………………… 52
71. 农药中毒有哪些症状？………………………………………… 53
72. 如何紧急救助农药中毒人员？………………………………… 54
73. 如何进行农药中毒的现场急救？……………………………… 55
74. 如何预防人畜产生农药中毒？………………………………… 55
75. 急救治疗前后应如何护理农药中毒者？…………………… 56
76. 哪些作物上不宜使用杀螟松？………………………………… 57
77. 辛硫磷在哪些作物上要慎重使用？…………………………… 57
78. 使用杀虫双应注意什么？……………………………………… 57
79. 叶面肥和植物生长调节剂能防治病害吗？………………… 57
80. 温度对农药的毒性有什么影响？如何把握病害防治的最佳时机？……………………………………………………………… 58
81. 如何把握病虫害防治的最佳时机？…………………………… 58
82. 喷药液量对药剂效果有什么影响？…………………………… 59
83. 农药稀释配制时有哪些简易的方法？………………………… 59
84. 如何提高施药质量？…………………………………………… 60
85. 什么是病原真菌的抗药性？…………………………………… 60

86. 为什么大多数农药都要求交替使用? …… 61
87. 为什么在蔬菜上不能使用高毒农药? …… 61
88. 防治蔬菜病虫害主要有哪些施药方法? …… 61
89. 哪些药剂种类容易产生抗性? …… 63
90. 哪些杀菌剂种类不容易产生抗性? …… 63
91. 如何进行害虫抗药性治理? …… 63
92. 喷药间隔期是如何确定的? …… 64
93. 保护性药剂和治疗性药剂哪种更好? 如何使用? …… 64
94. 烟熏剂有哪些优缺点? …… 65
95. 哪些病虫害适合用烟熏剂防治? …… 65
96. 新杀菌剂嘧菌酯能防治哪些病害? …… 65
97. 嘧菌酯有增产作用吗? 如何使用? …… 66
98. 防治蔬菜霜霉病用什么药剂? …… 66
99. 防治蔬菜白粉病用什么药剂? …… 66
100. 防治蔬菜灰霉病用什么药剂? …… 68
101. 防治蔬菜叶斑类病害用什么药剂? …… 69
102. 防治蔬菜根部病害用什么药剂? …… 69
103. 防治蔬菜细菌性病害用什么药剂? …… 69
104. 防治蔬菜病毒性病害用什么药剂? …… 70
105. 如何防治各种蔬菜的灰霉病? …… 70
106. 玉米田化学除草有哪些常见混剂? …… 71
107. 如何选择稻田除草剂? …… 72
108. 稻田化学除草有哪些混剂组合? …… 72
109. 大豆田化学除草的注意事项有哪些? …… 76
110. 如何选择麦田除草剂? …… 76
111. 麦田化学除草有哪些混剂组合? …… 78
112. 棉田常用除草剂有哪些? …… 78

第三章　杀虫剂、杀螨剂安全用药知识 /79

113. 什么是杀虫剂? …… 79
114. 杀虫剂有哪些常见的作用方式? …… 79
115. 什么是杀螨剂? …… 79

116. 什么是杀线虫剂？ …… 80
117. 什么是有机氯类杀虫剂？ …… 80
118. 使用有机磷类杀虫剂有哪些注意事项？ …… 80
119. 使用氨基甲酸酯类杀虫剂有哪些注意事项？ …… 80
120. 使用拟除虫菊酯类杀虫剂有哪些注意事项？ …… 81
121. 使用新烟碱类杀虫剂有哪些注意事项？ …… 82
122. 苏云金杆菌能产生对昆虫有致病力的毒素有哪些种类？ …… 82
123. 多杀菌素属于哪种类型的农药？ …… 82
124. 药剂防治鳞翅目害虫应注意哪些问题？ …… 83
125. 药剂防治刺吸式口器害虫应注意哪些问题？ …… 83
126. 使用昆虫生长调节剂应注意哪些问题？ …… 84
127. 在转 Bt 棉田用药需注意什么？ …… 84
128. 药剂防治果树病虫害有哪几个关键时期？ …… 84
129. 如何避免害虫产生抗药性？ …… 85
130. 药剂防治茶园病虫害有哪些注意事项？ …… 85
131. 药剂防治韭菜害虫有哪些注意事项？ …… 86
132. 毒死蜱可防治哪些地上害虫？ …… 86
133. 如何使用毒死蜱防治地下害虫？ …… 88
134. 三唑磷可防治哪些害虫？ …… 88
135. 为什么辛硫磷在茎叶上持效期短？利用此特性防治哪些作物害虫最好？ …… 89
136. 辛硫磷施于土壤中为什么持效期很长，可防治哪些作物害虫？ …… 90
137. 丙溴磷可防治哪些害虫？ …… 90
138. 喹硫磷可防治哪些害虫？ …… 91
139. 杀扑磷可防治哪些害虫？ …… 91
140. 如何用好甲胺磷？ …… 92
141. 氯胺磷防治稻虫如何使用？ …… 93
142. 硝虫硫磷防治蚧壳虫如何使用？ …… 94
143. 异丙威防治稻虫怎么使用？ …… 94
144. 仲丁威有什么特性？可防治哪些害虫？ …… 94
145. 猛杀威是什么样的杀虫剂？ …… 94
146. 苯氧威可防治哪些害虫？ …… 95

147. 克百威有哪些特性？使用时应注意些什么？有哪几种施药方法？ …… 96
148. 克百威与丁硫克百威有什么不同？可防治哪些害虫？ …… 96
149. 硫双威有什么特点？可防治哪些害虫？ …… 97
150. 氟氯氰菊酯可防治哪些害虫？ …… 98
151. 高效氟氯氰菊酯可防治哪些害虫？ …… 99
152. 甲氰菊酯有何特点？可防治哪些害虫？ …… 100
153. 联苯菊酯有何特点？ …… 100
154. 醚菊酯有什么特点？可防治哪些害虫？ …… 101
155. 吡虫啉可防治哪些害虫？如何使用？ …… 102
156. 啶虫脒有什么特点？主要防治哪些害虫？ …… 103
157. 啶虫脒有什么作用？啶虫脒的使用方法有哪些？ …… 103
158. 噻虫嗪有什么特点？可防治哪些害虫？ …… 104
159. 噻虫胺主要防治哪类害虫？ …… 104
160. 烯啶虫胺主要防治哪类害虫？ …… 105
161. 氯噻啉可防治哪些害虫？ …… 105
162. 杀虫单可防治哪些害虫？ …… 106
163. 杀螟丹可防治哪些害虫？ …… 107
164. 氟铃脲有什么杀虫特点？可防治哪些害虫？ …… 107
165. 氟啶脲有什么杀虫特点？可防治哪些害虫？ …… 108
166. 氟虫脲有什么杀虫特点？可防治哪些害虫？ …… 108
167. 杀铃脲可防治哪些害虫？ …… 109
168. 虱螨脲可防治哪些害虫？ …… 109
169. 抑食肼是什么样的杀虫剂？可防治哪些害虫？ …… 110
170. 虫酰肼的特点和主要用途是什么？ …… 110
171. 甲氧虫酰肼与虫酰肼有何异同？ …… 111
172. 呋喃虫酰肼可以防治哪些害虫？ …… 111
173. 什么是保幼激素和保幼激素类杀虫剂？其应用现状如何？ …… 111
174. 烯虫酯是什么样的杀虫剂？ …… 112
175. 乙虫腈是什么样的杀虫剂？ …… 112
176. 吡蚜酮可防治哪些害虫？ …… 112

177. 氯虫苯甲酰胺为何种类型杀虫剂? …… 113
178. 氟啶虫酰胺是什么样的杀虫剂? …… 113
179. 硫肟醚是什么样的杀虫剂? …… 114
180. 丁醚脲是什么样的农药? …… 114
181. 氰氟虫腙是什么样的杀虫剂? …… 114
182. 螺虫乙酯是什么样的杀虫剂? …… 115
183. 鱼藤酮为什么最宜用于防治蔬菜害虫? …… 116
184. 除虫菊素还在用于防治农业害虫吗? …… 116
185. 印楝素防治蔬菜害虫如何使用? …… 117
186. 苦参的农药应用研究情况如何? …… 117
187. 含苦参碱的混剂有哪些? 如何使用? …… 118
188. 阿维菌素有什么杀虫特点? …… 119
189. 甲氨基阿维菌素苯甲酸盐与阿维菌素有什么关系? …… 120
190. 依维菌素与阿维菌素有什么关系? …… 120
191. 多杀菌素可防治哪些害虫? …… 120
192. 如何用乙基多杀菌素防治小菜蛾? …… 121
193. 如何使用青虫菌防治害虫? …… 121
194. 如何使用杀螟杆菌防治害虫? …… 121
195. 怎样用乙螨唑防治柑橘红蜘蛛? …… 121
196. 氟螨嗪是什么样的杀螨剂? …… 122
197. 二甲基二硫醚能防治哪些害虫? …… 123
198. 如何防治柑橘全爪螨? …… 123
199. 浏阳霉素是什么样的杀螨剂? 怎样使用? …… 123
200. 华光霉素有什么特点? 可防治哪些害螨? …… 124
201. 螺螨酯属哪类杀螨剂? …… 124
202. 四螨嗪可防治哪些害螨? …… 125
203. 噻螨酮有哪些杀螨特性? 如何使用? …… 125
204. 哒螨灵有哪些杀螨特性? 如何使用? …… 126
205. 唑螨酯可防治哪些害螨? …… 127
206. 喹螨醚可防治哪些害螨? …… 128
207. 吡螨胺是什么样的杀螨剂? …… 128
208. 嘧螨酯是什么样的杀螨剂? …… 129

209. 炔螨特有什么特性？可防治哪些害螨？…………………… 129
210. 双甲脒有哪些特性？可防治哪些害螨？…………………… 130
211. 单甲脒可防治哪些害螨？…………………………………… 131
212. 联苯肼酯是什么样的杀螨剂？……………………………… 131
213. 溴螨酯可防治哪些害螨？…………………………………… 132

第四章 杀鼠剂安全用药知识 /133

214. 什么是杀鼠剂？……………………………………………… 133
215. 杀鼠剂有哪些类型？………………………………………… 133
216. 禁止使用和不宜使用的杀鼠剂有哪些？…………………… 133
217. 灭鼠毒饵应具有什么特点？………………………………… 134
218. 杀鼠灵灭家鼠如何使用？…………………………………… 134
219. 杀鼠醚能杀灭抗性鼠吗？如何使用效果好？……………… 135
220. 溴敌隆有什么特点？可防治哪些害鼠？…………………… 135
221. 溴鼠灵是什么样的杀鼠剂？………………………………… 136
222. 氟鼠灵在我国应用情况如何？……………………………… 136
223. 沙门氏菌是什么样的杀鼠剂？……………………………… 137

第五章 杀菌剂安全用药知识 /138

224. 什么是杀菌剂？……………………………………………… 138
225. 什么是杀菌作用和抑菌作用？……………………………… 138
226. 什么是杀菌剂的保护作用？………………………………… 138
227. 什么是杀菌剂的治疗作用和铲除作用？…………………… 139
228. 杀菌剂有哪些类型？………………………………………… 139
229. 如何选择杀菌剂？…………………………………………… 139
230. 使用杀菌剂应注意什么问题？……………………………… 140
231. 杀菌剂的使用方法有哪些？………………………………… 142
232. 农用抗生素杀菌剂有哪些品种？…………………………… 142
233. 使用种衣剂时应注意哪些安全问题？……………………… 143
234. 如何正确使用保护性杀菌剂？……………………………… 144

235. 使用治疗性杀菌剂需要注意些什么？ …… 144
236. 波尔多液可防治哪些病害？ …… 145
237. 硫酸铜钙可防治哪些病害？ …… 145
238. 王铜应如何使用？ …… 146
239. 氢氧化铜可防治哪些病害？ …… 146
240. 氧化亚铜有什么特点？如何使用？ …… 147
241. 络氨铜如何使用？ …… 148
242. 松脂酸铜可防治哪些病害？ …… 148
243. 琥胶肥酸铜可防治哪些病害？ …… 150
244. 喹啉铜的主要优势是什么？如何使用？ …… 151
245. 噻菌铜可防治什么病害？ …… 151
246. 噻森铜可防治哪些细菌性病害？ …… 152
247. 硝基腐植酸铜防治蔬菜病害，如何使用？ …… 153
248. 硫黄有哪些新剂型？如何使用？ …… 153
249. 石硫合剂有几种新剂型和产品？如何使用？ …… 154
250. 多硫化钡是什么样的农药？ …… 154
251. 代森锌能防治哪些病害？ …… 155
252. 代森锰锌主要用于防治哪类病害？ …… 156
253. 代森铵有什么杀菌特性？可防治哪些病害？ …… 156
254. 丙森锌能防治哪些病害？ …… 157
255. 福美双有哪些主要用途？ …… 158
256. 福美胂防治苹果腐烂病，应如何使用？ …… 158
257. 福美胂防治果树枝干轮纹病和干腐病，应如何使用？ …… 159
258. 乙蒜素可防治哪些病害？ …… 159
259. 三唑类杀菌剂有哪些特点？ …… 160
260. 三唑酮有哪些制剂？ …… 160
261. 苯醚甲环唑是什么样的杀菌剂？ …… 161
262. 戊唑醇主要防治哪些病害？ …… 162
263. 己唑醇可防治哪些病害？ …… 163
264. 用三唑醇拌种可防治哪些病害？ …… 164
265. 烯唑醇可防治哪些病害？ …… 164
266. 高效烯唑醇是什么样的杀菌剂？ …… 166
267. 粉唑醇可防治麦类作物哪些病害？ …… 166

268. 腈菌唑可防治哪些病害? …… 167
269. 丙环唑可防治哪些病害? …… 167
270. 氟硅唑可防治哪些病害? …… 168
271. 氟环唑可防治哪些病害? …… 169
272. 四氟醚唑可防治哪些病害? …… 169
273. 亚胺唑防治果树病害，如何使用? …… 169
274. 腈苯唑可防治哪些病害? …… 170
275. 戊菌唑防治葡萄白腐病，如何使用? …… 170
276. 嘧菌酯有什么特点? …… 170
277. 吡唑醚菌酯可防治哪些病害? …… 171
278. 苯醚菌酯是什么样的杀菌剂? …… 172
279. 氰烯菌酯是什么样的杀菌剂? …… 172
280. 烯肟菌酯是什么样的杀菌剂? …… 173
281. 烯肟菌胺是什么样的杀菌剂? …… 173
282. 多菌灵有哪些剂型? 如何使用? …… 174
283. 苯菌灵如何使用? …… 174
284. 丙硫多菌灵是什么样的杀菌剂? 能防治哪些病害? …… 175
285. 如何使用噻菌灵防治果品腐烂和保鲜? …… 176
286. 甲基硫菌灵有什么特性? …… 177
287. 咪鲜胺是什么样的杀菌剂? 可防治哪些病害? …… 177
288. 咪鲜胺锰盐与咪鲜胺有什么关系? 可防治哪些病害? …… 179
289. 抑霉唑可防治哪些病害? …… 179
290. 氟菌唑可防治哪些病害? …… 180
291. 氰霜唑是什么样的杀菌剂? …… 181
292. 甲霜灵有哪些特点? …… 181
293. 噁霜灵是什么样的杀菌剂? 如何应用? …… 182
294. 氟酰胺防治水稻纹枯病，如何使用? …… 183
295. 水杨菌胺防治西瓜枯萎病，如何使用? …… 183
296. 噻呋酰胺是什么样的新杀菌剂? …… 183
297. 稻瘟酰胺有什么特点? 如何使用? …… 184
298. 硅噻菌胺防治小麦全蚀病，如何使用? …… 184
299. 啶酰菌胺防治黄瓜灰霉病，如何使用? …… 184
300. 双炔酰菌胺可防治哪些病害? …… 185

301. 霜霉威适用于防治哪类病害? …… 185
302. 霜霉威盐酸盐与霜霉威有何不同? 如何使用? …… 186
303. 霜霉威・乙磷酸盐如何使用? …… 187
304. 乙霉威有什么杀菌特性? 如何合理使用? …… 187
305. 缬霉威该如何使用? …… 188
306. 腐霉利有什么杀菌特性, 防治哪类病害? …… 188
307. 腐霉利可防治哪些果树病害? …… 188
308. 腐霉利防治蔬菜病害, 如何使用? …… 189
309. 腐霉利还可用于哪些作物? …… 190
310. 乙烯菌核利主要防治哪类病害? …… 190
311. 菌核净可防治哪些病害? …… 191
312. 异菌脲在果树上如何使用? …… 192
313. 异菌脲在蔬菜上如何使用? …… 193
314. 异菌脲还用于防治哪些作物病害? …… 194
315. 克菌丹是什么样的杀菌剂? 有何用途? …… 194
316. 百菌清有多少种制剂? 如何使用? …… 195
317. 百菌清烟剂在温室、大棚中, 如何使用? …… 200
318. 百菌清粉剂如何在温室、大棚中使用? …… 200
319. 用五氯硝基苯处理种子和土壤, 可防治哪些病害? …… 201
320. 敌磺钠是什么样的杀菌剂? 如何使用? …… 203
321. 十三吗啉可防治哪些病害? …… 205
322. 烯酰吗啉应如何合理使用? …… 206
323. 氟吗啉是什么样的杀菌剂? …… 206
324. 三乙膦酸铝可防治哪些病害? …… 207
325. 甲基立枯磷能防治哪些病害? …… 209
326. 嘧霉胺是什么样的杀菌剂? …… 211
327. 嘧菌环胺对何类病害有特效? …… 211
328. 乙嘧酚防治黄瓜白粉病, 如何使用? …… 212
329. 氟啶胺有何特性? 可防治哪些病害? …… 212
330. 咯菌腈应如何使用? …… 212
331. 噁霉灵防治立枯病, 如何使用? …… 213
332. 啶菌唑防治灰霉病, 如何使用? …… 214
333. 噻霉酮防治黄瓜霜霉病, 如何使用? …… 215

334. 烯丙苯噻唑防治稻瘟病，如何使用？………………………… 215
335. 叶枯唑能防治哪些细菌性病害？…………………………………… 215
336. 噻唑锌防治水稻细菌性条斑病，如何使用？…………………… 216
337. 三环唑防治稻瘟病，如何使用？ …………………………………… 216
338. 三环唑浸秧防治稻叶瘟效果为什么好？………………………… 216
339. 霜脲氰应如何使用？………………………………………………… 217
340. 如何用二硫氰基甲烷进行种子消毒？…………………………… 218
341. 菌毒清可防治哪些病害？…………………………………………… 218
342. 稻瘟灵除防治稻瘟病，还能防治哪些病害？…………………… 218
343. 二氯异氰尿酸钠在蔬菜上如何使用？…………………………… 219
344. 三氯异氰尿酸能防治哪些病害？………………………………… 219
345. 如何使用过氧乙酸防治黄瓜灰霉病？…………………………… 220
346. 丙烷脒防治蔬菜灰霉病，如何使用？…………………………… 220

第六章　杀病毒剂安全用药知识　/221

347. 盐酸吗啉胍也可用于防治植物病毒病吗？……………………… 221
348. 哪些植物生长调节剂对植物病毒病也有防效？………………… 221
349. 植物病毒疫苗有什么特点？如何使用？………………………… 222
350. 如何用吗啉胍·乙铜防治病毒病？………………………………… 222
351. 如何用盐酸吗啉胍·铜防治蔬菜的病毒病？…………………… 223
352. 如何用琥铜·吗啉胍或菌毒·吗啉胍防治番茄病毒病？……… 223
353. 如何用腐植·吗啉胍防治番茄病毒病？………………………… 224
354. 羟烯·吗啉胍防治番茄和烟草病毒病，如何使用？…………… 224
355. 如何用丙多·吗啉胍防治烟草病毒病？………………………… 224
356. 如何用毒氟膦防治烟草病毒病？………………………………… 224
357. 氨基寡糖素是什么样的防病毒剂？……………………………… 224
358. 菌毒清及其混剂可防治哪些病毒病？…………………………… 225
359. 如何用辛菌·吗啉胍或辛菌·三十烷醇防治番茄病毒病？…… 225
360. 如何用腐植·硫酸铜防治辣椒病毒病？………………………… 225
361. 如何用烯·羟·硫酸铜或苦·钙·硫黄防治辣椒病毒病？…… 225
362. 宁南霉素可防治哪类病毒病？…………………………………… 226
363. 混合脂肪酸水剂是如何防治病毒病的？………………………… 226

364. 如何用混脂・硫酸铜防治病毒病？ …………………………… 226
365. 香菇多糖是如何防治病毒病的？ …………………………… 227
366. 烷醇・硫酸铜有几种？如何使用？ …………………………… 227
367. 三氮唑核苷及其混剂为什么要淘汰？ ………………………… 228
368. 弱毒疫苗有什么特点？有哪些使用方法？ ……………………… 228

第七章　除草剂安全用药知识 /229

369. 什么是除草剂？ ……………………………………………… 229
370. 按对不同类型杂草的活性，除草剂可分为几类？ ……………… 229
371. 按剂型除草剂可分为几类？ ………………………………… 229
372. 除草剂的杀草原理是什么？ ………………………………… 229
373. 为什么除草剂能杀死杂草而不会杀死蔬菜？ ………………… 230
374. 土壤处理除草剂是如何被杂草吸收的？ …………………… 230
375. 茎叶处理除草剂是如何被杂草吸收的？ …………………… 230
376. 除草剂在植物体内是如何运输与传导的？ ………………… 230
377. 加工剂型对除草剂吸收有什么影响？ ……………………… 231
378. 如何提高除草剂的除草效果？ ……………………………… 232
379. 在菜田如何安全地使用除草剂？ …………………………… 233
380. 如何安全经济合理使用除草剂？ …………………………… 234
381. 什么是除草剂的生物化学选择性？ ………………………… 234
382. 什么是除草剂的生理选择性？ ……………………………… 235
383. 什么是除草剂的形态选择性？ ……………………………… 235
384. 什么是除草剂的人为选择性？ ……………………………… 235
385. 什么是灭生性除草剂和选择性除草剂？ …………………… 236
386. 什么是内吸性除草剂和触杀性除草剂？ …………………… 236
387. 什么是茎叶处理和土壤处理除草剂？ ……………………… 237
388. 什么是播前处理剂、播后苗前处理剂和苗后处理剂？ ……… 237
389. 哪些因素影响除草剂药效？ ………………………………… 237
390. 如何区分除草剂的选择性？ ………………………………… 239
391. 在作物田使用非选择性除草剂时，应注意什么？ …………… 239
392. 除草剂的使用效果与温度有关系吗？ ……………………… 240
393. 除草剂的使用效果与湿度有关系吗？ ……………………… 240

394. 除草剂的使用效果与风有关系吗？ …… 241
395. 除草剂的使用效果与降雨有关系吗？ …… 241
396. 除草剂的使用效果与光照有关系吗？ …… 241
397. 除草剂的使用效果与土壤酸碱性有关系吗？ …… 241
398. 除草剂的使用效果与土壤质地和土壤有机质含量有关系吗？ …… 241
399. 除草剂的使用效果与水质有关系吗？ …… 242
400. 除草剂的使用效果与土壤微生物有关系吗？ …… 242
401. 什么是杂草对除草剂的抗药性？ …… 242
402. 为什么使用土壤封闭除草剂要精细整地？ …… 242
403. 天气干旱时封闭除草剂还能施用吗？ …… 242
404. 天气干旱会影响苗后除草剂的施用效果吗？ …… 243
405. 除草剂对作物产生药害的原因有哪些？ …… 243
406. 如何避免除草剂引起的药害？ …… 243
407. 如何选择麦田除草剂？ …… 244
408. 麦田化学除草有哪些混剂组合？ …… 244
409. 麦田化学除草的注意事项有哪些？ …… 245
410. 如何正确使用麦田除草剂？ …… 245
411. 如何使用药剂对玉米除草？ …… 247
412. 玉米田化学除草的注意事项有哪些？ …… 248
413. 玉米田化学除草有哪些常见混剂？ …… 249
414. 如何正确使用稻田除草剂？ …… 249
415. 稻田除草剂的使用注意事项有哪些？ …… 251
416. 苄嘧·环庚醚在水稻本田如何使用？ …… 251
417. 扑草净在水稻本田如何使用？ …… 251

第八章 生物源农药安全用药知识 /253

418. 什么是生物源农药？ …… 253
419. 什么是植物源农药？ …… 253
420. 植物源农药的主要优点有哪些？ …… 254
421. 植物源农药有哪些作用机理？ …… 254
422. 我国登记的植物源农药主要产品有哪些？其性能如何？ …… 255

423. 戊菌唑防治葡萄白腐病，如何使用？…… 257
424. 什么是农用链霉素？可防治哪些病害？…… 257
425. 土霉素主要防治哪类病害？…… 259
426. 井冈霉素除防治纹枯病，还可防治哪些病害？…… 259
427. 井冈霉素混剂防治水稻病害，如何使用？…… 261
428. 春雷霉素除防治稻瘟病外，还能防治哪些病害？…… 262
429. 含春雷霉素的3种混剂防治稻瘟病，如何使用？…… 262
430. 多抗霉素可防治哪些病害？…… 263
431. 多抗霉素B如何使用？…… 263
432. 嘧啶核苷类抗生素能防治哪些病害？…… 264
433. 武夷菌素能防治哪些病害？…… 265
434. 中生菌素可防治哪些病害？…… 266
435. 宁南霉素主要防治哪类病害？…… 266
436. 枯草芽孢杆菌如何使用？…… 267
437. 地衣芽孢杆菌可防治哪些病害？…… 267
438. 荧光假单胞杆菌如何使用？…… 268
439. 放射形土壤杆菌防治植物根癌病，怎样使用？…… 268
440. 丁香酚防治番茄灰霉病，怎样使用？…… 269
441. 丙烯酸·香芹酚是什么样的杀菌剂？…… 269
442. 儿茶素是什么样的杀菌剂？…… 271
443. 小檗碱可防治哪些蔬菜病害？…… 271
444. 氨基寡糖素可防治哪些病害？…… 272
445. 聚半乳糖醛酸酶是什么样的杀菌剂？…… 273
446. 怎样用几丁聚糖防治蔬菜病害？…… 273
447. 蛇床子素也可当杀菌剂应用吗？…… 273
448. 大黄素甲醚防治黄瓜白粉病，怎样使用？…… 274
449. 邻烯丙基苯酚如何使用？…… 274
450. 春雷霉素如何使用？…… 275
451. 春雷·王铜可防治哪些病害？…… 275
452. 怎样用春雷·多菌灵防治辣椒炭疽病？…… 276
453. 多抗霉素可防治哪些病害？…… 276
454. 多抗霉素B怎样使用？…… 277

第九章　杀线虫剂、杀软体动物剂安全用药知识　/ 278

455. 土壤对杀线虫剂药效影响有多大? …… 278
456. 杀线虫剂施药方式有几种? …… 278
457. 苯线磷能防治哪些作物的线虫? …… 279
458. 灭线磷可防治哪些作物的线虫? …… 280
459. 硫线磷可防治哪些作物的线虫? …… 281
460. 噻唑磷防治根结线虫，如何使用? …… 282
461. 氯唑磷防治线虫，如何使用? …… 282
462. 威百亩防治根结线虫，如何使用? …… 282
463. 阿维菌素也能防治线虫吗? …… 283
464. 克百威防治线虫，如何使用? …… 283
465. 淡紫拟青霉如何使用? …… 284
466. 螺威是什么样的杀螺剂? …… 284
467. 杀螺胺有何特点? 如何使用? …… 285
468. 四聚乙醛有何特点? 如何使用? …… 285
469. 40%四聚乙醛悬浮剂如何应用? …… 286
470. 聚醛·甲萘威防治蜗牛，如何使用? …… 287
471. 浸螺杀是什么样的杀螺剂? 如何使用? …… 288

第十章　植物生长调节剂安全用药知识　/ 289

472. 什么是植物激素? …… 289
473. 什么是植物生长调节剂? …… 289
474. 生长素类调节剂主要有哪些作用? …… 289
475. 生长抑制剂主要有哪些作用? …… 290
476. 吲哚乙酸和吲哚丁酸应如何使用? …… 290
477. 萘乙酸的特点和使用方法是什么? …… 290
478. 赤霉酸在水稻上如何使用? …… 292
479. 赤霉酸在果树上如何使用? …… 293
480. 赤霉酸在蔬菜上如何使用? …… 295

481. 在花卉上为什么不常用赤霉素? …… 296
482. 赤霉酸在花卉上如何使用? …… 296
483. 赤霉酸在棉、麻上如何使用? …… 298
484. 乙烯主要生理功能有哪些? …… 299
485. 乙烯释放剂有哪些? …… 299
486. 细胞分裂素的主要生理功能有哪些? …… 299
487. 苄氨基嘌呤有哪些主要功能? …… 299
488. 羟烯腺嘌呤适用于哪些作物? …… 299
489. 氯吡脲是什么样的植物生长调节剂? …… 300
490. 硫脲也可作植物生长调节剂用吗? …… 300
491. 芸薹素内酯有何特点? 可用于哪些作物上? …… 301
492. 丙酰芸薹素内酯如何使用? …… 301
493. 三十烷醇可在哪些作物上应用? …… 301
494. 胺鲜酯（DA-6）如何使用? …… 303
495. 核苷酸是什么样的植物生长调节剂，如何使用? …… 303
496. 复硝酚钠可在哪些作物上应用? …… 304
497. 复硝酚钾如何使用? …… 305
498. 甲哌可用于哪些作物? …… 305
499. 多效唑的主要功能是什么? …… 306
500. 多效唑能用在哪些果树上? …… 306
501. 多效唑在油菜、大豆、花生上如何使用? …… 306
502. 多效唑在粮食作物上如何使用? …… 307
503. 多效唑在花卉上如何使用? …… 308
504. 吲丁·萘乙酸的主要功能是什么? 如何使用? …… 309
505. 硝钠·萘乙酸适用于哪些作物? …… 310
506. 氯胆·萘乙酸在甘薯上如何使用? …… 310
507. 萘乙·乙烯利在荔枝上如何使用? …… 311
508. 控杀荔枝冬梢的混合植物生长调节剂如何使用? …… 311
509. 胺鲜·乙烯利在玉米上如何使用? …… 311
510. 苄氨·赤霉酸在果树上如何使用? …… 312
511. 赤霉·氯吡脲在葡萄上如何使用? …… 312
512. 芸薹·赤霉酸在果树上如何使用? …… 312

513. 芸・吲・赤霉酸如何使用? …………………………………………… 312
514. 矮壮・甲哌鎓在棉花、番茄上如何使用? ……………………………… 312
515. 胺鲜・甲哌在大豆上如何使用? ………………………………………… 313
516. 多效・甲哌在小麦等作物上如何使用? ………………………………… 313
517. 烯腺・羟烯腺可调节哪些作物生长? …………………………………… 313

参考文献 /315

第一章

农药基础知识

1. 农药的定义或概念是什么？

在我们的生产和生活中，常常会用到或接触到农药，那么哪些才是农药呢？它是怎样定义的呢？农药的含义和范围，古代和近代有所不同，不同国家亦有所差异。古代主要是指天然的植物性、动物性、矿物性物质；近代主要是指人工合成的化工产品和生物制品。美国将农药与化学肥料一起合称为“农业化学品”；德国称为“植物保护剂”；法国称为“植物消毒剂”；日本称为“农乐”，其范围包括天敌生物。中国所用“农药”一词也源于日本。我国把农药定义为用于防治危害农林作物及其产品的害虫、病菌、杂草、螨类、线虫、鼠类等和调节植物生长的药剂，它还包括用以提高药效的辅助剂、增效剂等。

因此农药的概念或定义为：主要是指用于预防、消灭或者控制农业、林业的病、虫、草和其他有害生物以及有目的地调节植物、昆虫生长的化学品。这里所说的化学品可以是人工合成的，也可以是天然的动植物及微生物的代谢产物，但不论是人工合成的化合物还是天然产物，作为农药都应具备两种基本属性：具有确定的分子结构，在一定剂量范围内对有害生物有显著的生物活性。因此诸如寄生蜂、捕食螨、致病细菌、病毒等所谓“生物农药”不属于本书所述的农药范畴。需要指出的是，对于农药的含义和范围，不同的时代、不同的国家和地区都有差别。如美国，早期曾将农药称为有经济价值的毒剂，后又称为农用化学品，甚至称为农业生物调控剂，欧洲亦称为农药，当前在国际文献中已通用“pesticide”一词。

农药广泛用于农林牧业生产的产前、产中至产后的全过程，同时也用于环境和家庭卫生除害防疫上以及工业品的防蛀、防霉。农药用于有害生物的防除称为化学保护或化学防治，用于植物生长发育的调节称为化学调控。

2. 农药品种如何分类?

农药种类繁多，特别是化学农药，随着生产实际的需要、农药工业的迅速发展，农药新品种不断增加。为广泛地认识了解农药，以便能科学、正确、合理地使用农药，就必须对种类繁多的农药进行分类。根据人们的使用目的及农药的各种特性，可从多条途径对农药进行分类。

（1）按原料的来源及成分分类

① 无机农药。主要由天然矿物质原料加工、配制而成的农药，故又称为矿物性农药。这种农药的有效成分都是无机化学物质。

常见的有石灰（CaO）、硫黄（S）、砷酸钙［$Ca_3(AsO_4)_2$］、磷化铝（AlP_3）、硫酸铜（$CuSO_4$）。

② 有机农药。有机农药可分为天然有机农药和人工合成有机农药。

a. 天然有机农药。指存在于自然界中可用作农药的有机物质。

（a）植物性农药。即烟草、除虫菊、鱼藤、印楝、川楝及沙地柏等植物中含有的植物次生代谢产物，如生物碱（尼古丁）、糖苷类（巴豆糖苷）、有毒蛋白质、有机酸酯类、酮类、萜类及挥发性植物精油等。

（b）矿物油农药。主要指由矿物油类加入乳化剂或肥皂加热调制而成的杀虫剂，如石油乳剂、柴油乳剂等。其作用主要是物理性阻塞害虫气门，影响呼吸。

（c）微生物农药。主要指用微生物或其代谢产物所制得的农药，如苏云金杆菌、白僵菌、农用抗生素、阿维菌素等。

b. 人工合成有机农药。即用化学手段工业化合成生产的可作为农药使用的有机化合物，如对硫磷、乐果、稻瘟净、溴氰菊酯、草甘膦等。

（2）按用途分类　按农药主要的防治对象分类，是一种最基本的分类方法。

① 杀虫剂。对有害昆虫机体有毒或通过其他途径可控制其种群形成或减轻、消除为害的药剂。

② 杀螨剂。可以防除植食性有害螨类的药剂，如双甲脒、克螨特、三氯杀螨醇（砜）、石硫合剂、杀螨素等。

③ 杀菌剂。对病原菌能起毒害、杀死、抑制或中和其有毒代谢物作用，因而可使植物及其产品免受病菌为害或可消除病症、病状的药剂，如粉锈宁（三唑酮）、多菌灵、代森锰锌、灭菌丹、井冈霉素等。

④ 杀线虫剂。用于防治农作物线虫病害的药剂，如滴滴混剂、益舒宝、克线丹、克线磷等。另有些药剂具有杀虫、防病等多种生物活性，如硫代异硫氰酸甲酯类药剂——棉隆，既杀线虫，也能杀虫、杀菌和除草；溴甲烷、氯化苦（三氯硝基甲烷）对地下害虫、病原菌、线虫均有毒杀作用。

⑤ 除草剂。可以用来防除杂草的药剂，或用以消灭或控制杂草生长的农药，也称除莠剂，如 2,4-D、敌稗、氟乐灵等。

⑥ 杀鼠剂。用于毒杀危害农、林、牧业生产和家庭、仓库等场合的各种有害鼠类的药剂，如磷化锌、立克命、灭鼠优等。

⑦ 植物生长调节剂。人工合成的具有天然植物激素活性的物质。可以调节农作物生长发育，控制作物生长速度、植株高矮、成熟早晚、开花、结果数量及促进作物呼吸代谢而增加产量的化学药剂。常见的有 2,4-D、矮壮素、乙烯利、抑芽丹、三十烷醇等。

（3）按作用方式分类　这种分类方法常指对防治对象起作用的方式，但有时也和保护对象有关，如内吸剂就是对在植物体内的传导运输方式而言的。常用的分类途径如下。

① 杀虫剂

a. 胃毒剂。只有被昆虫取食后经肠道吸收到达靶标，才可起到毒杀作用的药剂，如敌百虫等。胃毒剂适用于防治咀嚼式口器的害虫，如黏虫、蝗虫、蝼蛄等，也适用于防治虹吸式和舐吸式等口器害虫。

b. 触杀剂。药剂通过接触害虫的体壁渗入虫体，使害虫中毒死亡，如 1605、辛硫磷等。目前使用的杀虫剂大多数属于此类，对各类口器的害虫都适用，但对体被蜡质等保护物的害虫（如蚧、粉虱等）效果不佳。

c. 熏蒸剂。在常温常压下能气化为毒气或分解生成毒气，并通过害虫的呼吸系统进入虫体，使害虫中毒死亡，如溴甲烷、敌敌畏、磷化铝、氢氰酸等。使用时应在密闭条件下，如氯化苦防治仓库害虫；磷化铝片剂防治温室害虫和果树蛀干性害虫等。

d. 内吸性药剂。通过植物的叶、茎、根或种子被吸收进入植物体内或萌发的苗内，并且能在植物体内输导、存留，或经过植物的代谢作用而产生更毒的代谢物，使害虫取食后中毒死亡，实质上是一类特殊的胃毒剂，如内吸磷、甲拌磷、乐果等。

一般情况下，内吸性药剂对刺吸式口器害虫效果较好。

e. 拒食剂。药剂可影响昆虫的味觉器官，使其厌食或宁可饿死而不取食（拒食），最后因饥饿、失水而逐渐死亡，或因摄取营养不足而不能正常发育，如拒食印楝素、川楝素等。印楝素在0.02～0.1微克/毫升对多种如鳞翅目、直翅目等害虫有效。

f. 驱避剂。施用于保护对象表面后，依靠其物理、化学作用（如颜色、气味等）使害虫不愿接近或发生转移、潜逃等现象，从而达到保护寄主（植物）目的的药剂，如避蚊油、卫生球（樟脑丸）、避蚊胺（*N*,*N*-二乙基间甲苯甲酰胺）。主要用于卫生害虫，在农业上几乎无使用价值。

g. 引诱剂。使用后依靠其物理、化学作用（如光、颜色、气味、微波信号等）可将害虫诱聚而利于歼灭的药剂。如糖醋加敌百虫做成毒饵以诱杀黏虫，以及做性引诱剂等。

② 杀菌剂

a. 保护性杀菌剂。在病害流行前（即在病菌没有接触到寄主或在病菌侵入寄主前）施用于植物体可能受害的部位，以保护植物不受侵染的药剂。目前所用的杀菌剂大多属于这一类，如波尔多液、代森锌、灭菌丹、百菌清等。

b. 治疗性杀菌剂。在植物已经感病以后（即病菌已经侵入植物体或植物已出现轻度的病症、病状）施药，可渗入到植物组织内部，杀死萌发的病原孢子、病原体或中和病原的有毒代谢物以消除病症与病状的药剂。对于个别在植物表面生长为害的病菌，如白粉病病菌，便不一定要求药剂具有渗透性，只要可以使菌丝萎缩、脱落即可，这种药剂也称治疗剂。有些药剂不但能渗入植物体内，而且能随着植物体液运输传导而起到治疗作用（内部化学治疗），如多菌灵、粉锈宁、乙磷铝、瑞毒霉等。常见的治疗性杀菌剂有稻瘟净、代森铵等。

c. 铲除性杀菌剂。对病原菌有直接强烈杀伤作用的药剂。可以通过熏蒸、内渗或直接触杀来杀死病原体而消除其危害。这类药剂通常植物在生长期不能忍受，故一般只用于植物休眠期或只用于种苗处理。常见的有甲醛、五氯酚、高浓度的石硫合剂等。

③ 除草剂

a. 按作用方式分类

（a）内吸性除草剂（输导性除草剂）。施用后可以被杂草的根、茎、叶或芽鞘等部位吸收，并在植物体内输导运输到全株，破坏杂草的内部结构和生理平衡，从而使之枯死的药剂，如 2,4-D、西玛津、草甘膦等。内吸性除草剂可防除一年生和多年生的杂草，对大草也有效。

（b）触杀性除草剂。药剂喷施后，只能杀死直接接触到药剂的杂草部位。这类除草剂不能在植物体内传导，因此只能杀死杂草的地上部分，对杂草地下部分或有地下繁殖器官的多年生杂草效果差或无效。因此主要用于防除一年生较小的杂草，如敌稗、五氯酚钠等。

b. 按用途（对植物作用的性质）分类

（a）灭生性除草剂（非选择性除草剂）。在常用剂量下可以杀死所有接触到药剂的绿色植物体的药剂，如五氯酚钠、百草枯、敌草隆、草甘膦等。这类除草剂一般用于田边、公路和铁道边、水渠旁、仓库周围、休闲地等非耕地除草，也可用于果园、林下除草。

（b）选择性除草剂。所谓选择性，即在一定剂量或浓度下，能杀死杂草而不杀伤作物；或是杀死某些杂草而对另一些杂草无效；或是对某些作物安全而对另一些作物有伤害。具有这种特性的除草剂称为选择性除草剂。目前使用的除草剂大多数都属于此类。如敌稗只杀死稗草，对水稻无害；西玛津是玉米地杂草的有效除草剂，对玉米无毒。

除草剂的选择性是相对的、有条件的，而不是绝对的。就是说，选择性除草剂并不是对作物一点也没有影响，只把杂草杀光。其选择性受对象、剂量、时间、方法等条件影响。选择性除草剂在用量大、施用时间或喷施对象不当时，也会产生灭生性后果，杀伤或杀死作物。灭生性除草剂采用合适的施药方法或施药时期，也可使其具有选择性使用的效果，即达到草死苗壮的目的。

c. 按施药对象分类

（a）土壤处理剂。即以土壤处理法施用的除草剂，把药剂喷洒于土壤表面，或通过混土把药剂拌入土壤中一定深度，建立起一个封闭的药土层，以杀死萌发的杂草。这类药剂通过杂草的根、芽鞘或胚轴等部位进入植物体内发生毒杀作用，一般是在播种前或播种后出苗前施药，也可在果树、桑树、橡胶树等林下施药。

（b）茎叶处理剂。即以喷洒方式将药剂施于杂草茎叶的除草剂，利用杂草茎叶吸收和传导来消灭杂草，也称苗（期）后处理剂。

（4）按性能特点等方面分类

① 广谱性农药。一般来讲，广谱性是针对杀虫剂、除草剂等几类主要农药各自的防治谱而言的。如一种杀虫剂可以防治多种害虫，则称其为广谱性农药。同理可以定义广谱性杀菌剂与广谱性除草剂。

② 兼性农药。兼性农药常用两个概念：一是指一种农药有两种或两种以上的作用方式和作用机理，如敌百虫既有胃毒作用，又有触杀作用；二是指一种农药可兼治几类病虫害，如稻瘟净、富士一号等，既可防治水稻稻瘟病，又可控制水稻飞虱、叶蝉的种群发生。

③ 专一性农药。又称专效性农药，是指专门对某一两种病、虫、草害有效的农药，如三氯杀螨醇只对红蜘蛛有效，抗蚜威只对某些蚜虫有效，井冈霉素只对水稻、小麦纹枯病有效，敌稗只对稗草有效。这些药剂便属于专一性农药。专一性农药有高度的选择性，有利于协调防治。

④ 无公害农药。这类农药在使用后，对农副产品及土壤、大气、河流等自然环境不会产生污染和毒化，对生态环境也不产生明显影响，也就是指那些对公共环境、人、畜及其他有益生物不会产生明显不利影响的农药。昆虫信息素、拒食剂和生长发育抑制剂便属于这一类。

3. 什么是有机合成农药?

有机合成农药是由人工合成的有机化合物农药。DDT 是第一个由人工合成的杀虫剂。现在广泛使用的绝大部分农药，如有机磷类杀虫剂、氨基甲酸酯类杀虫剂等均是有机合成农药。主要分为有机氯类、有机磷类、拟除虫菊酯类、氨基甲酸酯类、取代苯类、有机硫类、卤代烃类、酚类、羧酸及其衍生物类、取代醇类、季铵盐类、醚类、苯氧羧酸类、酰胺类、脲类、磺酰脲类、三氮苯类、脒类、有机金属类以及多种杂环类等。

4. 什么是矿物源农药？

以天然矿物原料为主要成分的无机化合物农药称为矿物源农药。它包括硫化物、铜化物、磷化物以及石油等，如硫悬浮剂、石硫合剂、波尔多液、磷化铝以及石油乳剂。可用作杀虫剂、杀鼠剂、杀菌剂和除草剂。矿物源农药历史悠久，为农药发展初期的主要品种，随着化学合成农药的发展，矿物源农药的用量逐渐下降，其中有些品种如砷酸铅、砷酸钙等已禁止使用。目前使用较多的品种有硫悬浮剂、石灰硫黄合剂（液体或固体）、王铜（氧氯化铜）、氢氧化铜、波尔多液、磷化锌、磷化铝以及石油乳剂。

用矿物源农药防治有害生物的浓度与对作物可能产生药害的浓度较接近，稍有不慎就会引起药害。喷药质量和气候条件对药效和药害的影响较大。使用时要多注意。

5. 我国矿物油农药登记管理的主要事项是什么？

农业部第1133号公告明确了矿物油农药登记管理的有关事项，自2009年3月1日起开始执行，加强了对矿物油农药产品的登记管理。

生产企业应选择精炼矿物油生产矿物油农药产品，不得使用普通石化产品生产矿物油农药产品。精炼矿物油的理化指标应符合：相对正构烷烃碳数范围差应当不大于8，相对正构烷烃平均碳数应当在21～24，非磺化物含量应当不小于92%。

矿物油农药不需要办理原药登记。生产企业在申请矿物油农药产品登记时，应提供精炼矿物油来源单位的证明（说明具体种类和型号）及省级以上质检机构出具的质量检测报告。生产企业在申请矿物油农药产品登记时，提交的产品化学资料应包括矿物油农药定性鉴别、有效成分含量、相对正构烷烃碳数范围差、相对正构烷烃平均碳数质量控制等项目指标及其检测方法。减免矿物油农药产品登记的残留、环境资料。生产企业应推荐安全间隔期和每季最多使用次数。

不符合本公告要求的已登记矿物油农药产品，在办理登记续展或临时登记转正式登记时，应按本公告要求提供或补充相关资料。

6. 什么是生物源农药？

生物源农药是利用生物资源开发的农药。狭义上是指直接利用生物自身产生的活性物质或生物活体。广义上则包括人工合成的天然活性结构及其类似物。它包括植物源农药和动物源农药及微生物源农药。“生物农药”是一个生物源农药的概念，即把起源于生物并用为农药的物质或生物活体，都视为农药。所以也有人将生物农药称为生物源农药。1998 年，英国作家协会率先出版了《生物农药手册》，从其收录的品种看，包括植物农药、抗生素农药、昆虫信息素（物质）、微生物活体农药、昆虫天敌、转基因作物。

7. 什么是微生物源农药？

微生物源农药是指由细菌、真菌、放线菌和病毒等微生物及其代谢产物加工制成的农药。按来源分为农用抗生素和活体微生物农药两大类。

8. 生物农药无毒无害吗？

生物源农药一般具有无毒害、抗药性风险低、与环境相容性好等优点。但生物农药并非都安全无公害。有一些人认为凡是来自天然的、生物的（包括动植物的）农药似乎都是无毒无害的，对目标外的生物、生态、环境均安全无污染，甚至在某些农药产品的说明书和宣传资料中也标上“天然产物、无毒、无污染”等字样。这是不符合事实、不尊重科学的表现。

生物农药和化学农药都是防治农业有害生物的物质，各有所长。我们应结合具体防治对象，择优使用。提倡科学使用农药，强化农药的审批、登记管理工作，做好农药的残留检测、市场监督管理，努力消除农药可能出现的负面影响。因此可以说天然农药未必无害。无论是来自天然的或化学合成的农药，欲使其安全，关键在于科学使用，将其不良影响减少到国家允许的范围内。

9. 生物农药能够取代化学农药吗？

过去使用的杀虫农药一般为化学制剂，如 DDT、1059、666、有机磷等，这些化学农药对害虫有较强的杀伤力，但往往对高粱、玉米、蔬菜、水果等产生副作用——药害，使药毒残留于作物与果实之中，危及人类健康。另外有的化学农药在生物体内，既不能被消化，也不能被分解吸收，而是随食物链循环与扩散，从而产生富集作用，危及人畜安全。还有，在使用过程中，化学农药直接伤害人体，污染土壤、水源、空气，影响生态平衡，造成了生态环境的恶化。再有，化学农药若大剂量、长期使用，也会使害虫产生抗药性而逐渐失效。所以，化学农药虽有杀虫力强的优点，但缺点也相当明显。

10. 看农药标签主要有哪八项内容?

看农药标签主要有八查看：

一查看标注，包括名称、含量、剂型，剂型通常用 D（粉剂）、WP（可湿性粉剂）、EC（乳油）、F（悬浮剂）、G（颗粒剂）表示。

二查看三证是否齐全，包括生产许可证、农药登记证、执行标准证。

三查看生产单位，包括地址、电话、邮编、生产日期，不可使用过期农药。

四查看农药类型，在标签的下方有一条线，红色的为杀虫剂、绿色为除草剂、黑色为杀菌剂、蓝色为杀鼠剂、深黄色为植物生长调节剂。

五查看容量和重量、使用量，容量和重量指净容量和净重量，不要随意增加农药使用量。

六查看农药使用范围、防治对象，选择合适的农药，严禁使用国家禁用的农药。

七查看毒性标识，红色字体注明标签的毒性，禁止使用高毒、高残留农药。

八查看中毒症状，以确定急救措施。

《农药管理条例》（2001 年版）第四十条规定：生产、经营产品包装上未附标签、标签残缺不清或者擅自修改内容的农药产品的，给予警告，没收违法所得，可以并处违法所得 3 倍以下的罚款；没有违法所得的，可以并处 3 万元以下的罚款。

11. 农药毒性如何分级及标志是什么?

1973 年世界卫生组织执行委员会制定了一个区分农药危害性的分类法，并于 1975 年在第二十八届世界卫生会议上通过。农药毒性分类主要是根据对大鼠的急性经口和经皮毒性进行的，这在毒理学上已成为决定毒性分类的标准方法。

我国的农药毒性分级及标志是参考世界卫生组织推荐的毒性分级及标志，并结合我国国情制定的，具体见表 1.1。

表 1.1　我国农药毒性分级及标志

毒性分级	级别符号语	经口半数致死量/(毫克/千克)	经皮半数致死量/(毫克/千克)	吸入半数致死浓度/(毫克/米^3)	标志	标签上的描述
Ⅰa 级	剧毒	≤5	≤20	≤20		剧毒
Ⅰb 级	高毒	5～50	20～200	20～200		高毒
Ⅱ级	中等毒	50～500	200～2000	200～2000		中等毒
Ⅲ级	低毒	500～5000	2000～5000	2000～5000		
Ⅳ级	微毒	＞5000	＞5000	＞5000		微毒

我国农药的毒性分级有两种：第一种是按实物分级，即包装里装的是什么就按什么毒性分级，这是正常的；第二种是按原药分级，即原药是什么毒性级别，制剂也按什么毒性级别对待。第二种毒性分级只是针对用高毒、剧毒原药加工的制剂而言的，对用高毒、剧毒原药加工的制剂要求注明不得用于果树、蔬菜、茶叶、瓜类、中草药和卫生杀虫剂，这是我国法规规定的特殊要求。另外，还要求在由剧毒原药加工成的制剂产品中加入警戒色或警戒气味，以提高使用者的警觉，减少中毒事故的发生。

12. 什么是农药剂型?

农药剂型：加工后的农药具有一定的形态、组成及规格，称为农药剂型，如乳油、粒剂、悬浮剂等。

农药制剂：一种农药可以制成多种剂型，而同一剂型可以制成多种不同有效成分含量的产品，这些产品称为农药制剂，如5%、10%氯氰菊酯乳油。

13. 农药剂型有几种类别?

目前，我国使用最多的是乳油、可湿性粉剂、悬浮剂、粉剂、颗粒剂、水剂等10余种剂型。

(1) 乳油(EC) 乳油是农药原药按比例溶解在有机溶剂(如苯、甲苯、二甲苯)中，加入一定量的农药专用乳化剂(如烷基苯磺酸钙和等乳化剂)配制成的透明均相液体，有效成分含量高，一般在40%~50%。近年来，乳油向高浓度制剂方向发展，即在乳油中加入助溶剂和乳化剂。

乳油入水后可分散成乳剂的油状均相液体，使用方便，加水稀释成一定比例乳状液即可使用。乳油中含有的乳化剂，有利于雾滴在农作物、病菌和虫体上黏附与延展。因此，施药后，沉积效果比较好，残效期较长，药效胜过同种药剂的可湿性粉剂。

但制造乳油要耗费大量的有机溶剂和乳化剂，成本较高，使用不当还易造成药害或中毒事故，易对环境造成污染，同时由于溶剂的可燃性，在运输、储藏及容器的选择上也受到限制。

(2) 粉剂(DP) 粉剂在20世纪70年代前是农药加工剂型中重要的品种，后来由于世界各地对环境保护越来越重视，粉剂的生产和使用呈逐年下降趋势。

粉剂除作为针对作物的喷洒药剂外，还有着其他多种农业上的用途，如拌种防治早期病虫害，处理土壤防治地下害虫等。其优点是容易制造和使用，通常用原药、载体、助剂，经混合、粉碎(有些助剂在粉碎后加入)而成。成本低，不用水，使用方便，在作物上黏附力小，因此，在作物上残留较少，也不容易产生药害。缺点是加工时粉尘多，使用时直径小于10微米的微粒容易飘失，不仅浪费农药，还会造成环境污染，影响人们身体健康。

但在温室或大棚等密闭环境中进行喷粉防治病虫害，既不会对棚室外面的环境造成污染，又可充分利用细微粉粒在空间的运动能力和漂移作用，获得均匀的沉积，并能在叶背面产生一定的药物沉积，可大大提高防治效果。超微粉剂是温室和大棚作物一种较好的药剂。

(3) 可湿性粉剂(WP) 可湿性粉剂是易被水湿润并能在水中分散

悬浮的粉状剂型，由不溶于水的农药原药与润湿剂、分散剂、填料混合粉碎加工而成。

可湿性粉剂是在粉剂的基础上发展起来的一个剂型，性能优于粉剂。其是一种细粉制剂，使用时加水配成稳定的悬浮液，用喷雾器进行喷雾，在作物上黏附性好，药效比同种原药的粉剂好，但不及乳油。

（4）悬浮剂（SC） 悬浮剂是不溶或微溶于水的固体原药借助某些助剂，通过超微粉碎比较均匀地分散于水中，形成一种颗粒细小的高悬浮、能流动的稳定液体系。悬浮剂通常由有效成分、分散剂、增稠剂、抗沉淀剂、消泡剂、防冻剂和水等组成。悬浮剂的分散性和展着性都比较好，悬浮率高，黏附在植物体表面的能力比较强，耐雨水冲刷，因而药效较可湿性粉剂显著，且比较持久。

（5）水乳剂（EW）和微乳剂（ME） 水乳剂和微乳剂是替代老剂型乳油（EC）的一对孪生子。水乳剂剂型国际代号 EW，曾称浓乳剂（CE），是将液体原药或与溶剂混合制得的液体农药原药，以微小液滴分散在水中的制剂，为外观乳白色牛奶状液体。微乳剂剂型代号 ME，是液体原药或与溶剂配制成的液体农药原药分散在含有大量表面活性剂的水溶液后，所形成的透明或半透明的溶液。

水乳剂与微乳剂二者不同之处在于分散在水中的有效成分的粒径不同，前者为 0.1～50 微米，外观为乳白色；后者粒子超微细，为0.01～0.1 微米，外观透明或接近透明。配制微乳剂需用乳化剂的量通常比配制乳油或水乳剂时的用量要大，有时用量高达 30%。因此，微乳剂目前只适宜用于果树、蔬菜等高附加值作物。

水乳剂又称乳剂型悬浮剂，不含有机溶剂，不易燃，安全性好，没有有机溶剂引起的药害、刺激性和毒性，制造比乳油、可湿性粉剂困难，成本高，国际上一些发达国家从农药安全使用的角度出发，大力开展了这方面的工作，我国仍处于研究和发展阶段。

（6）微胶囊剂 微胶囊农药是利用微胶囊技术把固体、液体农药等活性物质包覆在囊壁材料中形成的微小囊状制剂。所谓微胶囊技术，是用一种天然或合成高分子成膜材料把分散的固体、液体或气体包覆使形成微小粒子的技术。其中成膜材料称为壁材，被包覆物称为芯材，微胶囊粒径一般在 1～800 微米。该技术通过密闭的或半透性的壁膜将目的物与周围环境隔离开来，从而达到保护和稳定芯材、屏蔽气味或颜色、控制释放芯材等目的。

微胶囊撒在田间植物或粘着在环境中的昆虫体表时，胶囊壁破裂、溶解、水解或经过壁孔的扩散，囊中被包的药物缓慢地释放出来，可延长药物残效期，减少施药次数及药物对环境的污染，施药量比其他制剂低，能使一些较易挥发逸失的短效农药更好地应用，还可使一些农药降低对人、畜及鱼等的毒性，使用较安全。微胶囊成品颗粒一般是粉状物，也有制成微胶囊水悬剂的。

（7）水性化（又称水基化）剂型及水分散粒剂（WDG） 农药水性化剂型是以水作为分散介质，农药原药（固体或油状液）借助分散剂或乳化剂及其他助剂的作用使之悬浮或乳化分散在水中。与乳油相比，减少了大量的有机溶剂；与可湿性粉剂相比，无粉尘飞散。对人畜的毒性和刺激性都比较低，并能减轻对作物的药害，也不会因有机溶剂而在储藏运输过程中引起燃烧，安全性较高。

水分散粒剂是20世纪80年代初在欧美发展起来的一种农药新剂型，国际农药工业协会联合会（GIFAR）将其定义为：在水中崩解和分散后使用的颗粒剂。水分散粒剂主要由农药有效成分、分散剂、润湿剂、黏结剂、崩解剂和填料组成，入水后能迅速崩解分散，形成高悬浮分散体系。与其他农药剂型比较，水分散粒剂主要有以下优点：解决了乳油的经皮毒性，对作业者安全；有效成分含量高，WDG大多数品种含量为80％～90％，易计量，运输、储存方便；无粉尘，减少了对环境的污染；入水易崩解，分散性好，悬浮率高；再悬浮性好，配好的药液当天没用完，第二天经搅拌能重新悬浮起来，不影响应用；对一些在水中不稳定的原药，制成WDG效果较悬浮剂好。

（8）颗粒剂（GR） 颗粒剂是由原药、载体和助剂加工而成的颗粒状农药剂型，按粒径可分为微粒剂（MG）、中粒剂、大粒剂（GG），按防治对象可分为杀虫粒剂、杀菌粒剂、除草粒剂等。

颗粒剂具有以下优点：①使高毒品种低毒化，如克百威、甲拌磷等由于剧毒，不能喷雾导致使用受到限制，但加工成颗粒剂后经皮毒性降低，可直接手施；②可控制有效成分释放速度，延长持效期；③使液态药剂固态化，便于包装、储运和使用；④减少环境污染、减轻药害，避免伤害有益昆虫和天敌昆虫；⑤使用方便，可提高劳动效率。

（9）烟剂（FP） 烟剂是引燃后有效成分以烟状分散体系悬浮于空气中的农药剂型。烟剂颗粒极细，穿透力极强。施用烟剂工效高，不需任何器械，不需用水，简便省力，药剂在空间分布均匀。在林间、果园、仓库、室内、温室、大棚等环境中使用有特殊意义，如55%百菌清烟剂用于温室病害防治效果特别好。

烟剂易于点燃，而不易自燃，成烟率高，毒性低，无残留，对人无刺激。

（10）气雾剂（AE） 气雾剂是利用发射剂急遽气化时产生的高速气流将药液分散雾化的一种罐装剂型。气雾剂体积小，携带方便，操作简便。

由于气雾剂生产时需要耐压容器、特殊的生产设备和流水线，成本高，药剂的空瓶又不便重灌，所以目前不能在农业上应用。气雾剂主要用于宾馆、饭店、飞机、车、船等公共场所，家庭的卫生杀虫、杀菌消毒和食品及花卉的灭菌保鲜。另外，也可用于温室、大棚、花房防治病虫害。

（11）超低容量制剂 超低容量制剂分为超低容量液剂（UL）和超低容量悬浮剂（SU）两类，是将原药溶解在尽可能少的溶剂油中，有时也加入一定量的助剂而制成的，专供超低容量喷雾用。雾滴直径为50～120微米，有很好的穿透性和沉积性，在叶面上的附着性良好，耐雨水冲刷，主要用于森林、草原和农作物病虫害防治。

超低容量制剂的药物浓度高，油溶剂的渗透力强，使用不慎容易引起药害。

将高浓度乳油、悬浮剂、高浓度水剂增加黏度降低挥发性后，都可用于超低容量喷雾，但不能称为超低容量制剂。

（12）熏蒸剂（VP） 熏蒸剂是利用低沸点农药挥发出的有毒气体或一些固体农药遇水起反应产生的有毒气体，在密闭场所熏蒸杀死害虫的制剂。

14. 常用的几种农药剂型施用方法有什么差别？

农药的品种很多，每种农药又各有多种不同的剂型，不同的农药剂型需选用不同的施用方法。使用适当的施用方法，不但可以提高防效、降低成本，还能减轻对环境的污染，提高安全性。

（1）乳油 乳油由不溶于水的原药加一定量的乳化剂和有机溶剂互相溶解配制而成。乳油的渗透性强、分散性好，加水稀释即成为乳剂。

其施用方法如下。

① 喷雾法。将乳油加水稀释配制成所需的浓度，用喷雾器均匀地喷洒到作物上或其他防治对象上。施药量以叶面充分湿润而药液又不从

叶片上流下来为准。

② 浸种法。将乳油加水稀释成一定浓度浸泡种子。浸种时可把种子放在粗布袋或纱布袋里，先放在清水中预浸，然后沥干水再浸入配好的药液中。浸种时要注意掌握好浸种浓度、浸种温度和浸种时间。

③ 拌种法。将药剂与种子均匀混合，从而杀死种子上的病菌、害虫。拌种时要边喷边拌，喷完后继续翻动至种子全部湿润，然后盖膜闷若干小时后再行播种。

（2）粉剂　粉剂由农药与黏土或陶土混合粉碎而成。粉剂不易被水湿润，不能分散和悬浮在水中，故不可兑水喷雾。其施用方法如下。

① 喷粉法　用喷粉器将药粉均匀地喷施在作物或防治对象上。粉粒能在空中飘扬，故喷粉应在晴天无风时进行，清晨和傍晚一般无风或风小，是喷粉的最佳时间。喷粉要适量均匀，用手摸叶片略有粉感，但看不到叶面有粉层。在作物生长的幼苗期，不宜采用喷粉法。

② 拌种法　将一定量的粉剂农药按比例与种子混合拌匀后播种，可防治附带在种子上的病菌和地下害虫及苗期病害。

③ 毒土法　将粉剂与细土混合成毒土，进行沟施（播种沟）、撒施（播种面）或与种子混合播种。施于地面时要求土壤湿润。

（3）可湿性粉剂　可湿性粉剂由具有水溶性的原药、可湿剂加填料共同混合粉碎而成。可用水稀释成一定浓度的乳液，其药效比粉剂持久，但比乳剂差。其施用方法有：①喷雾法（同乳油）；②浸种法（同乳油）；③泼浇法，把一定量的可湿性粉剂加入较大量的水中，进行泼浇。

（4）水剂　水剂又称水溶剂，是由可溶于水的原药直接溶于水中再加少量表面活性剂配制而成。水剂不易储存，湿润性较差，植物表面不易附着，使用时加水喷雾施用。

（5）颗粒剂　颗粒剂是用原药加入颗粒载体，外加水溶性包衣制成的颗粒状药剂。颗粒剂粒度大，下落速度快，受风影响小，适合土壤处理和水田撒施；颗粒剂逐步释放出药剂，药效期长，用药量也较小，因此还可用于多种农作物的心叶施药。

（6）烟剂　烟剂由农药原料、燃料、氧化剂、助燃剂等混制而成。其施用方法为点燃熏蒸。由于烟遇风会很快消散，因此只能在仓库、温室和大棚等密闭或较密闭的无风环境中使用。

15. 为什么农药必须做成剂型，而不能直接喷施原药？

未经加工的农药即原药一般不能直接使用，必须加工配制成各种类型的制剂才能使用。农药经加工制成的各种制剂的形态即为剂型，是指将具有生物活性的特定化学品或其混合物加工成适用于所需环境的产品，并使之发挥最佳的生物效能，从而将对施药者和环境的不良影响及对作物的危害减少到最低限度。

一般来说，除极少数农药如硫酸铜等不需加工、可直接使用外，绝大多数原药都要经过加工，按照一定的配方加入适当的填充剂或辅助剂，制成含有一定有效成分、一定规格的制剂，才能使用。否则，就无法借助施药工具将少量原药分散在一定面积上，无法使原药的加工品充分发挥药效，也无法使一种原药扩大使用方式和用途，以适应各种不同场合的需要。同时，通过加工制成颗粒剂、微囊剂等剂型，可使农药耐储藏不变质，并且可使剧毒农药制成低毒制剂，使用安全。农药剂型加工有以下意义。

① 赋形：能赋予农药原药以特定的形态，便于流通和使用，以适应各种应用技术对农药分散体系的要求。

② 稀释作用：能将高浓度的原药稀释至对有害生物有毒，而对农作物、牲畜、鸟、鱼及自然环境不造成危害的程度。

③ 优化生物活性。

④ 使原药达到最高的稳定性，以获得良好的“货架寿命”。

⑤ 扩大使用方式和用途。

⑥ 高毒农药低毒化。

⑦ 控制原药释放速度，加工成缓释剂，可控制有效成分缓慢释放，提高对施药者和害虫天敌的安全性，减少对环境的污染。

⑧ 混合制剂具有兼治、延缓抗药性发展、提高安全性的作用。

16. 粉剂的特点是什么？

粉剂是农药的原药加入填补料，经过加工磨碎制成的粉状混合物，粉剂药粒直径在100微米以下。因为绝大部分原药都不溶于水（敌百虫、磷胺除外），加上粉剂中的填补料又主要是陶土、高岭土、滑石粉等，既不溶于水，也难在水中悬浮，如果用于喷雾，就会在药液中出现沉淀，使喷雾器的喷枪阻塞。粉剂主要是用于喷粉，它具有使用方便、工效高、特别适用于防治茂密植株的下层害虫等优点。粉剂在露水干透后使用，容易落在中、下部叶片上，一般不易产生药害。

农药粉剂的优点如下。

① 使用方便，不需兑水，特别适于在干旱缺水的山区防治暴发性病虫害。

② 撒布和加工费用较低，且工效高、节省劳力。

③ 在保护地使用可避免粉尘飞扬污染环境。

农药粉剂的缺点如下。

① 飘移污染环境严重。

② 农药有效利用率低，80%散落在目标物以外。

③ 叶面附着性差，易被风吹落或被雨水冲刷，药效期比较短。

④ 稳定性差，不耐储藏，特别是有机磷农药粉剂不稳定性更为突出。

因粉剂农药与可湿性粉剂农药物理性质不同，使用方法也有所区别。一是粉剂农药不能兑水使用。粉剂农药是由一种或多种农药原药与陶土、黏土等填料，经机械加工粉碎混合而成的。粉碎粉末经过 200 号筛目，粉粒较粗，不易结块，喷撒流动性和分散性好。但粉剂不易被水湿润，也不能分散和悬浮在水中，所以不能加水喷雾施用，一般都作喷粉使用，高浓度粉剂可拌种、土壤处理或配制毒饵等。二是可湿性粉剂不能喷粉使用。它是由一种或多种农药原药和填料（陶土等），加入一定数量洗衣粉等经机械加工粉碎混合而成的。其粉碎细度 99.5%，通过 200 目筛，细度比粉剂好，能使疏水性的粉剂被水所湿润，并均匀地悬浮在水中（悬浮率一般在 60%以上），可使液体药剂充分黏着在植物和有害生物体表面上，使药剂发挥触杀或胃毒作用。可湿性粉剂主要是兑水喷雾使用。

17. 可湿性粉剂和可溶性粉剂的特点是什么？

可湿性粉剂是用农药原药、惰性填料和一定量的助剂，按比例经充分混合粉碎后，达到一定粉粒细度的剂型。从形状上看，与粉剂无区别，但是由于加入了湿润剂、分散剂等助剂，加到水中后能被水湿润、分散、形成悬浮液，可喷洒施用。

可溶性粉剂是指可溶于水的粉剂，也是一种农药的加工剂型，由水溶性较大的农药原药，或水溶性较差的原药附加了亲水基，与水溶性无机盐和吸附剂等混合磨细后制成。粉粒细度要求 98%通过

80 目筛。其有效成分可溶于水，其填料能极细地均匀分散到水中。

两者的区别在于可溶性粉剂可以溶解于水中，而可湿性粉剂不溶于水，加水后形成的是悬浮液。

可溶性粉剂与可湿性粉剂相比，防治效果更好。

两者的不足：均易被雨水冲刷而污染土壤和水体，故应选择雨后有几个晴天时对农田施药，以减少污染。

两者的优点：不使用溶剂和乳化剂，对植物较安全，在果实套袋前使用，可避免有机溶剂对果面的刺激。

18. 悬浮剂的特点是什么?

悬浮剂有以下优点：①无粉尘危害，对操作者和环境安全；②以水为分散介质，没有由有机溶剂导致的易燃和药害问题；③与可湿性粉剂相比，允许选用不同粒径的原药，以便使制剂的生物效果和物理稳定性达到最佳；④液体悬浮剂在水中扩散良好，可直接制成喷雾液使用；⑤相对密度大，包装体积小；⑥悬浮剂的分散性和展着性都比较好，悬浮率高，黏附在植物体表面的能力比较强，耐雨水冲刷，因而药效较可湿性粉剂显著且比较持久；⑦具有粒子小、活性表面大、渗透力强、配药时无粉尘、成本低、药效高等特点；兼有可湿性粉剂和乳油的优点，可被水湿润，加水稀释后悬浮性好。

农药悬浮剂与其他剂型相比的优势：悬浮剂以水为介质，品质稳定，用户使用也方便。

19. 微胶囊缓释剂的优点是什么?

其优点如下。①可以使高毒品种低毒化，避免或减轻高毒农药在使用过程中对人、畜及有益微生物的急性中毒和伤害，也可避免或减轻农药对环境的污染（如在希腊由于在农业中使用缓释剂，其水资源农药污染水平要比欧盟制定的可接受污染水平要低得多）；②可使农药减少在环境中的光解、水解、生物降解、挥发、流失等，使用药量大大减少，而持效期大大延长；③由于药剂释放剂量和时间可以得到控制，因而药剂的功能得到提高。

20. 水剂的特点是什么?

将水溶性原药直接溶于水中制成水剂，用时加水稀释到所需的浓度即可喷施。水剂不耐储藏，易于水解失效，湿润性差，附着力弱，残效期也很长。

21. 乳油的特点是什么？

乳油是农药制剂的一种，它是将较高浓度的有效成分溶解在溶剂中，加乳化剂而成的液体。一般用大量水稀释成稳定的乳状液后，用喷雾器散布。乳化剂大多使用非离子和阴离子表面活性剂的混合物，溶剂大多采用二甲苯、甲基萘等溶剂，另外也用甲基异丁基甲酮类和异丙醇等醇类溶剂。乳油是由不溶于水的原药，有机溶剂苯、二甲苯等和乳化剂配置加工而成的透明状液体，常温下密封存放两年一般不会浑浊、分层和沉淀，加入水中会迅速均匀分散成不透明的乳状液。制作乳油使用的有机溶剂属于易燃品，储运过程中应注意安全。

乳油的特点是药效高，施用方便，性质较稳定。由于乳油的历史较长，具有成熟的加工技术，所以品种多、产量大、应用范围广，是目前中国乃至东南亚农药的一个主要剂型。乳油的有效成分含量一般在20%～90%。常见的品种有1.8%阿维菌素乳油、10%三唑酮乳油、25%蛇毒·氯乳油、25%猎杀乳油、20%菊马乳油等。

注意：乳油剂型中的有机溶剂，对苹果、梨的幼果有刺激作用，可使果面皮孔增大，降低果面光洁度，建议套袋前尽量不要施用，尤其是对一些敏感树种。

乳油在现阶段是使用效率最高的剂型。

22. 水乳剂的特点是什么？

水乳剂是将液体农药原药或与溶剂混合制得的液体农药原药以0.5～1.5微米的小液滴分散于水中得到的制剂，为外观乳白色牛奶状液体。常用的溶剂有甲苯、二甲苯等。一般来说，用于加工水乳剂的农药的水溶性期望在1000毫克/升以下。因制剂中含有大量的水，对水解不敏感的农药容易加工成化学上稳定的水乳剂。有机磷、氨基甲酸酯类等农药容易水解，但通过乳化剂、共乳化剂及其他助剂，如能解决水解问题，也可加工成水乳剂。农药水乳剂中，乳化剂的作用是降低表面和界面张力，将油相分散乳化成微小油珠，悬于水相中，形成乳状液。乳化剂在油珠表面有序排列成膜，极性一端向水，非极性一端向油，依靠空间阻隔和静电效应，使油珠不能合并和长大，从而使乳状液稳定化。膜的结构、牢固和致密程度以及对温度的敏感性决定着水乳剂的物理和化学稳定性。聚乙烯醇、阿拉伯树胶等分散剂与增稠剂配合也可配制低温和冻融稳定性良好的水乳剂。共乳化剂是小的极性分子，因有极性头，在水乳剂中被吸附在油水界面上，它们不是乳化剂，但有助于油水间界面张力的降低，并能降低界面膜的弹性模量，改善乳化剂性能。为提高低温稳定性，可向水乳剂中加入抗冻剂。常用的抗冻剂有乙二醇、丙二醇、尿素、硫酸铵等。

优点：与乳油相比，用水代替了大量有机溶剂，节省了有机溶剂；降低了农药制剂的毒性；对人和环境安全；闪点高，不易燃烧；减少了在农作物上的残留；药效相当或稍好于乳油（同等含量的制剂）。

与微乳剂相比，水乳剂用的乳化剂比微乳剂（一般15%～20%）要少得多，成本低廉；加工水乳剂的农药有效含量比微乳剂要高，可达40%～60%，大量极性助溶剂（如酮和醇类）的加入减少了对环境的污染，成本低。

23. 颗粒剂的特点是什么？

颗粒剂是由原药、载体（陶土或细沙、黏土、煤渣等）和助剂制成的制剂，如常见的8%呋喃丹颗粒剂。颗粒剂使用时沉降性好，飘移性小，对非靶标生物影响小。可控制农药的释放速度，残效期长。施用方便，不受水源限制，同时能使高毒农药低毒化，对施药人员安全。主要用于灌心叶、撒施、点施等。

24. 烟剂的使用误区是什么？

烟剂是农药的一种，可以用来杀灭昆虫、真菌和其他危害作物生长的生物。烟剂属于高效低毒的农药。在人们使用烟剂的同时，也发现了使用时的一些误区。下面介绍使用烟剂的误区。

（1）不见虫不用药　绝大多数病虫害在发病初期，症状很轻，此时用药效果好，等大面积暴发后，用药再多也难以遏制。还有不分防治对象，一见虫就什么药都用，有的用杀虫剂防治植物病害，有的把杀菌剂用于防治害虫，甚至将除草剂用来防治病虫害，特别是在农药价格高涨的情况下，此类情况尤为严重。这样不查明病因盲目用药，轻则贻误时机，影响效果，重则造成药害，甚至农作物绝收。

（2）缺乏保护和利用害虫天敌意识　当害虫较少而其天敌较多时，可不喷药，害虫较多非喷药不可的，尽可能用高效、低毒、对害虫天敌影响不大的农药。而有人从来就没有考虑过保护和利用害虫天敌，在治虫的同时也杀死了其天敌。

25. 农药安全使用的相关法律规定有哪些？

农药安全使用管理有它的法律法规体系。包括《刑法》《农业法》《食品安全法》《农产品质量安全法》《农业技术推广法》《环境保护法》《产品质量法》《标准化法》《突发事件应对法》《中华人民共和国农药管理条例》等。工作中应及时参考最新《中华人民共和国农药管理条例》。

此外，部门规章包括《农药管理条例实施办法》《农药登记资料规定》《农药标签和说明书管理办法》《农药限制使用管理规定》《农药安全使用规定》等。

此外，还有一些农药安全使用的相关地方法规、规章。

26. 我国禁限用的农药有哪些？

国家明令禁止使用的农药（共 38 种）：甲胺磷、甲基对硫磷、对硫磷、久效磷、磷胺、六六六、滴滴涕、毒杀芬、二溴氯丙烷、杀虫脒、二溴乙烷、除草醚、艾氏剂、狄氏剂、汞制剂、砷类、铅类、敌枯双、氟乙酰胺、甘氟、毒鼠强、氟乙酸钠、毒鼠硅、苯线磷、地虫硫磷、甲基硫环磷、磷化钙、磷化镁、磷化锌、硫线磷、蝇毒磷、治螟磷、叔丁硫磷、氯磺隆、福美胂、福美甲胂、胺苯磺隆单剂、胺苯磺隆单剂复配制剂。

限制使用、撤销登记的农药（共 17 种）：甲拌磷、甲基异柳磷、内吸磷、克百威、涕灭威、灭线磷、硫环磷、氯唑磷 8 种高毒农药不得用于蔬菜、果树、茶叶、中草药材上；三氯杀螨醇、氰戊菊酯不得用于茶树上；撤销氧乐果在甘蓝、柑橘树上的登记，撤销丁酰肼在花生上、水胺硫磷在柑橘上的登记，撤销灭多威在柑橘树、苹果树、茶树、十字花科蔬菜上的登记，撤销硫丹在苹果树、茶树上的登记，撤销溴甲烷在草莓、黄瓜上的登记，撤销氟虫腈在除卫生用、玉米等部分旱田种子包衣剂外其他方面的登记。

27. 什么是假农药、劣质农药？如何从外观识别假农药、劣质农药？

（1）农药管理规定　《农药管理条例》明确规定：禁止生产经营和使用假农药和劣质农药。

下列农药为假农药：①以非农药冒充或者以此种农药冒充他种农药的，这里包括国家正式公布禁止的农药，因其已不能作为农药使用；②所含有效成分的种类、名称与产品标签或者说明书上注明的农药有效成分的名称不符的。

下列农药为劣质农药：一是不符合农药产品质量标准的；二是失去使用价值的；三是混有导致药害等有害成分的。

常见的假冒、伪劣农药主要特征有：①有效成分含量不足；②有效成分质量差，如含有某些杂质，不但会影响药效，有时还会造成药害；③制剂加工水平低，没有达到标签上所注明的剂型要求；④农药中实际含有的有效成分并不是标签上所标明的成分，即用价格便宜的农药冒充价格昂贵的农药；⑤农药过期失效。

（2）农药识别鉴定

一看包装：包装材料坚实，没有破损，无泄漏。袋面应印有明显的农药含量、名称、剂型、农药登记证号、生产批准证书号（或生产许可证）、产品标准号、净重、毛重、防雨、防潮、防火、毒性、生产日期（批号）、厂址、厂名、电话、邮编等。

二看农药制剂外观：

① 可湿性粉剂，疏松粉末、不结块，外观均匀，用手指捏搓无颗粒感。如有结块或团块颗粒感，说明已经受潮。如果产品颜色不均匀，可说明产品质量有问题。

② 乳油、水剂为液态状，透明、均匀、无沉淀、无漂浮物。如出现浑浊、分层、有沉淀和漂浮物等现象，说明农药质量有问题。

③ 悬浮剂应为可流动的悬浮液，无结块，存放后允许有分层现象，但下沉的农药应轻易浮起，并呈均一的悬浮液。如经摇晃后，产品不能恢复原状或仍有结块，说明产品存在质量问题。

④ 颗粒剂应颗粒均匀，不应含有许多粉末。

三看农药标签：根据我国农药登记管理部门的规定和要求，农药标签必须包括以下内容。

① 农药名称：是指农药有效成分及商品名的称谓，包括通用名称（中文通用名称和国际通用名称）和商品名称。

② 三证号：是指农药登记证号（包括临时、正式和分装登记证号）、生产批准文件号（或生产许可证号）、产品执行标准号。

③ 毒性标志：是按我国农药急性毒性分类标准标明的毒性标识，

共分3级。

④ 标色带（标志带）：是为了使用者能简单、快速、准确地判断农药的类别。

⑤ 使用说明：应重点介绍该农药制剂的特点，以及批准登记的作物和防治对象、最佳用药量、施药适期、施药方法等。

⑥ 注意事项：根据农药机理特性、理化性质、毒性、安全性等提出该农药是否能和其他农药、化肥等混用，限制使用的范围，安全间隔期，对水生生物、家蚕、天敌、环境等的影响，中毒主要症状及急救解毒措施等。

⑦ 其他：标签上还必须标明净重（克或千克）或净容量（升或毫升），产品的生产日期、批号和质量保证期，以及生产厂名、地址、邮编、电话（区号）。

防止假冒农药的措施：熟悉和掌握有关植物保护及农药的基本知识；把好农药经营渠道关，把好农药质量进货关；不购买散装农药制剂。

28. 过期农药能否销售和使用？

过期农药不能销售和使用。《中华人民共和国产品质量法》第五十二条指出：销售失效、变质的产品的，责令停止销售，没收违法销售的产品，并处违法销售产品货值金额二倍以下的罚款；有违法所得的，并处没收违法所得；情节严重的，吊销营业执照；构成犯罪的，依法追究刑事责任。

29. 假除草剂如何鉴别？

（1）灼烧法　对于粉剂，取4～5克放在灼烫的金属薄片上，若冒白烟，证明此药失效或为假药。

（2）包装识别法　一般假冒除草剂包装粗糙无防潮层，内包装简陋易损。

（3）标签鉴别法　标签应有品名、规格、净重、生产厂名、除草剂登记号、使用说明、产品标准号、注意事项、生产日期、批号及毒性标志。

（4）外观气味鉴定法　例如，丁草胺为浅蓝色药液，有芳香味；另外，如包装形式不符合储存、运输及使用要求，则可能为假药。

30. 有哪些因素影响农药在土壤中的残留量？

残留在土壤中的农药的量，并不是一成不变的，受诸多因素的影响，其不断分解、消失。

① 土壤微生物的作用。土壤中的生物种类很多，数量很大，这是使残留土壤中的农药分解消失的最大的因素。

② 土壤性质的不同也影响农药在土壤中的残留量。

③ 农药的理化性质和剂型。在同一类农药中，凡挥发性大的，或者水溶性高的，在土壤中消失快；不同剂型中，粉剂和可湿性粉剂比乳油、颗粒剂等容易分解消失。

④ 气候条件。气温高、降雨多的地区，能加快和促进残留在土壤中的农药分解消失。

31. 农药标签制作应注意什么？

总体要求及大原则：①企业要本着规范生产、遵章守法的理念，严格依据《农药管理条例》《农药登记资料要求》《农药产品标签通则》《农药乳油包装》（GB 4838—2000）、《危险货物包装标志》（GB 190—2009）、《包装储运图示标志》（GB/T 191—2008）和相关产品标准进行标签的设计与制作。②条件许可的话，要有专人负责标签的策划、设计、上报审批样稿及农药电子标签采集管理系统，并积极参加有关部门组织的培训学习，提高业务管理水平。

有关容易忽略及不得故意操作的问题有以下几个方面。

① 企业应本着诚实守信的心态，不得有意隐瞒或欺骗消费者，过分夸大宣传产品效果，言过其实，并通过设计技巧达到隐瞒或欺骗的目的。

② 和其他消费品一样，农药也应让消费者明白消费、安全消费，因此，应尽量避免使用斜体字等不易辨认的字体、过分装饰而“喧宾夺主”、该突出的不突出（如应突出通用名、净含量、注意事项、产品说明书等）这些现象。

③ 人物形象不能出现在标签上。

④ 使用农药通用名或简化通用名称。自 2008 年 7 月 1 日起，不再使用商品名。

⑤ 复配农药应将各复配单元名称及含量标示出来；含有渗透剂、

增效剂、安全剂等重要助剂的产品，应标出其名称及含量。

⑥ 使用范围和施用方法中，用于大田作物的药剂，用药量采用国家法定的计量单位标示，即以每公顷使用该产品有效成分质量（克）标示，同时应注明每亩（1亩=667米^2，下同）使用该产品的制剂量（即商品用量），且计量单位应以中文标示或中英文联合标示，不得只以英文标示。用于果树等的药剂，用药量采用国家法定的浓度单位标注，即每千克或每升药液所用该产品有效成分量（毫克/千克、毫克/升），同时标注相应的使用倍数，计量单位不得只以英文标示。种衣剂的施用剂量采用药种比或制剂量（有效成分量）/100千克种子表示；其他特殊方式使用的，施用剂量以登记批准的表示方法来标注。

⑦ 不得出现以下“不合格标签”。

a. 产品名称上：自取或冒用商品名称，以TM商标作商品名、以单剂名称冒充混剂名称、只标注英文名，或改变字体颜色误导消费者。

b. 有效成分上：只用商品名或英文名、化学名，不标中文通用名；通用名称很小很模糊，不易辨认。

c. 使用范围和使用量上：以扩大防治作物范围和防治对象为目标，用“专家推荐使用”“参考剂量”等字眼；以“科普图示”方式印上与该产品无关的作物或病虫害图谱、“在××作物上使用应先做试验或按植保部门推荐进行”（××作物系未登记作物）。

d. 企业信息上：不允许注明某某公司总经销、总代理。

32. 植物病虫害防治中的“3R”问题是什么意思？

3R是抗性（resistance）、再增猖獗（resurgence）和残留（residue）三个词的英文单词的第一个字母。使用化学农药后，3R已成为全世界公认的、亟待解决的难题。而且由于这三个R是常常互相关联、互为因果的，所以必须统一解决。

抗性指的是生物长期接受药剂处理使其后代产生抗药性。长期使用单一品种的农药，抗药性问题尤为突出。在同一生物种群中，个体间对农药的敏感程度有差异；使用一次农药，把敏感个体杀死了，存活下来的是相对抗药的个体，它们的后代也是相对抗药的，如果继续使用同样的农药，这一种群的抗药水平将越来越高。生活周期短的（如蚜虫）每年可繁殖10多代，抗药性的发展更快。这是生物以大量的牺牲来取得保存自己的能力的对策。

再增猖獗指的是在生物群落中原处于自然控制下、不需要采取防治措施的生物种群，因为用农药防治别的有害生物而杀伤了该种群的天敌，即消除了该种群的自然控制因素，使该种群很快重新增长，以致形成猖獗为害。最典型的例子是苹果树上的叶螨。20世纪50年代初，因防治蛀果的食心虫，果园普遍使用DDT。DDT是以杀虫谱广而著称的农药，但它恰恰对螨类无效，而原来控制螨类发生的天敌却被DDT大量杀伤，使叶螨一跃而成为苹果园的头号大害虫，而且世界上各大苹果产区几乎都如此。再增猖獗与上述抗药性常相伴而生。因产生抗药性，而加大用药量，进一步杀伤了天敌，导致更大的再增猖獗，如此形成恶性循环。

残留指的是化学农药在农产品上的残留。这当然有碍人类健康。一些化学性质稳定、不易自然降解或生物降解的内吸性农药，残留问题尤为严重。人不仅因直接接触农产品而受其害（例如，水果、蔬菜不按安全采收期规定、在农药残留超过国家允许标准的情况下就采摘上市，供人食用），同时还通过食物链间接摄入农药（例如，用农药污染的秸秆和粮食喂牛，牛奶、牛肉会有农药残留，这样人吃了这些牛奶、牛肉后也会间接摄入农药）。农药随食物链逐级富集，浓度越来越大，因而越来越富有危险性。产生抗药性，加大用药量，残留量更大，所以二者关系密切。

33. 农药登记有哪些类别，毒性如何标示?

农药登记分为新农药登记，特殊新农药登记，新制剂登记，相同有效成分种类、含量和剂型产品登记，扩大使用范围、改变使用方法和变更使用剂量登记，分装登记，续展登记和其他共八类。其中，新制剂登记包括新剂型登记、农药剂型微小变更登记、新混配制剂登记、新含量登记、新药肥混配制剂登记、新渗透剂（或增效剂）与农药混配制剂登记。

《农药标签和说明书管理办法》（2007年）第十六条规定，农药毒性分为五个级别，并明确规定标识为黑色，描述文字为红色。但由于低毒只有标示，没有文字描述，因此只需要用黑色标示标注就可以了。微毒只有文字描述，没有标示，因此只需用红色微毒字样描述就可以了。

34. 农药安全使用的主要原则有哪些?

安全用药要从五个方面保证：一是人的安全，二是家禽的安全，三是植物的安全，四是天敌的安全，五是有益生物的安全。对人的安全最重要，这方面国家专门制定了《剧毒农药的安全使用注意事项》，主要强调三个方面：健全农药保护制度，严格遵守操作规程，发现中毒症状及时采取措施。为了减少不安全事故的发生，在没有经验的情况下，对每一种新药的使用一定事先作小面积的试验，做到心中有数才能大面积使用。

（1）对症下药　各类农药的品种很多，特点不同，应针对要防治的对象，选择最适合的品种，防止误用；并尽可能选用对天敌杀伤作用小的品种。

（2）适时施药　现在各地已对许多重要病、虫、草、鼠害制定了防治标准，即常说的防治指标。根据调查结果，达到防治指标的田块应该施药防治，未达到指标的不必施药。施药时间一般根据有害生物的发育期、作物生长进度和农药品种而定，还应考虑田间天敌状况，尽可能躲开天敌对农药敏感期施用。既不能单纯强调“治早、治小”，也不能错过有利时期。特别是除草剂，施用时既要看草情还要看“苗”情。

（3）适量施药　任何种类农药均需按照推荐用量使用，不能任意增减。为了做到准确，应将施用面积量准，药量和加水量称准，不能草率估计，以防造成作物药害或影响防治效果。

（4）均匀施药　喷布农药时必须使药剂均匀周到地分布在作物或害物表面，以保证取得好的防治效果。现在使用的大多数内吸性杀虫剂和杀菌剂，以向植株上部传导为主，称“向顶性传导作用”，很少向下传导，因此要喷洒均匀周到。

（5）合理轮换　多年用药实践证明，在一个地区长期连续使用单一品种农药，容易使有害生物产生抗药性，特别是一些菊酯类杀虫剂和内吸性杀菌剂，连续使用数年，防治效果即大幅度降低。轮换使用作用机制不同的品种，是延缓有害生物产生抗药性的有效方法之一。

（6）合理混用　合理地混用农药可以提高防治效果，延缓有害生物产生抗药性或兼治不同种类的有害生物，节省人力。混用的主要原则是：混用必须增效，不能增加对人、畜的毒性，有效成分之间不能发生化学变化，例如，遇碱分解的有机磷杀虫剂不能与碱性强的石硫合剂混用。要随用随配，不宜储存。

为了达到提高施药效果的目的，可将作用机制或防治对象不同的两种或两种以上的商品农药混合使用。

（7）注意安全　采收间隔期各类农药在施用后分解速度不同，残留时间长的品种，不能在临近收获期使用。有关部门已经根据多种农药的残留试验结果，制定了《农药管理条例实施办法》和《农药合理使用准则》，其中规定了各种农药在不同作物上的“安全间隔期”，即在收获前多长时间停止使用某种农药。

（8）注意保护环境　施用农药须防止污染附近水源、土壤等，一旦造成污染，可能影响水产养殖或人、畜饮水等，而且难以治理。按照使用说明书正确施药，一般不会造成环境污染。

35. 药液浓度有哪几种表示方法？

多数农药制剂在使用前需配制成一定浓度的药液才能使用，这种使用浓度通常包括有效浓度和稀释浓度两种，前者用百分浓度和百万分浓度表示，后者用倍数法表示。

（1）百分浓度　百分浓度指100份药液中所含有效成分的含量，单位有质量分数和体积分数。固体之间或固体与液体之间配药时常用重量百分浓度；液体之间配药时常用容量百分浓度。

（2）百万分浓度　是一种微量农药浓度表示法，指一百万份药液中所含有效成分的含量，也可用微克/克、毫克/千克、微升/升等表示。

（3）倍数法　倍数法就是将原药剂稀释多少倍的表示法，分内比法和外比法两种。

内比法：此法用于稀释100倍以下（包括100倍）的药剂，计算稀释量时要扣除原药剂所占的一份。例如稀释80倍，即用原药剂1份加稀释剂79份；当药剂稀释100倍时，计算时，要扣除原药剂所占的1份，即稀释剂99份。

外比法：此法用于稀释100倍以上的药剂，计算稀释量时不用扣除原药剂所占的一份。例如稀释1500倍，即用原药剂1份加稀释剂1500份；稀释2000倍，即用原药剂一份加稀释剂2000份。

36. 如何科学选择农药？

由于农药品种繁多，每种农药都有自己适宜的防治对象。因此，购买农药前，应当仔细阅读农药的标签，准确了解每种农药的性能和最佳防治对象，选择合适的农药。

（1）看农药标签上的名称　看清农药通用名称或简化通用名称，购买前要特别注意看农药名称下面标注的有效成分、含量及剂型是否清晰，不购买未标注有效成分名称及含量的农药。

（2）看农药标签上的适用范围　要根据需要防治的农作物的病、草害等，选择和标签上标注的适用作物一致的农药。如果同时有几种农药可供选用时，优先选择用量少、毒性低、残留少、安全性好的农药。在蔬菜、果树等生产中严禁用高毒、高残留农药。

（3）看农药标签上的生产日期及有效期　农药标签上一般都标注有生产日期及批号，不可购买未标注生产日期的农药。同时农药标签上还应标有有效期，不可购买不在有效期、保质期内的农药。

（4）看农药标签的外观及内容　合格产品的标签或说明书一般印刷较清晰，内容齐全，包括农药名称、适用范围、有效成分及含量、剂型、农药登记证号、农药生产许可证号、企业名称及联系方式、生产日期、产品批号、质量、产品用途、使用说明、毒性标识、注意事项、储存和运输方法等。

37. 农药混配的原则是什么？

在混配农药时，必须遵循以下四个原则。

（1）不应影响有效成分的化学稳定性　农药有效成分的化学性质和结构是其药效的基础。混配时一般不应让其有效成分发生化学变化，否则会分解失效。例如，有机磷类和氨基甲酸类农药对碱性比较敏感，菊酯类杀虫剂和二硫代氨基酸类杀菌剂在较强碱性条件下也会分解；酸性农药与碱性农药混配后会发生复杂的化学变化，破坏其有效成分。有些农药品种虽然在碱性条件下相对稳定，一般也只能在碱性不太强的条件下现配现用，混配后不能置放太久。

（2）不能破坏药剂的物理性状　两种乳油混用，要求仍具有良好的乳化性、分散性、湿润性、展着性能；两种可湿性粉剂混用，则要求仍具有良好的悬浮率及湿润性、展着性能。这不仅是发挥药效的条件，也可防止因物理性状变化而失效或产生药害。如果混配后有成分结晶析出，药液中出现分层、絮结、沉淀等都不能混用。

（3）农药混配价格要合理　农药混用讲究经济效益，除了使用时省工、省时外，混用一般应比单用成本低些。较昂贵的新型内吸性杀菌剂与较便宜的保护剂杀菌剂混用、较昂贵的菊酯类农药与有机磷杀虫剂混用，都比单用的成本低。

（4）注意混配药剂的使用范围　在混配农药时，都应明确农药混配后的使用范围与其所含各种有效成分单剂的使用范围。比如在蚕桑生产用叶期间，不能混配菊酯类剧毒农药，否则会造成蚕中毒事故。

农药种类太多，混配时就容易出现问题，需要特别注意。具体操作时要注意以下几个方面。

一是农药混配顺序要准确。多数人在混配农药时，不知道应该先加哪一种药剂。有时候先加入叶面肥，有时候又先加入乳油，有时候先加入可湿性粉剂，拿起哪种加哪种，这是不合理的。叶面肥与农药等混配的顺序通常为叶面肥、可湿性粉剂、悬浮剂、水剂、乳油，依次加入，每加入一种即充分搅拌混匀，然后再加入下一种。

二是先加水后加药，进行二次稀释。目前，还有很多人混配农药时，是将农药全部加入喷雾器内，然后再兑水稀释，这种做法是错误的。

农药的混配，并不是简简单单兑在一起就可以了。混配时，可以先在喷雾器中加入大半桶水，加入第一种农药后混匀；然后，将剩下的农药用一个塑料瓶先进行稀释，稀释好后倒入喷雾器中，混匀。

三是配药后立即喷用。很多时候，使用者一般先在家里兑好药剂，然后运到田间喷药，用药多的时候药剂已经配制了数个小时。药液虽然在刚配时没有反应，但不代表可以随意久置，否则容易缓慢产生反应，使药效逐步降低。

另外，使用者在不知道农药能不能混用时，最好先进行小面积试验。不仅要看配制时有没有反应，还要看用上后会不会产生药害。

38. 农药配制应注意哪些问题？

① 混用品种之间不产生不良化学反应（如水解、碱解、酸解等），保证正常药效或增效，也不影响农药的物理性状。例如，多数有机磷杀虫剂不能与波尔多液、石硫合剂等混用，粉剂不能与可湿性粉剂、可溶性粉剂混用。

② 不同农药品种混用后，不能使作物产生药害。例如，有机磷杀虫剂与敌稗混用后，会使水稻产生药害；波尔多液与石硫合剂混用后，

易使作物产生药害。

③ 农药混用后，不增加毒性，保证对人、畜安全。

④ 混用要合理，包括品种间搭配合理，如防除大豆田禾本科杂草，单用拿捕净、盖草能即可防除，再用两者混配，虽然从药剂稳定性上可行，但属于混配不合理，既不增效，也不扩大防治范围，混用没有必要。成本要合理，农药混用是为了省工省时，提高经济效益。如制成混剂后，追加成本很大，是不允许的。

⑤ 注意农药品种间的拮抗作用，保证混用的效果。

39. 农药各种浓度表示法之间如何换算?

不同浓度表示法间的换算如下。

① 百分浓度与百万分浓度之间的换算：百万分浓度＝10000×百分浓度（不带%）。

② 倍数法与百分浓度间的换算：稀释液浓度（%）＝(原药浓度/稀释倍数)×100。

③ 农药稀释的计算方法要遵循化学中稀释溶液的原理，即一定量农药在稀释前后的有效成分不变。所以其计算公式为：原药浓度×原药重量＝稀释液浓度×稀释液重量，所以我们只要知道其中的三个条件，另外一个未知数就能求出，如原药浓度＝(稀释液浓度×稀释液重量)/原药重量，原药重量＝(稀释液浓度×稀释液重量)/原药浓度，稀释液浓度＝(原药浓度×原药重量)/稀释液重量，稀释液重量＝(原药浓度×原药重量)/稀释液浓度。记住以上四个公式，计算起来就方便多了，下面举两个例子。

【例 1】 求加水量：今有杀蚜虫的10%的蚝克10克，稀释成100毫克/千克浓度的药液需加多少水?（注意：所用的浓度单位和重量单位前后要一致。）

计算第一步：按百万分浓度＝10000×百分浓度，即：10%的蚝克＝10×10000＝100000毫克/千克；计算第二步：稀释液重量（即加水量）＝(100000×10)/100＝10000克(10千克)。

【例 2】 求用药量：某公园需喷0.08%浓度的英纳5000千克，问需用40%的英纳花卉苗木专用杀菌剂多少千克?

计算：药剂重量＝(0.08%×5000)/40%＝10千克。

同理，利用上面的四个公式还可求出稀释液浓度和原药浓度。在实际中我们用到最多的还是知道使用倍数和使用重量来求原药量。可用原药量＝稀释剂量/稀释倍数这个公式。

稀释方法技巧：百分比浓度，指 100 份药液或药粉中含农药有效成分的份数，用“％”表示。如 2％的尿素，表示在 100 千克尿素溶液中有 2 千克尿素、98 千克水。倍数浓度，指 1 份农药的加水倍数，常用重量来表示。例如，配制 700 倍的 50％多菌灵，是用 1 份 50％的多菌灵，加 700 份水搅拌而成。

换算方法：百分比浓度换算成百万分浓度，换算公式是 1 份农药的加水份数＝农药的百分数×1000000/欲配制的农药的百万分数。例如，将含量为 40％的乙烯利配成 2000 毫克/千克溶液 1 千克，乙烯利的加水量为 40％×1000000/2000＝200 千克，即加 200 千克水。换算成倍数浓度，用百分数除以百万分数，将小数点向后移 4 位，即得出所稀释倍数。例如，40％的乙烯利 1000 毫克/千克，换算成倍数浓度时，用40÷1000＝0.04，小数点向后移 4 位，即得 400 倍。

兑水方法：几种农药混用时，不是每加一种药都加一次水，而是各种药都用同 1 份水来计算浓度。例如，配制 500 倍的尿素加 1000 倍的甲基托布津，是用 2 份尿素加 1 份甲基托布津加 1000 份水。另外，兑水时，应先配成母液，即先用少量的温水将药液化开，再加水至所需浓度，充分溶解，提高悬浮性，提高药效，防止药害。

40. 农药施用安全操作应注意哪些问题?

根据农药毒性级别、施药方法和地点穿戴相应的防护用品。工作人员施药期间不准进食、饮水和抽烟。施药时要注意天气情况，一般雨天、雨前、大风天气、气温高时不要喷药。

工作人员要始终处于上风向位置施药。库房熏蒸应设置“禁止入内”“有毒”等标志。室内气温应低于 35℃，必须由两人以上轮流进行。农药拌种应远离住宅区、水源、食品库、畜舍，并且在通风良好的场地进行，不得用手接触操作。施用高毒农药，必须有两名以上人员操作；施药人员每日工作不超过 6 小时，连续施药不超过 5 天。施药时，不允许非操作人员和家畜在施药区停留，凡施过药的区域，应设立警告标志。临时在田间放置的农药、浸药种子及施药器械必须有人看管。施药人员如有头痛、头昏、恶心、呕吐等中毒症状，应立即离开现场急救治疗。不要用嘴去吸堵塞的喷头。一般至少要 24 小时后才能进入喷药的田间。身体不健康或孕妇不得进行施药工作。不要让儿童接触和施用农药。凡可参照《农药安全使用标准》（GB 4285—1989）施药的品种，均按照“标准”的要求执行；尚未制定标准的品种，严格按照办理农药登记时批准的标签施药，并执行下列规定：高毒农药不准用于蔬菜、茶叶、果树、中药材等作物，不准用于卫生虫害与人、畜皮肤病。高残留农药不准在果树、蔬菜、茶树、中药材、烟草、咖啡、胡椒、香料等作物上使用。三氯杀螨醇不得用于茶叶。禁用农药毒鱼、虾、青蛙和有益的鸟兽。禁止使用国家明令禁止生产、使用的农药品种。

41. 施用农药如何做好安全防护?

农药进入人体有三种途径，即经皮肤、口腔和呼吸道，必须做好农药施用中的安全防护。

（1）经皮肤中毒的防护　在农药配制、施药、清洗过程中，要穿戴必要的防护服和使用必要的工具，严格避免皮肤与农药接触，施药前要检查药械是否完好，避免药液跑、冒、滴、漏。施药时，人要站在上风位置，实行作物隔行施药操作。施药后，要及时更换防护服，清洗手、脸等暴露部分的皮肤。如果不慎让皮肤沾上了药液，应立即停止作业，充分清洗沾药部位。对于农药的生产和使用人员来说，通过皮肤吸收是农药最常见的进入人体途径。大部分农药都可以通过完好的皮肤吸收，而且吸收后在皮肤表面不留任何痕迹，所以皮肤吸收通常也是最易被人们忽视的途径。当皮肤有伤口时，其吸收量要明显大于完好皮肤的吸收量。农药制剂为液体或油剂、浓缩型制剂时皮肤吸收速度更快。为了避免和减少因喷洒农药而发生农药中毒，尽量避免在中午高温的状态下喷药，要穿长衣长裤，必须佩带必要的防护用品，如防毒口罩、防化服、防化手套等。喷洒农药过程中，尽量不要饮食和抽烟，喷洒农药应站在上风口位置，不要穿梭于已喷过农药的农作物之间。

（2）经口中毒的防护　施药后未经洗手、脸，禁止抽烟、吃饭、喝水，不要用嘴吹堵塞了的喷头，施用农药或清洗药械时，不要污染水源或池塘。

（3）吸入中毒的防护　尽量避免施药人员在农药的烟、雾中呼吸，一定要配戴口罩或防毒面具。施药要顺风进行，避免逆风喷药。如不慎吸入农药，身体感到不适，应立即停止操作，迅速用清水洗手、脸，用洁净水漱口。中毒症状严重者，携带该农药标签，送医院救治。在喷洒和熏蒸农药时，或是使用一些易挥发的农药时，农药都可以经过呼吸道吸入进入人体。直径较大的农药粒子不能直接进入肺内，被阻留在鼻、口腔、咽喉或气管内，并通过这些表面黏膜吸收；只有直径为1～8微米的农药粒子才能直接进入肺内，并且被快速而完全地吸收进入体内。

农药使用一定要做好防护措施，其中也包括农药喷洒过程中的个人防护工作。在喷洒高浓度农药时，一定要保持高度警惕，一旦发现呼吸困难、呕吐、头晕、浑身乏力，要立即远离喷洒农药的区域，并在上风处休息，情况严重者要及时送医救治。

42. 如何选择适宜的天气施药？

喷施农药不注意天气情况，会造成施药后效果不理想，或造成负面影响。因此，施药需注意天气情况，即“看天打药”。农药施用时的天气状况如何，对农药的药效、人及植物的药害、周围环境的污染等都有很大影响。合理利用天气条件，掌握科学的施药技术，能最大限度防止农药对人和植物造成危害。施药一般要选择无风的晴朗天气。棚室内的蔬菜，也不宜在阴雨天打药，以免空气湿度过大诱发病害。

一般在刮大风、下雨、高温、高湿等天气条件下不宜使用农药。这四种天气不宜打药的原因为：①大风天气人易中毒。刮大风时不宜用药，大风容易使喷洒的药粉或雾滴随风飘扬，不能均匀附在农作物表面，但会飘浮在施药人员身上使之中毒。②阴雨天气农药流失。阴雨天喷药雨水能直接冲刷掉药剂，不仅影响效果还会造成水域污染，一般拌种用的药剂受雨水影响小，乳油农药由于能在作物表面形成一层油膜，对雨水冲刷有一定抵抗力，而粉剂和可湿性粉剂最不耐雨水冲刷。③高温天气农药易分解。高温会使农药分解加速、药剂挥发，所以高温不宜打药，因农作物在炎热天气时新陈代谢作用旺盛，叶片气孔开放，药剂很容易进入作物体内而发生药害。④高温天气药效低。雾气重或露水多的高温天气药剂易被水稀释而使药剂效果降低，另外早上露水未干时温度相对较低，害虫还未出来活动，此时喷药效果不好。

43. 为什么喷药时要均匀喷雾尤其是叶背面喷雾要周到？

均匀喷雾很重要，因为均匀喷雾使农药在植株表面形成保护膜，不仅利于药液的吸收利用，而且有助于起到很好的预防作用。

通常农作物叶正面向上，从上向下施药容易，因此叶正面很容易施药。向叶背面喷雾较难，所以要注意叶背面喷雾要周到。

番茄叶霉病菌、黄瓜霜霉病菌主要生长在叶背面；很多害虫（如蚜虫、红蜘蛛）也多数在叶背面生活，防治这些病虫害就要喷药时均匀喷雾，尤其是叶背面喷雾要周到，才能有较好的防效。

44. 为什么在下午打药效果更好?

因为早上叶面露珠会稀释药剂降低药效，中午气温较高植物叶面的气孔关闭会影响药的吸收，而且中午紫外线强会抑制产品活性从而影响药效。所以下午四点以后使用效果最好。

45. 为什么有时施用农药后效果不好?

施用农药后效果不好主要有以下原因。

（1）农药自身因素影响药效发挥　农药的成分、理化性质、剂型都影响着药效的发挥，相同成分同等含量的不同剂型之间都会存在差异，各公司生产工艺和制剂生产能力高低不同，药效也会有所差异，同时不能排除一些公司在含量上做文章，偷减有效成分含量影响药效。

（2）病害诊断不准确，用药存在偏差　病害的诊断多是靠经销商和用户的经验，因为经验的多寡导致混淆真菌病害与细菌性病害的事情时有发生。当真菌、细菌病害混发时，众多用户一味定性为真菌或细菌病害，使用单一的药剂进行防治，如此诊治极容易错过病害的最佳防治时期，造成一些药剂达不到用户所希望的“一药多效，药到病除”的效果，就会产生药效不佳的印象。

（3）喷雾质量影响药效　喷雾质量的好坏直接影响着药效的高低。目前一些地方使用常规喷雾器械，所喷出的雾滴过大，雾滴落于作物表面时会产生弹跳，约有50%的药液落在地面上，导致药效不能完全发挥。等量的药液如果雾滴中径缩小一半，所得的雾滴数目可增加8倍，药效也有大幅提高。许多用户担心药液不能全部沾着在作物表面，便加大用药量，这种做法非但不能提高药效，还会降低药效。因为作物叶片表面能够附着的药滴是有限度的，当喷洒量超过一定限度时，叶片上的细小雾滴就会聚集成大雾滴滚落，降低叶片上的农药量。

为了提高喷雾质量，有必要改良现有喷雾器械，减小喷片孔径，降低雾滴中径，喷药时喷头与作物保持20厘米以上的距离，形成良好的雾化效果，同时在喷药时加入有机硅喷雾助剂“展透”可以降低药液表面张力，减少药液因弹跳造成的损失，在蜡质层较厚的作物上使用表现尤为突出。

（4）病害防治观念有待转变　对于作物病害的防治，许多人普遍的做法是“见病施药、重治轻防”。有人表示，为了治疫病用过烯酰吗啉、甲霜灵、霜脲氰的单剂还有很多“特效药”，而且是在病害发生前用这类农药进行防治。这种“主动出击”的病害防治方式，在很多地方普遍存在。一旦发现药效有所降低，就加大用量，长期单一使用某种药剂，势必会造成病菌过早产生抗性，病害大暴发时将面临无药可治的境地。应改变现有防治观念，坚持“预防为主、综合防治”的原则，科学选用农药品种，避免多种同一有效成分的制剂混用，建议轮换使用不同成分药剂并与保护性制剂混配使用，延缓抗性的发生。

（5）农药混配存在一定的误区　用户希望一次用药将所有病虫害问题解决，经常把不同类型、不同剂型的农药进行复配，存在着诸多问题。第一二次稀释存在误区。正确做法是把要用的几种农药分别进行稀释，稀释完一种后倒入喷雾器再稀释下一种，依次进行，这样才能真正发挥二次稀释在提高药效上的作用。第二，在混配时不同剂型投药先后顺序影响着药效的发挥。投药及肥料依次为叶面肥、可湿性粉剂、水分散粒剂、悬浮剂、微乳剂、水乳剂、水剂、乳油，这样混配出来的药剂稳定性较好。第三，药剂的酸碱度影响药效的发挥，混配不当容易出现酸碱中和的情况。如主要防治细菌性病害的铜制剂，与其他药剂混配后药液极易出现变色、沉淀等现象，轻者药效会减弱，重者会出现药害。

（6）温湿度影响药效发挥　湿度、温度都会影响药效的发挥，如在露水未干的时候喷药，露水会稀释药液浓度。气温过高过低都会影响药效的发挥，一般而言，气温在20～30℃范围内用药效果较好。

总之，一味寄希望于“特效药”是不理智的，“药到病除”的“神丹妙药”也是可遇不可求的，为了提高药效，就需要从以上几点入手找到限制药效提高的因素，尽可能排除不利因素，将药效发挥到最大化。

46. 什么是农药残留和最高残留限量（MRL）?

农药残留是农药使用后一个时期内没有被分解而残留于生物体、收获物、土壤、水体、大气中的微量农药原体、有毒代谢物、降解物和杂质的总称。

农药最高残留限量（MRL）是指在生产或储运商品过程中，直接或间接使用农药后，在食品和饲料中允许形成农药残留的最大浓度。

47. 药害产生的原因是什么？如何预防植物产生药害？

（1）植物药害的产生原因　一是植物不同发育阶段对药剂的反应不同。一般幼苗和开花阶段易产生药害。二是不同植物对药剂的敏感性不同。如核果类树木（桃、李、梅、杏等）对波尔多液敏感，也对乐果类药物敏感等。三是不正确的气象条件施药，也易产生药害。一般以气温和日照的影响最为明显，高温、日照强烈或雾重、高湿都易产生药害。四是农药与化肥的不正确混用也易产生药害。液体农药（甲胺磷、甲基托布津、井冈霉素等）均不能与碳铵、氨水、草木灰等混合使用。含砷农药不能与钠盐、钾盐类化肥混用。五是农药与农药的不正确混用也易产生药害。如波尔多液与石硫合剂混用、松脂合剂与有机磷农药混用、溴氰菊酯与有机磷农药混用，均易产生药害。

（2）植物发生药害的症状　植物发生药害后其症状表现为植株矮化、畸形等；根粗短肥大、缺少根毛、表面变厚发脆等；产生带斑果、褐果、落果、畸形果等；种子不饱满、发芽率低等；花瓣枯焦、落花等；叶黄化、失绿、厚叶、落叶、卷叶、叶斑、焦灼枯萎、穿孔、畸形等。

（3）植物药害的测定方法

室内药害测定法：可根据农药的使用范围和方法，进行盆栽试验。栽植被保护植物（或对药剂最敏感的植物），采用灌根、针刺、喷雾、涂叶、喷粉、涂茎等方法施药 7 天左右，调查药害程度。施药量可设正常药量、高于正常药量、低于正常药量 3 种，同时设不施药的植株作为对照，以比较药害的有无。

田间药害测定：安全系数＝植物对农药的最高忍受浓度/药剂对病虫害的田间有效浓度，安全系数大于 1 表示不易造成植物药害，安全系数越大，药剂对植物越安全；安全系数小于 1，表示药剂易造成药害。

（4）防止药害产生的措施　应注意常用农药对某些植物易产生药害，如乐果对瓜类有一定的影响，柳树、国槐在乐果、氧化乐果浓度过大时也易产生药害。波尔多液中石灰量低于倍量式时，梨、杏、柿易产生药害，对在生长季节的桃、李敏感，某些品种的苹果树也易发生药害。

应采取如下防止措施。

① 按植物种类及不同的发育阶段合理使用农药。因不同植物及不同的发育阶段对农药的反应不同，如桃、樱花、樱桃对磷胺反应敏感，易产生药害，使用时一定要慎重。一般种子萌芽、幼苗、孕穗、开花等发育阶段易受药害，如催芽后进行药剂处理易发生药害。但不同药剂、不同剂量、不同使用方法，植物产生的药害程度也不同，如无机农药波尔多液、石硫合剂等比有机合成农药易产生药害，而植物农药不易产生药害。因此，施药时，要按植物不同种类及不同发育阶段的抗药能力，选择合理的农药种类、药量及使用方法等，才能防止药害发生。

② 有目的地选用高效无药害的农药，并在有效杀死病虫害的前提下，尽量降低农药的使用浓度及使用量。

③ 正确进行农药的合理混合使用。经试验找出作用机理不同、混合使用后不降效甚至能增效的药剂混合使用，可防止药害的产生。

④ 正确进行农药与化肥的混合使用。一般固体农药可与化肥直接混用，其要求不严格，但使用液体农药时应严格按照科学混用的原则，以防止药害的发生。

⑤ 按气候条件，选用施药时期。不在高温、高湿、强光条件下施药，尤其是在炎热的中午不宜施药。另外，农药在干旱的土壤中对植物易产生药害，应减少药量及浓度。

⑥ 当药害发生后，应进行叶面喷水或根部灌水，减少受害部位的药剂浓度，并结合施肥及修剪，使受害植物迅速恢复正常生长。

48. 内吸性农药与触杀性农药使用技术有哪些区别?

内吸性农药使用后通过叶片或根、茎被植物吸收，进入植物体内后，被输导到其他部位。如通过蒸腾流由下向上输导，以药剂有效成分本身或在植物体内代谢为更具生物活性的物质发挥作用。如内吸性的杀菌剂主要是通过被治疗的作物气孔吸收后被输送到病部，从而达到治疗效果。内吸性的杀虫剂主要是防治吸汁类害虫（即防治刺吸式口器害虫）。

触杀性农药通过昆虫表皮进入体内发挥作用，使虫体中毒死亡，此类农药用于防治各种类型口器的害虫，如辛硫磷等。

根据防治对象和农药性能选用适当的农药剂型和施药方法。防治农作物病、虫、草害要根据其发生部位、为害方式、特点和农药性能、用途采用适当的施药方法。触杀性农药以喷雾为主，并且一定要均匀喷雾，使药剂充分接触虫体，从而使害虫致死。而内吸性农药既可喷雾又可根部用药，内吸性杀虫、杀菌剂施药后4～5小时便有80%的有效成分能通过植株的根、茎、叶等的吸收进入组织内部发挥药效，从而将取食的害虫或病菌致死。

49. 如何预防病虫草害产生抗药性?

抗药性是由于对农药的长期反复使用或滥用，已有农药在防治植物病虫害时出现药效减退，甚至无效的现象。为了减小抗药性的发生，使用农药时应注意以下几点。

(1) 交替使用农药　交替用药就是在某植物的生育期内，交替使用作用机制完全不同的农药，不但能提高防治效果，而且能延缓某种优良农药品种使用年限。如杀虫剂有有机磷制剂、拟除虫菊酯制剂、氨基甲酸酯制剂、有机氯制剂、生物制剂几类，其作用机制各有不同。同一类制剂中的农药品种也可以互相换用，但必须查明它们之间是否存在交互抗性。例如，蚜虫对乐果产生了抗性以后，敌敌畏也就不能用了，因为蚜虫也会对敌敌畏产生抗性，但是可以选用杀螟松。在杀菌剂中，一般内吸性杀菌剂比较容易引起抗药性，如苯并咪唑类杀菌剂（多菌灵、托布津等）、抗生素类杀菌剂等。但触杀性杀菌剂不大容易引起抗药性，因此是较好的轮换组合，例如代森类、无机硫制剂类、铜制剂类都是较好的轮用品种。

(2) 科学混用农药　把作用方式和机制不同的药剂混合使用，也可以减缓抗药性的发生，而且还能兼治多种病虫害，增强药效，减少农药用量，降低成本。例如，害虫对菊酯农药产生抗药性后，将有机磷和菊酯农药混合使用，可对害虫的抗药性有一定的抑制作用。另外，如瑞毒霉与代森锰锌混用，多菌灵与灭菌丹混用、都是比较成功的混用方法。一旦抗药性出现以后，改用混配制剂往往也能奏效。不过，混合使用必须科学合理，不能盲目混用。而且一种混配农药也不能长期单一地采用，必须组织轮换用药，否则同样会发生抗药性，而且还有可能引起有害生物发生多抗性，即生物体对多种农药同时产生抗药性。

(3) 农药的间断使用或停用　当一种农药已经引发了抗药性后，如果在一段时间内停止使用，抗药性现象有可能逐渐减退甚至消失，例如久效磷发生抗药性后，经过若干年停用，抗药性可基本消失。

（4）应用增效剂　增效剂能增加农药的生物活性，提高药效。因此，在某些农药中加入一定量的增效剂，也可延缓或克服抗药性的发生。目前市场上出售的21%增效氰马乳油复配品种中，除了有氰戊菊酯、马拉硫磷外，还有增效剂。

（5）选用恰当的施药技术　药剂的有效剂量和沉积分布均匀性对防治病虫害也至关重要。所以，对不同植物和不同的有害生物，还应选用恰当的施药技术，使药剂在植物上的沉积分布均匀，从而以较少用量获得较好的防治效果。

50. 如何鉴别农药是否失效?

鉴别农药是否失效有以下四种方法。

一是烧灼法。此法用于鉴别粉剂农药。取适量粉剂农药放在金属物上，在火上烧灼，若冒白烟则说明农药没有失效。

二是震荡法。此法用于鉴别乳剂农药。根据乳剂农药易分层这一特点，先看其是否分层，若未分层则说明农药有效；若分层，可上下震荡数次，使其均匀后，静置40～60分钟，再仔细观察，如果再次分层则说明农药失效，不能使用。

三是溶解法。此法用于鉴别沉淀的乳剂农药。将药瓶放入40～60℃的水中浸泡60分钟左右。若瓶底沉淀物溶解，说明农药未失效。若沉淀物不溶解，可将沉淀物滤出，取少量并加注适量温水，若沉淀物溶解，说明农药仍可使用。

四是稀释法。此法用于鉴别粉剂、可湿性粉剂和乳剂农药。如果是粉剂，可取50克药剂放入玻璃杯内加适量清水，搅动使其溶解，静置30分钟左右，若颗粒悬浮均匀且瓶底无沉淀，说明此农药未失效。而可湿性粉剂在储存时易结块，可将结块先研成粉末，加少量清水。若很快溶解，说明农药有效，反之则不能使用。如果是乳剂，可取少量放入玻璃杯内，加注适量的水进行搅拌，静置30分钟。若水面无油珠，杯底无沉淀物，说明该农药有效。

51. 怎么保存农药防止失效?

正确保管储藏农药，不仅可以确保农药不变质、不失效，还可以确保人畜安全。存放农药时要注意以下几点。

① 在存放农药前要仔细阅读使用说明书，把已失效的农药采取深埋处理，切不可乱丢乱放。

② 保存好农药的标签及使用说明书，对已破损的瓶、袋等包装要及时更换，可湿性粉剂农药要注意密封，以防吸湿后结块失效。对标签已失落或模糊不清的农药，必须重新用纸写明品名、用法、用量、有效期限、使用范围，贴于瓶上或袋子上以备正确使用。

③ 要注意实行密封。保管时一定要把瓶盖拧紧，实行密封防挥发。由于大多数农药具有挥发性，造成空气污染，储存时要注意施行密封措施，避免挥发降低药效，污染环境，危害人体健康。

④ 要注意保持温度和避光保存。大多数粉剂农药在高温情况下，其质量容易受影响。温度越高，农药越容易融化、分解、挥发，甚至燃烧爆炸。一些乳剂农药在遇到高温后容易破坏其乳化性能，降低药效；而有些瓶装液体农药当遇到低温后容易结冰，形成块状，或使瓶子冻裂，在保管这类农药时应保持室内温度在1℃以上。另外，辛硫酸农药怕光照，长期见光曝晒，会引起农药分解变质和失效，在保管时要避免高温和日晒。冬季储存液体农药要保温，最好在10℃左右。

⑤ 要注意保持干燥。粉剂农药和植物调节剂，很容易吸潮结块，所以，保管存放农药的场所应当保持干燥，严防漏雨飘雪。还要留有窗户，以便通风换气，保持相对湿度在75%以下。

⑥ 要注意分类存放。农药分为碱性、酸性和中性农药。碱性农药有敌稗、石硫合剂、波尔多液等；酸性农药有敌敌畏、乐果、溴氰菊酯等；中性农药有克温散等。这三种不同性质的农药，在储存保管时要隔开存放，距离保持在0.5米以上，否则，会使农药相互影响导致变质失效。另外，对用不完的两种农药更不能混装在一个瓶内，以免失效。

⑦ 要注意防止事故。凡是农药都有不同程度的毒性，在保管时最好是放在专柜或木箱中，并要在外面加锁。农药不能与粮油、豆类、种子以及蔬菜同室存放；乳油剂和烟熏剂农药不能和火柴、机油、鞭炮等易燃易爆物品放在一起，更不能储存在人、畜、禽附近，特别要防止小孩接触，以免发生事故。

52. 什么是农药保质期？

农药产品在工厂生产包装之日到没有降质降效的最后日期的这段

时期称为保质期。在保质期内，农药产品质量不能低于质量标准规定的各项技术指标值，使用者按农药标签上的防治对象、施用方法、使用浓度（或剂量）等各项规定应用，应能达到满意的防治效果而不会产生药害。

53. 过了保质期的农药还能使用吗?

“过期农药”不是“假农药”或“劣质农药”，所以并非绝对不能再使用。经检验合格后，遵循科学的使用方法，很多过期农药仍然具有一定的使用价值。

54. 家中如何保管和储存农药?

① 不要把农药存放在卧室、柜底，也不要靠近粮食、豆类、蔬菜等食品堆旁。要放到人畜不易接触的地方，尤其不要让小孩接触到。

② 乳油剂和烟熏剂类农药不要与火柴、爆竹、煤油、汽油等易燃易爆物品混放。

③ 农药不要与石灰、化肥、肥皂等存放在一起，以免发生化学反应，导致农药失效。

④ 每次用完药，要将其放回原处，每家每户最好自备一只箱子用来存放农药，各种农药都应贴上标签。药箱要上锁。

⑤ 农药要放在通风干燥处。粉剂农药受潮后易失效影响使用，袋装农药要检查包装是否完好，要避免潮湿及阳光直射。

55. 假冒伪劣农药都有哪些特点?

假冒伪劣农药有三类：用别人商标等文件的农药；过期变质农药；其他物质当作农药。

假冒伪劣农药都有以下特点。

一是农药名称不规范，有效成分含量不足，有效成分质量差，如含有某些杂质，不但会影响药效，有时还会造成药害。二是商标单字面积大于农药名称的单字面积，且在标签的中间位置，制剂加工水平低，没有达到标签上所注明的剂型要求。《农药标签和说明书管理办法》规定，商标应当标注在标签的边或角，含文字的，其单字面积不得大于农药名称的单字面积；三是标签标注有若干个单位名称、多个地址，按照有关规定，除登记申请的单位名称外，不得标注其他任何机构的名称；四是标签上无生产日期或批号，无产品质量保证期（农药的保证期，一般为两年），联系方式胡编乱造；五是夸大产品性能和功效，含有不科学表示功效的断言或保证（如“无害”“无残留”“保证高产”等），农药中实际含有的有效成分并不是标签上所注明的成分，即用价格便宜的农药冒充价格昂贵的农药；农药过期失效；贬低同类产品，与其他农药进行功效和安全性对比；含有用农药科研、植保单位、学术机构或专家、用户的名义、形象作证明的内容；含有有效率及获奖的内容；使用直接或暗示的方法，以及模棱两可、言过其实的用语，使人产生错觉；含有“无效退款、保险公司承保”等承诺；六是农药登记证号胡编乱造，包装上虽标有农药登记号，但是假的或过期的。

56. 如何避免买到假冒伪劣农药？

先看标签是不是符合规范，再看有没有联系电话和地址以及传真号。你可以试着拨打农药标签上的厂家电话，一般大公司都是有人接听电话的，另外你看看农药标签上的农药登记证号是不是规范的，临时的以 LS 字母开头，正式登记的以 PD 字母开头。临时证号需在 5 年内续证，不续证的产品可以视作不合格产品。现在还有一种登记，是实验证号，以 SY 开头的，以该证号登记的产品是不能纳入经销渠道销售的，工商部门或者农业执法大队查到后会罚款。还有一种鉴别方法就是通过技术手段，检测农药的有效成分含量是否达标，或者有无添加标签上没有标注的成分，可到质量检测中心去检测。辨别假冒伪劣农药的技巧有以下一些。

一看农药是否有结块、分层、沉淀、泄漏等现象，如果出现这些情况多为过期或者不合格产品。

二看注册商标和农药登记证、生产许可证、产品标准代号。一般假冒产品没有注册商标和相关的两证一号。

三看有效期和生产批号。这些可以推算出农药的生产日期和有效的期限。

四看厂址、厂名和详细的相关企业信息。一般假冒的产品没有这些信息或者信息不准确。通过农药的登记证号，上中国农药信息网查询。

防止假冒农药的措施：熟悉和掌握有关植物保护及农药的基本知

识，把好农药经营渠道关，把好农药质量进货关，不购买散装农药制剂。

57. 什么是农药通用名？

农药通用名称，是指农药产品中起作用的有效成分名称。我国使用中文通用名称和英文通用名称。中文通用名称在中国范围内通用，英文通用名称在全世界范围内通用。

58. 为什么农药不再使用商品名？

商品名称是指在市场上用以识别或称呼某一农药产品的词或词组，即农药生产企业为了对生产的某农药产品树立自己的形象和品牌，给自己的产品注册商品名称，以示区别（品牌名）。农药商品名称由生产厂商自己确定，经农业部农药检定所核准后，由生产厂独家作用。在一个农药有效成分通用名称下，由于生产厂家的不同，可有多个商品名称。如以氰戊菊酯（通用名称）为有效成分的乳油产品，商品名称有速灭杀丁、杀灭菊酯等；吡虫啉（通用名称）为有效成分的可湿性粉剂，其商品名称有一遍净、大功臣、蚜虱净、四季红、蚜虫灵、虱蚜丹、绿色通、大丰收、乐山奇、蚜克西、快杀虱、必林等，带来了一药多名的混乱现象，严重影响了农药的安全使用。同名不同药、同药不同名带来了生产、管理、销售、使用各个环节的混乱现象。因此，农药不再使用商品名。

59. 农药有效成分含量有几种表示方法？

纯度即原药中有效成分的含量，以百分率表示。纯度是原药质量的主要指标，其越高表示质量越好。

制剂的有效成分表示方法：农药产品的有效成分含量通常采用质量分数表示，也可采用质量浓度表示，特殊农药可用其特定的通用单位表示。

一般来说，固体产品以质量分数（％）表示，如 80％代森锰锌可湿性粉剂，表示这种产品的有效成分含量是 80％；10％吡虫啉湿性粉剂，表示这种产品中有效成分的含量是 10％。

液体产品可采用质量分数（％）表示，如 1.8％阿维菌素乳油，表示该产品中阿维菌素的有效含量为 1.8％；也可采用单位体积质量表示

（克/升），如阿维菌素 18 克/升（有的表示为阿维菌素 18EC）。

对少数特殊农药，可采用特定的通用单位表示，如枯草芽孢杆菌产品采用活芽孢（数）/毫升表示等。

农药产品有效成分含量的管理有如下规定。

① 有效成分和剂型相同的农药产品（包括相同配比的混配制剂产品），其有效成分含量设定的梯度不得超过 5 个。

② 乳油、微乳剂、可湿性粉剂产品，其有效成分含量不得低于已批准生产或登记产品（包括相同配比的混配制剂产品）的有效成分含量。

③ 有效成分含量≥10%（或 100 克/升）的农药产品（包括相同配比的混配制剂产品），其有效成分含量的变化间隔值不得小于 5（%）或 50（克/升）。

④ 有效成分含量＜10%（或 100 克/升）的农药产品（包括相同配比的混配制剂产品），其有效成分含量的变化间隔不得小于有效成分含量的 50%。

⑤ 含有渗透剂或增效剂的农药产品，其有效成分含量设定应当与不含渗透剂或增效剂的同类产品的有效成分含量设定要求相同。

⑥ 不经过稀释而直接使用的农药产品，其有效成分含量的设定应当以保证产品安全、有效使用为原则。

⑦ 特殊情况的农药产品有效成分含量设定，应当在申请生产许可和登记时提交情况说明、科学依据和有关文献等资料。

60. 国家对农药名称有哪些规定?

为规范农药名称，维护农药消费者权益，根据《农药管理条例》的有关规定，中华人民共和国农业部就农药名称的管理作出以下规定：单制剂使用农药有效成分的通用名称，混配制剂中各有效成分通用名称组合后不多于 5 个字的，使用各有效成分通用名称的组合作为简化通用名称，各有效成分通用名称之间应当插入间隔号，按照便于记忆的方式排列。混配制剂中各有效成分通用名称组合后多于 5 个字的，使用简化通用名称。

简化通用名称命名基本原则：对卫生用农药，不经稀释直接使用的，以功能描述词语和剂型作为产品名称；经稀释使用的，按第一、二条的规定使用农药名称。

农药混配制剂的简化通用名称目录：尚未列入名称目录的农药混配制剂，申请者应当按照第二、三条的规定，在申请农药登记时向农业部提出简化通用名称的建议，经农业部核准后，方可使用。

第二章

安全用药知识

61. 农药的毒性越大药效就越好吗?

农药的毒性和农药的药效是两个不同的概念。农药杀虫效果的大小称为毒力，农药的毒性是指农药对人、畜的危害程度。一般来说，有些农药的毒性与毒力的关系是一致的，也就是说，毒性越大则毒力也越大，因此，毒性大的农药，杀虫效力自然好，如一些无机类杀虫剂。但是也有不少农药，毒性与毒力不呈一致性，也就是说，毒性大的农药不一定对害虫的毒力也大。相反，毒性小的农药，毒力可以很强，如辛硫磷、敌百虫等高效低毒农药。

杀虫效果的好坏，影响因素很多，除了农药本身毒性大小外，施药的质量如何，药剂的选择是否恰当，用药是否适时，药剂有无失效，施药时的天气情况，害虫的抗药性等，都有很大影响。因此要提高防治效果首先要掌握害虫特性，选用有针对性的防治药剂，提倡使用高效低毒农药。

过去一些老的高毒农药品种效果很好，造成了人们的印象是毒性越高越好。随着各个国家对环境保护和农作物食品安全的要求越来越严格，新开发的药剂的药效越来越好，但是毒性和残留越来越低，如拟除虫菊酯类、新烟碱类、抗蜕皮激素类等。因此，在购买与使用农药时，既不能简单地用毒性的大小推测药效的高低，也不能根据药效的高低推测毒性的大小。在蔬菜、果树病虫害防治上，一定要遵守国家规定，不可以使用高毒农药。

62. 什么是《农药合理使用准则》?

为指导科学、合理、安全使用农药，有效防治农作物病、虫、草害，防止农产品中农药残留量超过规定的限量标准，保护环境，保障人体健康而制定《农药合理使用准则》，这是国家颁布的农药使用技术规范，也称为农药安全使用标准，是农药管理的措施之一。其目的在于指导科学、合理和安全使用农药，以更有效地防治农作物的病虫草害。

每项准则中都包括使用作物、农药制剂、每亩每次最高施药量或施药浓度（稀释倍数）、施药方法、每季作物最多使用次数，最后一次施药距收获的天数（安全间隔期）、实施要点说明和最高残留限量（MRL）参照值。格式见表2.1。

63. 如何减少农药对蔬菜的污染？

大力推广已成熟的病、虫、草害的综合防治技术，即合理、协调使用各种防治技术措施，尽量减少化学农药的使用。首要的是要严格遵守《农药安全使用准则》，科学、合理、安全地使用农药。在防治蔬菜病，虫、草害时，要选择合适的药剂，按照准则的要求或农药标签的说明，正确使用，不随意增加药量和使用次数，要确保安全间隔期的执行。禁止在蔬菜上使用高毒农药和限制使用的农药。要选用高效、低毒、低残留的农药。

积极推广使用生物农药。

64. 蔬菜发生药害后如何补救？

首先要确定引起药害的药剂类型，不同类型的药剂采取的补救措施也会有所不同。一般情况下，无论使用什么药剂，当发生药害后，要在最短的时间内喷施大量的清水，冲洗叶片上残留的药剂。如果是有机磷杀虫剂产生的药害，可以在清水中加入0.5%的石灰或者0.2%食用碱面（敌百虫除外），能够加速药剂的分解。

如果发生药害的部位不是在根系，要及时浇水并同时追施少量的速效肥料，能够加快蔬菜的恢复，这对受害较轻的幼苗效果更是尤其明显。

另外对于叶片干枯、畸形、植株矮化等药害症状，可以采用芸薹素内酯（正常推荐剂量）、赤霉素（半量使用）、细胞分裂素（半量使用）混合喷施的办法，连续喷施2～3次，每次间隔3～5天。

65. 如果出现农药事故，农民如何依法维权？

使用农药后，如果发现使用效果差，出现药害或人畜中毒事故，应

表 2.1　杀菌剂

通用名	剂型及含量	适用作物	主要防治对象	每亩每次制剂施用量或稀释倍数（有效成分浓度）	施药方法	每季作物最多使用次数	最后一次施药距收获的天数（安全间隔期）/天	最高残留限量（MRL）参照值/（毫克/千克）
百菌清	75%可湿性粉剂	花生	叶斑病、锈病	111～133 克（83.25～99.75 克）	喷雾	3	14	花生仁 0.1
		番茄	早疫病等	145～270 克（108.75～208.25 克）		3	7	1
敌瘟磷	40%乳油	水稻	稻瘟病	75～100 毫升（30～40 克）	喷雾	3	21	糙米 0.1
异菌脲	50%可湿性粉剂	苹果	轮斑病、褐斑病等	1000～1500 倍液（333～500 毫克/升）	喷雾	3	7	10
春雷霉素	2%液剂	水稻	稻瘟病	80～100 毫升（0.6～2 克）	喷雾	3	21	糙米 0.04
丙环唑	25%乳油	小麦	锈病、白粉病、根腐病等	33.2 毫升（8.3 克）	喷雾	2	28	籽粒 0.1

按下列原则及时处理：

① 搜集证据。要保护好现场，及时向当地农业、工商或质检部门反映，请他们摄像或照相记录发生问题的情况。

② 保存好购买农药的发票、收据等凭证。

③ 保存好剩余的农药和农药包装物（包括尚未开启的农药、农药瓶和农药袋）。

④ 申请鉴定。向有关行政管理部门或有资质的鉴定机构申请，请他们依法组织有关专家对药害事故进行技术鉴定并形成书面鉴定意见。

⑤ 核查产品有关信息。到县级农业主管部门查询农药登记公告，核对产品生产公司名称、农药登记证号、农药名称、登记作物、防治对象等内容；也可在中国农业信息网（网址为 www. agri. gov. cn）和中国农药信息网（网址为 www. chinapesticide. gov. cn）进行查询。

66. 哪些药剂适合在有机蔬菜上使用?

由于有机蔬菜对生产过程要求非常严格，禁止使用所有化学合成的农药，禁止使用由基因工程技术生产的产品，所以，有机蔬菜的病虫草害防治，要坚持“预防为主，防治结合”的原则，主要通过农业、物理和生物措施来进行综合防治。应尽量选用植物性农药或物理方法，如草木灰（防韭菜蛆、蚜虫等）、面粉（防蚜虫、螨虫）、肥皂水（防蚜虫、白粉虱、蚧壳虫）、米醋（防土壤、叶部病害）、苏打水（防白粉病、锈病）、辣椒水（防病毒病）。

67. 如何科学使用农药?

（1）对症下药　在充分了解农药性能和使用方法的基础上，根据需要防治的病虫害种类，使用合适的农药类型或剂型。如杀虫剂中的胃毒剂防治咀嚼式口器害虫有效，但防治刺吸式口器害虫则无效；噻嗪酮（扑虱灵）防治白粉虱若虫有特效，但防治蚜虫则无效；避蚜雾防治桃蚜有特效，但防治瓜蚜效果差；甲霜灵防治各种蔬菜霜霉病、早疫病、晚疫病等有效，但防治白粉病却无效。

（2）适期用药　根据病虫害的发生规律，严格掌握最佳防治时期，做到适时用药。如在蔬菜播种或定植前，应采取棚室施药消毒、土壤处理和药剂拌种等措施；当蚜虫、蛾类点片发生时采用局部施药。

（3）科学用药　要注意交替轮换使用不同作用机制的农药，防止病原菌或害虫产生抗药性，利于保持药剂的防治效果和使用年限。在蔬菜生长前期以高效低毒的化学农药和生物农药混用或交替使用防治为主，生长后期以生物农药防治为主。使用推广低容量的喷雾法，并注意均匀喷施。

（4）选择正确喷药部位　施药时根据不同时期不同病虫害的发生特点确定植株的重点施药部位，进行针对性施药。例如霜霉病的发生是由下部叶片开始向上发展的，早期防治霜霉病时把药剂重点喷施在下部叶片上，可以减轻上部叶片染病；蚜虫、白粉虱等害虫栖息在幼嫩叶片的背面，因此喷药时必须喷均匀，喷头向上，重点喷叶片背面。

（5）合理混配药剂　一般各中性农药之间可以混用；中性农药与酸性农药可以混用；酸性农药之间可以混用；碱性农药不能随便与其他农药混用；微生物杀虫剂（Bt 等）不能同杀菌剂及内吸性强的农药混用；混合农药应随混随用。在使用混配有化学农药的各种生物源农药时，所混配的化学农药只能是允许限定使用的化学农药。

（6）不随意增加用药量和喷药次数　《农药合理使用准则》中规定了每种农药在不同蔬菜作物上的用药量、用药次数、最大允许残留量和安全间隔期，在蔬菜生产中必须严格执行，要彻底改变随意增加用药量和喷药次数，及多种农药乱混乱配的不良习惯。蔬菜喷药后一定要等农药降解到无残留时，方可采收上市。多次采摘的蔬菜，必须做到在采收后喷药。

68. 什么是安全间隔期与半衰期？

安全间隔期是在作物上最后一次施药至作物收获时允许的间隔天数，换句话说，即收获前禁止使用农药的日期。如果在大于安全间隔期期限范围施药，收获的农产品中农药的残留量就不会超过规定的最大残留限量，也就可以保证食用者的安全和产品的销售。安全间隔期的天数因农药的性质、作物种类和环境条件而不同。各种农药的安全间隔期均不相同，性质稳定的农药，不易分解，其安全间隔期就长。同一种农药在不同作物上的安全间隔期也不同，果菜类作物上农药残留量比叶菜类作物低得多，因此，安全间隔期可能短一些。在不同的地区，由于日光、气温和降雨等因素，即使同一种农药，在相同作物上的安全间隔期也可以不同。蔬菜生产通常周期比较短，因此，更要注意农药的安全间隔期问题，在生长周期短的蔬菜上，不要使用安全间隔期长于生长周期的农药，以免造成对食用者的危害。

农药残留期的长短一般用降解半衰期或消解半衰期表示。农药的降解半衰期和消解半衰期统称为农药半衰期，降解半衰期是农药在环境中受生物或化学、物理等因素的影响，分子结构遭受破坏，有半数的农药分子已经改变了原有分子状态所需的时间；消解半衰期是农药的降解和移动总消失量达到一半时的时间。

69. 哪些人不宜进行喷施农药工作?

根据有关研究资料表明，主要下列十种人不宜进行喷施农药工作：

（1）癫痫患者　有些农药对人体中枢神经有影响，会导致癫痫病发作，造成中毒或其他事故。

（2）感冒患者　患感冒时人体体温高，这时喷施农药极易中毒或使感冒患者发生其他疾病。

（3）皮肤患者　皮炎、皮肤溃疡等患者一旦沾染了农药，会使原有的皮肤病加重，而且农药也易通过患病的皮肤侵入患者体内而造成中毒。

（4）恢复期患病者　患有急性传染病、活动性肺结核、支气管哮喘、严重贫血、精神病等症在疾病恢复期间的患者，对农药极易中毒。

（5）心脏病患者　有些农药能直接毒害心肌，或通过神经的损害而影响心脏，导致心律不齐、心力衰竭、中毒性心肌炎发生而危及生命。

（6）肝炎患者　急慢性肝炎、肝硬化等肝病患者因其肝功能差，农药进入体内后不能迅速分解，易造成中毒和肝脏损伤。

（7）“三期”妇女　经期、孕期、哺乳期妇女由于生理改变，抵抗力差，对毒物较敏感。这些人吸进毒物后，经期易引发月经病；孕期易造成流产或胎儿畸形；哺乳期能使婴幼儿中毒。

（8）肾炎患者　急、慢性肾炎患者其肾脏排泄功能降低，毒物不能迅速排出而滞留在体内。若喷施农药，极易造成中毒或加剧肾功能损坏。

（9）农药过敏者　这种人接触农药发生过敏性反应，危及生命。

（10）儿童　儿童各方面发育尚未成熟，肌体解毒、排毒功能差，如接触农药易造成中毒。

70. 施药工作结束后，还要做哪些善后工作?

① 施药工作结束后，要及时将喷雾器清洗干净，连同剩余药物一起送回仓库妥善保管。

② 清洗施药机械的污水应选择安全地点妥善处理，不准随意排放。

施药作业结束后参与施药工作的人员应适当休息，补充蛋白质及其他营养素以提高人体抵抗力。

③ 施药后应及时清洗器材工具，以免器材被残留药物腐蚀。施药后应将空药瓶集中清点数量，到库区以外深埋处理，防止污染空气及周围水源。投药后 24 小时内应有 2 人值班，检查施药库房有无漏气、冒烟、燃爆等现象；值班人员应了解储粮化学药剂的安全使用知识并备有防毒面具、消防器材和报警联络设备。

71. 农药中毒有哪些症状?

农药中毒症状出现的时间和严重程度，与进入途径、农药性质、进入量和吸收量、人体的健康情况等均有密切关系。一般急性中毒多在 12 小时内发病，若是吸入、经口高浓度或剧毒的有机磷农药，可在几分钟到十几分钟内出现症状以至死亡。皮肤接触中毒发病时间较为缓慢，但可表现吸收后的严重症状。农药中毒早期或轻症可出现头晕、头痛、恶心、呕吐、流涎、多汗、视物模糊、乏力等。由于不同农药的中毒作用机制不尽相同，其中毒症状也有所不同。

（1）农药毒性的共性表现

① 局部表现：接触部位皮肤充血、水肿、皮疹、瘙痒、水疱，甚至灼伤、溃疡。以有机氯、有机磷、氨基甲酸酯、有机硫、除草醚、百草枯等农药作用最强。

② 神经系统表现：对神经系统代谢、功能，甚至结构的损伤，引起明显神经症状。常见有中毒性脑病、脑水肿、周围神经病而引起烦躁、意识障碍、抽搐、昏迷、肌肉震颤、感觉障碍或感觉异常等表现。以杀虫剂，如有机磷、有机氯、氨基甲酸酯等农药中毒较为常见。

③ 心脏毒性表现：对神经系统的毒性作用多是心脏功能损伤的病理生理基础，有些还对心肌有直接损伤作用。如有机氯、有机磷、百草枯、磷化锌等农药中毒，常致心电图异常（ST-T 波改变、心律失常、传导阻滞）、心源性休克甚至猝死。

④ 消化系统表现：多数农药经口可引起化学性胃肠炎，出现恶心、呕吐、腹痛、腹泻等症状，如砷制剂、百草枯、有机磷、环氧丙烷等农药可引起腐蚀性胃肠炎，并有呕血、便血等表现。

（2）不同农药毒性的独特作用表现

① 血液系统毒性：如杀虫脒、除草醚等可引起高铁蛋白血症，甚

至导致溶血；茚满二酮类及羟基香豆素类杀鼠剂则可损伤体内凝血机制，引起全身出血。

② 肝脏毒性：如有机砷、有机磷、有机氯、氨基甲酸酯、百草枯、杀虫双等农药，可引起肝功能异常及肝脏肿大。

③ 肺脏刺激损伤：如五氯酚钠、氯化苦、福美锌、杀虫双、有机磷、氨基甲酸酯、百草枯等，可引起化学性肺炎、肺水肿，百草枯还能引起急性肺间质纤维化。

④ 肾脏毒性：引起血管内溶血的农药，除因生成大量游离血红蛋白致急性肾小管堵塞、坏死外，有的如有机硫、有机砷、有机磷、有机氯、杀虫双、五氯苯酚等还对肾小管有直接毒性，可引起肾小管急性坏死，严重者可致急性肾衰竭等。

有些农药可引起高热。如有机氯类农药，可因损伤神经系统而致中枢性高热；五氯酚钠、二硝基苯酚等则因此导致体内氧化磷酸化解偶联，使氧化过程产生的能量无法以高能磷酸键形式储存而转化为热能释放，导致机体发生高热、大汗、昏迷、惊厥。

72. 如何紧急救助农药中毒人员?

遇到农药中毒事故，有关人员必须保持冷静，应有组织地处理问题，认真评估当时的情况，小心避免在治疗过程中受到污染。

首先应让中毒人员离开污染源，为中毒者去污。要立即脱去所有被污染的衣服，用大量的清水洗涤。如果没有清水，则用干净棉布或纸张轻擦皮肤，不得用力过猛清洁皮肤，以免擦伤。

其次密切观察症状，采取措施稳定中毒者情绪。要密切观察中毒者症状，耐心安慰中毒者，使其保持镇静和尽可能稳定，促使他既放心，又充满信心地接受治疗，确保急救措施更加有效。

第三是急救治疗，如果中毒者已经停止呼吸，先将其下巴向后推，确保呼吸道通畅。如果呼吸没有恢复，应立即进行人工呼吸。人工呼吸的方法是：将中毒者仰卧，头部向后倾斜，下巴向前；使用清洁的棉布包裹住手指。清洁中毒者口腔中的呕吐物或农药残余；捏住中毒者的鼻子，把嘴打开，以正常呼吸速率向内吹气，如果中毒者口腔污染严重，则关闭口腔，从鼻子向内吹气；检查中毒者心脏是否跳动；循环往复进行人工呼吸，直至中毒者恢复正常呼吸为止。如果施药人员眼睛被农药污染，无论是否有中毒症状，都必须用清水反复清洗眼睛，然后送医院请医生治疗。

73. 如何进行农药中毒的现场急救？

农药中毒的现场急救是整个抢救工作的关键，目的是将中毒者救出现场，防止继续吸收毒物并给予必要的紧急处理，保护已受损伤的身体，为进一步赢得治疗时间打下基础。

现场情况较复杂，应根据农药的品种、中毒方式及中毒者当时的病情采取不同的急救措施。

（1）去除污染源　去除农药污染源，防止农药继续进入患者身体是现场急救的重要措施之一。

① 经皮引起的中毒者。根据现场观察，如发现身体有被农药污染的迹象，应立即脱去被污染的衣裤，迅速用清水冲洗干净，或用肥皂水（碱水也可）冲洗。如是敌百虫中毒，则只能用清水冲洗，不能用碱水或肥皂（因敌百虫遇碱性物质会变成更毒的敌敌畏）。若眼内溅入农药，立即用淡盐水连续冲洗干净，然后有条件的话，可滴入2%可的松和0.25%氯霉素眼药水，严重疼痛者，可滴入1%～2%普鲁卡因溶液。

② 吸入引起的中毒者。观察现场，如中毒者周围空气中农药味很浓，可判断为吸入中毒，应立即将中毒者带离现场，且于空气新鲜的地方，解开中毒者的衣领、腰带，去除可能有的假牙及口、鼻内分泌物，使中毒者仰卧并头部后仰，保持呼吸畅通，注意身体的保暖。

③ 经口引起的中毒者。根据现场中毒者的症状，如是经口引起的中毒，应尽早采取引吐洗胃、导泻或对症使用解毒剂等措施。但在现场一般条件下，只能对神志清醒的中毒者采取引吐的措施来排除毒物（昏迷者待其苏醒后进行引吐）。引吐的简便方法是给中毒者喝200～300毫升水（浓盐水或肥皂水也可），然后用干净的手指或筷子等刺激咽喉部位引起呕吐，并保留一定量的呕吐物，以便化验检查。

（2）因地制宜进行急救　利用当地现有医疗手段，对中毒者进行必要的现场紧急处理。

专家提醒：对农药中毒严重者，如出现呼吸停止或心跳停止，应立即按常规医疗手段进行心肺脑复苏。根据患者的情况，及时到就近的医院就诊，控制病情。

74. 如何预防人畜产生农药中毒？

农药使用或存放不当，会造成人体中毒。农药进入人体一般通过三条途径：一是经皮肤侵入。这是较常见的一种中毒途径，喷药过程中及其他与农药接触的机会，均可造成皮肤污染；某些农药能通过完整的皮肤进入血液，达到一定的量后使人中毒。二是经呼吸道侵入。蒸气状、粉尘状、滴雾状态的农药，可随空气经鼻、咽、支气管进入肺而随血液循环遍及全身。三是经消化道侵入。误服及误食农药污染的食物，经口由肠道吸收而中毒。

为此，为预防农药中毒事故的发生，一要加强农药管理。严禁将农药与粮食、蔬菜、饲料等混放在一起，盛过农药的器皿不得移作他用。二是使用时要严格按照说明书，不得随意混配、加大用量，而要认真做好接触农药人员的保健工作。患有精神病、皮肤病的人，月经期、怀孕期、哺乳期的妇女，未成年儿童应避免与农药接触。三要加强个人防护。勤洗手，工作时不吸烟、不吃东西。

如发生人员农药中毒，要进行紧急救治。救治时要尽快切断中毒途径，阻止毒物的再吸收，促进毒物的排出，脱离中毒环境，在通风良好的地方治疗，迅速消除身体的残留农药。消除方法应根据侵入的途径而定：皮肤侵入者，用清水、肥皂水或生理盐水迅速清洗，避免用热水；溅入眼睛，用生理盐水清洗后，再滴入氯霉素眼药水，如果疼痛加重，可滴入1%普鲁卡因液；经口后中毒者应立即送医院，对症治疗。

75. 急救治疗前后应如何护理农药中毒者?

农药中毒者在急救治疗前后的护理方法是：

(1) 恢复姿势　农药中毒者可能突然呕吐、失去知觉或停止呼吸，要避免由此对中毒者造成的生命危险。最好是将中毒者搬放成“恢复位置”等待治疗。中毒者处于“恢复位置”的要点是：解开中毒者颈部衣服上的纽扣、领带，松开腰带、围裙等；如果戴有假牙或眼镜，应摘掉；中毒者侧卧，将较低位置的手臂放在背后，避免翻滚至仰躺状态；中毒者较高位置的腿弯曲，脚放在低位腿膝盖的后面；如果中毒者失去知觉，头部应低于身体的其他部位，并向后倾斜，且下巴向前，保持呼吸道畅通。

(2) 控制体温　如果农药中毒者大量出汗，且体温很高，要用棉布或海绵蘸凉水擦中毒者体表，为其降温。如果农药中毒者发冷，要用毯子覆盖。

(3) 不得对失去知觉的中毒者诱发呕吐　对服用农药中毒者，除剧毒农药外，通常不应诱发呕吐。因此，是否诱发中毒者呕吐，应该查阅农药标签的急救说明，或看服用的农药毒性是否剧毒。诱发中毒者呕吐要按照下列程序：首先扶中毒者坐起或站立；接着站在中毒者的一侧，一只手的两个指头用力捏住中毒者面颊，用另一只手的手指抠舌根部位诱发呕吐；中毒者呕吐之后，或呕吐不成功，可盛3勺活性炭兑半杯凉开水给中毒者喝下，在医疗救助到达前，可重复给中毒者服用活性炭兑的凉开水，然后将中毒者放到“恢复位置”。

（4）不要强迫制止中毒者痉挛或发作　要用软物垫在牙齿之间，避免咬伤舌头，但要确保软物不会阻碍呼吸；要密切注视中毒者，防止其自我伤害。

（5）此外，不允许农药中毒者吸烟、饮酒或喝牛奶；不得让失去知觉的中毒者服用任何食物。

76. 哪些作物上不宜使用杀螟松？

杀螟松对高粱及十字花科蔬菜如白菜、萝卜、油菜、西蓝花、甘蓝等，易产生药害，不宜在这些作物上使用。

77. 辛硫磷在哪些作物上要慎重使用？

辛硫磷由于见光易分解，要避免在西瓜生长期、萝卜和叶菜苗期使用，甚至生长期也不用，用于其他作物时要避免在强光条件下使用。

78. 使用杀虫双应注意什么？

杀虫双、杀虫单在棉花、豆类、马铃薯上使用易产生药害，在高温高湿时对十字花科作物使用也易产生药害；杀虫双用在柑橘上也有药害产生，应慎用。

79. 叶面肥和植物生长调节剂能防治病害吗？

叶面肥本质上还是属于肥料，能够补充由于土壤养分的不足所造成的植物营养不良，能够起到促进植物健康生长，提高作物抗病性的作用。但是这种抗病性的提高，仅仅是一种辅助作用，再好的叶面肥也不可能代替农药防治病虫害的作用。同理，植物生长调节剂也主要是起调节植物生长的作用，使用得当可以增强作物抗病能力，但是也不可以当作农药使用来防病治病。很多叶面肥或者植物生长调节剂厂家擅自扩大宣传范围，夸大其产品作用，经常把叶面肥和植物生长调节剂说成是万能药剂，百病皆治，坑农害农。

80. 温度对农药的毒性有什么影响？如何把握病害防治的最佳时机？

高热容易促进药剂的分解和药物有效成分的挥发，天气较热时，药剂的化学活性变强，农药的毒性也变得大了些。而农作物在炎热的天气下生命力旺盛，叶子上气孔开放多而大，药剂喷上去容易侵入到作物体内，以致受药害。如石硫合剂、乳油和多种除草剂，在高温情况下使用，都会发生上述现象。所以炎热高温的天气，尽量不要施药，尤其是中午不要施药，如施药，使用的浓度要小些，以防发生药害和施药人员中毒事故。农药施用的最佳时间应选在晴天早上8～10时和下午4时以后进行。因为此时的气温不高，风力较小，植物上方的空气有逆温层存在，可使药剂不乱飞，能均匀地洒在植株上，从而提高药效，降低药害。

另外，高温季节，病虫害活动的规律有一定特点。如许多害虫（稻飞虱、稻叶蝉等）都有喜阴避阳的习性，往往集中于植株下部丛间或叶背，而病害则多从叶背气孔和下部叶片侵入。同时，在高温季节，害虫繁殖蔓延较快，抗药性也会增强。所以，在高温季节施药时，要根据害虫的危害特征，合理确定喷药部位，掌握最佳的喷药时机，并注重检查药效，适当更换农药，降低病虫害的抗药性，提高防治效果。

81. 如何把握病虫害防治的最佳时机？

任何一种病虫害都有最佳的防治适期。只有适期用药，才能药到病除、虫灭，否则，用药效果差，环境污染大。病虫害的防治适期应根据其发生及危害特点来确定。

（1）病害防治适期的确定　农作物病害可分为非侵染性病害和侵染性病害。非侵染性病害是由不适宜的环境因素引起的。例如，水稻青枯死病、黄枯死病是由持续低温造成的，水稻赤枯病为长期深水灌溉所致，棉花红叶基枯病则是缺钾所引起的。这些病害不需用药防治，只要改善外部环境，满足作物生长需要，就可解除危害。侵染性病害是由真菌、细菌、病毒等生物侵染引起的，侵染性病害一般可分侵入期、潜育期和发病期，了解这三个时期就可掌握适期防治的主动权。

（2）流行性病害，应抢在侵入期前喷施保护剂　例如，三麦赤霉病的防治应在抽穗扬花期连阴雨之前；水稻穗颈瘟防治必须在持续阴雨高温之前。

（3）系统性病害，应把好种子处理关　小麦条纹病、网斑病、小麦黑穗病、水稻恶苗病等病害的病菌均附着在种子上，随播种催芽，病菌在株体内潜育，表现为全株发病。对这些病害一定要进行种子处理，把病菌消灭在萌发之前。

（4）一般病害，应在植株表现症状，产生孢子达到防治标准时用药防治　如小麦白粉病、小麦锈病、水稻纹枯病、油菜菌核病等。

（5）虫害防治适期的确定　农作物的虫害从危害方式上可分为三类：

① 刺吸式危害。如棉蚜虫、麦蚜虫、稻飞虱、稻蓟马、麦蜘蛛等害虫，虫体小，繁殖快，为害损失大，防治宜早不宜迟，要治早、治小、治了。

② 钻蛀式危害。这类害虫对防治适期要求比较严格。例如，二化螟初孵幼虫啃食叶肉，钻入叶鞘，二龄后转危害植株，形成枯苗、白苗、白穗。而棉红铃虫孵化后 1 小时内就蛀入作物的繁殖器官取食为害。这类害虫造成的损失大，影响产量、质量。防治工作必须在钻蛀转株为害之前。

③ 食叶卷叶式危害。如稻蝗虫、稻纵卷叶螟、稻苞虫、棉花大、小造桥虫等，啃食营养器官，造成产量损失，应在二龄前做好防治工作。

82. 喷药液量对药剂效果有什么影响？

当仅仅以药剂的浓度作为用药标准的时候，喷药的药液量越多，喷雾就越均匀，防治效果就会越好，但同时药剂的使用量也会随之增加，加大了农民防治的成本。如果每亩地的用药量固定不变，在保证喷雾均匀周到的前提下，每亩地用水越少，药剂的相对浓度就越高，防治效果也会相应地提高。因此，在蔬菜上防治病害最主要的不是加大喷水量，而是要采取小喷片喷雾器，减少每亩地的喷水量，既节省了用水，提高了打药的效率，又提高了防治效果。

83. 农药稀释配制时有哪些简易的方法？

不同规格高含量的商品农药，配制各种含有效成分的药液的加水稀释量也不相同。把高浓度农药用水或土稀释配成适合需要使用的浓度或用药量，应通过稀释换算的方法，方能达到准确使用的浓度的要求，一般其稀释配制的计算方法，常按下列 4 个公式：

① 稀释药液的重量=(商品农药的重量×商品农药的浓度)/稀释药液的浓度。

② 稀释应兑水的重量=[商品农药的重量×(商品农药的浓度－配制后药剂的浓度)]/配制后药剂浓度。

③ 稀释倍数=稀释加水量/商品农药用量。

④ 稀释倍数=商品农药有效成分含量(%)/稀释后药液的浓度(%)。

84. 如何提高施药质量?

正确计算，准确称量，避免过量使用。使用农药时，要注意药剂的有效成分含量，准确配制药液浓度，不可随意提高浓度和增加施药次数。

科学配制。药剂配制时，要先配成母液，药箱先加入一半清水，再加入母液，然后再加够所需水量稀释到所需浓度，稀释时要充分搅匀，并适当加点黏着剂，以改善药液的物理性状。

科学混配。混配农药要有明确的防治目标和要求，混配后，既要降低防治成本，又要增效，扩大防治范围；既要高效，又要低毒、低残留，保证农产品安全。混配农药时，要注意农药间的负面反应，不能起物理、化学、生物上的干扰作用。一般碱性农药和酸性农药莫混，微生物杀虫剂和化学杀菌剂、微生物杀菌剂莫混，含铜素农药和含锌素农药莫混。

注意气候。气温过高、天气过热、湿度过大、雨露未干、风速过大、即将降雨时不要施药。并要避免在作物的敏感期使用农药。

调节好喷雾器械，均匀喷雾。背负式喷雾器，要改圆锥喷头为扇形喷头，改蛇形喷洒为直线喷洒，以减少重喷，提高喷雾质量。喷药时，要考虑风向，注意对邻近敏感作物的保护，同时，喷雾要均匀，雾点要细、要匀。药械使用前后要彻底清洗干净。

85. 什么是病原真菌的抗药性?

植物病原菌对杀菌剂产生抗药性是植物病害化学防治中面临的主要问题之一，简称植物病原菌抗药性或杀菌剂抗药性，是指病原菌长期在单一药剂选择作用下，通过遗传、变异，对此获得的适应性。

86. 为什么大多数农药都要求交替使用?

长期使用某种药剂之后，微生物或昆虫就会有“抗药性”，打药后留下抗药力较强的个体，受到反复“锻炼”，形成了抗药种群。交互使用不同类别的农药，是解决病虫抗药性最根本的办法。

一是不同类型的农药品种交替使用。使用常用的农药品种，适时用药且合理交替使用，基本上能够控制其发生为害。

二是新、老农药品种合理使用。把新农药与一些综合性能仍较好的老农药品种交替使用，往往会取得意想不到的效果。

三是高、低毒农药品种的灵活运用。除国家禁止或限制使用的某些农药品种外，仍有部分中、高毒农药是可以使用的。合理安排不同毒性的农药品种的使用时期，既扩大了农药使用品种的范围，延缓了病虫害抗药性的产生，又降低了用药成本，提高了防效。

四是改进施药方法。在抓好农业、生物、物理等各种预防措施的基础上，开展化学防治。抓准重点施药时期、重点作物生育阶段或重点作物部位。改进施药方法，强调使用高浓度局部施药于茎、蔓基部。这样既减少了农药使用量和残留污染，又提高了施药效果。

87. 为什么在蔬菜上不能使用高毒农药?

随着蔬菜病虫害日趋严重，在蔬菜上运用农药越来越多。因为蔬菜是人们每天必不可少的副食品，它的根、茎、叶、花、果都分别作为食用部分，有的还可生食。如果随便使用了不能运用于蔬菜的农药，会使蔬菜污染，造成人、畜毒素的慢性积累或急性中毒。因此，在蔬菜上应使用准用农药，并且用药后经过安全间隔期，产品才可收获上市。

88. 防治蔬菜病虫害主要有哪些施药方法?

防治蔬菜病虫害需要根据不同病虫害种类的发生规律和特点，以及药剂的特性来决定用什么方法施药。常见的施药方法包括以下几种：

（1）喷雾法　这是在所有施药方法中使用最广泛，也是最重要的一种。因此，大多数农药剂型都是为喷雾设计的。例如，在常见的农药剂型中，可湿性粉剂、乳油、水乳剂、水分散粒剂、水剂、悬浮剂等都可以用喷雾的方法使用。基本上适用于除地下害虫和土壤病害以外的几乎所有病虫害防治。

（2）喷粉法 只有粉剂一种农药剂型可以采用这种方法施药。这种方法喷药的效率高，不需要水的稀释，特别是在温室大棚内不增加空气湿度，适合在阴天的情况下喷施。缺点是喷药的均匀性不好，在叶片上的黏附性差。经常喷粉会在叶片上积累很多药粉，影响叶片的光合作用。需要注意的是喷雾用的可湿性粉剂不能直接喷粉，否则会发生药害。

（3）烟雾熏蒸法 这种方法主要适合于在温室大棚内防治病虫害。例如，用硫黄烟熏剂防治白粉病，腐霉利或者百菌清烟熏剂防治灰霉病，百菌清烟剂防治霜霉病，以及敌敌畏烟熏剂防治蚜虫、白粉虱等。需要注意的是很多烟熏剂的质量不过关，经常发生药效不好的现象，甚至出现药害。另外，烟雾熏蒸法只能是一个辅助的方法，防治病虫害还应该以喷雾法为主。

（4）种子处理法 常用的方法是用种衣剂进行种子包衣处理，其他的方法还有拌种法、浸种法、闷种法。种子处理法主要是为了防治土壤病虫害，或者种子携带的病虫害，如为害蔬菜幼苗的地下害虫、枯萎病、根腐病、立枯病、猝倒病等。由于采用种子处理的方法，药量太小，药剂在土壤中的分布范围小，持效期短，因此，对根结线虫的效果不好。

（5）根部施药法 适合于防治蔬菜的根部病害，或者苗期病害和虫害。例如，可以用咯菌腈、铜制剂或者多菌灵等药剂灌根的方法防治根腐病、枯萎病、苗期的立枯病等多种根部病害。还可以用噻虫嗪或者吡虫啉灌根、浸泡幼苗穴盘的方法防治蔬菜苗期的白粉虱、蚜虫、蓟马和潜叶蝇等害虫。

（6）土壤处理法 在播种或者幼苗移栽前把药剂施于土壤里。主要用于防治各种蔬菜的根部病害、地下害虫（包括线虫）等多种病虫害。例如，噻唑膦土壤处理防治根结线虫，用咯菌腈和甲霜灵处理苗床土壤防治苗期病虫害，溴甲烷、棉隆处理土壤防治各种土壤病虫害。

（7）毒饵法 主要用于蔬菜害虫的防治。用害虫喜欢吃的食物为辅料，例如麸子、豆饼、花生饼等炒香，加入农药制成毒饵。例如，可以加入辛硫磷或者敌百虫防治地老虎、蝼蛄，用青菜切碎加入四聚乙醛撒在蔬菜根部可以防治蜗牛。

（8）涂抹法 该法是应用比较少的一种施药方法。在蔬菜上一般只适用于某些为害茎秆的病害。例如瓜类作物的萎枯病在瓜秧上的病斑，各种作物茎秆上灰霉病的病斑，以及其他病害侵染茎秆伤口造成的病斑等，都可以用药剂涂抹的方法在病斑上涂抹高浓度的杀菌剂。

89. 哪些药剂种类容易产生抗性？

根据目前的研究，几乎所有的杀虫剂类别在连续使用多年以后，害虫都能够对其产生抗性。其中最容易产生抗性的是菊酯类杀虫剂（药剂名称经常为某某菊酯）、氨基甲酸酯类杀虫剂（药剂的名称经常带有一个“威”字）、昆虫生长调节剂类和有机磷类杀虫剂（药剂的名称经常带有一个“磷”字），以及绝大多数杀螨剂。其中菊酯类杀虫剂、昆虫生长调节剂类和杀螨剂抗性更普遍，抗药程度更高。

对于杀菌剂来说，最容易产生抗性的类别主要包括苯并咪唑类（包括多菌灵、甲基硫菌灵、噻菌灵、苯菌灵），苯基酰胺类（包括甲霜灵、噁霜灵、甲呋酰胺），甲氧基丙烯酸酯类（嘧菌酯、醚菌酯、吡唑嘧菌酯、肟菌酯、噁唑菌酮），抗生素类（包括农用链霉素、井冈霉素、春雷霉素）等。中等抗性风险的药剂类别主要包括甾醇生物合成抑制剂类，如三唑酮、烯唑醇、戊唑醇、苯醚甲环唑、丙环唑、氟硅唑、咪鲜胺、十三吗啉等；中等抗性风险的药剂类别还包括腐霉利、异菌脲、乙烯菌核利、嘧霉胺、嘧菌环胺、霜脲氰、烯酰吗啉等。

90. 哪些杀菌剂种类不容易产生抗性？

杀菌剂中的百菌清、代森类、福美类、铜制剂等类别已经使用几十年，但是到目前为止，生产上还没有发现对这些药剂产生抗性的病菌。因此，这些杀菌剂在实际使用中可以不用考虑抗性问题，可以连续使用，还可以和其他容易产生抗性的药剂混配使用，或者交替轮换使用，来降低其他药剂产生抗性的风险。

91. 如何进行害虫抗药性治理？

治理害虫的抗药性总的原则就是对害虫进行综合治理，其核心是科学合理使用农药，减小药剂对害虫的选择压。在蔬菜上具体的方法有：

① 进行害虫综合治理，就是尽量综合使用物理的、生态的、生物的、农业的防治措施，适当地、科学合理地使用化学药剂，以达到将害虫的危害控制在经济阈值以下，例如使用黄板粘蚜虫、白粉虱和蓟马等，在温室大棚的通风口覆盖纱网以阻止害虫进入；可能的情况下，错开害虫发生高峰期种植作物；合理施肥，提高作物的抗虫力；选育与种

植抗虫品种；释放寄生蜂或使用生物农药、植物源农药；科学合理使用农药。

② 在使用化学农药时，尽量选用特异性农药，如昆虫生长调节剂。

③ 不要长期使用单一有效成分的农药或作用机制相同的农药，例如总是使用有机磷农药或氨基甲酸酯类农药。

④ 不要随意和盲目加大农药的使用量和使用次数。这是减少农药对害虫选择压的最关键的原则。

⑤ 要轮换使用作用机制不同的农药或合理地使用混配农药制剂。

⑥ 尽量使用残效期短的药剂，也有利于减少选择压。

92. 喷药间隔期是如何确定的？

喷药间隔期是指从一次喷药到下一次喷药之间的天数。主要影响的因素包括药剂的化学稳定性、病害发生的轻重程度、作物的生长期、是否抗雨水冲刷等。因此，不同药剂要求的喷药间隔期也不完全一样。其中影响最大的是药剂的化学稳定性，例如代森锰锌在自然条件下就比较容易分解，其用来杀菌的锌锰离子也很容易被植物吸收利用而丧失杀菌功能。因此，它的有效期就比较短，一般不能超过 7 天。作物在快速生长期植株生长很快，也需要缩短喷药间隔期，来保护新生叶片。喷药以后立刻遇到降雨，使得喷到植物上的药剂被雨水冲刷掉一部分，也需要缩短喷药间隔期。病害已经到了暴发期，发展速度非常快，也需要缩短喷药间隔期。

93. 保护性药剂和治疗性药剂哪种更好？如何使用？

很多菜农在选择药剂的时候经常是盲目迷信治疗性药剂，无论什么时候都愿意喷施治疗性药剂。其实这两类药剂各有各的优势，没有绝对的哪种好或者哪种不好。关键是看我们是否掌握了药剂的特点，怎样根据药剂性能和病害发生特点进行使用。

保护性药剂的最大特点是能够非常好地抑制病菌孢子的萌发和侵染，把病菌杀死在侵染作物之前，使作物不受病菌侵害。其次是防病种类多，可以一种药剂防治多种病害，不需要一次喷药加入多种药剂，使用时要求必须在发病前使用才能发挥出药剂的性能。

治疗性药剂一般治病的种类相对比较少，经常是只针对一种或者少数几种病害有效。这类药剂可以渗透到植物体内杀死病菌的菌丝体，治疗已经侵染的病害，但是对病菌的孢子萌发抑制效果都不好，因此对病害的预防性能差。这类药剂应该在病害发生初期，也就是在病菌刚刚侵染以后立即喷施，才会更好地发挥药剂的作用。在病害严重发生的情况下，最好选择治疗性药剂和保护性药剂混合喷施的方法，这样可以同时发挥两种药剂各自的优势，在病菌侵染前和侵染后的各个阶段全面抑制病菌，达到病害防治的最佳效果。

94. 烟熏剂有哪些优缺点?

烟熏剂特别适合在保护地的温室大棚蔬菜上使用。由于是在密闭的环境中使用，烟雾中的有效成分不会散发到大棚以外，利用率非常高。

烟熏剂的优点是使用方便、省工、省力，不增加大棚内湿度。缺点是药剂的种类少，很多药剂由于分解温度比较低，不适合做成烟熏剂。其次是烟熏剂的持效期短，药效不如喷雾剂型好，因此，烟熏剂只能作为一种病虫害防治的补充方法，而不能图省事，主要依靠烟熏剂防治病虫害。在连续阴天不适合喷雾的情况下，烟熏剂是最适合的病虫害防治手段。

95. 哪些病虫害适合用烟熏剂防治?

对于害虫来说，白粉虱、蚜虫比较适合用烟熏剂防治。特别是白粉虱在温室大棚内是最主要的害虫，繁殖很快，在大量发生的情况下，用普通喷雾的方法不容易防治。可以先用烟熏剂熏蒸一夜，间隔 2～3 天再用喷雾的方法防治一次，效果就会非常明显。

对于病害来说，白粉病是最适合用烟熏剂防治的病害。因为白粉病的菌丝都是生长在叶片的表面，而不像其他病害是在植物体内生长。烟熏剂可以直接杀死植物表面的白粉菌的菌丝，从而达到防治病害的效果。另外，其他一些通过空气传播的病害，例如灰霉病、霜霉病、晚疫病、叶霉病等都可以用烟熏剂来进行预防。对于相同的药剂，烟熏剂的治疗效果不如喷雾剂型效果好，药剂的持效期也比喷雾短很多。因此，烟熏剂应该用在病害发生之初。

96. 新杀菌剂嘧菌酯能防治哪些病害?

嘧菌酯（阿米西达）防菌谱非常广，对四大类致病真菌：子囊菌、担子菌、半知菌和卵菌纲中的绝大部分病原菌均有效。作物安全性：温室试验的调查结果表明，除少数苹果品种，在推荐用药剂量下，阿米西达对作物安全，在环境中迅速降解，确保它既不会在环境中积存，也不会影响种子发芽或栽播下茬作物。对于叶枯病、颖枯病、网斑病、斑枯病，它的预防保护效果是普通保护性杀菌剂的十几倍到100多倍，而它的治疗作用和普通的内吸治疗性杀菌剂几乎没有多大差别。因此，要充分发挥阿米西达的效果，一定要在发病前或发病初期使用。当发病严重时使用阿米西达，防病效果和其他内吸性杀菌剂不会有明显差别。为了充分发挥阿米西达的防病和增产作用，根据各地的使用经验在以下三个时期使用阿米西达最合适，第一是苗期在苗床上使用；第二是在开花期；第三是在果实生长期。

97. 嘧菌酯有增产作用吗？如何使用？

嘧菌酯（阿米西达）是世界上第一个大量用于农业生产的免疫类杀菌剂，是世界上用量最大、销售额最多的农用杀菌剂，广泛应用于番茄、黄瓜等露地蔬菜及保护地蔬菜，葡萄、西瓜、甜瓜等水果作物，城市绿化园林工程以及高尔夫球场、足球场的草坪维护，对所有真菌类病害都有良好的防治效果，且具有良好的作物安全性和非常突出的环境相容性，是蔬菜、水果无公害基地及高尔夫球场的首选产品。

一般一个50～60米长的温室在成株期（番茄、黄瓜、茄子、甜椒）至少要喷4喷雾器水（120斤），80米长的棚要喷6～7喷雾器水。使用浓度都是1500倍液（每喷雾器水加1包阿米西达），每次喷药的间隔期10～15天，连喷2～3次。足够的喷水量也是保证阿米西达效果的重要因素。

98. 防治蔬菜霜霉病用什么药剂？

可以在发病初期用75％百菌清可湿性粉剂500倍液喷雾，发病较重时用58％甲霜·锰锌可湿性粉剂500倍液或69％烯酰·锰锌可湿性粉剂800倍液喷雾。隔7天喷一次，连续防治2～3次，可有效控制霜霉病的蔓延。同时，可结合喷洒叶面肥和植物生长调节剂进行防治，效果更佳。

99. 防治蔬菜白粉病用什么药剂？

（1）蔬菜白粉病用嘧菌酯　该产品是甲氧基丙烯酸酯类杀菌剂，高效、广谱，对几乎所有的真菌界（子囊菌亚门、担子菌亚门、鞭毛菌亚门和半知菌亚门）病害如白粉病、锈病、颖枯病、网斑病、霜霉病、稻瘟病等均有良好的活性。可用于茎叶喷雾、种子处理，也可进行土壤处理，主要用于谷物、水稻、花生、葡萄、马铃薯、果树、蔬菜、咖啡、草坪等。使用剂量为 25～50 毫升/亩。嘧菌酯与二甲苯可产生化学反应，影响药效，乳油剂型农药大部分含二甲苯，所以嘧菌酯不宜与乳油剂型农药混用。

（2）蔬菜白粉病也可用丁香菌酯　其为甲氧基丙烯酸酯类杀菌剂，具有免疫、预防、治疗、增产增收作用。对苹果树腐烂病有特效，是全国防治腐烂病最具权威的药剂。杀菌谱广，对瓜果、蔬菜、果树霜霉病、晚疫病、黑星病、炭疽病、叶霉病有效；同时对轮纹病、炭疽病、棉花枯萎病、水稻瘟疫病、纹枯病、小麦根腐病、玉米小斑病也有效。

（3）蔬菜白粉病用吡唑醚菌酯　吡唑醚菌酯是最新型甲氧基丙烯酸酯类的杀菌剂。纯品为白色至浅米色无味结晶体。它能控制子囊菌纲、担子菌纲、半知菌纲、卵菌纲等大多数病害。对孢子萌发及叶内菌丝体的生长有很强的抑制作用，具有保护和治疗活性，具有渗透性及局部内吸活性，持效期长，耐雨水冲刷。被广泛用于防治小麦、水稻、花生、葡萄、蔬菜、马铃薯、香蕉、柠檬、咖啡、果树、核桃、茶树、烟草和观赏植物、草坪及其他大田作物上的病害。该化合物不仅毒性低，对非靶标生物安全，而且对使用者和环境均安全友好，已被美国 EPA 列为“减小风险的候选药剂”。另外，吡唑醚菌酯能对作物产生积极的生理调节作用，它能抑制乙烯的产生，这样可以帮助作物有更长的时间储备生物能量，确保成熟度；能显著提高作物的硝化还原酶的活性，意味着可以减少土壤中氮肥的使用，从而进一步减少对地下水的影响；当作物受到病毒袭击时，它能加速抵抗蛋白的形成——与作物自身水杨酸合成物对抗逆蛋白的合成作用相同。吡唑醚菌酯是在醚菌酯基础上改进后的高效线粒体呼吸抑制剂，是以 *N*-对氯苯基吡唑基替换了醚菌酯分子结构中的邻甲基苯基，而开发的又一甲氧基丙烯酸酯类广谱杀菌剂。它活性更高，是目前同类杀菌剂的 3 倍。

（4）蔬菜白粉病用肟菌酯　广谱杀菌剂是从天然产物中作为杀菌剂先导化合物成功开发的一类新的含氟杀菌剂。具有高效、广谱、保护、治疗、铲除、渗透、内吸活性、耐雨水冲刷、持效期长等特性。对 1,4-脱甲基化酶抑制剂、苯甲酰胺类、二羧胺类和苯并咪唑类产生抗性的菌株有效，与目前已有杀菌剂无交互抗性。对几乎所有真菌纲（子囊菌纲、担子菌纲、卵菌纲和半知菌类）病害如白粉病、锈病、颖枯病、网斑病、霜霉病、稻瘟病等均有良好的活性。除对白粉病、叶斑病有特效外，对锈病、霜霉病、立枯病、苹果黑腥病有良好的活性。对作物安全，因其在土壤、水中可快速降解，故对环境安全。

（5）蔬菜白粉病用烯肟菌胺　其化学名称为(E,E,E)-*N*-甲基-2-[((((1-甲基-3-(2,6-二氯苯基)-2-丙烯基)亚氨基)氧基)甲基)苯基]-2-甲氧基亚氨基乙酰胺。

大量的生物学活性研究表明：烯肟菌胺杀菌谱广、活性高，具有预防及治疗作用，与环境生物有良好的相容性，对由鞭毛菌、接合菌、子囊菌、担子菌及半知菌引起的多种植物病害有良好的防治效果，对白粉病、锈病防治效果卓越。可用于防治小麦锈病、小麦白粉病、水稻纹枯病、稻曲病、黄瓜白粉病、黄瓜霜霉病、葡萄霜霉病、苹果斑点落叶病、苹果白粉病、香蕉叶斑病、番茄早疫病、梨黑星病、草莓白粉病、向日葵锈病等多种植物病害。同时，对作物生长性状和品质有明显的改善作用，并能提高产量。

100. 防治蔬菜灰霉病用什么药剂？

灰霉病是露地、保护地蔬菜常见且比较难防治的一种真菌性病害，蔬菜得了灰霉病，会变软腐烂、缢缩或折倒，最后病苗腐烂枯萎病死。灰霉病是一种典型的气传病害，可随空气、水流以及农事作业传播。

灰霉病的防治方法：

① 种子臭氧灭菌处理：育苗前，用臭氧水浸泡种子40～60分钟。

② 选用抗病良种能提高蔬菜抗灰霉病的能力。

③ 根据具体情况和品种形态特性，合理密植。同时，施用以腐熟农家肥为主的基肥，增施磷钾肥，防止偏施氮肥，植株过密而徒长，影响通风透光，降低抗性。

④ 定植前要清除温室内残茬及枯枝败叶，然后深耕翻地。发病初期及时摘除病叶、病花、病果和下部黄叶、老叶，带到室外深埋或烧毁，保持温室清洁，减少初侵染源。在田间操作时也要注意区分健株与病株，以防人为传播病菌。

⑤ 高垄栽培，采用滴灌供水，避免大水漫灌，浇水最好在晴天早晨进行，忌阴雨天浇水，可有效降低室内湿度。

⑥ 选在晴天上午稍晚放风，使温室温度迅速升高至33℃再放风。当温室内温度降至25℃以上，中午仍继续放风，下午温室内温度要保持在25～30℃，当温室内温度降到20℃关闭通风口，夜间温室温度保持在15～17℃。阴雨天应及时打开通风口通风。

药剂防治：以早期预防为主，掌握好用药的关键时期，即苗期、初花期、果实膨大期。选用嘧霉百菌清、异菌脲、乙霉威、灰霉克星等来防治作物灰霉病。轮次用药。

101. 防治蔬菜叶斑类病害用什么药剂？

蔬菜上叶斑类病害的种类非常多，其中比较常见的包括各种蔬菜的炭疽病、早疫病、锈病、叶霉病、褐斑病、斑枯病等。引起这些病害的真菌都属于高等真菌，与白粉病菌的类别比较接近。因此，在防治叶斑类病害的时候，一般情况下可以参考防治白粉病的药剂。

102. 防治蔬菜根部病害用什么药剂？

蔬菜的根部病害种类比较多。常见的根部病害有镰刀菌根腐病、疫霉菌根腐病、枯萎病、立枯病、猝倒病、茎基腐病、白绢病等。不同的病害必须用相对应的药剂来防治。例如防治镰刀菌根腐病、枯萎病可以用咯菌腈（适乐时）、噁霉灵、多菌灵或者铜制剂等药剂灌根。防治疫霉菌根腐病、猝倒病要用精甲霜灵锰锌（金雷）、噁霜链锌（杀毒矾）、霜霉威等药剂灌根。而防治白绢病和由丝核菌引起的立枯病、茎基腐病要用咯菌腈（适乐时）、嘧菌酯（阿米西达）或者噁霉灵等药剂灌根。当然，所有的根部病害最好的防治措施是在播种或者定植前进行土壤消毒，或者在定植穴内提前灌入预防的药剂。而在发病以后再用药剂灌根一般都不会得到非常好的效果。

103. 防治蔬菜细菌性病害用什么药剂？

① 应从无病地或无病株留种。一般种子最好进行温汤浸种，黄瓜种子可用50℃温水浸种20分钟；辣椒种子可用55℃温水浸种10分钟；菜豆种子可用45℃温水浸种10分钟。也可用农用链霉素0.1毫升/升浸种30分钟。菜豆种子还可用种子重量0.53%的50%福美双或95%敌克松原粉拌种。

② 无病土育苗。重病地与非寄主蔬菜进行2～3年轮作。适时播种、定植。定植后注意松土、追肥，促进根系发育。及时中耕除草、支架。雨后排水，防治害虫。

③ 生长期田间初见病株，及时摘除病叶、病果，深埋处理。收获后彻底清除病株残体，随后深翻土壤。

④ 发病初期及时进行药剂防治，可用农用链霉素0.515～0.22毫

升/升，或50%甲霜铜可湿性粉剂600倍液，或77%可杀得可湿性微粒粉剂400倍液，或14%络氨铜水剂300倍液，或60%百菌通可湿性粉剂500倍液，或50%琥胶肥酸铜可湿性粉剂500倍液，或1∶1∶(200～240)波尔多液。

104. 防治蔬菜病毒性病害用什么药剂?

蔬菜病毒性病害的种类很多，但是生产上防治所有病毒性病害都是采用相同的药剂。常用的药剂种类有盐酸吗啉胍、盐酸吗啉胍·乙酸铜、菇类蛋白多糖、氯溴异氰尿酸、氨基寡糖素、葡聚烯糖、病毒唑·硫酸铜·硫酸锌、菌毒清、烯腺嘌呤·羟烯腺嘌呤·盐酸吗啉胍·硫酸铜·硫酸锌、十二烷基硫酸钠·三十烷醇·硫酸铜、混合脂肪酸硫酸铜、宁南霉素。蔬菜病毒病是一类非常难防治的病害，目前还没有特效药剂可以用来防治蔬菜病毒病。因此，从技术角度来说，植物病毒病要以预防为主，特别是要防治传播病毒的昆虫，如蚜虫、粉虱、飞虱、蓟马等，特别是在蔬菜的苗期是预防病毒病的关键时期，可以用噻虫嗪灌根，不仅可以很好地预防传毒昆虫，而且还有明显的壮苗作用。有条件的地方要在大棚的放风口处加罩防虫网，可以大大减轻病毒病的发生。

105. 如何防治各种蔬菜的灰霉病?

蔬菜灰霉病的防治应采取以农业防治为主，化学防治为辅，结合生态调控和生物防治等措施。

(1) 农业防治

① 加强田间管理：合理密植，科学施肥，避免偏施氮肥；合理灌水，改进灌水方式，提倡滴灌和膜下暗灌，控制田间湿度；保护地注意通风透光，促进植株健壮生长。

② 田间卫生：发病后及时清除病果、病叶和病枝，集中烧毁或深埋，避免乱扔乱放，减少再次传播和侵染的概率；蔬菜收获后，及时将病残体清出田间集中销毁，减少病原越冬基数。

(2) 化学防治

① 烟雾法：保护地可用10%速克灵烟剂200～250克/亩，或用45%百菌清烟剂250克/亩，傍晚密闭棚室，熏烟3～4小时。

② 粉尘法：有条件地区可采用粉尘法防治。如用10%灭克粉尘剂，或5%百菌清粉尘剂，或10%杀霉灵粉尘剂，每次1千克/亩，10天左

右1次，连续使用或与其他防治方法交替使用2～3次。

③ 喷雾法：发病初期可用50%速克灵可湿性粉剂1000倍溶液，或50%异菌脲可湿性粉剂1000～1500倍溶液，或70%甲基硫菌灵可湿性粉剂800倍溶液7～10天1次，连续2～3次。上述药剂的预防与治疗效果好，应尽早施药，不要等病害发生严重再施药，并要注意交替使用药剂，以防产生抗药性。

（3）生态防治　利用设施栽培蔬菜可以调节温度和湿度的特点，进行生态防治。从初花期开始，晴天上午9点后关棚，棚温快速升高，当棚温升至32℃，开始放风，中午继续，下午棚温保持在20～25℃，当棚温降至20℃关棚，夜间棚温保持在15～17℃；早上开棚通风；阴天摊开棚换气。通过生态调控管理的大棚，发病较轻。

106. 玉米田化学除草有哪些常见混剂？

（1）乙草胺和莠去津1∶1混剂　该类除草混剂最早生产的是乙阿合剂（乙莠悬浮剂），可以用于玉米播后芽前、玉米苗后早期防治一年生禾本科杂草和阔叶杂草，对玉米及后茬作物安全。相似的产品有丁草胺＋乙草、胺＋莠去津、丁草胺＋莠去津、甲草胺＋乙草胺＋莠去津、异丙甲草胺＋莠去津、异丙草胺＋莠去津。

（2）乙草胺和莠去津2∶3混剂　这种除草剂可用于玉米播后芽前、玉米苗后早期防治玉米田一年生禾本科杂草和阔叶杂草，对玉米安全；在特别干旱的年份可能降低对后茬小麦的安全性。性能相似的品种有绿麦隆＋乙草胺＋莠去津混剂，大大提高了对后茬小麦的安全性，但不可以用于玉米苗后。

（3）扑草津和莠去津混剂　可以有效防治玉米田一年生禾本科杂草和阔叶杂草。在玉米播后芽前使用除草效果稳定，受墒情影响较小，但雨水较大时，淋溶较多会降低除草效果；在玉米生长期使用，遇高温干旱等不良环境条件可以诱发玉米药害。

（4）烟嘧磺隆和莠去津混剂　是一种理想的除草剂混剂，不仅可以有效防治多种一年生杂草，而且可以防治多年生禾本科杂草和莎草科杂草，使用方便，对玉米和后茬作物安全。但该类除草混剂价位较高。

（5）乙草胺、莠去津和百草枯混剂　兼有灭生性和封闭除草效果，在玉米生长期使用可以有效防治玉米田多种杂草。类似的产品较多，也有以草甘膦替换百草枯的除草剂混剂。

107. 如何选择稻田除草剂?

水稻直播栽培的关键是稻田化学除草问题，如除草不彻底、易产生药害、除草成本过高等。直播稻田中杂草种类主要包括稗草、千金子、莎草、异形莎草、牛毛毡、鸭舌草、矮慈姑、节节菜等。目前，水稻直播田化学除草剂种类主要有芽前封闭除草剂和芽后茎叶处理剂。播种前精细整田，做到田块厢面高低基本一致，最后一次整田距离施药时间不能超过 5 天。播种的种谷需催好芽，保证芽谷有根有芽方可播种。选好的芽前除草剂配方，根据多年示范能一次性灭除水田主要杂草的比较好的配方有：

① 美国孟山都公司生产的新马歇特每亩 100 毫升＋10％苄嘧磺隆 30 克（对阔叶杂草多的田加苄嘧磺隆，但选用的苄嘧磺隆必须是正规大厂生产）。

② 加安全剂的丙草胺每亩 100 毫升或含安全剂的丙草胺和苄磺隆的复配制剂（根据推荐用量用药，但目前此类复配制剂大多数不含安全剂，购买需谨慎）。此类配方对已出苗的小草效果差。

水稻抛秧除草复合肥施用技术：在稻田耕翻上水耙碎耙平后，保留薄水层，每亩均匀撒施 30～35 千克除草复合肥，再浅耙 1 次，尔后抛秧。抛后 4～5 天田间保持湿润，以后按正常田间管理进行。或抛后4～5 天，田间上浅水，每亩均匀撒施 30～35 千克除草复合肥，然后按正常田间管理进行。在抛秧田使用除草复合肥，不宜再使用多效唑和矮壮素，以免产生药害。

108. 稻田化学除草有哪些混剂组合?

（1）苄・二氯是由苄嘧磺隆与二氯喹啉酸复配成的混合除草剂，产品有 18％泡腾片剂，25％悬浮剂，22％、27.5％、28％、30％、32％、35％、36％、38.5％、40％、44％、45％可湿性粉剂。混剂中的二氯喹啉酸弥补了苄嘧磺隆对稗草防效不高的不足，可防除稻田稗草、阔叶杂草及莎草科杂草，施药一次可基本控制稻田杂草的为害。

水稻秧田除草，在秧苗 3 叶期后、稗草 2～3 叶期施药；移栽田在插秧后 5～20 天均可施药，以稗草 2～3 叶期施药为最佳。每亩用 36％苄・二氯可湿性粉剂 40～50 克，兑水喷雾。施药前一天晚上排干田水，以利稗草茎叶接触药剂；施药后 1 天灌水，保水 5～7 天。

18％泡腾片直接撒施，每亩用 80～100 克。其他产品按标签的用量使用。

(2) 苄·双草是由苄嘧磺隆与双草醚复配的混合除草剂，产品为30%可湿性粉剂。混剂很适合稗草多的稻田使用，在南方直播稻田，于播种后5～7天至秧苗4～5叶期均可施药。每亩用制剂10～15克，兑水30千克喷雾。施药前排干田水、露出杂草；施药后灌浅水，以不淹没秧苗心叶为准，保水4～5天。

(3) 苄·毒草是由苄嘧磺隆与毒草胺复配的混合除草剂，产品为10%可湿性粉剂，商品名龙普清。主要用于防除水稻移栽田一年生杂草，可在插秧后3～5天，每亩用制剂80～100克，拌细土10～15千克撒施，保水层3～4厘米5～7天。

(4) 苯噻酰·苄是由苄嘧磺隆与苯噻酰草胺复配的混合除草剂，产品有26%泡腾片，由浙江天丰化学有限公司生产；18%、45%、46%、50%、52.5%、53%、54%、55%、60%、68%可湿性粉剂，生产厂有50多家。

本混剂有两个显著特点：①对水稻安全性好，施药适期宽；②杀草谱广，能防除稗草、阔叶杂草和莎草科杂草，对稗草特效，对大龄稗草也有较好的防除效果。

直播稻田在秧苗2叶期后、稗草1叶1心期，每亩用50%可湿性粉剂40～60克（即有效成分20～30克），若稗草多而大，用药量可增加到80克，拌细土10～15千克撒施。保持水层3～4厘米5～7天。

移栽稻田在插秧后3～7天、稗草1叶1心期，每亩用50%可湿性粉剂40～60克（南方）或80克（北方），拌细土10～15千克撒施。保水层3～5厘米5～7天。

抛秧田抛秧后3～14天、秧苗扎根返青后均可施药，每亩用50%可湿性粉剂40～60克，拌细土10～15千克撒施；或每亩用26%泡腾片100～150克，直接撒施，保水层3～4厘米5～7天。

(5) 苯噻·吡杀草，用于稗草多的稻田，于插秧或抛秧的稻苗返青后，以毒土法施药，每亩用药量为：南方移栽田为50%可湿性粉剂50～70克，北方移栽田为50%可湿性粉剂70～100克，南方抛秧田为50%可湿性粉剂50～60克。

(6) 乙·苄是由乙草胺与苄嘧磺隆复配成的混合除草剂。产品有14%、15%、16%、17%、18%、20%、22%、23%、30%可湿性粉剂，12%粉剂，6%微粒剂，15%展膜剂。杀草谱广，在稻田使用，能防除稗草、异型莎草、碎米莎草、牛毛草、萤蔺、野舌草、节节菜、水苋菜、陌上菜、丁香蓼、鳢肠、矮慈姑等杂草。持效期长，是一年生禾本科杂草、莎草科杂草及阔叶杂草混生稻田的一次性除草剂，一季稻用药1次即可。

移栽田使用，在插秧后3～5天，每亩用14%乙·苄可湿性粉剂40～60克或20%乙·苄可湿性粉剂28～42克或12%粉剂50～60克或6%微粒剂100～150克，拌细土撒施。施药时田面有水层3～4厘米，并保水4～5天。15%展膜剂含有水面扩散剂，能使入水的药剂迅速扩散，在水面形成极薄的一层油膜，毒杀萌发出水的杂草。一般每亩用制剂40～50克，滴施田水中。

乙·苄混剂仅适用于长江流域及其以南稻区大苗移栽田。禁止用于小苗及病弱苗移栽田、抛秧田、秧田、直播田及漏水田。

（7）苄·丙草是由苄嘧磺隆与丙草胺复配的混合除草剂，产品有0.1%颗粒剂（为药肥混剂），20%、30%、35%、40%、43%可湿性粉剂，25%高渗可湿性粉剂。商品名有直播宁、直播青、直播净、直播保、去草灵、克草稳、稻佳、闲夫、瑞农、索草命等。

苄·丙草混剂能防除稻田多种阔叶杂草、莎草科杂草及部分禾本科杂草，如鸭舌草、水苋菜、节节菜、鳢肠、泽泻、陌上菜、眼子菜、四叶萍、牛毛草、异型莎草、碎米莎草、日照飘拂草、萤蔺、扁秆藨草、稗草、千金子等。

直播稻田在播种后3～7天、杂草萌发初期（以不超过2叶期为佳），每亩用有效成分20～30克，兑水30～40千克喷雾。

移栽稻田和抛秧田在插秧后5～7天，抛秧田稻苗扎根后，杂草萌发初期，每亩用有效成分20～30克，兑水30～40千克喷雾或拌细土15～20千克撒施；0.1%颗粒剂每亩用20～30千克，直接撒施，保水层3～5厘米5～7天。

（8）苄·异丙甲是由苄嘧磺隆与异丙甲草胺复配的混合除草剂，产品有14%、15.5%、16%、20%、21%、23%、26%可湿性粉剂，9%、16%细粒剂，商品名有农利来、农家欢、农田欢、农家旺、草特克、稻草枯、日上巧手、一帆田宁、海特灭草汉、农都等。

混剂弥补了苄嘧磺隆除稗效果差和异丙甲草胺对阔叶杂草效果差的不足，对稻田稗草、千金子、鸭舌草、节节菜、眼子菜、矮慈姑、野慈姑、丁香蓼、牛毛草、异型莎草、碎米莎草、萤蔺等有良好的防治效果。适于长江流域及其以南水稻移栽田使用，用于秧龄30天以上的大苗，在早稻移栽后5～9天，中、晚稻移栽后5～7天，秧苗扎根返青后，每亩用有效成分8～12克，折合20%可湿性粉剂45～60克或16%细粒剂50～70克（详见各产品标签），拌细土或化肥撒施，保水层3～4厘米3～5天。本混剂一般不用于抛秧田，若用，需降低用药量。不得用于秧田、直播田和小苗移栽田。

（9）丁·苄是由丁草胺与苄嘧磺隆复配成的混合除草剂。产品有12.5%大粒剂，4%颗粒剂，25%、35%细粒剂，10%、20%、24%微粒剂，20%、25%粉剂和15%、20%、27.6%、30%、31.5%、35%、37.5%、46%、47%可湿性粉剂。混剂弥补了苄嘧磺隆防除稗草效果差的不足，扩大了杀草谱，对稗草、千金子、异型莎草、碎米莎草、牛毛草、节节菜、鸭舌草、丁香蓼等都有良好的防效，对野慈姑也有较好抑制生长的作用。

移栽稻田使用，在插秧后3～5天，每亩用20%丁·苄粉剂或可湿性粉剂200～300克，拌细土或化肥撒施，施药时田面需有水层3～4厘米，并保水3～5天，以后正常管理。

秧田和直播田使用，一般是在秧板做好后，播种前2～3天，每亩用20%可湿性粉剂120～150克，兑水20～30千克喷雾。喷药时应有浅水层，于播种前排干，再播种。若在苗后施药，必须掌握在稻苗1叶1心至2叶期、稗草1叶1心前施药。

（10）吡嘧·二氯是由吡嘧磺隆与二氯喹啉酸复配的混合除草剂，产品有20%、34.5%、50%可湿性粉剂，20%悬浮剂，商品名有双草盖、助农、神锄2号等。主要用于稻田防除稗草、多种阔叶杂草和莎草，可在插秧或抛秧的秧苗扎根返青后至20天内施药，每亩用20%可湿性粉剂70～90克或34.5%可湿性粉剂45～60克或50%可湿性粉剂30～40克或20%悬浮剂60～80克，兑水30千克喷雾。施药前排干田水，使杂草茎叶露出水面；施药后保水层3～5厘米5～7天。

（11）吡嘧·乙是由吡嘧磺隆与乙草胺复配的混合除草剂，产品为25%可湿性粉剂，商品名碧禾灵。主要用于南方水稻大苗移栽田除草，在插秧后4天，每亩用制剂25～35克，拌细土10～15千克撒施，保水层3～5厘米5～7天。

（12）吡嘧·丙草是由吡嘧磺隆与丙草胺复配的混合除草剂，产品为20%、35%可湿性粉剂。主要用于南方直播稻田除草，一般在播种后4～5天，每亩用20%可湿性粉剂80～167克或35%可湿性粉剂70～80克，兑水20～30千克喷雾。喷药时土表有水膜，喷药后24小时灌浅水层，保持土表不干，3天后正常灌水。

（13）吡嘧·丁是由吡嘧磺隆与丁草胺复配的混合除草剂，产品有24%、28%可湿性粉剂。主要用于水稻移栽田除草。在插栽的秧苗返青后至20天内，每亩用24%可湿性粉剂200～250克或28%可湿性粉剂120～150克，拌细土10～15千克撒施，保水层3～5厘米7～10天。

109. 大豆田化学除草的注意事项有哪些？

大豆田化学除草应注意如下几个问题：

① 针对作物田间杂草种类选用适宜的除草剂品种。要按照除草剂的属性以及杂草类型选择合适的品种。

② 正确选择喷药时期。用于土壤处理的除草剂大多对杂草幼芽有效，施用过晚有些杂草已出土，除草效果就不会很好。苗后茎叶除草剂一般在大豆苗后2～3叶期、杂草2～4叶期施药。喷药前应密切注意当地是否有降雨、大风等异常天气。一般情况下稀禾定、甲氧咪草烟（金豆）、烯草酮（收乐通）、精喹禾灵、精吡氟禾草灵（精稳杀得）、咪草烟等内吸性强的药剂喷施1小时后遇雨，药效不受影响。

③ 防止长残效除草剂对后茬作物的伤害。土壤中残留期长的除草剂会对后茬敏感作物造成药害。目前大豆田使用的长残效除草剂主要有咪草烟、氯嘧磺隆、广灭灵、唑嘧磺草胺等。后茬作物若种植水稻要选上年未用过咪草烟、氯嘧磺隆的地块；种植马铃薯要选3年内未用过咪草烟、氯嘧磺隆的地块；种植蔬菜（番茄、茄子、辣椒、白菜、萝卜）要选3年内未用过氯嘧磺隆、咪草烟的地块；种植玉米要选上年未用过甲磺隆、氯嘧磺隆的地块。

④ 除草剂应合理混用。

110. 如何选择麦田除草剂？

（1）根据麦田杂草发生的特点制订防治策略　麦田杂草的发生规律受地理环境、气象因素、耕作制度等影响。在黄淮冬麦区，主要有冬前和冬后两个出草高峰。在一般年份，自小麦播种后5～7天杂草开始萌发，到30～45天形成第一个出草高峰，冬后从2月中下旬开始出草，至3月中旬达到高峰。一般情况下，冬前出草量达到70%～80%，冬后仅占20%～30%。气温偏高、雨水偏多的年份，冬前出草量大，干旱年份出草量偏少。冬后出草量的大小，同样受气温和湿度的影响。由于正常年份冬前杂草已基本出齐，此时小麦植株矮小，便于进行化学除草。因此，应当采取“春草秋治的防除策略”。可以采取苗前封闭和杂草 3～4 叶期茎叶处理的方法进行化学除草。

（2）根据田间杂草种类选择除草剂　对小麦为害较重的有看麦娘、硬草、早熟禾、野燕麦、多花黑麦草、猪殃殃、繁缕、大巢菜、荠菜、播娘蒿、婆婆纳、佛座、泽漆、碎米荠、刺儿菜和芦苇等。可以把这些杂草简单地分为禾本科杂草和阔叶类杂草两大类。

防治禾本科杂草可以选择：绿麦隆、异丙隆、乙草胺、精噁唑禾草灵、甲基二磺隆等。由于不同的杂草种群对这些除草剂的敏感程度反应不同，因而在药剂的选择上还要进一步细化。以看麦草、野燕麦为主的田块，可以选择精噁唑禾草灵进行防除。炔草酸的杀草谱比精噁唑禾草灵稍宽些，除草效果优于精噁唑禾草灵，在每亩 4～6 克有效含量情况下，冬前可以防除多花黑麦草、硬草等难防杂草；绿麦隆和异丙隆能够有效防除大多数一年生禾本科杂草和部分阔叶杂草，特别是异丙隆仍是当前防除麦田多种禾本科杂草的首选药剂。

麦田中阔叶杂草的种类较多，相应的除草剂品种也多，应当根据具体杂草群落选择。

麦田中阔叶杂草的防除可选择苯氧乙酸类除草剂（如 2,4-D-丁酯或二甲四氯）、苯甲酸类除草剂（如百草敌及其混剂）、腈类除草剂（如溴苯腈或碘苯腈）、磺酰脲类除草剂（如噻吩磺隆）、杂环类除草剂（如灭草松等）。阔叶杂草和单子叶杂草混生田，可以选择取代脲类除草剂（如绿麦隆、异丙隆、利谷隆等）；以野燕麦为主的田块，可单独使用燕麦畏、禾草灵、野燕枯或燕麦敌等除草剂；以野燕麦为主还兼有阔叶杂草时，可用野燕枯混用 2,4-D-丁酯等。

麦田防除阔叶杂草的除草剂品种有苯磺隆、噻吩磺隆、苄嘧磺隆、甲磺隆、绿磺隆（由于甲磺隆、绿磺隆在 pH＞7 的土壤中分解较慢、残留药害较重，长江以北旱作区禁用）、二甲四氯、2,4-D-丁酯、氯氟吡氧乙酸、乙羧氟草醚、唑草酮、双氟磺草胺等。其中苯磺隆仍是当家品种之一，为了扩大杀草谱，提高除草速度和除草效果，常采用复配的方法。如防除猪殃殃、婆婆纳、播娘蒿、荠菜等，选用苯磺隆＋乙羧氟草醚、苯磺隆＋唑草酮、氯氟吡氧乙酸＋二甲四氯等。

防除野老鹳、麦家公、大巢菜、繁缕等，选用氯氟吡氧乙酸＋二甲四氯；唑草酮＋二甲四氯等。

现在有三元复配剂，如唑草酮＋苯磺隆＋二甲四氯可以基本防除麦田中的所有阔叶杂草。

111. 麦田化学除草有哪些混剂组合?

麦田防除阔叶杂草二元混配的药剂有：2,4-D-丁酯＋麦草畏或苯磺隆或噻吩磺隆或氯氟苯氧乙酸或溴苯腈；二甲四氯＋麦草畏或苯磺隆或噻吩磺隆或灭草松或氯氟吡氧乙酸；噻吩磺隆＋苯磺隆或2,4-D-二甲胺；2,4-D-二甲胺＋苯磺隆。防除阔叶杂草和野燕麦采用防除阔叶杂草除草剂与防除野燕麦的除草剂混用。三元混配药剂有：2,4-D-丁酯＋野燕枯＋麦草畏或苯磺隆、苯磺隆＋噻吩磺隆＋精噁唑禾草灵或野燕枯、2,4-D-二甲胺＋苯磺隆＋野燕枯。

112. 棉田常用除草剂有哪些?

利用化学除草剂除草可显著降低生产成本，减轻劳动强度，近年来除草剂在棉田的应用面积不断扩大。现有除草剂种类繁多，根据在作物上的施用时间不同可分为芽前除草剂、苗后除草剂及二者兼用的除草剂。芽前除草剂主要在棉花播种后施于表土，然后覆盖地膜以提高药效，主要的商品品种有乙草胺、拉索、丁草胺、都尔等；苗后除草剂主要是在棉花出苗后直接喷于杂草上，一般应用于直播棉田，如稳杀得、盖草能、威霸等；可兼用的除草剂有果尔、氟乐灵、扑草净等。另外还有一些复配的除草剂，如棉草除、盖果混剂等。

除草剂作为杀灭性的农药在施用上要严格控制用量。

在喷施时，要严格按照说明书上的推荐用量，每亩兑水25～35千克，均匀喷施，严防重喷或漏喷。对于苗前用药的，要整平土地，喷药时要倒退着喷，喷后的地面不要再用脚践踏，以免破坏已形成的药膜，影响除草效果。喷药后要及时盖紧地膜，使薄膜贴紧地面，以提高防效。

随着除草膜生产技术的提高，现在其防效已有较大的改进，如有条件也可直接用除草膜覆盖除草，注意覆膜时要严实，不能透风撒气，另外注意棉花出苗后及时放苗出膜，防止药膜危害棉苗。

第三章

杀虫剂、杀螨剂安全用药知识

113. 什么是杀虫剂?

杀虫剂是指用于预防、消灭或者控制害虫的农药，包括危害农林业的害虫、卫生害虫、畜禽体内外的寄生虫以及仓储害虫等都是杀虫剂的防治对象。杀虫剂种类繁多，按照来源可以分为无机和矿物杀虫剂、植物性杀虫剂、有机合成杀虫剂。其中，有机合成杀虫剂包括有机磷类（辛硫磷、毒死蜱等）、氨基甲酸酯类（抗蚜威、灭多威、仲丁威等）、拟除虫菊酯类（溴氰菊酯、氯氰菊酯等）、沙蚕毒素类（杀虫双、杀虫单等）、苯甲酰脲类（灭幼脲、氟铃脲等）、蜕皮激素和保幼激素类（抑食肼、虫酰肼等）、新烟碱类（吡虫啉、噻虫嗪等）、有机氯类（硫丹、林丹等）、抗生素类（阿维菌素、甲氨基阿维菌素苯甲酸盐等）以及其他类（烟碱、印楝素、白僵菌、苏云金杆菌、柴油等）。

114. 杀虫剂有哪些常见的作用方式?

杀虫剂对害虫的作用方式主要有触杀、胃毒、熏蒸和内吸等几种，其中内吸性杀虫剂首先被植株吸收、传导到害虫危害部位，然后通过害虫的取食来毒杀害虫。因此内吸性杀虫剂与其他类型杀虫剂相比，有着不同的特点。

115. 什么是杀螨剂?

用于防治植食性害螨的药剂称为杀螨剂。早期使用的杀螨剂多为硫黄和无机硫制剂。杀螨剂是指用于防治害螨的一类农药，通常只杀螨不杀虫。但是，许多杀虫剂兼有杀螨作用，有时称其为杀虫杀螨剂。目前常用的杀螨剂有溴螨酯、阿维菌素、螺螨酯、唑螨酯等。

116. 什么是杀线虫剂？

杀线虫剂是指防治植物病原线虫的农药。一般易挥发或具内吸性，持效期长，可分为土壤处理剂、空间熏蒸剂、表面喷布剂和浸渍剂等。常用的品种有溴甲烷、灭线磷、氯唑磷、克百威、涕灭威等。大多数植物病原线虫一生或多数时间是生活在植物根部或根际土壤中。因此，杀线虫剂多用于土壤处理，如行施、穴施等。颗粒剂还可与种子同时播下。有些杀线虫剂还可以喷施。

117. 什么是有机氯类杀虫剂？

有机氯类杀虫剂是指一类含氯原子的、用于防治害虫的有机合成杀虫剂，是人类最早发现并应用的人工合成杀虫剂。大多数有机氯类杀虫剂化学性质比较稳定，在生物体内以及环境中的残留量较高，易通过生物链浓缩对人畜产生慢性毒害。目前，仅有少数无慢性毒性问题的有机氯类杀虫剂只在一定范围的作物上应用。

118. 使用有机磷类杀虫剂有哪些注意事项？

① 有机磷类杀虫剂遇碱易分解，不能和碱性农药混合使用。

② 有些作物对有机磷药剂比较敏感，应避免药害，最好先进行试验再使用。例如，敌敌畏乳油对高粱、月季花易产生药害，不宜使用。玉米、豆类、瓜类的幼苗和柳树对敌敌畏也比较敏感，稀释不能低于800倍液。高粱、豆类对敌百虫特别敏感，很容易产生药害，不宜使用。高粱、黄瓜、菜豆和甜菜等都对辛硫磷敏感，应慎用。高浓度的马拉硫磷对瓜类、高粱、梨、苹果等的某些品种会产生药害。

③ 有机磷类药剂具有胃毒、触杀、熏蒸、内吸等多种作用方式，使用时应注意选择应用。有机磷类药剂一般温度高时，毒性更大些。

④ 有些药剂对光很敏感。例如，辛硫磷见光易分解，田间喷雾时间最好选择傍晚或夜间，拌闷过的种子也要避光晾干，避光保存。

119. 使用氨基甲酸酯类杀虫剂有哪些注意事项？

氨基甲酸酯类农药用作杀虫剂分为五大类：①萘基氨基甲酸酯类，如西维因；②苯基氨基甲酸酯类，如叶蝉散；③氨基甲酸肟酯类，如涕灭威；④杂环甲基氨基甲酸酯类，如呋喃丹；⑤杂环二甲基氨基甲酸酯类，如异索威。氨基甲酸酯类农药作用机理：氨基甲酸酯类农药是抑制昆虫乙酰胆碱酶和羧酸酯酶的活性，造成乙酰胆碱和羧酸酯的积累，影响昆虫正常的神经传导而致死。

除少数品种如呋喃丹等毒性较高外，大多数属中、低毒性。以呋喃丹为例介绍注意事项如下：

（1）消防措施　消防人员须戴好防毒面具，在安全距离以外，在上风向灭火。灭火剂：雾状水、泡沫、干粉、二氧化碳、沙土。

（2）应急处理　隔离泄漏污染区，限制出入，切断火源。建议应急处理人员戴自给正压式呼吸器，穿防毒服。用洁净的铲子收集于干燥、洁净、有盖的容器中，转移至安全场所。若大量泄漏，收集回收或运至废物处理场所处置。

（3）运输事项　铁路运输时应严格按照铁道部《危险货物运输规则》中的危险货物配装表进行配装。运输前应先检查包装容器是否完整、密封，运输过程中要确保容器不泄漏、不倒塌、不坠落、不损坏。严禁与酸类、氧化剂、食品及食品添加剂混运。运输途中应防曝晒、雨淋，防高温。

（4）操作事项　密闭操作，局部排风。操作人员必须经过专门培训，严格遵守操作规程。建议操作人员佩戴防尘面具（全面罩），穿胶布防毒衣，戴橡胶手套。远离火种、热源，工作场所严禁吸烟。使用防爆型的通风系统和设备。避免产生粉尘。避免与氧化剂、碱类接触。搬运时要轻装轻卸，防止包装及容器损坏。配备相应品种和数量的消防器材及泄漏应急处理设备。倒空的容器可能残留有害物。

（5）储存事项　储存于阴凉、通风的库房。远离火种、热源。应与氧化剂、碱类、食用化学品分开存放，切忌混储。配备相应品种和数量的消防器材。储区应备有合适的材料收容泄漏物。应严格执行极毒物品“五双”管理制度。

120. 使用拟除虫菊酯类杀虫剂有哪些注意事项？

拟除虫菊酯类杀虫剂一般对水生生物毒性较大，使用时注意不要污染水源。

这类药剂杀虫速度快，但是连续使用很容易产生抗药性。注意和其他类型杀虫剂，如有机磷、氨基甲酸酯等轮换使用或混合使用。

多数不含氟的菊酯类杀虫剂不具有杀蛾活性，甲氰菊酯具有杀螨活性。

拟除虫菊酯类杀虫剂脂溶性强，多数以触杀作用为主，一般没有熏蒸和内吸作用，因此喷药时要均匀。

不能和碱性药剂混用。

121. 使用新烟碱类杀虫剂有哪些注意事项?

新烟碱类杀虫剂主要包括吡虫啉、啶虫脒、烯啶虫胺、噻虫胺、噻虫嗪、噻虫啉和呋虫胺等。对害虫和有益生物选择性强，对哺乳动物安全，且与传统的农药之间不易产生交互抗性。在使用中应注意：

① 不宜与碱性农药或物质（如波尔多液、石硫合剂等）混用。

② 由于其残效期较长，应严格执行安全间隔期。

③ 对蜜蜂、家蚕等有较高毒性，因此不适宜在蜂场附近、桑树和蜜源作物上使用。

④ 注意与其他类型杀虫剂的轮换、交替或混合使用，以延缓害虫抗药性的产生。

122. 苏云金杆菌能产生对昆虫有致病力的毒素有哪些种类?

主要有两类：一类是内毒素，另一类是外毒素。包括：①α-外毒素，又称卵磷脂酶或磷酸酯酶 C，是一种对昆虫肠道有破坏作用的酶。对热敏感。②β-外毒素，又称热稳定外毒素、耐热外毒素。③γ-外毒素，是一种或几种未经鉴定的酶，能使卵黄琼脂澄清，其毒力没有得到证实。④δ-内毒素，伴孢晶体，又称晶体毒素。

123. 多杀菌素属于哪种类型的农药?

多杀菌素是天然生成的大环内酯类抗生素，具有作用模式独特、自然分解快、对动物和昆虫天敌安全等优点，是一种应用前景广阔的新型生物农药。

多杀菌素又名多杀霉素刺糖菌素，是在多刺甘蔗多孢菌（*Saccharopolyspora spinosa*）发酵液中提取的一种大环内酯类无公害高效生物杀虫剂。

多杀菌素为浅灰色的固体结晶，带有一种类似轻微陈腐泥土的气味。多杀菌素在水中的溶解度很低，易溶于有机溶剂，如甲醇、乙醇、己腈、丙酮、二甲基亚砜及二甲基甲酰胺等。在水溶液中它的 pH 为 7.74，对金属和金属离子在 28 天内相对稳定，制定产品的保质期为 3 年。

多杀菌素是一种广谱的生物农药，杀虫活性远远超过有机磷、氨基甲酸酯、环戊二烯和其他杀虫剂，能有效控制的害虫包括鳞翅目、双翅目和缨翅目害虫，同时对鞘翅目、直翅目、膜翅目、等翅目、蚤目、革翅目和啮虫目的某些特定种类的害虫也有一定的毒杀作用，但对刺吸式口器昆虫和螨虫类防效不理想。

多杀菌素第二代产品杀虫谱比第一代多杀菌素更广，特别是在果树上使用时。它能防治一些重要的害虫如梨果类果树上的苹果蠹蛾，而第一代多杀菌素不能控制该害虫的发生。该杀虫剂能防治的其他害虫包括水果、坚果、葡萄和蔬菜上的梨小食心虫、卷叶蛾、蓟马和潜叶蛾。该产品将打开一个全新的市场，它的上市不是对第一代多杀菌素的替代，而是一种补充。到目前为止，所有的研究表明，该产品对靶标作物上大多数主要益虫没有影响。

使用方法：

① 蔬菜害虫防治小菜蛾，在低龄幼虫盛发期用2.5%悬浮剂1000～1500倍液均匀喷雾，或每亩用2.5%悬浮剂33～50毫升兑水20～50千克喷雾。

② 防治甜菜夜蛾，于低龄幼虫期，每亩用2.5%悬浮剂50～100毫升兑水喷雾，傍晚施药效果最好。

③ 防治蓟马，于发生期，每亩用2.5%悬浮剂33～50毫升兑水喷雾，或用2.5%悬浮剂1000～1500倍液均匀喷雾，重点在幼嫩组织如花、幼果、顶尖及嫩梢等部位。

124. 药剂防治鳞翅目害虫应注意哪些问题?

① 害虫发生初期，以挑治为王，避免盲目全面施药。

② 明确最佳防治时期，一般鳞翅目害虫应在三龄前防治。如棉铃虫卵孵化盛期到幼虫三龄前，施药效果最好。二代卵多在顶部嫩叶上，宜采用滴心挑治或仅喷棉株顶部，三、四代卵较分散，可喷棉株四周。

③ 科学选择药剂。如棉铃虫的防治应以生物性农药或对天敌杀伤小的农药为主。如在棉铃虫发生较重地块，在产卵盛期或孵化盛期至三龄幼虫前，可以局部喷洒硫双灭多威、氟虫脲、Bt制剂等防治。

④ 避免长期、高浓度、重复使用单一杀虫剂品种（或同类杀虫剂），以延缓抗药性产生。

125. 药剂防治刺吸式口器害虫应注意哪些问题?

刺吸式口器害虫通过直接刺吸植物汁液而造成危害，一般移动性较小。在药剂防治中应注意：

① 最好选择具有内吸传导活性的杀虫剂。如灭多威、吡虫啉、啶虫脒等。

② 对身披蜡质蚧壳的蚧类害虫，应选择若虫孵化不久，尚未形成蜡质蚧壳时进行防治。若已形成蚧壳，应选择渗透性强的药剂，或在药剂中加入洗衣粉等增加穿透蚧壳的能力。

③ 注意不同作用机制杀虫剂间的混用、轮用，避免刺吸式口器害虫迅速产生抗性。

④ 注意适当加大药液量（水量），力求施药均匀。

126. 使用昆虫生长调节剂应注意哪些问题?

昆虫生长调节剂是一种人工合成的昆虫激素模拟物或抗激素类物质，是以昆虫特有的生长发育系统为靶标的特异性杀虫剂，具有低毒、高效、不易产生抗性的特点。使用时应注意以下几点：①昆虫生长调节剂作用缓慢，一般要在施药 3～4 天后，害虫才大量死亡，难以迅速有效地杀灭害虫或立刻阻止害虫种群的繁殖。②昆虫生长调节剂对施用时间要求十分苛刻，必须依据害虫特异发育阶段而定，具有严格的时间限制性。③部分昆虫生长调节剂对家蚕、鱼类有毒或高毒，使用时应注意。

127. 在转 Bt 棉田用药需注意什么?

① 在 Bt 棉田应避免使用 Bt 制剂。

② 每次用药后要及时检查，若残虫量仍在防治指标以上，应及时补治，尽量把害虫消灭在低龄阶段。

③ 当发现转 Bt 棉田间残存有高龄幼虫时（大龄幼虫隐蔽为害，防治较困难），可以选用辛硫磷的混配制剂。同时注意不同品种药剂的交替、轮换使用，以延缓害虫抗性发生。

④ 加强抗性监测，及时了解棉田害虫的为害情况和转 Bt 棉花植株抗棉铃虫能力的变化，以便及时采取措施。

⑤ 应尽量采用对天敌杀伤小的农药品种，以保护天敌和棉田的生态环境。

128. 药剂防治果树病虫害有哪几个关键时期?

为提高果品产量和品质，减少农药的喷施次数，延长树体生长年限，在果树病虫害防治上要重点掌握好以下几个关键时期：

① 芽明显膨大期：此期喷施高浓度的杀菌剂加杀虫剂，树上、树下都要喷透。主要防治多种越冬病菌和害虫。

② 花现蕾期：喷较高浓度的杀菌剂加杀虫剂，主要防治花腐病等。

③ 落花后 1 周：喷杀菌剂和杀虫剂，主要防多种病害和蚜虫、红蜘蛛、梨木虱等。

④ 摘果后落叶前：喷较高浓度的杀菌剂和杀虫剂，主要消灭越冬病虫，减轻第二年为害。混用时应注意碱性农药（石硫合剂等）与微酸性农药之间不能混合。

129. 如何避免害虫产生抗药性?

长期、连续地在同一地区大量、单一使用同种（类）杀虫剂，会导致害虫抗药性的产生。应坚持以下害虫防治原则，以避免或延缓害虫抗药性的产生。

（1）综合防治　将化学、物理、生物、农业防治有机结合，调整作物布局、完善耕作制度，尽量使用微生物及植物源杀虫剂，克服单一使用化学农药的现象。同时尽量减少化学农药的使用量和使用次数，降低对害虫的选择压力。

（2）改进施药方式　首先加强预测预报工作。选好对口农药，抓住关键时期用药。同时采取隐蔽施药、局部施药、隔行施药等施药方式，保护天敌和小量敏感害虫，使害虫难以形成抗性种群。

（3）交替用药　交替使用不同作用机制的药剂，避免连续使用单一药剂，以阻碍害虫抗性群体的形成。

（4）混合用药　不同作用机制的药剂混合使用，现混现用，或制成制剂使用。

（5）使用增效剂和助剂　增效剂与杀虫剂混合能大大提高杀虫效果，延长杀虫剂的使用寿命。

（6）分区施药　可以依据害虫迁移的距离，在不同的方位内使用不同类型的药剂。

130. 药剂防治茶园病虫害有哪些注意事项?

茶园病虫害防治，以生物防治为主，化学防治为辅，必要时使用高效、低毒、低残留农药的综合防治措施。

① 严格执行农药残留标准和安全间隔期。

② 适期用药，根据病虫发生情况，预测并提出防治适期。

③ 注意轮换或混合用药。

④ 严禁使用国家明令禁止使用的高毒、高残留农药。

⑤ 要密切关注茶叶进口国有关农药品种的要求变化。

131. 药剂防治韭菜害虫有哪些注意事项?

韭菜害虫主要包括迟眼蕈蚊、韭菜蛾、黄条跳甲、地蛆（种蝇和葱蝇）等，尤以韭菜迟眼蕈蚊危害最大，是韭菜生产中的主要害虫，其幼虫俗称韭蛆、韭根蛆、韭菜蛆。在防治韭菜害虫时应使用高效、低毒、低残留杀虫剂，并严格遵守相关的技术规范。

① 48%毒死蜱乳油每亩用 60 毫升，最高不超过 75 毫升，喷雾，每季作物最多施药 3 次，安全间隔期为 7 天以上。

② 50%辛硫磷乳油每亩用 600 毫升，最高不超过 750 毫升，灌根，每季作物最多施药 2 次，安全间隔期为 10 天以上。

③ 90%敌百虫晶体每亩用 60 克，最高不超过 100 克，喷雾，每季作物最多施药 6 次，安全间隔期为 7 天以上。

④ 10%氯氰菊酯乳油每亩用 20 毫升，最高不超过 30 毫升，喷雾，每季作物最多施药 3 次，安全间隔期为 6 天以上。

⑤ 2.5%溴氰菊酯乳油每亩用 20 毫升，最高不超过 40 毫升，喷雾，每季作物最多施药 3 次，安全间隔期为 2 天以上。

⑥ 20%甲氰菊酯乳油每亩用 25 毫升，最高不超过 60 毫升，喷雾，每季作物最多施药 3 次，安全间隔期为 7 天以上。

⑦ 2.5%氯氟氰菊酯乳油每亩用 26 毫升，最高不超过 60 毫升，喷雾，每季作物最多施药 3 次，安全间隔期为 7 天以上。

⑧ 5%顺式氰戊菊酯乳油每亩用 10 毫升，最高不超过 20 毫升，喷雾，每季作物最多施药 3 次，安全间隔期为 3 天以上。

⑨ 10%顺式氯氰菊酯乳油每亩用 6 毫升，最高不超过 10 毫升，喷雾，每季作物最多施药 3 次，安全间隔期为 3 天以上。

132. 毒死蜱可防治哪些地上害虫?

毒死蜱也称乐斯本、氯吡硫磷，是广谱性杀虫杀螨剂。对害虫具有胃毒和触杀作用，也有较强熏蒸作用。对植物有一定渗透作用，能渗透进入叶片组织内，药效期较长，叶面喷洒，药效期为 5～7 天。加工剂型为 40%、48%、25%乳油，10%、20%高渗乳油，5%颗粒剂，15%

烟雾剂。

① 稻虫对二化螟和三化螟，在卵孵化盛期到高峰期，每亩用40%乳油75～100毫升，加水50～70升喷细雾，或加水150升喷粗雾，或加水300～400升泼浇。喷粗雾或泼浇时，田间要有3～5厘米的水层。防治稻纵卷叶螟，在2龄幼虫高峰期，每亩用40%乳油50～70毫升，加水60～70升喷雾。一般年份每代施药1次。大发生年或发生期长的年份隔7天再施药1次。防治稻飞虱，每亩用40%乳油50～100毫升，加水70～100升，向稻基部喷雾，药效期约10天。

防治稻瘿蚊，在秧田1叶1心及本田分蘖期施药，每亩用40%乳油200～250毫升，兑水喷雾。防治稻象甲，在发生盛期，每亩用40%乳油60毫升，兑水喷雾。

② 棉虫对棉蚜、红蜘蛛、盲蝽象等每亩用40%乳油50～70毫升，兑水喷雾，药效期达7天。

③ 防治棉铃虫和红铃虫，在产卵盛期至高峰期，每亩用75～100毫升，棉株高大稠密时用150毫升，兑水喷雾，隔5～7天再喷1次。

④ 蔬菜害虫，对菜青虫、小菜蛾等每亩用40%乳油100～150毫升，加水40～60升喷雾，药效期7～10天。防治豆野螟，在菜豆开花盛期，卵孵化盛期，每亩用40%乳油100～150毫升，加水50～60升喷雾，隔7～10天喷1次。对各种蚜虫、斜纹夜蛾、美洲斑潜蝇，每亩用40%乳油50～60毫升，兑水喷雾。防治跳甲成虫，每亩用40%乳油50～60毫升，兑水喷雾；或用150毫升，兑水300千克进行浇灌，可杀死地下活动的幼虫，有效期20天左右。

⑤ 果树害虫，对苹果树的叶螨和柑橘的矢尖蚜、橘蚜等用40%乳油1000倍液喷雾。防治柑橘潜叶蛾，在放梢初期、嫩芽长至2～3毫米或50%枝条抽出嫩芽时，用40%乳油1000～1500倍液喷雾。防治桃小食心虫卵果率0.5%～1%、初龄幼虫蛀果之前，用40%乳油800～1000倍液喷雾。防治荔枝害虫，用40%乳油800～1000倍液喷雾，对荔枝蒂蛀虫，在荔枝、龙眼采收前20天喷药1次，隔7～10天后再喷药1次；对荔枝瘿螨和荔枝尖细蛾，在荔枝新梢抽发、嫩叶开始展开时施药；对荔枝蚧壳虫，在幼蚜发生高峰期施药。防治果园白蚁，用40%乳油1500～2000倍液喷雾。防治枸杞瘿螨，每亩用40%乳油60～80毫升，兑水喷雾。

⑥ 茶树害虫，对茶尺蠖、茶毛虫、茶刺蛾等，在2～3龄幼虫期，用40%乳油1000～1300倍液喷雾。防治茶叶瘿螨、茶橙瘿螨、茶红蜘

蛛等在越冬前或早春若螨扩散为害前，用800～1000倍液喷雾。

⑦ 大豆食心虫、豆荚螟、斜纹夜蛾每亩用40%乳油90～120毫升兑水喷雾；也可用2%毒土，在老熟幼虫入土前地表施药；或在大豆收获后的堆垛下施毒土，杀死脱荚幼虫。

⑧ 烟草害虫，防治烟青虫、斜纹夜蛾，每亩用40%乳油80～100毫升，兑水40～60千克喷雾，隔7～10天喷1次。防治烟蚜，每亩用40%乳油50～70毫升，兑水喷雾。防治地老虎等害虫，在烟苗移栽后，每亩用40%乳油100～200毫升，兑水40～60千克，喷烟株及周围土表。

⑨ 甘蔗害虫，防治甘蔗棉蚜，在2～3月份有翅蚜迁飞前或6～7月份棉蚜大量扩散时，每亩用40%乳油25～30毫升，兑水喷雾。或每亩用15%烟雾剂100～150毫升，采用热烟雾机喷雾，喷幅5～6米。

⑩ 小麦害虫，防治麦蚜，每亩用40%乳油50～75毫升，兑水50～70千克喷雾。防治麦田黏虫，每亩用40%乳油40毫升（幼虫3龄前）、50毫升（4龄以后），兑水喷雾。毒死蜱可能会对瓜苗（特别是在保护地内）有药害，应在瓜蔓1米长以后使用。对鱼类水生生物和蜜蜂的毒性高，使用时严防药液流入河塘或鱼池。

133. 如何使用毒死蜱防治地下害虫?

毒死蜱在土壤中能不断挥发，杀死在土壤中生存为害的地下害虫，药效期可达2个月。

（1）防治蔬菜根蛆　每亩用40%乳油150～200毫升，或10%高渗乳油1.5～2.0升，兑水200～300升，浇灌蔬菜根部；或每亩用5%颗粒剂1.6千克，与细土5千克拌匀后，沿菜垅撒施。对根蛆药效可达3个月。

（2）防治花生地里蛴螬　在金龟子卵孵盛期（花生开花期），每亩用40%乳油400～500毫升，配成毒土，撒施花生株基部，再覆上薄土；或用40%乳油1500倍液浇灌花生根部，每亩用药液300～400升。

（3）防治甘蔗的蔗龟　在甘蔗下种时，每亩用40%乳油200～400毫升，配成毒土，均匀撒施于蔗苗上，再覆土。

134. 三唑磷可防治哪些害虫?

三唑磷是一种中等毒、广谱有机磷杀虫剂，具有强烈的触杀和胃毒作用，杀虫效果好，杀卵作用明显，渗透性较强，无内吸作用。用于水稻等多种作物防治多种害虫。

三唑磷的作用主要体现在农作物的杀虫上：

（1）水稻害虫　对稻纵卷叶螟、蓟马、叶蝉，用20%乳油50毫升/亩，兑水50～60升喷粗雾。对三化螟、二化螟、黏虫，用20%乳油100～150毫升/亩，兑水50～60升喷雾。

（2）小麦害虫　对蚜虫、黏虫、麦蜘蛛等，用20%乳油80～100毫升/亩，兑水50～60升喷雾。

（3）玉米害虫　对玉米螟，用20%乳油75～100毫升/亩，兑水50～60升喷雾，或拌毒土撒入心叶中。

（4）棉花害虫　对棉蚜、红蜘蛛、卷叶蛾、棉造桥虫，用20%乳油80～100毫升/亩，兑水50～60升喷雾；对棉铃虫、红铃虫，20%乳油150～200毫升/亩，兑水50～60升喷雾。对地老虎等，用20%乳油150毫升/亩兑水3升，均匀喷雾拌入10～20千克较干的细土中，拌匀后于棉花播种时进行撒施。

（5）蔬菜害虫　对蚜虫、蓟马等，用20%乳油30～60毫升/亩，兑水50～60升喷雾。应连续防治2次，间隔期7天。温度较高时用药量小一些，温度较低时用药量大一些。对金针虫、地老虎，用20%乳油300～350毫升/亩兑水8升，均匀喷雾拌入50千克较干的细土，拌匀后均匀撒施入已作粗处理的菜田表面，再用耙耙平，应多耙几遍使毒土与上层土壤充分混合。

（6）果树害虫　对蚜虫、卷叶蛾等，用20%乳油1000～1200倍液喷雾。

135. 为什么辛硫磷在茎叶上持效期短？利用此特性防治哪些作物害虫最好？

辛硫磷对阳光，特别是紫外线很敏感，极易分解失效。将辛硫磷喷洒在茎叶上的药效期很短，一般只有2～3天，例如喷在茶树上第1天，茶叶有异味，而3天后对茶叶品质已无影响。用40%辛硫磷乳油800～1000倍液喷桑树，经3～5天（有阳光照射）即可采桑喂蚕。因此辛硫磷可防治蔬菜、桑等近期采摘的作物上的害虫。

防治蔬菜害虫。对菜青虫、小菜蛾、棉铃虫和烟青虫、蚜虫、红蜘蛛等，用40%乳油1000～1500倍液喷雾，施药后3～5天就可采收上市。

136. 辛硫磷施于土壤中为什么持效期很长，可防治哪些作物害虫？

当辛硫磷施于土壤中，太阳光照射不到，很稳定，所以持效期很长，可达1个月以上，甚至可接近2个月。利用辛硫磷这个特性，采用拌种或将药剂配成毒水、毒土施于土壤中防治在土壤中活动的害虫。

（1）播种期　地下害虫每亩用3%颗粒剂1.5～3.0千克，播前沟施；或者用3%水乳种衣剂包衣，玉米为1∶(30～40)（药种比），小麦为1∶(40～50)；或者用40%乳油100毫升加水4～5升，拌麦种50～60千克、玉米种30千克、棉籽20千克，然后播种，可防治蛴螬、蝼蛄、金针虫、小麦沟牙甲等，药效期达1个月以上。

（2）生长期　地下害虫每亩用2～3千克3%颗粒剂，在株边或行间开沟施入，再覆土。或每亩用40%乳油250毫升与细土25千克拌和，撒施后锄入土中。对于花生等丛种或株形较大的作物，可以每亩用40%乳油250毫升，兑水150～200升，点浇于植株周围。

（3）越冬代　桃小食心虫在越冬代幼虫出土高峰期前，按树冠大小在地面划好树盘，树盘直径比树冠约大1米，清除树盘内杂草。每亩用40%辛硫磷乳油500～750毫升，拌细土50千克，将毒土撒施于树盘内，耙入土下1厘米深。或用40%乳油700倍液，每株树盘内喷洒15～20升药液，将药耙入土内。当虫口密度大时，隔半月再施药1次。

（4）掩青绿肥　田地老虎每亩用40%乳油75毫升，兑水75升，喷洒在绿肥上，再将绿肥耕翻入土壤中。

（5）玉米螟　每亩用1.5%颗粒剂500～750克，撒入玉米喇叭口。

137. 丙溴磷可防治哪些害虫？

丙溴磷是广谱性杀虫杀螨剂，产品有20%、40%、50%乳油。主要是对棉花害虫和螨有效。它的毒性不大，亦适用于蔬菜害虫的防治。对害虫具有触杀和胃毒作用。虽没有内吸作用，但有横向转移的能力，所以可以杀死未着药一侧叶片上的害虫。

用丙溴磷防治棉铃虫的方法：由于丙溴磷对2龄幼虫的毒力较4龄幼虫高7倍多，因此施药适期为卵孵化盛期，用40%乳油1000倍液喷雾，特效期6～7天，当棉铃虫大发生时，药后4～7天内调查，若残虫数超过防治指标，需再次施药。

防治稻飞虱，每亩用40%乳油75～100毫升，兑水75千克喷雾；叶螟，每亩用40%乳油75毫升，兑水50千克喷雾；防治稻蓟马，每亩150毫升，兑水50千克喷雾。蚜虫每亩用40%乳油30毫升，兑水50千克喷雾。甘蓝上的小菜蛾、菜青虫在低龄幼虫期，用40%乳油1000～1500倍液喷雾，或每亩用20%微乳剂130～150毫升兑水喷雾。甘薯茎线虫每亩用2～3千克10%颗粒剂，沟施或穴施。丙溴磷对苜蓿、高粱有药害，不宜使用。

138. 喹硫磷可防治哪些害虫?

喹硫磷属高效广谱性有机磷杀虫、杀螨剂。纯品无色、无味结晶。工业品为棕色油状液体和灰色至浅棕色的颗粒。遇酸、碱不稳定，对光稳定。对害虫有触杀和胃毒作用。对人、畜中等毒性。喹硫磷主要用来防治水稻、棉花、蔬菜等作物上多种害虫。剂型为25%乳油、5%颗粒剂。使用技术如下：

（1）防治粮食作物害虫　每亩用25%乳油60～100毫升，兑水60～70千克喷雾，可防治大豆食心虫。每亩用25%乳油100～150毫升，兑水60～70千克喷雾，或每亩撒5%颗粒剂1～1.5千克，可防治水稻螟虫、稻纵卷叶螟、稻蓟马、稻飞虱、稻叶蝉等。

（2）防治经济作物害虫　每亩用25%乳油130～160毫升，兑水50～60千克喷雾，可防治棉铃虫、红铃虫等。每亩用25%乳油60～100毫升，兑水50～60千克喷雾，可防治烟蓟马、烟青虫等。

（3）防治蔬菜害虫　每亩用25%乳油60～80毫升，兑水50～60千克喷雾，可防治菜蚜、菜青虫、红蜘蛛、斜纹夜蛾等。

（4）防治茶树、果树害虫　用25%乳油1000～2000倍液喷雾，可防治茶尺蠖、茶刺蛾、茶毛虫、叶蝉、茶叶螨、黑刺粉虱、长白蚧、红蜡蚧、枣树龟蜡蚧、柑橘蚜虫等。

139. 杀扑磷可防治哪些害虫?

杀扑磷是广谱性杀虫剂，对害虫具有触杀和胃毒作用，并能渗入植物组织中，有效地防治咀嚼式口器和刺吸式口器害虫。对蚧壳虫有特效。产品为40%乳油。可用于防治烟蚜、烟青虫、斜纹夜蛾等烟草害虫。防治烟蚜、烟盲蝽时，每亩用40%乳油50～75毫升；防治烟青虫等咀嚼式口器害虫时，用100～200毫升加水45千克喷雾。

140. 如何用好甲胺磷?

（1）甲胺磷是一种有机磷杀虫杀螨剂，加工剂型为50%乳油，曾经在烟草上应用广泛，主要用于防治烟青虫、烟蚜及地下害虫，近年来在烟草等作物上已被列为禁用产品。甲胺磷具有多种杀虫作用，对害虫和害螨具有触杀、胃毒、内吸和一定的熏蒸作用，对螨类还有杀卵作用，杀虫范围广、使用方法多样，药效期长，对叶蝉、飞虱药效期可达15天，对人、畜、禽、蜜蜂高毒等。因此禁止使用机动喷雾器喷雾，也不能用手动喷雾器进行低容量喷雾。为防止甲胺磷残留在烟叶及烟草制品里的甲胺磷对人体的危害，目前禁止在烟草及其他食用性经济作物上使用甲胺磷，但可使用替代产品。替代品乙酰甲胺磷英文通用名acephate，理化性状纯品为白色结晶，工业品为白色固体。易溶于水、甲醇、乙醇、丙酮等极性溶剂和二氯甲烷、二氯乙烷等卤代烃类。常用制剂有30%、40%乳油，为浅黄色透明液体。

甲胺磷对人、畜低毒，无三致性，是缓效型杀虫剂。在施药后初效作用缓慢，2～3天灭虫效果显著，后效作用强，残效期较长，一般为10～15天，作用机制是抑制乙酰胆碱酯酶。

（2）适用于蔬菜、果树、棉花、水稻、小麦、油菜、烟草、甘蔗等作物，防治多种咀嚼式、刺吸式口器害虫和害螨。

① 菜青虫、小菜蛾　菜青虫在成虫产卵高峰后一周左右，幼虫2～3龄期进行防治。小菜蛾在1～2龄幼虫盛发期防治。每亩用30%乳油80～120毫升，兑水50～75千克喷雾。

② 菜蚜在虫口上升时每亩用30%乳油50～75毫升，兑水50～75千克均匀喷雾。

③ 稻纵卷叶螟　在水稻分蘖期，2～3龄幼虫百蔸虫量45～50头，叶被害率7%～9%；孕穗抽穗期，2～3龄幼虫百蔸虫量25～35头，叶被害率3%～5%时防治。每亩用30%乳油125～225毫升，兑水60～75千克喷雾。

④ 稻飞虱　水稻孕穗抽穗期，2～3龄若虫高峰期，百蔸虫量1300头；乳熟期，2～3龄若虫高峰期，百蔸虫量2100头时防治。每亩用30%乳油80～150毫升，兑水60～75千克喷雾。

⑤ 棉蚜　棉蚜大面积平均有蚜株率达到30%，平均单株蚜数近10头，卷叶株率达到5%时防治。每亩用30%乳油100～150毫升，兑水50～75千克均匀喷雾。

⑥ 棉花小造桥虫　7～8 月份调查棉花上、中部幼虫，当百株 3 龄幼虫达 100 头时，每亩用 30%乳油 100～150 毫升，兑水 75～100 千克均匀喷雾。

⑦ 棉铃虫、红铃虫　主要防治棉田 2 代、3 代幼虫，百株卵量超过 15 粒，或百株幼虫达到 5 头时即可防治。红铃虫防治适期为各代红铃虫发蛾和产卵盛期。每亩用 30%乳油 150～200 毫升，兑水 75～100 千克喷雾。

⑧ 苹果桃小食心虫、梨小食心虫　在成虫产卵高峰期，卵果率达 0.5%～1%时进行防治。用 30%乳油兑水稀释 500～750 倍，均匀喷雾。

⑨ 柑橘蚧壳虫　在 1 龄若虫期防治效果最好，用 30%乳油 300～600 倍液喷雾。

⑩ 玉米、小麦黏虫　可在 3 龄幼虫前，每亩用 30%乳油 124～240 毫升，兑水 75～100 千克喷雾。

⑪ 烟青虫　在 3 龄幼虫期，每亩用 30%乳油 100～200 毫升，兑水 50～100 千克喷雾。

（3）注意事项

① 属于低毒杀虫剂，发生中毒应立即送医院抢救，解毒药剂为阿托品和解磷定。

② 不能与碱性农药混用，以免分解失效。

③ 不宜在桑、茶树上使用。

④ 可用于 A 级绿色食品生产，安全间隔期青菜、白菜大于 7 天，最多使用 2 次。

⑤ 本品易燃，储运中应注意远离明火。

141. 氯胺磷防治稻虫如何使用？

氯胺磷对害虫具有胃毒、触杀、熏蒸和一定的内吸作用。对稻纵卷叶螟、螟虫、稻飞虱、叶蝉、蓟马以及棉铃虫等害虫有较好的防治效果，对水稻纹枯病菌具有抑制作用和防治效果，与井冈霉素以适当比例混用有明显的增效作用，产品为 30%乳油。

用于防治稻纵卷叶螟，在 2 龄幼虫高峰期，每亩用 30%乳油 160～200 毫升，兑水 50 千克喷雾，药效相当于乙酰甲胺磷。甲胺磷停用后，氯胺磷是个好替代品种。

氯胺磷原药属中等毒，30%乳油属低毒，对蜜蜂、鸟、鱼均属中等毒，注意在蜜源作物花期不得使用，在养鱼稻田禁止使用，并防止药剂污染鱼塘。

142. 硝虫硫磷防治蚧壳虫如何使用?

蚧壳虫一年发生2～3代，发生在5月下旬～6月上旬的这一代是其为害最严重的一代，由于其体外多有一层蜡质，且发生不整齐，所以防治时分两个步骤，一在芽前即冬季或早春用石硫合剂防治1～2次，平时可在受害部位用煤油涂秆3～5次；二要注意观察，5月下旬～6月上旬蚧壳虫若虫出壳活动期，可用30%硝虫硫磷的1000倍液，或48%毒死蜱（或40%杀扑磷）+增效剂，或马拉硫磷（或丁硫可百威）+吡虫啉或啶虫脒喷雾，间隔5～7天再喷1次，可歼灭大部分蚧壳虫。果园若平时杀虫剂一直选用苦参碱与氯氰菊酯合成的生物农药，如德威生化出的长丰、氰戊苦参碱等，蚧壳虫可不用专门防治，会自然被淘汰出园。

143. 异丙威防治稻虫怎么使用?

① 防治飞虱、叶蝉，每亩用2%粉剂2～2.5千克，直接喷粉或混细土15千克，均匀撒施。水稻害虫的防治用20%乳剂150～200毫升，兑水75～100千克，均匀喷雾。

② 防治适期宜在飞虱若虫高峰期，每亩用30%吡蚜酮·异丙威30～60克或50%异丙威可湿性粉剂20～40克兑水50千克喷雾。

144. 仲丁威有什么特性? 可防治哪些害虫?

仲丁威属低毒杀虫剂。剂型为25%乳油、50%乳油。特点：仲丁威具有强烈的触杀作用，并具有一定胃毒、熏蒸和杀卵作用，作用迅速起效快，但残效期短。适用范围：仲丁威对飞虱、叶蝉有特效，对蚊、蝇幼虫也有一定防效。

使用方法：防治稻飞虱、稻蓟马、稻叶蝉每亩用25%乳油100～200毫升，兑水100千克喷雾。三化螟、稻纵卷叶螟每亩用25%乳油200～250毫升，兑水100～150千克喷雾。

卫生害虫的防治：防治蚊、蝇及蚊幼虫，用25%乳油加水稀释成1%的溶液，按每平方米1～3毫升喷洒。

注意事项：不能与碱性农药混用。在稻田施药的前后10天，避免使用敌稗，以免发生药害。中毒后解毒药为阿托品，严禁使用解磷定和吗啡。

145. 猛杀威是什么样的杀虫剂?

猛杀威是非内吸性触杀性杀虫剂，并有胃毒和吸入杀虫作用。在进入动物体内后，即能抑制胆碱酯酶的活性。剂型为5%粉剂，25%乳油；30%、37.5%和50%可湿性粉剂，2%颗粒剂，10%气雾剂。对白背飞虱、稻叶蝉、灰飞虱、稻蓟马、棉蚜虫、刺粉蚧、柑橘潜叶蛾、锈壁虱、茶树蚧壳虫、小绿叶蝉以及马铃薯甲虫等均有防效。

棉花害虫的防治：对棉叶蝉、棉蚜、棉盲蝽，用50%乳油1.5～3升/公顷（有效成分0.75～1.5千克/公顷），兑水1000千克喷雾。

水稻害虫的防治：对稻飞虱和稻叶蝉掌握在若虫高峰期，用50%乳油1.5～2升/公顷（有效成分750～1000克/公顷）兑水1000千克喷雾，或用50%乳油1.2～1.5升/公顷（有效成分600～700克/公顷）兑水4000千克泼浇。可兼治稻蓟马、稻蚜虫等。

柑橘、茶树害虫的防治：对柑橘各类蚧壳虫、锈壁虱、茶树长白蚧，掌握在第1、2代若虫孵化盛末期，用50%乳油3.75～4.5升/公顷（有效成分1875～2250克/公顷），兑水1000～1500千克喷雾。

注意事项：

① 对蜜蜂有较大的杀伤力，不宜在花期使用。

② 不得与碱性农药混用或混放，应放在阴凉干燥处。

③ 中毒症状：施用农药时，万一中毒即产生头痛、恶心、呕吐、食欲下降，出汗、流泪、流涎等现象，应立即就医。解毒药可用阿托品、葡萄糖醛酸内酯及胆碱。

④ 食用作物应在收获前10天停止用药。

146. 苯氧威可防治哪些害虫?

苯氧威属氨基甲酸酯类杀虫剂，产品有25%可湿性粉剂、3%乳油、5%粉剂（用于防治储粮害虫），具有胃毒和触杀作用，也是一种优良的昆虫生长调节剂。主要用于防治储粮害虫、蔬菜害虫及森林害虫。

防治十字花科蔬菜的菜青虫，每亩用25%可湿性粉剂40～60克，兑水喷雾。

防治柑橘蚧壳虫，喷3%乳油1000～1500倍液。苯氧威用于防治储粮害虫的特点有：对十多种仓库害虫防效优异；持效期长达1～2年；残留量极低，不会影响种子发芽。

① 大型粮库使用浓度为10～20毫克/千克，即每吨原粮用5%粉剂200～400克，混拌均匀。当采用输送带入库粮食时，可将药剂喷撒在输送带的粮食上；当采用人工粮食入库时，每入库30厘米厚度，喷撒

一层粉剂并加以翻动，拌匀。

② 农户存粮时，每500千克粮食，用5%粉剂100～200克，入仓时分层拌入粮食中。当储藏粮食的仓库四周及底部都很密闭时，只需在上层30厘米深度的粮食拌药即可。

③ 5%高氯·苯氧威粉剂是高效氯氰菊酯与苯氧威复配的混剂，用于防治储粮害虫，使用浓度为10～20毫克/千克，即每2.5～5吨原粮用5%粉剂1千克，混拌均匀。

147. 克百威有哪些特性？使用时应注意些什么？有哪几种施药方法？

克百威是一种残留期很长的农药，一般为30天左右，具有内吸、胃毒、触杀作用，可防治多种害虫，一般用于防治地下害虫，施于土壤经作物吸收后，对地上害虫也具有优良的防治作用。但由于残留期长，毒性高，一般不能用于蔬菜等短期作物和即将收获的作物，多用于水果（生长前期使用，收获前2个月不能用）、林木、水稻和玉米等的生长前期。克百威一般含量为3%，也就是说杂质（一般是用石粒作填充物）含量在97%，所以施于土壤后，大部分是不溶的。

148. 克百威与丁硫克百威有什么不同？可防治哪些害虫？

克百威又称呋喃丹，丁硫克百威又称好年冬，二者是一对很相似的氨基甲酸酯类杀虫剂，具有触杀、胃毒和内吸作用，可用于防治多种农作物害虫。但克百威的毒性比丁硫克百威的毒性高，对人、畜高毒，而丁硫克百威对人、畜中等毒性，对天敌、有益生物及施药人员均较安全，因此，丁硫克百威使用时以叶面喷雾法为主，而克百威则不能用于喷雾，只能制成颗粒剂撒施或埋于土壤中使用。

（1）防治水稻害虫　防治水稻三化螟、二化螟、稻飞虱、稻蓟马、稻瘿蚊等害虫，在播种和插秧前，每亩使用3%颗粒剂2～3千克拌干沙土撒施于根区，残效期40～50天；在苗床播种前施药防治秧苗稻瘿蚊有特效。也可在插秧后在水面施药，撒施要均匀，保持一定的浅水层。由于克百威毒性高且残效期长，使用时应注意稻田水不能污染鱼塘、河、湖，在水稻收获前2个月停止施药。

（2）防治棉花害虫　防治棉花苗蚜、地老虎、蓟马，于播种时施于沟内，或播种出苗后，在根侧部开沟挖坑，将药剂追施于土壤内5～10厘米，然后覆土，每亩使用3%克百威颗粒剂1.5～2千克，为使药剂撒施均匀，可用干沙土拌匀后施药。

（3）防治甘蔗害虫　防治蔗螟、棉蚜、金针虫及甘蔗线虫等，在播种沟内施药，然后与播种同步覆土，每亩使用3%克百威颗粒剂 3～5 千克。

（4）防治花生害虫　防治花生根结线虫、蚜虫，与花生播种同步进行土壤施药，或在花生成株后，在行侧开沟施药，然后覆土，每亩使用3%克百威颗粒剂 4～5 千克。

（5）防治柑橘害虫　防治柑橘潜叶蛾，在新梢 2～3 叶期，卵孵化盛期施药，防治橘蚜在新梢有蚜率达 10%时施药，用 20%好年冬乳油 1000～1500 倍液均匀喷雾；防治柑橘锈壁虱，在发生高峰期用 20%好年冬乳油 1500～2000 倍液均匀喷雾。同时可兼治木虱、蚧壳虫等，对红蜘蛛也有一定抑制作用。

（6）防治苹果害虫　防治苹果黄蚜，于发生高峰期用 20%好年冬乳油 3000～4000 倍液均匀喷雾。同时可兼治瘤蚜、食心虫等害虫。

（7）防治蔬菜害虫　防治甘蓝蚜虫，于发生期用 20%好年冬乳油 1500～2500 倍液均匀喷雾；防治节瓜蓟马，于卵盛孵期用 20%好年冬乳油 62.5～125 毫升兑水均匀喷雾。

149. 硫双威有什么特点？可防治哪些害虫？

硫双威又称硫双灭多威、拉维因，是由两个灭多威缩合而成的，其杀虫特点是：对害虫主要是胃毒作用和较弱的触杀作用；杀虫作用发挥较慢，一般在施药后 2～3 天才达到最高药效，在规定用量下，持效期7～10 天；与有机磷和菊酯类杀虫剂混用，往往有增效作用；对害虫捕食性天敌、寄生性天敌的毒性很低，但对人畜毒性仍较高，要注意施药安全，对家蚕有高毒和长残留毒性，在养蚕区使用应防止污染桑叶。硫双威的产品为 25%、75%可湿性粉剂，37.5%悬浮剂。主要用于防治鳞翅目的棉铃虫、红铃虫、卷叶蛾、食心虫、菜青虫、小菜蛾、茶细蛾，以及部分鞘翅目、双翅目害虫，但对蚜虫、螨类、叶蝉、飞虱、蓟马等基本无效。

（1）棉铃虫和红铃虫　在产卵盛期，每亩用 75%可湿性粉剂 50～80 克，加水 40～60 升喷雾，害虫发生期长的年份，隔 10 天再喷 1 次。

（2）蔬菜害虫　对菜青虫、烟青虫、小菜蛾、甜菜夜蛾和斜纹夜蛾，每亩用 75%可湿性粉剂 40～60 克，加水 50 升喷雾。施药后 7 天方可采菜上市。

（3）果树害虫　对苹果、梨、桃等果树上的食心虫、卷叶蛾，在产卵盛期使用75%可湿性粉剂1000～1200倍液喷雾。最后一次施药离采收时间为：苹果21天，梨14天，桃7天。

（4）茶细蛾、茶卷叶蛾　在产卵盛期使用75%可湿性粉剂1000～1500倍液喷雾。施药后14天方可采茶。

（5）烟青虫　在产卵盛期，每亩用75%可湿性粉剂30～50克，加水50升喷雾。

（6）稻虫　对二化螟、三化螟，每亩用75%可湿性粉剂50～65克，对稻纵卷叶螟，每亩用75%可湿性粉剂30～50克，兑水50～60千克喷雾。

（7）麦类黏虫、麦叶蜂　每亩用75%可湿性粉剂20～40克，兑水40千克喷雾。

150. 氟氯氰菊酯可防治哪些害虫？

氟氯氰菊酯以触杀和胃毒作用为主，无内吸和熏蒸作用。对多种鳞翅目幼虫有很好的效果，亦可有效地防治某些地下害虫。杀虫谱广，作用迅速，持效期长。具有一定的杀卵活性，并对某些成虫有驱避作用。在农作物害虫的防治上其主要能杀灭以下害虫：对棉铃虫，在卵盛孵期，每公顷用5.7%乳油450～750毫升，加水750～1500千克喷雾，可兼治其他棉花害虫，同时对棉红蜘蛛也有一定抑制作用；对棉蚜，在棉花苗期，每公顷用5.7%乳油150～300毫升，加水750千克喷雾。

（1）防治柑橘潜叶蛾　在夏、秋梢放梢初期，用5.7%乳油2500～3500倍液喷雾，隔7天续喷1次，有良好的保梢效果，可兼治橘蚜等。

（2）防治桃小食心虫　掌握在初孵幼虫蛀果前，用5.7%乳油1700～2500倍液喷雾，还可防治星毛虫、桃蚜。

（3）防治大豆食心虫　在菜豆开花结荚期，每公顷用5.7%乳油450～750毫升加水750千克喷雾，可兼治豆蚜。

（4）防治菜青虫、小菜蛾　每公顷用5.7%乳油300～600毫升，加水750千克喷雾。但对菊酯已产生抗性的小菜蛾防效不佳。

（5）防治菜蚜　每公顷用5.7%乳油150～225毫升，加水750千克喷雾。

（6）防治菜青虫　在2～3龄幼虫发生期施药，用5.7%氟氯氰菊酯乳油2000～1000倍液喷雾，用药后1天的防效为95.5%～100%，用药后3天的防效为96.8%～100%，用药后5天的防效为95.6%～97.5%，用药后7天的防效为90.2%～95.0%。

（7）防治米螟　在玉米心叶期，每公顷用5.7乳油450～600毫升，加水750～1050千克喷雾。此剂量也可防治黏虫、地老虎、斜纹夜蛾。

151. 高效氟氯氰菊酯可防治哪些害虫？

高效氟氯氰菊酯又称三氟氯氰菊酯，它的药效特点、作用机理与氰戊菊酯、氯氰菊酯相同。不同的是它对螨类有较好的抑制作用，在螨类发生初期使用，可抑制螨数量上升，当螨类已大量发生时，就控制不住其数量。因此，只能用于虫螨兼治，不能用作专用杀螨剂。

制剂有2.5%乳油，2.5%水乳剂，2.5%微胶囊剂，0.6%增效乳油，2.5%、10%可湿性粉剂。一般每亩用有效成分0.8～2克，或用6～10毫克/升浓度药液喷雾。

（1）棉虫　对棉花苗期蚜虫，每亩用2.5%乳油10～20毫升，伏蚜用25～35毫升，对棉铃虫、红铃虫、玉米螟、金刚钻等用40～60毫升，兑水喷雾，同时可兼治棉小造桥虫、卷叶蛾、棉铃象甲、棉盲蝽象，能控制棉红蜘蛛的发生数量不急剧增加。但对拟除虫菊酯杀虫剂已经产生较高抗性的棉蚜、棉铃虫等效果不佳。

（2）蔬菜害虫　对菜蚜每亩用2.5%乳油10～20毫升，对菜青虫每亩用2.5%乳油15～25毫升，对黄守瓜每亩用2.5%乳油30～40毫升，对小菜蛾（非抗性种群）、斜纹夜蛾、甜菜夜蛾、甘蓝夜蛾、烟青虫、菜螟等每亩用2.5%乳油40～60毫升，兑水喷雾。目前我国南方很多菜区的小菜蛾对该药已有较高抗药性，一般不宜再用该剂防治。对温室白粉虱，用2.5%乳油1000～1500倍液喷雾。对茄红蜘蛛、辣椒跗线螨用2.5%乳油1000～2000倍液喷雾，可起到一定抑制作用，但持效期短，药后虫口回升较快。

（3）果虫　对果树各种蚜虫用2.5%乳油4000～5000倍液喷雾。

防治柑橘潜叶蛾，在新梢初放期或卵孵盛期，用2.5%乳油2000～4000倍液喷雾，可兼治橘蚜和其他食叶害虫；隔10天再喷药1次。

防治蚧壳虫，在1～2龄若虫期，用2.5%乳油1000～2000倍液喷雾。

防治苹果蠹蛾、小卷叶蛾、袋蛾和梨小食心虫、桃小食心虫、桃蛀螟等，用2.5%乳油2000～3000倍液喷雾。

防治果树上的叶螨、锈螨，使用低浓度药液喷雾只能抑制其发生数量不急剧增加，使用2.5%乳油1500～2000倍液喷雾，对成螨、若螨的药效期约7天，似对卵无效。应与杀螨剂混用，防效更佳。

（4）茶尺蠖、茶毛虫、刺蛾、茶细蛾、茶蚜等　用2.5%乳油4000～

6000 液喷雾。对茶小绿叶蝉，在若虫期用 2.5%乳油 3000～4000 倍液喷雾。对茶橙瘿螨、叶瘿螨，在螨初发期用 1000～1500 倍液喷雾。

(5) 麦田蚜虫　每亩用 2.5%乳油 15～20 毫升，兑水喷雾。

(6) 大豆食心虫、豆荚螟、豆野螟　在大豆开花期、幼虫蛀荚之前，每亩用 2.5%乳油 20～30 毫升，兑水喷雾。防治造桥虫、豆天蛾、豆芫菁等害虫，每亩用 2.5%乳油 40～60 毫升，兑水喷雾。

防治油菜蚜虫、甘蓝夜蛾、菜螟，用 2.5%乳油 3000～4000 倍液喷雾，每亩喷药液 30～50 千克。

防治红花蚜虫，每亩用 2.5%乳油 15～20 毫升，兑水 20～30 千克喷雾。

(7) 烟草蚜　每亩用 2.5%乳油 30～40 毫升，兑水喷雾。

高效氯氟氰菊酯对鱼、虾、蜜蜂、家蚕高毒，使用时不要污染鱼塘、河塘、蜂场、桑园。

152. 甲氰菊酯有何特点？可防治哪些害虫？

甲氰菊酯为中等毒性杀虫剂，具有触杀、胃毒和一定驱避作用，杀虫谱广、残效期长，对多种叶螨有良好效果是其最大特点，尤其是害虫、害螨并发时，可虫螨兼治。特别是害虫和害螨并发时使用该药效果更明显。用于防治小菜蛾、菜青虫、温室白粉虱、棉铃虫等。适用于蔬菜、果树、棉花等作物。注意事项：安全间隔期 5～7 天；不能污染水源和池塘，避开养蜂场；皮肤等部位沾染药液用清水冲洗，中毒应送往医院治疗。

153. 联苯菊酯有何特点？

联苯菊酯又称氟氯菊酯、天王星、虫螨灵。除具有拟除虫菊酯杀虫剂一般特性外，主要特点是对多种叶螨有良好的防治效果，可用于虫、螨并发时，省时省药，因而得名“虫螨灵”。对人畜毒性与高效氯氰菊酯相当，属中等毒性；在土壤中不移动，对环境较为安全。产品有 2.5%、4%、5%和 10%乳油。

一般拟除虫菊酯杀虫剂能防治的害虫，用联苯菊酯防治都有效，一般每亩用有效成分 2.5～4 克，即 10%乳油 25～40 毫升，加水喷雾。对果、林、茶等上的害虫，一般用 10%乳油 3000～5000 倍液喷雾。

(1) 果树害虫　防治苹果红蜘蛛、山楂红蜘蛛，用 10%乳油 3000～4000 倍液喷雾。防治桃小食心虫，用 10%乳油 4000～5000 倍液喷雾，同时可兼治叶螨。防治桃树蚜虫类，用 10%乳油 5000～6000 倍液喷雾，可兼治叶螨。

防治柑橘潜叶蛾、蚜虫和蓟马，用10%乳油5000～6000倍液喷雾。防治柑橘全爪螨，用10%乳油2000～3000倍液喷雾。

（2）茶树害虫　防治茶尺蠖、茶毛虫、茶黑毒蛾、茶刺蛾，每亩用2.5%乳油15～25毫升，兑水75千克喷雾；由于黑毒蛾和刺蛾的幼虫都在茶树中下部老叶背面栖息，要注意喷药质量。防治茶小绿叶蝉和茶黄蓟马，每亩用2.5%乳油25～50毫升，兑水50千克，对茶树冠面快速喷雾。防治茶短须螨、叶瘿螨、黑刺粉虱，每亩用2.5%乳油25～50毫升，兑水50～75千克，重点喷茶树中下部叶背虫螨栖息部位。防治茶丽纹象甲，在成虫发生盛期，每亩用2.5%乳油75～100毫升，兑水75千克，喷茶树冠部及茶园地面。

（3）蔬菜害虫　防治蚜虫、小菜蛾、斜纹夜蛾、甜菜夜蛾、菜青虫等，每亩用10%乳油15～30毫升，兑水40～60千克喷雾，持效期10～15天。防治温室白粉虱，于白粉虱发生初期，每亩用10%乳油20～25毫升，兑水40～60千克喷雾，持效期15天。防治茄红蜘蛛、茶黄螨，于成螨、若螨发生期，每亩用10%乳油30～40毫升，兑水40～60千克喷雾，持效期10天左右。

（4）油菜和大豆害虫　防治油菜螟虫，于卵初孵期和幼虫蛀心前，每亩喷2.5%乳油3000倍液40～50千克，将药喷到菜心内。防治油菜甘蓝夜蛾，亩喷10%乳油3000～4000倍液40～50千克。防治大豆红蜘蛛，每亩用10%乳油30～50毫升，兑水30～50千克喷雾，可兼治其他大豆害虫。

（5）棉花害虫　防治棉铃虫和红铃虫，在卵盛孵期，每亩用2.5%乳油80～140毫升，兑水40～60千克喷雾。防治棉红蜘蛛，每亩用2.5%乳油120～160毫升，兑水30～50千克喷雾，可兼治棉蚜、造桥虫、卷叶蛾、蓟马等。

本剂在低温条件下更能发挥药效，故更宜在春秋两季使用。对鱼类等水生生物和蚕毒性高，施药时要注意。对人畜毒性较高，施药者如感不适，应立即离开现场，到空气新鲜的地方休息；如误服，切勿催吐，可洗胃，对症治疗。

154. 醚菊酯有什么特点？可防治哪些害虫？

醚菊酯的特点有：①从化学结构来看，它属醚类化合物，但它的空间结构与拟除虫菊酯相类似，所以又称类似拟除虫菊酯杀虫剂；②对鱼类低毒，对稻田蜘蛛等天敌杀伤力较小，故可用于防治水稻害虫；③杀虫谱广，杀虫活性较强，击倒速度快，持效期较长。对害虫以触杀和胃毒作用为主。对螨无效；④对人、畜、禽毒性低，对蜜蜂、蚕有毒。产品有20%乳油，10%悬浮剂，4%油剂，5%、20%可湿性粉剂。

（1）稻虫　对褐飞虱、白背飞虱、黑尾叶蝉等，在成虫、若虫盛发期，稻纵卷叶螟在卷叶初期，2～3龄幼虫盛发期，每亩用10%悬浮剂75～100克或20%乳油35～40毫升，兑水喷雾。对稻苞虫、潜叶蝇、负泥虫、稻象甲和水象甲等，每亩用10%悬浮剂65～130克，兑水喷雾。对稻象甲也可每亩用4%油剂200～250毫升，兑水喷雾。

（2）蔬菜害虫　对菜青虫在3龄幼虫盛发期之前，每亩用10%悬浮剂70～90毫升，兑水喷雾；对小菜蛾、甜菜夜蛾、斜纹夜蛾，在2龄幼虫期，每亩用10%悬浮剂80～100毫升，兑水喷雾；对其他拟除虫菊酯杀虫剂已经产生抗性的种群，防效不好，不宜使用。防治蔬菜上各种蚜虫和温室白粉虱，用10%悬浮剂2000～2500倍液喷雾；对其他拟除虫菊酯杀虫剂已经产生抗性的蚜虫，防效不好，不宜使用。

（3）棉虫　对棉蚜每亩用10%悬浮剂50～60毫升，兑水喷雾；对棉铃虫、红铃虫每亩用10%悬浮剂100～120毫升，兑水喷雾；对棉大卷叶虫、棉铃象甲、棉叶波纹夜蛾每亩用10%悬浮剂65～130毫升，兑水喷雾。对拟除虫菊酯杀虫剂已产生抗性的棉蚜、棉铃虫，使用本剂防效不好，不宜使用。

（4）果树害虫　对梨小食心虫、桃小食心虫、苹果蠹蛾，用10%悬浮剂800～1000倍液喷雾，可兼治蚜虫、卷叶蛾等。对柑橘潜叶蛾用10%悬浮剂1000～1500倍液喷雾，可兼治橘蚜。对荔枝、龙眼叉纹细蛾，荔枝红头蠹螟，腰果蛀果螟等，用10%悬浮剂800倍液喷雾。对杧果扁喙叶蝉，在若虫、成虫盛发期，用10%悬浮剂800～1000倍液喷布树冠。

（5）茶尺蠖、茶毛虫、茶刺蛾　用10%悬浮剂1500～2000倍液喷雾。

（6）旱粮作物害虫　对黏虫、玉米螟、大螟、大豆食心虫、大豆夜蛾，每亩用10%悬浮剂60～120毫升，兑水喷雾。

155. 吡虫啉可防治哪些害虫？如何使用？

吡虫啉是一种高效杀虫剂，具有广谱、高效、低毒、低残留的特点，在杀虫方面有很好的效果。吡虫啉的使用方法要根据防治对象来确定，吡虫啉对防治刺吸式口器害虫，如蚜虫、飞虱、粉虱、叶蝉、蓟马，对鞘翅目、双翅目和鳞翅目的某些害虫，如稻象甲、稻负泥虫、稻螟虫、潜叶蛾等很有效，但是对防治线虫和红蜘蛛没有效果。通常吡虫啉用于水稻、小麦、玉米、棉花、马铃薯、蔬菜、甜菜、果树等作物。由于吡虫啉具有优良的内吸性，在种子处理时一般用于撒颗粒的方式施药。吡虫啉使用时一般每亩用有效成分 3～10 克，兑水喷雾或拌种。安全间隔期为 20 天。施药时要注意防护措施，防止接触皮肤和吸入药粉、药液，使用吡虫啉之后，要及时用清水洗净暴露部位。另外，吡虫啉不可与碱性药剂混用。在中午阳光强烈时，不能进行吡虫啉喷洒，这样会降低药效。吡虫啉在防治绣线菊蚜、苹果瘤蚜、桃蚜、梨木虱、卷叶蛾、粉虱、斑潜蝇等害虫时，可用 10%吡虫啉 4000～6000 倍液喷雾，或用 5%吡虫啉乳油 2000～3000 倍液喷雾。

在水稻害虫防治方面，由于吡虫啉使用方法不当，造成抗药性，目前国家已经禁止在水稻病虫害防治上使用。使用吡虫啉时，需要特别注意，吡虫啉不可与碱性药剂或物质混用，使用时千万不可污染养蜂、养蚕场所及水源，收获前一周禁止使用吡虫啉，如果不慎食用，立即催吐并送往医院治疗。

156. 啶虫脒有什么特点？主要防治哪些害虫？

啶虫脒杀虫剂除了具有触杀、胃毒和强渗透作用外，还有内吸性强、用量少、见效快、药效持续期长等特点。

啶虫脒杀虫剂可以有效防治白粉虱、叶蝉、烟粉虱、蓟马、黄条跳甲、盲蝽象及各种水果蔬菜的蚜虫，而且对害虫天敌杀伤力小，对鱼类毒性较低，对人、畜、植物安全。

157. 啶虫脒有什么作用？啶虫脒的使用方法有哪些？

用于防治枣、苹果、梨、桃蚜虫：可以在果树新梢生长期或者蚜虫发生初期进行防治，用 3%啶虫脒乳油 2000～2500 倍液对果树均匀喷雾。啶虫脒对蚜虫速效，而且耐雨水的冲刷。

用于防治柑橘蚜虫：在蚜虫发生期用啶虫脒进行防治，用 3%的啶虫脒乳油 2000～2500 倍液对柑橘树均匀喷雾，在正常的剂量下啶虫脒对柑橘无药害。

用于防治水稻稻飞虱：在蚜虫发生期，每亩水稻用 3%啶虫脒乳油 50～80 毫升，加水 1000 倍对植株均匀喷雾。

用于防治棉花、烟草、花生蚜虫：在蚜虫发生初盛期，用 3%啶虫脒乳油加水 2000 倍对植株均匀喷雾。

158. 噻虫嗪有什么特点？可防治哪些害虫？

噻虫嗪属于第二代新烟碱类杀虫剂，作用机理与吡虫啉、啶虫脒等第一代新烟碱类杀虫剂相似，但具有更高的活性，一般每亩用有效成分0.5～1克，对害虫具有胃毒、触杀、内吸作用，被作物叶片吸收后迅速传导到各部位，害虫吸食后很快停止取食，逐渐死亡，药后2～3天出现死虫高峰，持效期达2～5周。噻虫嗪能有效防治蚜虫、飞虱、叶蝉、粉虱等害虫。对水生生物、飞禽、土壤微生物基本无毒，但对蜜蜂高毒。噻虫嗪产品有25%水分散粒，70%种子处理可分散粉，400克/升悬浮剂。

（1）稻飞虱　每亩用25%水分散粒2～4克，兑水30～40千克，喷洒叶面，可迅速传导到全株，起防虫作用。也可在秧苗移栽前7天左右，秧田施药，带药移栽，可控制飞虱20天左右。可兼治稻水象甲、稻小潜叶蝇类、稻螟虫等。

（2）果树害虫　防治苹果树蚜虫，用噻虫嗪25%水分散粒5000～10000倍液喷雾；防治梨木虱用5000～6000倍液喷雾；防治柑橘潜叶蛾用3000～4000倍液喷雾。防治西瓜蚜虫，每亩用25%水分散粒6～10克，兑水喷雾。

（3）棉花害虫　防治棉蓟马，每亩用噻虫嗪25%水分散粒13～26克，兑水40～50千克喷雾防治苗期蚜虫。每100千克棉籽，用70%种子处理可分散粉100～200克兑适量水后拌种。

（4）温室白粉虱　每亩用25%水分散粒2克或用1500倍液喷雾防治，或每亩用400克/升悬浮剂8.4～17毫升，兑水喷雾。

（5）茶小绿叶蝉　每亩用25%水分散粒4～6克，兑水喷雾。

噻虫嗪70%种子处理可分散粉的用法：用于拌种可防治多种作物上的蚜虫、飞虱、叶蝉、果蝇、蓟马、稻瘿蚊、绿盲蝽、象甲、金针虫、潜叶蛾等。每100千克种子用质量（克）：大麦、小麦24.3～74.3，水稻24.3～150，玉米200～450，高粱100～300，甜菜43～86，向日葵300～500，油菜300～600，马铃薯7～10，豆类50～75。拌种方法为：将每100千克种子的用药量投入1～1.5千克水中，溶散搅匀后，再与种子混拌均匀。

159. 噻虫胺主要防治哪类害虫？

噻虫胺是新烟碱类中的一种杀虫剂，是一类高效安全、高选择性的新型杀虫剂，其作用与烟碱乙酰胆碱受体类似，具有触杀、胃毒和内吸活性。主要用于水稻、蔬菜、果树及其他作物上防治蚜虫、叶蝉、蓟马、飞虱等半翅目、鞘翅目、双翅目和某些鳞翅目类害虫，具有高效、广谱、用量少、毒性低、药效持效期长、对作物无药害、使用安全、与常规农药无交互抗性等优点，有卓越的内吸和渗透作用，是替代高毒有机磷农药的又一品种。其结构新颖、特殊，性能与传统烟碱类杀虫剂相比更为优异，有可能成为世界性的杀虫剂品种。新烟碱类杀虫剂用于水稻、果树、茶叶、草皮和观赏作物。

160. 烯啶虫胺主要防治哪类害虫？

烯啶虫胺具有高效、低毒、内吸、无交互抗性等特点，属新烟碱类杀虫剂，其作用机制为：主要作用于昆虫神经，抑制乙酰胆碱酯酶活性，作用于胆碱耐受体，对昆虫的神经轴突触受体具有神经阻断作用。主要用于水稻、蔬菜、果树及其他作物上防治蚜虫、叶蝉、蓟马、飞虱等半翅目、鞘翅目、双翅目和某些鳞翅目类害虫，具有高效、广谱、用量少、毒性低、药效持效期长、对作物无药害、使用安全、与常规农药无交互抗性等优点，有卓越的内吸和渗透作用，也是替代高毒有机磷农药的一个品种。

161. 氯噻啉可防治哪些害虫？

氯噻啉是一种新烟碱类杀虫剂，其杀虫作用机理与吡虫啉相同，是作用于害虫神经轴突触后膜受体阻断神经传导。对害虫具有触杀、胃毒作用和良好的内吸作用。对人、畜、作物及害虫天敌等安全。产品有10％、40％可湿性粉剂，40％水分散粒剂。

（1）蔬菜害虫　防治十字花科蔬菜蚜虫，每亩用10％可湿性粉剂10～15克，兑水喷雾，持效期7天以上。防治大棚番茄白粉虱，每亩用10％可湿性粉剂15～30克，兑水喷雾。

（2）稻麦害虫　防治水稻稻飞虱，每亩用10％可湿性粉剂30～40克或40％水分散粒剂4～5克，兑水喷雾，持效期可达10天。防治小麦蚜虫，每亩用10％可湿性粉剂10～20克，兑水喷雾。

（3）其他蚜虫防治　防治柑橘树蚜虫、烟草蚜虫等，喷10％可湿性粉剂4000～5200倍液。防治苹果树蚜虫，喷10％可湿性粉剂5000～7000倍液。防治棉花蚜虫，每亩用有效成分2克，相当于10％可湿性粉剂20克或40％水分散粒剂5克，兑水40～50千克喷雾。

（4）防治茶树小绿叶蝉　每亩用10%可湿性粉剂20～30克，兑水喷雾。

氯噻啉属低毒类农药，对鱼为低毒，对鸟为中等毒性，对蜜蜂、家蚕为高毒，在桑园附近及作物、蜜源植物开花期不宜使用。

162. 杀虫单可防治哪些害虫？

杀虫单又称杀虫丹，是化学结构与杀虫双极为相似的沙蚕素类杀虫剂。杀虫双是双钠盐，而杀虫单是单钠盐，因而其杀虫特点和防治对象与杀虫双相同，使用方法和使用中应注意的事项亦与杀虫双相同。由于杀虫单的分子量比杀虫双小，在同等剂量时，杀虫单的分子个数比杀虫双多，所以其药效更好些。产品有90%原粉，3.6%颗粒剂，36%、45%、50%、80%、90%、92%、95%可溶性粉剂，20%微乳剂。

（1）稻虫　防治二化螟、三化螟，在卵孵化高峰期，每亩用90%可溶性粉剂40～50克，兑水75～100千克喷粗雾或兑水200～300千克泼浇，或每亩用3.6%颗粒剂1～1.4千克，拌细土撒施。施药时保持田水水层5厘米左右，隔10天再施药一次。

防治稻纵卷叶螟、稻苞虫、稻蓟马等，在2～3龄幼虫高峰期，90%原粉每亩30～50克，80%可溶性粉剂每亩70克，兑水50～75千克喷雾，在喷洒液中加0.05%～0.1%洗衣粉，可以提高防治效果。

（2）甘蔗螟虫　每亩用3.6%颗粒剂4～5千克，施于根区，保持蔗田湿润有利于药效的发挥。

（3）菜青虫、小菜蛾和大豆豆天蛾　每亩用20%微乳剂75～100毫升，兑水40～60升，并加洗涤剂或885助剂15～20毫升，喷雾。

（4）园林紫薇毡蚧　紫薇毡蚧是园林树木的重要害虫，在春季第1代若虫始见时，用90%可溶性粉剂1000倍液涂刷枝干，同时在树根周围开环状沟，每株灌药液10千克，再覆土，防治效果达92%以上。

（5）茶树害虫　在茶树叶蝉若虫发生高峰前，每亩用90%可溶性粉剂50～75克，兑水50～75千克（1000倍液），丛面喷雾。

（6）柑橘潜叶蛾和葡萄钻心虫　在夏、秋柑橘梢萌发后，用80%可溶性粉剂2000倍液喷雾。防治葡萄钻心虫，在葡萄开花前用80%可溶性粉剂2000倍液喷雾。

杀虫单对蚕有毒害，不能用于桑园治虫。在桑园附近的稻田使用时，要特别注意风向，绝对不可污染桑叶而引起家蚕中毒。在水稻收获前14天应停止使用。棉花、大豆、四季豆、马铃薯等作物对杀虫单较敏感，易产生药害，因此，稻田使用杀虫单时，切勿让药液漂移到这些作物上，以避免药害的产生。

163. 杀螟丹可防治哪些害虫？

杀螟丹属中等毒性杀虫剂，在正常条件下对眼睛和皮肤无过敏反应。未见致癌、致畸、致突变作用。产品为50%可溶性粉剂。杀螟丹胃毒作用强，同时具有触杀和一定拒食、杀卵等作用。对害虫击倒快，残效期长，杀虫广谱。杀螟丹能用于防治鳞翅目、鞘翅目、半翅目、双翅目等多种害虫和线虫，对捕食性螨类影响较小。

（1）水稻害虫的防治　二化螟、三化螟每亩用50%可溶性粉剂75～100克，兑水40～50千克喷雾。稻纵卷叶螟、稻苞虫每亩用50%可溶性粉剂100～150克，兑水50～60千克喷雾。

（2）蔬菜害虫的防治　小菜蛾、菜青虫每亩用50%可溶性粉剂25～50克，兑水50～60千克喷雾。

（3）茶树害虫的防治　用50%可溶性粉剂1000～2000倍液均匀喷雾。

（4）甘蔗害虫的防治　每亩用50%可溶性粉剂100～125克，兑水50千克喷雾，或兑水300千克淋浇蔗苗。

（5）果树害虫的防治　用50%可溶性粉剂1000倍液均匀喷雾。

（6）旱粮作物害虫的防治　玉米螟每亩用50%可溶性粉剂100克，兑水100千克喷雾或均匀灌在玉米心内。蝼蛄用50%可溶性粉剂拌麦麸（1∶50）制成毒饵施用。

注意事项：水稻扬花期或作物被雨露淋湿时不宜施药，喷药浓度高对水稻也会有药害，十字花科蔬菜幼苗对该药敏感，使用时小心。若中毒，应立即洗胃，从速就医。

164. 氟铃脲有什么杀虫特点？可防治哪些害虫？

氟铃脲又称六伏隆、益虫散、抑虫净、伏虫灵、果蔬宝、太宝等，是一种苯甲酰基脲类特异性杀虫剂，低毒、低残留，具有很高的杀虫、杀卵活性，因对棉铃虫属害虫有特效，故得名“氟铃脲”。对害虫以胃毒作用为主，兼有触杀和拒食作用，药后幼虫食叶量大幅度降低，基本不再造成伤害，待 3～5 天才显示杀虫效果，7 天后达药效高峰，持效期达 15 天，产品为 5%乳油。

（1）蔬菜害虫　防治小菜蛾、甜菜夜蛾、斜纹夜蛾、小地老虎等，每亩用 5%乳油 40～70 毫升，兑水喷雾；防治菜青虫，每亩用 5%乳油 30～50 毫升，兑水喷雾；防治豆野螟，每亩用 5%乳油 50～70 毫升，兑水 40～60 克喷雾，药效可维持 10～15 天。

（2）果树虫害　防治柑橘潜夜蛾、苹果金纹细蛾和苹果蠹蛾，用 50%乳油，500～2000 倍液均匀喷雾。

（3）棉花害虫　防治棉铃虫、红铃虫，每亩用 5%乳油 70～100 毫升，兑水喷雾；或用 50%乳油 500～2000 倍液喷雾。

（4）林业的松毛虫、棕尾毒蛾　用 5%乳油 1000～2000 倍液喷雾。

165. 氟啶脲有什么杀虫特点？可防治哪些害虫？

氟啶脲又名抑太保，为苯甲酰基脲类杀虫剂。以胃毒作用为主，兼有触杀作用，无内吸性。作用机制主要是抑制几丁质合成，阻碍昆虫正常蜕皮，使卵的孵化、幼虫蜕皮以及蛹发育畸形，成虫羽化受阻。该药剂是广谱性杀虫剂，对多种鳞翅目害虫及双翅目、直翅目、膜翅目害虫有效。对蔬菜上的昆虫有卓效，还可用于防治甘蓝、棉花、茶树、果树上的多种害虫。对蔬菜的小菜蛾、甜菜夜蛾、斜纹夜蛾、菜青虫等 1～2 龄幼虫，在盛发期用 5%乳油 2000～4000 倍液喷雾，持效期 10～14 天，杀虫效果达 90%以上。如棉铃虫卵孵盛期，用 5%乳油 1000～2000 倍液喷雾，7 天后杀虫效果 80%～90%。以推荐浓度施用时，对作物都不产生药害，对蜜蜂及非靶益虫安全。

166. 氟虫脲有什么杀虫特点？可防治哪些害虫？

氟虫脲又名“卡死克”，对多种螨类有良好的防治效果，防治害螨一般用 5%乳油 1000～1500 倍液喷雾；一般施药后 10 天左右药效才明显上升，但持效期长，对鳞翅目害虫的药效期达 15～20 天，对螨可达 1 个月以上。

该类药剂是一种昆虫几丁质合成抑制剂，能抑制昆虫表皮几丁质的生物合成，使害虫在蜕皮或变态过程中死亡，能导致成虫不育，并有较强的杀卵作用。具有高效、广谱、低毒，对害虫天敌安全等特点，但对蚜、螨等刺吸式口器昆虫无效。

167. 杀铃脲可防治哪些害虫?

杀铃脲又称杀虫隆、杀虫脲，除对鳞翅目害虫有特效外，对双翅目和鞘翅目害虫也有很好的防效。产品为5%、20%悬浮剂，5%乳油。

防治棉铃虫，低容量喷雾，每亩用20%悬浮剂15～20毫升，兑水喷洒；常量喷雾，每亩用20%悬浮剂25～40毫升，兑水喷洒。

防治十字花科蔬菜的菜青虫，每亩用5%乳油30～50毫升，兑水喷洒；防治小菜蛾，每亩用5%乳油50～70毫升，加水40～60千克喷雾。

防治苹果金纹细蛾，用5%乳油1000～1500倍液或20%悬浮剂4000～5000倍液喷雾。

168. 虱螨脲可防治哪些害虫?

虱螨脲是一种通过摄入后起作用的蜕皮抑制剂，该药作用于产后24小时内的卵、低龄幼虫和高龄幼虫。抑制昆虫脱皮、杀虫、杀卵效果好，害虫吃了喷施虱螨脲的作物2小时停止取食，2～3天进入死虫高峰。对多种作物上的鳞翅目害虫有特效，主要用于防治甜菜夜蛾、斜纹夜蛾、甘蓝夜蛾、小菜蛾、棉铃虫、豆荚螟、瓜绢螟、烟青虫、蓟马、锈螨、柑橘潜叶蛾、飞虱、马铃薯块茎蛾等，可作为抗性治理的药剂使用。尤其对果树等食叶毛虫有出色的防效，对蓟马、锈螨、白粉虱有独特的杀灭机理，适于防治对合成除虫菊酯和有机磷农药产生抗性的害虫。药剂的持效期长，有利于减少打药次数；对作物安全，玉米、蔬菜、柑橘、棉花、马铃薯、葡萄、大豆等作物均可使用，适用于综合虫害治理。药剂不会引起刺吸式口器害虫再猖獗，对益虫的成虫和捕食性蜘蛛作用温和。药效持久，耐雨水冲刷，对有益的节肢动物成虫具有选择性。用药后，首次作用缓慢，有杀卵功能，可杀灭新产虫卵，施药后2～3天见效。对蜜蜂和大黄蜂低毒，对哺乳动物虱螨低毒，蜜蜂采蜜时可以使用。比有机磷、氨基甲酸酯类农药相对更安全，可作为良好的混配剂使用，对鳞翅目害虫有良好的防效。低剂量使用，仍然对毛虫有良好防效，对花蓟马幼虫有良好防效；可阻止病毒传播，可有效控制对菊酯类和有机磷有抗性的鳞翅目害虫。药剂有选择性、持效期长，对后期马铃薯茎线虫有良好的防治效果，减少喷施次数，能显著增产。

常用剂型为5%乳油。使用方法：对于卷叶蛾、潜叶蝇、苹果锈螨、苹果蠹蛾等，可用有效成分 5 克兑水 100 千克进行喷雾。对于番茄夜蛾、甜菜夜蛾、花蓟马、番茄、棉铃虫、马铃薯茎线虫、番茄锈螨、茄子蛀果虫、小菜蛾等，可用 3～4 克有效成分兑水 100 千克进行喷雾。使用时，要注意其他农药交替用药。

169. 抑食肼是什么样的杀虫剂？可防治哪些害虫？

按我国农药毒性分级标准，抑食肼属中等毒杀虫剂。本品是昆虫生长调节剂，对鳞翅目、鞘翅目、双翅目幼虫具有抑制进食、加速蜕皮和减少产卵的作用。本品对害虫以胃毒作用为主，施药后 2～3 天见效，持效期长，无残留，适用于蔬菜上多种害虫和菜青虫、斜纹夜蛾、小菜蛾等的防治，对水稻稻纵卷叶螟、稻黏虫也有很好的效果。对鳞翅目和某些同翅目害虫高效，如二化螟、苹果蠹蛾、舞毒蛾、卷叶蛾。对有抗性的马铃薯甲虫防效优异。叶面喷雾和其他施药方法均可降低幼虫和成虫的取食能力，还能抑制其产卵。如 20%可湿性粉剂防治水稻稻纵卷叶螟、稻黏虫，以 150～300 克/公顷剂量喷雾；防治蔬菜（叶菜类）菜青虫、斜纹夜蛾，以 150～195 克/公顷剂量喷雾；防治小菜蛾的用量为 240～370 克/公顷。20%悬浮剂防治甘蓝菜青虫时，用量为 195～300 克/公顷。

170. 虫酰肼的特点和主要用途是什么？

虫酰肼属双酰肼类化合物，其杀虫特点和主要用途与抑食肼相同，但其活性高于抑食肼。杀虫机理是促进鳞翅目幼虫蜕皮，当幼虫取食药剂后，在不该蜕皮时产生蜕皮反应，开始蜕皮。由于不能完全蜕皮而导致幼虫脱水、饥饿而死亡。对低龄和高龄的幼虫均有效，当幼虫取食喷有药剂的作物叶片后，6～8 小时就停止取食，不再为害作物，3～4 天后开始死亡。产品有 20%、24%悬浮剂。

虫酰肼可用于果树、松树、茶树、蔬菜、棉花、玉米、水稻、高粱、大豆、甜菜等多种作物防治苹果卷叶蛾、美国白蛾、松毛虫、天幕毛虫、云彬毛虫、舞毒蛾、甜菜夜蛾、甘蓝夜蛾、尺蠖、菜青虫、玉米螟、黏虫等鳞翅目害虫。

① 防治森林马尾松毛虫，用 24%悬浮剂 2000～4000 倍液喷雾。

② 防治甘蓝甜菜夜蛾，在卵孵盛期，每亩用 20%悬浮剂 67～100 克，兑水 30～40 千克喷雾。

虫酰肼对鱼有毒，对蚕高毒，使用时要注意。

171. 甲氧虫酰肼与虫酰肼有何异同？

甲氧虫酰肼是虫酰肼的衍生物，在分子结构上比虫酰肼在苯环上多一个甲氧基，在农业应用性能上与虫酰肼基本相同，但有两点值得注意：一是生物活性比虫酰肼更高；二是有较好的根内吸性，特别是在水稻等单子叶作物上表现更为明显。产品为24%悬浮剂。

对防治对象选择性强，只对鳞翅目幼虫有效，对抗性鳞翅目幼虫防治效果也好。24%悬浮剂防治甘蓝甜菜夜蛾每亩用10～20毫升，水稻二化螟用20～28毫升，棉花棉铃虫用56～83毫升；防治苹果金纹细蛾用24%悬浮剂2400～3000倍液。一般每隔7～10天喷1次。

172. 呋喃虫酰肼可以防治哪些害虫？

呋喃虫酰肼是双酰肼类昆虫生长调节剂，作用机理是刺激昆虫蜕皮并使其失败而死亡。以胃毒作用为主，有一定的触杀作用，无内吸性。

呋喃虫酰肼常用于防治甜菜夜蛾、斜纹夜蛾、稻纵卷叶螟等鳞翅目害虫。防治甜菜夜蛾、斜纹夜蛾在幼虫3龄期前，每亩用10%呋喃虫酰肼悬浮剂60～100毫升，兑水50～60千克均匀喷雾。防治稻纵卷叶螟在卵孵盛期，每亩用10%呋喃虫酰肼悬浮剂100～120毫升，兑水50～60千克均匀喷雾。该药对蚕高毒，作用速度慢，应较常规药剂提前5～7天使用，每季作物使用次数不要超过2次。

173. 什么是保幼激素和保幼激素类杀虫剂？其应用现状如何？

保幼激素是由昆虫咽侧体分泌，对昆虫的生长、变态和滞育等生理现象起着重要调控作用的内源激素。自1967年分离鉴定了第一种保幼激素，至今已发现4种天然保幼激素。由于这些保幼激素的化学性质很不稳定，极易受日光和温度的破坏而失去生物活性，而且合成困难，因而，利用其防治害虫几乎是不可能的。为此，已人工合成了数以千计的保幼激素类似物。1973年合成了第一个商品化的保幼激素类似物烯虫酯，它属于烷基烯羧酸酯类化合物，此类化合物的品种还有烯虫乙酯、烯虫炔酯、烯虫硫酯等。20世纪80年代开发了二苯醚类化合物，其主要品种有吡丙醚、双氧威等。哒嗪酮则是另一类具有保幼激素活性的化合物。

保幼激素杀虫剂的主要作用是抑制未成龄幼虫变态，保持幼龄期特征，使蜕皮后仍为幼虫，对蛹期也起作用。由于田间种群个体发育不可能非常一致，制约了其田间应用的实际效果。

174. 烯虫酯是什么样的杀虫剂？

烯虫酯是保幼激素类杀虫剂的第一个商品化品种。选取害虫的适宜时期用烯虫酯处理，能破坏虫体内正常的激素平衡，使之出现不正常变态、成虫不育或卵不能孵化，从而达到控制和消灭害虫的目的。例如，烯虫酯处理过的蚊、蝇末龄幼虫，虽能正常化蛹，但不能正常羽化，或者死亡，也可能羽化后翅不全，不能飞翔。用烯虫酯饵剂防治蚁类，能阻碍幼虫正常变态，使蚁王不育；用烯虫酯防治谷物、面粉、烟叶等储藏期的害虫也很有效。在我国登记的烯虫酯产品为4.1%可溶性液剂，用于防治烟草甲虫、烟草粉螟，使成虫失去繁殖力，从而有效地控制储藏烟叶害虫种群的增长。用可溶性液剂4100～5460倍液，直接喷洒在烟叶上。

175. 乙虫腈是什么样的杀虫剂？

乙虫腈为芳基吡唑类杀虫剂，其生物学性能与丁烯氟虫腈类似。为低毒类杀虫剂，无致突变性，对皮肤和眼睛无刺激性、无致敏性，对多种咀嚼式和刺吸式害虫有效，作用方式为触杀，其作用机制是通过γ-氨基丁酯干扰氯离子通道，从而破坏中枢神经系统正常活动，使害虫死亡。产品为100克/升悬浮剂。

目前仅登记用于防治稻飞虱，在低龄若虫高峰期，每亩用100克/升悬浮剂30～40毫升，兑水50千克全面喷雾。该药速效性较差，持效期14天左右，一般施药1～2次即可。

该药对鱼及家蚕中等毒性，对蜜蜂高毒。养鱼稻田禁用，施药后田水不得直接排入河塘水体，不得在河塘等水域清洗施药器具。蜜源植物花期及养蜂场禁用。

176. 吡蚜酮可防治哪些害虫？

吡蚜酮属三嗪酮类化合物，用于防治大部分同翅目害虫，尤其是蚜虫科、粉虱科、叶蝉科及飞虱科害虫。害虫一旦接触此药，就会立即停止取食，而这种停食现象并不是由拒食作用引起的，表现为口针难以穿透叶片，即使能刺达韧皮部，但所需时间长，吸汁液时间短，最终因饥饿而死亡。在停食死亡之前的几天时间内，害虫可能会表现为活动正常。吡蚜酮在植物体内的内吸输导性强，能在韧皮部和木质部内进行向顶和向下的双向输导，因而对用药处理后新生的植物组织也有保护作用。吡蚜酮对人畜低毒，对鸟类、鱼类安全，在环境中降解快，淋溶性小，会污染地下水。对天敌昆虫影响小，产品为 25%可湿性粉剂。防治十字花科蔬菜的蚜虫，每亩用 25%可湿性粉剂 20～30 克；防治麦蚜和稻飞虱，每亩用 16～20 克；防治棉花、烟草、马铃薯上的棉蚜和桃蚜，每亩用 27～50 克，兑水喷雾。

177. 氯虫苯甲酰胺为何种类型杀虫剂?

常见 5%、20%悬浮剂及 35%水剂酰胺类的杀虫剂。氯虫苯甲酰胺主要用于防治黏虫、棉铃虫、番茄小食心虫、小菜蛾、粉纹夜蛾、甜菜夜蛾、苹果蠹蛾、桃小食心虫、梨小食心虫、潜叶蛾、金纹细蛾、二化螟、三化螟、菜青虫、玉米螟、烟青虫、稻水象甲、稻瘿蚊、黑尾叶蝉、美洲斑潜蝇、烟粉虱、马铃薯象甲、稻纵卷叶螟等害虫。

氯虫苯甲酰胺杀虫剂主要通过与害虫肌肉细胞的鱼尼丁受体结合，导致受体通道非正常时间开放，使害虫钙离子从钙库中无限制地释放到细胞质中，致使害虫瘫痪死亡。氯虫苯甲酰胺杀虫剂在低剂量下就有可靠和稳定的防效，药效期更长，防雨水冲洗，在作物生长的任何时期提供即刻和长久的保护。能够快速让害虫停止取食（大概 7 分钟左右），在 24～72 小时内即死亡。同时对哺乳动物低毒，对施药人员很安全，对鸟、鱼和蜜蜂低毒，能达到最高残留限量标准。氯虫苯甲酰胺杀虫剂的使用方法如下。

① 用于防治水稻二化螟、三化螟。每亩使用 20%氯虫苯甲酰胺悬浮剂 5 毫升，兑水对水稻均匀喷雾进行防治。

② 用于防治蔬菜小菜蛾。每亩使用 5%氯虫苯甲酰胺悬浮剂 30～55 毫升，兑水对蔬菜均匀喷雾进行防治。

③ 用于防治果树金纹细蛾。可以使用 35%氯虫苯甲酰胺水剂，兑水稀释 17500～25000 倍对果树均匀喷雾防治。

氯虫苯甲酰胺杀虫剂的安全间隔期：蔬菜类最多使用 5%氯虫苯甲酰胺杀虫剂悬浮剂 3 次，安全间隔期为 1 天。水稻类最多使用 20%氯虫苯甲酰胺杀虫剂悬浮剂 3 次，安全间隔期为 7 天。水果类最多使用 35%氯虫苯甲酰胺杀虫剂水剂 3 次，安全间隔期为 14 天。

178. 氟啶虫酰胺是什么样的杀虫剂?

氟啶虫酰胺是新型低毒吡啶酰胺类昆虫生长调节剂类杀虫剂，制剂为 10%水分散粒剂。氟啶虫酰胺除具有触杀和胃毒作用，还具有很好的神经毒剂和快速拒食作用。蚜虫等刺吸式口器害虫取食吸入带有氟啶虫酰胺的植物汁液后，会被迅速阻止吸汁，1 小时之内完全没有排泄物出现，最终因饥饿而死亡。

防治黄瓜蚜虫用药量为每亩用 10%氟啶虫酰胺水分散粒剂商品量为 30～50 克，进行茎叶均匀喷雾，每个生长季节使用次数不超过 3 次。该药剂与其他昆虫生长调节剂类杀虫剂相似，但持效性较好，药后 2～3 天才可看到蚜虫死亡，一次施药可维持 14 天左右。该药剂对作物安全，推荐剂量下未见药害发生。

氟啶虫酰胺独特的作用机理和极高的生物活性，对人、畜、环境具有极高的安全性，同时对其他杀虫剂具抗性的害虫有效。

179. 硫肟醚是什么样的杀虫剂?

硫肟醚是肟醚类杀虫剂，产品为 10%水乳剂。对害虫具有触杀和胃毒作用，用于防治刺吸式口器害虫，如蚜虫、粉虱、叶蝉等，其中对蚜虫的防效最好。

180. 丁醚脲是什么样的农药?

丁醚脲是一种新型硫脲类高效杀虫剂、杀螨剂，具有触杀、胃毒、内吸和熏蒸作用，且具有一定的杀卵效果，低毒。在紫外线下转变为具有杀虫活性的物质，对蔬菜上已产生严重抗药性的害虫具有较强的活性。可防治多种作物和观赏植物上的蚜虫、粉虱、叶蝉、夜蛾科害虫及害螨。

丁醚脲主要以可湿性粉剂配成药液喷雾使用，防治蔬菜小菜蛾、菜青虫和棉花红蜘蛛，一般每亩用有效成分 20～30 克，持效期 10～15 天。

在使用时要想使药剂毒素完全释放，必须选择阳光直射天气进行喷雾，方达最佳效果。

181. 氰氟虫腙是什么样的杀虫剂?

氰氟虫腙属于缩氨基脲类杀虫剂。氰氟虫腙的作用机制独特，本身具有杀虫活性，不需要生物激活，与现有的各类杀虫剂无交互抗性。氰氟虫腙可以有效地防治各地鳞翅目害虫及某些鞘翅目的幼虫、成虫，还可以用于防治蚂蚁、白蚁、蝇类、蟑螂等害虫。氰氟虫腙虽然是一种摄食活性的杀虫剂，但是与所有的对照药剂相比，仍具有较好的初始活性（击倒作用）。

温度对氰氟虫腙的活性没有直接的影响，但是有间接的影响，主要由于幼虫在温暖的条件下进食会更活跃，更多的活性成分会进入害虫体内，因而氰氟虫腙杀虫的速度会快一些。该药具有良好的耐雨水冲刷性。药效试验表明，氰氟虫腙 240SC 剂型在防治马铃薯叶甲时，施药后 1 小时就具有明显的耐雨水冲刷的效果。

氰氟虫腙对咀嚼和咬食的昆虫种类鳞翅目和鞘翅目具有明显的防治效果，如常见的种类有稻纵卷叶螟、甜菜夜蛾、棉铃虫、棉红铃虫、菜粉蝶、甘蓝夜蛾、小菜蛾、菜心野螟、小地老虎、水稻二化螟等；对卷叶蛾类的防效为中等；氰氟虫腙对鞘翅目害虫叶甲类如马铃薯叶甲防治效果较好，对跳甲类及果核象甲的防治为中等；氰氟虫腙对缨尾目、螨类及线虫无任何活性。该药用于防治蚂蚁、白蚁、红火蚁、蝇及蟑螂等非作物害虫方面很有潜力。

在氰氟虫腙用药量为 240 克有效成分/公顷时，每个生长季节最多使用两次，安全间隔期为 7 天，在辣椒、莴苣、白菜、西蓝花、黄瓜、番茄、菜豆等蔬菜上的安全间隔期为 0～3 天；在西瓜、菜蓟上的安全间隔期为 3～7 天；在甜玉米上的安全间隔期为 7 天；在马铃薯、玉米、向日葵、甜菜上的安全间隔期为 14 天；在棉花上的安全间隔期为 21 天。

氰氟虫腙可以广泛地防治鳞翅目和鞘翅目幼虫的所有生长阶段，而与使用剂量多少无明显的关系。大量的田间试验证实该药对鳞翅目和鞘翅目幼虫的所有生长阶段（也包括鞘翅目的成虫）都有很好的防治效果。因此氰氟虫腙可以被灵活地应用于害虫发生的所有时期。但对鳞翅目和鞘翅目的卵及鳞翅目的成虫无效。氰氟虫腙是一种高度选择性的杀虫剂，杀虫活性主要表现在鳞翅目害虫和部分鞘翅目害虫如马铃薯叶甲等。在所有的试验中，该药对于棉铃虫、稻纵卷叶螟表现出极佳的防治效果。在防治小菜蛾上，该药的持效性有限，为了达到满意的防治效果，全面彻底地施药是非常必要的。由于其作用机制独特并且和现有的杀虫剂无交互抗性，在鳞翅目和部分鞘翅目虫害的防治上非常有竞争力。

182. 螺虫乙酯是什么样的杀虫剂?

新杀虫剂螺虫乙酯是季酮酸类化合物，与 Bayer 公司的杀虫杀螨剂螺螨酯和螺甲螨酯属同类化合物，产品为22.4%螺虫乙酯（悬浮剂）。螺虫乙酯具有独特的作用特征，是迄今唯一具有双向内吸传导性能的现代杀虫剂。该化合物可以在整个植物体内向上向下移动，抵达叶面和树皮，从而防治如生菜和白菜内叶上，及果树皮上的害虫。这种独特的内吸性能可以保护新生茎、叶和根部，防止害虫的卵和幼虫生长。其另一个特点是持效期长，可提供长达8周的有效防治。

螺虫乙酯高效广谱，可有效防治各种刺吸式口器害虫，如蚜虫、蓟马、木虱、粉蚧、粉虱和蚧壳虫等。可应用的主要作物包括棉花、大豆、柑橘、热带果树、坚果、葡萄、啤酒花、马铃薯和蔬菜等。研究表明其对重要益虫如瓢虫、食蚜蝇和寄生蜂具有良好的选择性。

防治柑橘蚧壳虫、红蜘蛛可使用22.4%螺虫乙酯4000～5000倍液喷雾。

183. 鱼藤酮为什么最宜用于防治蔬菜害虫？

鱼藤属于豆科藤本植物，其根部含杀虫活性物质——鱼藤酮及其类似物。鱼藤酮杀虫谱广，可防治800多种害虫。鱼藤酮主要对害虫起触杀与胃毒作用，进入虫体后干扰害虫的生长发育，使其呼吸作用减弱，得不到能量供应而死亡。鱼藤酮在空气中容易氧化，对环境无污染、对人畜安全、对农作物无药害，对蔬菜、水果、茶叶、花卉无残毒。我国广东、海南、福建、台湾等地栽培的毛鱼藤中鱼藤酮含量为6%～7%，最高的可达13%。很多野生鸡血藤属、灰叶属植物都含有鱼藤酮，都是宝贵的杀虫剂资源。鱼藤酮对昆虫及鱼的毒性很强，而对哺乳动物则毒性很轻，施用后容易分解，无残留，在农产品中也无不良气味残留，因而最宜用于防治蔬菜害虫。

用有机溶剂从鱼藤根中将鱼藤酮提取出来，再加工成2.5%、3.5%、7.5%鱼藤酮乳油。用于防治蔬菜上的蚜虫、黄守瓜、猿叶虫、二十八星瓢虫、黄条跳甲等，一般每亩用2.5%乳油100毫升，或3.5%乳油35～50毫升或7.5%乳油35毫升，兑水喷雾。

184. 除虫菊素还在用于防治农业害虫吗？

天然除虫菊素具有以下优势特性：第一，哺乳动物体内有能将天然除虫菊素分解的酶，因此它在哺乳动物体内不会蓄积残留；第二，除虫菊素在自然界中易于降解，可以最大限度地减少环境污染；第三，除虫菊素高效广谱，对许多农业害虫及卫生害虫均具有迅速麻痹作用或击倒作用，使用浓度为万分之三；第四，人工合成的杀虫剂长期使用会使昆虫产生抗性，而天然除虫菊素为触杀型杀虫剂，且由 6 种成分组成，因而昆虫很难对其产生抗药性；第五，人工合成杀虫剂在生产和使用过程中对自然环境造成极大污染，而天然除虫菊素在萃取过程和使用过程中对环境污染很少。因此，天然除虫菊素被公认为最安全和有效的天然杀虫剂。试验结果表明，使用 5%天然除虫菊素 1500～2500 倍液，对十字花科蔬菜和大豆上的菜青虫、斜纹夜蛾、甜菜夜蛾等鳞翅目害虫击倒速度快，有 3～7 天的残效期，具有较好的防治效果，在农作物上未见药害。同时，天然除虫菊素对农产品和环境安全性高，值得在蔬菜上大面积试验和推广。

185. 印楝素防治蔬菜害虫如何使用?

印楝素对害虫具有拒食、驱避、毒杀及影响昆虫生长发育等多种作用，并有良好的内吸传导特性，将其施于土壤，可被棉花、水稻、小麦、玉米、蚕豆等作物根系吸收，输送到地上整株体内。可有效防治多种害虫，如斜纹夜蛾、小菜蛾、草地夜蛾、谷实夜蛾、烟草夜蛾、舞毒蛾、潜叶蝇、玉米螟、日本金龟子、蝗虫等，也可用于防治储粮害虫。在我国目前仅开发用于防治十字花科蔬菜的小菜蛾，一般每亩用 0.3%印楝素乳油 50～100 毫升或 0.8%阿维·印楝素乳油 40～60 毫升，兑水 50 千克喷雾。由于其药效较慢，一般要 1 周左右才能达到药效高峰，因此应在害虫发生初期及早用药。小菜蛾喜在夜间活动，应在清晨或傍晚施药，以利于提高药效。

186. 苦参的农药应用研究情况如何?

苦参又名地槐、野槐，为豆科属落叶灌木，常见于沙地、山坡灌丛、草地，全国各地分布广泛。由于苦参本身可直接作为中草药临床应用，故其制剂对人、畜、环境安全，不伤害害虫天敌，有利于生态平衡。从苦参的根、茎等中，经严格的工艺提取得到一种水溶性的苦参生物碱，具有一定的杀虫防病作用，可与常用的化学合成农药混用，表现出显著的增效作用，大大降低了化学合成农药的用量，减少了化学合成农药对环境的污染。所以苦参植物农药的研究与制备对缓解化学合成农药对环境的污染和对人畜的危害有一定的积极意义。

苦参碱是由苦参的根、茎、叶、果实经乙醇等有机溶剂提取的一种生物碱，目前作为农药用的苦参碱制剂，一般为苦参总碱，其中主要有苦参碱、氧化苦参碱、槐果碱、氧化槐果碱、槐定碱等，以苦参碱、氧化苦参碱的含量最高。苦参碱产品有0.2%、0.26%、0.3%、0.36%、0.5%水剂，0.36%、0.38%、1%可溶性液剂，0.3%、0.38%、2.5%乳油，0.3%、1.1%粉剂。苦参碱是一种低毒植物源杀虫剂，也可防治红蜘蛛及某些病害。对害虫具80%触杀和胃毒作用，害虫一旦触及，即麻痹神经中枢，继而使虫体蛋白质凝固，堵死虫体气孔，使害虫窒息而死。虽对害虫高效，但药效速度较慢，施药后3天药效才逐渐升高，7天后达峰值。

（1）蔬菜病虫　主要防治菜青虫和蚜虫，所用药量不同厂产的产品之间相差较大，请详见各产品标签。防治菜青虫一般每亩用有效成分0.3～0.5克，例如用0.5%水剂60～90毫升。防治蚜虫每亩用0.3%水剂50～70毫升或0.38%可溶性液剂80～120毫升。防治韭菜蛆，于韭菜蛆发生初盛期，每亩用1%可溶性液剂2～4千克，加水1000～2000千克灌根。防治小地老虎，每亩用0.3%粉剂2.5～3千克，穴施。防治黄瓜霜霉病，每亩用0.3%乳油120～160毫升，兑水60～70千克喷雾。

（2）茶树害虫　防治茶尺蠖每亩用0.38%乳油75～100毫升，兑水喷雾；防治茶毛虫每亩用0.5%水剂50～70毫升，兑水喷雾。

（3）果树病虫　防治梨黑星病，用0.36%可溶性液剂600～800倍液喷雾。防治苹果红蜘蛛，每亩用0.2%水剂250～750毫升，兑水喷雾。

（4）其他害虫　防治棉花红蜘蛛每亩用0.2%水剂250～500毫升，兑水喷雾；防治烟草的烟青虫和蚜虫每亩用0.5%水剂60～80毫升，兑水喷雾；防治谷子地黏虫每亩用0.3%水剂150～250毫升，兑水喷雾。防治小麦地的地下害虫，每亩用2～2.5千克，撒施或条施处理土壤；或每千克麦种用40～46.7克粉剂拌种，堆闷2～4小时后播种。

187. 含苦参碱的混剂有哪些？如何使用？

（1）蔬菜害虫　防治小菜蛾、菜青虫，每亩用1.8%乳油15～25毫升，兑水50千克喷雾。防治菜豆等上的斑潜蝇及其他蔬菜上的潜叶蝇类害虫，每亩用1.8%乳油40～60毫升，兑水50千克喷雾。防治甜菜夜蛾，用 1.8%乳油 2500～3000 倍液喷雾。

防治黄瓜根结线虫，每平方米用 1.8%乳油 1～1.5 毫升，加水 2～3千克，喷浇地面；或用 1.8%乳油 2000～2250 倍液浇灌株穴，持效期达 60 天左右，防效 80%以上。

（2）果树害虫　主要用于防治各种害螨，如苹果红蜘蛛、山楂红蜘蛛、李始叶螨、二斑叶螨、柑橘全爪螨和锈壁虱、梨木虱等，一般在害螨集中发生期喷洒 1.8%乳油 5000～6000 倍液或 0.9%乳油 2000～3000 倍液，防效高，有效控制期达 30 天左右。

防治梨木虱，一般在各代梨木虱幼虫、若虫为害盛期喷洒 1.8%乳油 4000～5000 倍液或 0.9%乳油 2000～3000 倍液，有效控制期在 15～20 天。

防治柿绒粉蚧，在初孵若虫期喷 1.8%乳油 1000 倍液。防治柿龟蜡蚧，在孵化末期、若虫没形成较多蜡质时，喷洒 1.8%乳油 2000 倍液，隔 3 天再喷 1 次。

阿维菌素对蚜虫、金纹细蛾、潜叶蛾、卷叶蛾也有较好的防治效果。一般用 1.8%乳油 4000～5000 倍液喷雾。

（3）棉花害虫　防治叶螨，一般用 1.8%乳油 6000～8000 倍液喷雾。防治棉铃虫，每亩用 1.8%乳油 42～70 毫升，兑水 50～60 千克喷雾。

（4）烟芽夜蛾、烟草天蛾以及大豆夜蛾　每亩用 1.8%乳油 40 毫升，加水 50 千克喷雾。

188. 阿维菌素有什么杀虫特点?

（1）高效、广谱，一次用药可防治多种害虫　一般防治食叶害虫每亩用有效成分 0.2～0.4 克，对鳞翅目的蛾类害虫用 0.6～0.8 克；防治钻蛀性害虫，每亩用有效成分 0.7～1.5 克；防治叶螨用 2～4 毫克/升浓度药液喷洒。能防治鳞翅目、双翅目、同翅目、鞘翅目的害虫以及叶螨、锈螨等。

（2）杀虫速度较慢，持效期长　对害虫以胃毒作用为主，兼有触杀作用。药剂进入虫体后，能促进 γ-氨基丁酸从神经末梢释放，阻碍害虫运动神经信号的传递，使虫体麻痹，不活动，不取食，2～4 天后死亡。因不引起虫体迅速脱水，所以杀虫速度较慢。但持效期长，对害虫为 10～15 天，对螨类为 30～45 天。这是因为渗入植物体的药剂存在时间持久。

189. 甲氨基阿维菌素苯甲酸盐与阿维菌素有什么关系?

甲氨基阿维菌素苯甲酸盐又叫埃玛菌素，是阿维菌素的类似物，它是从阿维菌素开始进行半人工合成的杀虫剂。其防治对象、杀虫机理与阿维菌素相同，但比阿维菌素活性更高，并降低了对人畜的毒性。产品有0.5%、1%、1.5%乳油，0.2%高渗乳油，0.5%微乳剂，0.2%高渗微乳剂。

防治蔬菜上的小菜蛾，每亩用1%乳油10～12毫升或0.2%高渗乳油50～60毫升，兑水喷雾。防治甜菜夜蛾，每亩用0.5%乳油20～30毫升，或1.5%乳油10～16毫升，或0.2%高渗乳油50～60毫升，或0.2%高渗微乳剂15～30毫升，兑水50～60千克喷雾。防治棉铃虫，每亩用1%乳油50～75毫升，或0.5%乳油100～150毫升，兑水50～60千克喷雾。

190. 依维菌素与阿维菌素有什么关系?

依维菌素是新型的广谱、高效、低毒抗生素类抗寄生虫药，对体内外寄生虫特别是线虫和节肢动物均有良好的驱杀作用，但对绦虫、吸虫及原生动物无效。

阿维菌素是一种被广泛使用的农用或兽用杀虫、杀螨剂。

阿维菌素和依维菌素是两个完全不同的物质，阿维菌素是十六元环大环内酯化合物，依维菌素是半合成大环内酯类多组分抗生素，阿维菌素是农药，依维菌素是兽药。

191. 多杀菌素可防治哪些害虫?

多杀菌素是由放线菌刺糖多孢菌产生的抗生素类杀虫剂，因而曾称刺糖菌素。对鳞翅目害虫高效，杀虫速度快。对害虫具有胃毒和触杀作用。属低毒杀虫剂，也是低残留药剂，其安全间隔期只有1天，适于绿色食品生产使用。产品有2.5%、48%悬浮剂。在我国登记用于棉花和蔬菜害虫的防治，在其他国家登记的作物还有苹果、桃、梨等落叶果树及柑橘、茶等。

（1）棉虫　主要是防治棉铃虫、烟青虫。在棉铃虫处于低龄幼虫期施药，每亩用48%悬浮剂4.2～5.6毫升，兑水30～50千克喷雾。

（2）蔬菜害虫　在小菜蛾处于低龄幼虫期时施药，每亩用 2.5%悬浮剂 33～50 毫升，兑水 30～50 千克喷雾。

192. 如何用乙基多杀菌素防治小菜蛾？

乙基多杀菌素是多杀菌素的类似物，其杀虫性能与多杀菌素相似，杀虫谱广，现登记用于防治甘蓝的小菜蛾，每亩用 60 克/升悬浮剂20～40 毫升，兑水喷雾。

193. 如何使用青虫菌防治害虫？

青虫菌又称蜡螟杆菌三号，属蜡状芽孢杆菌，为苏云金杆菌蜡螟变种，其伴孢晶体比杀螟杆菌的要小，对不同的鳞翅目害虫的毒力也稍有差别。害虫摄食青虫菌后很快停止取食，芽孢在虫体内发芽并大量繁殖，使虫体得败血症而死亡。一般在施撒后 1～2 天见效，有的要 4～5 天才见效，持效期 7～10 天。产品为 100 亿个活芽孢/克可湿性粉剂。

194. 如何使用杀螟杆菌防治害虫？

杀螟杆菌属蜡状芽孢杆菌，是从我国感病稻株螟虫尸体内分离得到的，能在多种人工培养基上生长繁殖，产品为 100 亿个活芽孢/克可湿性粉剂。

杀螟杆菌对鳞翅目害虫具有很强的毒力，但杀虫速度较慢。如对菜青虫在施药 24 小时后才开始大量死亡，对小菜蛾、松毛虫在施药 24～48 小时后才达死亡高峰。对老熟幼虫的防效好于幼龄幼虫，有的老熟幼虫染病后虽不能较快致死，但能提前化蛹，最终死亡。防治效果受空气温、湿度影响，以 20～28℃时防治效果较好，叶面有一定湿度可以提高防效。

195. 怎样用乙螨唑防治柑橘红蜘蛛？

乙螨唑属于二苯基蒽唑啉类杀螨剂。主要用于防治多种叶螨，为触杀型杀螨剂，其作用机理是抑制螨正常蜕皮过程和具有杀卵活性，因此能有效控制螨的整个幼龄期（卵、幼螨和若螨），还对雌性成螨具有不育作用。经室内活性测定（二斑叶螨）表现出较好的杀卵活性；经田间药效试验表明，乙螨唑 110 克/升悬浮剂对防治柑橘红蜘蛛有较好的防治效果。药剂最有效浓度为 14.7～22 毫克/千克，相当于乙螨唑 110 克/升悬浮剂稀释 5263～6250 倍液。防治时期为幼螨、若螨发生始盛期；使用方法为茎叶喷雾，每季最多施药次数为2次，安全间隔期为21天。该药的持效期较长，可达30～40天；在使用推荐剂量下，对柑橘安全，未见药害发生。对天敌生物如捕食螨的有害作用很小，对瓢虫、花蝽象无击倒作用。

196. 氟螨嗪是什么样的杀螨剂?

氟螨嗪又称氟螨，是国内含氟杀螨剂，具有较强的触杀作用，击倒力强，对成螨、若螨、幼螨及卵均有效。制剂类型有15%氟螨嗪、30%氟螨嗪、20%阿维·氟螨嗪。

① 氟螨嗪在低浓度下（原药含量低于25毫克/千克）有抑制害螨蜕皮、产卵的作用。稍高浓度（原药含量高于37毫克/千克）就具有很好的触杀性，同时具有好的内吸性。

在喷施本品后20分钟红蜘蛛停止为害，对红蜘蛛有好的抑制脂肪形成的作用，对幼螨的触杀性最好，在24小时就可达到80.67%的死亡率；雌雄成螨死亡比较慢，在第5天时才会出现死亡高峰，据试验数据显示，5天死亡率只能达到83.12%，7天死亡率可以达到96.88%。

由于化合物中的特殊官能团，可以增强同化作用，使得作物结出的果实糖度加大，最大可以增加到15个糖度，同时具有协同固氮作用，强壮植株。

速效性明显强于季酮酸类杀螨剂，持效期略长于季酮酸类杀螨剂，是一种好的柑橘杀螨剂。

② 杀螨谱广、适应性强。氟螨嗪对柑橘全爪螨、锈壁虱、茶黄螨、朱砂叶螨和二斑叶螨等害螨均有很好的防效，可用于柑橘、葡萄等果树和茄子、辣椒、番茄等茄科作物的螨害治理。此外，氟螨嗪对梨木虱、榆蛎盾蚧以及叶蝉类等害虫有很好的兼治效果。

③ 卵幼兼杀。杀卵效果特别优异，同时对幼螨、若螨也有良好的触杀作用。氟螨嗪虽然不能较快地杀死雌成螨，但对雌成螨有很好的绝育作用。雌成螨触药后所产的卵有96%不能孵化，死于胚胎后期。虽然氟螨嗪具有很好的触杀性，但是内吸性比较弱，只有中度的内吸性，所以喷雾要均匀。

④ 持效期长。氟螨嗪的持效期长，生产上用6000倍稀释液能控制柑橘全爪螨为害达40～50天。氟螨嗪施到作物叶片上后耐雨水冲刷，喷药2小时后遇中雨不影响药效的正常发挥。从委托国家实验部门的试验中看出，高暴发期防治红蜘蛛在广西的持效期是42天，浙江持效期

39 天，四川持效期 32 天。非高暴发期防治红蜘蛛的持效期最长可达 55 天，最短在 49 天。

⑤ 低毒、低残留、安全性好。欧盟是农药控制最严格的区域，但是在今天的欧盟使用量最大的杀螨剂化合物就是氟螨嗪。氟螨嗪在不同气温条件下对作物非常安全，对人畜安全、低毒。适用于无公害生产。在生测组所做的破坏性试验中得出，稀释 150 倍（100 毫克/喷雾器）不会对花和幼果造成任何伤害。正常防治各类害螨的稀释倍数在 6000 倍以上。

⑥ 不能与碱性药剂混用。可与大部分农药（强碱性农药与铜制剂除外）现混现用。与现有杀螨剂混用，既可提高氟螨嗪的速效性，又有利于螨害的抗性治理。

197. 二甲基二硫醚能防治哪些害虫?

（1）水稻害虫的防治　二化螟、三化螟每亩用 50%乳油 75～150 毫升加细土 75～150 千克制成毒土撒施或兑水 50～100 千克喷雾。稻叶蝉、稻飞虱可用相同剂量喷雾进行防治。

（2）棉花害虫的防治　棉铃虫、红铃虫每亩用 50%乳油 50～100 毫升，兑水 75～100 千克喷雾。此剂量可兼治棉蚜、棉红蜘蛛。

（3）蔬菜害虫的防治　菜青虫、菜蚜每亩用 50%乳油 50 毫升，兑水 30～50 千克喷雾。

（4）果树害虫的防治　桃小食心虫用 50%乳油 1000～2000 倍液喷雾。

（5）大豆害虫的防治　大豆食心虫、大豆卷叶螟每亩用 50%乳油 50～150 毫升，兑水 30～50 千克喷雾。

198. 如何防治柑橘全爪螨?

苯硫威是氨基甲酸酯类杀螨剂，对卵、幼虫、若虫有强烈活性，杀卵活性尤佳。对雌螨活性不高，但在低浓度下有明显降低雌螨繁殖、卵孵化的功能。以 230～500 毫克/升浓度施于柑橘果实上，可防治全爪螨的卵和幼虫。本品宜与其他杀螨剂轮换使用，不宜与石硫合剂混用。

199. 浏阳霉素是什么样的杀螨剂? 怎样使用?

浏阳霉素低毒、低残留，对作物及多种害虫天敌、蜜蜂、家蚕安全，故可用于防治蜂螨及桑树害螨。该药属触杀性杀螨剂，对活动态螨杀灭活性强，对螨卵效力较差；药液喷于螨体触杀药效很高，干药膜对在其上爬行的螨体几乎无效；害螨不易产生抗药性，并可有效防治具有抗药性的害螨。浏阳霉素对鱼类有毒，对眼睛有一定的刺激作用。

浏阳霉素是一种广谱性杀螨剂，对叶螨、瘿螨均具有很好的防治效果，可广泛用于多种红蜘蛛、瘿螨、锈病的防治；在棉花、苹果、柑橘、辣椒、茄子、豆类等作物上均可广泛使用。

浏阳霉素主要通过喷雾防治害螨，在害螨盛发初期开始喷药，7～10天后再喷施1次。在棉花、蔬菜、豆类等作物上使用时，一般每亩使用10%乳油40～50毫升，兑水45～60升均匀喷雾；在苹果、柑橘等果树上使用时，一般使用10%乳油1000～1500倍液，均匀喷雾。

可与一般药剂混用，但与碱性药剂混用时应随配随用。喷药时应力求均匀、周到，以确保防治效果。本品对鱼类有毒，施药后残液及洗涤液切勿倒入鱼塘、湖泊、河流等水域。药剂对眼睛有刺激作用，用药时注意安全防护。

200. 华光霉素有什么特点？可防治哪些害螨？

华光霉素是一种核苷肽类抗生素，其有效成分结构属核苷肽类。原粉为白色至浅黄色无定形粉末。无药害、无残留，对害虫天敌无影响，对人、畜安全。

适用于苹果、柑橘、山楂叶螨，蔬菜、茄子、菜豆、黄瓜二斑叶螨等的防治，防效达80%以上。还可以防治西瓜枯萎病、西瓜炭疽病、韭菜灰霉病、苹果枝腐烂病、水稻穗颈瘟、番茄早疫病、白菜黑斑病、大葱紫斑病、黄瓜炭疽病、棉苗立枯病等。防治苹果树山楂红蜘蛛以20～40毫克/升均匀喷雾；防治柑橘全爪螨以40～60毫克/升均匀喷雾。

201. 螺螨酯属哪类杀螨剂？

螺螨酯的有效成分是季酮螨酯，它与现有杀螨剂之间无交互抗性，适用于防治对现有杀螨剂产生抗性的有害螨类。具有全新的作用机理，具触杀作用，没有内吸性。主要抑制螨的脂肪合成，阻断螨的能量代谢，对害螨的卵、幼螨、若螨具有良好的杀伤效果，对成螨无效，但具有抑制雌螨产卵和降低孵化率的作用。杀螨谱广、适应性强：对红蜘蛛、黄蜘蛛、锈壁虱、茶黄螨、朱砂叶螨和二斑叶螨等均有很好的防效，可用于柑橘、葡萄等果树和茄子、辣椒、番茄等茄科作物的螨害治理。此外，对梨木虱、榆蛎盾蚧以及叶蝉类等害虫有很好的兼治效果。

杀卵效果特别优异，同时对幼螨、若螨也有良好的触杀作用。虽然不能较快地杀死雌成螨，但对雌成螨有很好的绝育作用。雌成螨触药后所产的卵有96%不能孵化，死于胚胎后期。螺螨酯的持效期长，生产上能控制柑橘全爪螨为害达40～50天。螺螨酯施到作物叶片上后耐雨水冲刷，喷药2小时后遇中雨不影响药效的正常发挥。低毒、低残留、安全性好。在不同气温条件下对作物非常安全，对人畜安全、低毒，适用于无公害生产。无互抗性，可与大部分农药（强碱性农药与铜制剂除外）现混现用。与其他作用机理不同的杀螨剂混用，既可提高螺螨酯的速效性，又有利于螨害的抗药性治理。

202. 四螨嗪可防治哪些害螨？

四螨嗪为四嗪类化合物，产品有20%、50%悬浮剂，10%、20%可湿性粉剂。

（1）具有生长调节活性的杀螨剂，对害螨具有很强的触杀作用，对螨卵杀伤力很高，对幼螨、若螨也有较强杀伤力，对成螨基本无效，但能抑制雌成螨的产卵量和所产卵的孵化率。

（2）主要用于防治果树上各类红蜘蛛和柑橘锈壁虱。因其主要杀卵，药效发挥较慢，一般施药后7～10天才有显著效果，2～3周才达到药效高峰，但药效期较长，一般可达50～60天。

（3）防治苹果全爪螨，应在苹果花前越冬卵初孵期或花后1周第一代卵盛期施药；对山楂叶螨，在苹果花后3～5天第一代卵盛期至初孵幼螨始见期施药，若两种螨混合，则应在苹果花后1周内施药，可收到良好的兼治效果。常用含量为50%悬浮剂4000～5000倍液或20%悬浮剂2000～3000倍液或10%可湿性粉剂1000～1250倍液或20%可湿性粉剂1000～2000倍液喷洒。

（4）可防治柑橘全爪螨、始叶螨、六点始叶螨、锈螨，并可兼治跗线螨（有效期仅7～10天），常用浓度为100～125毫克/千克，相当于20%悬浮剂1600～2000倍液或10%可湿性粉剂800～1000倍液或50%悬浮剂4000～5000倍液。作为柑橘冬季清园药剂，可在柑橘采收后施药，有效控制期可至翌年春季；也可在早春越冬卵孵化前或第一代产卵高峰期进行施药。

203. 噻螨酮有哪些杀螨特性？如何使用？

噻螨酮的杀螨效果特别明显，专家研究表明：噻螨酮对害螨具有强触杀和胃毒作用；对作物表皮具有较强的渗透作用，能深入叶片内并穿透到叶背杀死叶背的害螨，但无内吸作用；对螨卵、若螨和幼螨都有效，对成螨毒力很小，然而，接触到药剂的雌成螨所产卵的孵化率低；药效发挥较迟缓，一般在施药后7～10天达到药效高峰，持效期40～50天；在高温或低温时使用的效果无显著差异；在常用浓度下使用，对作物、害虫天敌、蜜蜂及捕食螨影响很小。但在高温、高湿条件下，喷洒高浓度对某些作物的新梢嫩叶有轻微药害。可与波尔多液、石硫合剂等多种农药混用。产品为5%乳油、5%可湿性粉剂。

噻螨酮可防治果、林、茶、棉花、蔬菜、豆类、花卉等多种作物上的叶螨，但对锈螨防效差。因噻嗪酮无杀成螨的作用，应比其他杀螨剂稍早些使用，即在害螨发生初期使用；若已严重发生，最好与其他有杀成螨功效的杀螨剂或有机杀虫剂混用。

噻螨酮在北方果园可防治苹果全爪螨和山楂叶螨，对二斑叶螨也有很好的效果。一般在春季苹果开花前后，螨卵和幼螨、若螨集中发生期施药。在夏季因螨繁殖速度快、数量大，又有大量成螨，噻螨酮在短期内不易控制，应与杀成螨活性高的药剂混用，以提高防治效果。

204. 哒螨灵有哪些杀螨特性？如何使用？

哒螨灵又称扫螨净、速螨灵、牵牛星、哒螨酮，其杀螨特性为：对害螨具有很强的触杀作用，但无内吸作用；对螨的各生育期（卵、幼螨、若螨、成螨）都有效；速效性好，在害螨接触药液1小时内即被麻痹击倒，停止爬行或为害；而且持效期较长，在幼螨及第1若螨期使用，一般药效期可达1个月，甚至达50天；药效不受温度影响，在20～30℃时使用，都有良好防效；防治对噻螨酮、苯丁锡、三唑锡、三氯杀螨醇已经产生了抗药性的害螨种群，仍有高效。产品为10%、15%、20%乳油，6%、9%、9.5%、10%高渗乳油，5%增效乳油，20%可溶性粉剂，15%、20%、22%、30%、32%、40%可湿性粉剂，15%片剂，10%烟剂。

哒螨灵可防治果、林、茶、蔬菜、花卉等多种作物上的叶螨、锈螨、瘿螨和跗线螨，都有高效，对蚜虫、叶蝉、粉虱、蓟马等小型害虫也有良好的兼治效果。一般使用含量为20%的可湿性粉剂1500～2500倍液或15%乳油1500～2000倍液喷雾。

因哒螨灵只具有触杀作用，喷雾时务必周到，防止漏喷。对鱼、蜜蜂、家蚕有毒，使用时应避开水源及蜜蜂采花期、蚕桑区域。

（1）果树害螨　哒螨灵在北方果园可防治苹果、梨、桃、葡萄等果树上的叶螨、全爪螨、瘿螨、锈螨等，对蚜虫、叶蝉、粉虱等也有较好的兼治效果。对苹果树的全爪螨、山楂叶螨等，在苹果落花后、卵孵化盛期及幼螨、若螨集中发生期喷药，有效控制期可达40～60天，常用药液浓度为50～67毫克/千克，相当于15%可湿性粉剂2500～3000倍液或20%可湿性粉剂3000～4000倍液或30%可湿性粉剂4500～6000倍液或10%乳油1500～2000倍液或5%增效乳油2000～2500倍液或6%高渗乳油1500～2000倍液。

防治柑橘的全爪螨、始叶螨、六点始叶螨、锈螨等，常用药液浓度为100～200毫克/千克，例如32%可湿性粉剂1500～2500倍液或20%乳油2000～2500倍液或9%高渗乳油1500～2000倍液。

（2）茶树上各种螨类并可兼治小绿叶蝉、黄蓟马、蚜虫和粉虱　在螨发生初期，每亩用15%乳油15～20毫升（每亩有效成分2.3～3克），兑水60～75千克，对茶树丛面喷雾。安全间隔期为7天。目前有些国家和地区（如欧盟）对我国出口茶叶中哒螨灵的最高残留限量要求很严（0.02毫克/千克），因此，必须控制使用。

（3）蔬菜害螨　一般使用20%可湿性粉剂1500～2000倍液或15%乳油1500～2000倍液喷雾。

（4）棉花红蜘蛛　每亩用6%高渗乳油25～40毫升，兑水60～75千克，喷雾。或用15%乳油或20%可湿性粉剂3000～5000倍液喷雾。

以上介绍的使用剂量和使用浓度仅供参考，由于哒螨灵的剂型和制剂种类多，生产企业更多，请按各产品标签推荐的用药量使用。哒螨灵在我国应用极为广泛，在农业害螨防治中发挥了重要作用。但由于连年单一使用而未与其他杀螨剂轮换使用，再加上大量含哒螨灵混剂上市，已使一些地区的害螨产生了抗药性，应引起高度关注。为此一年最好只用本剂一次，并与其他杀螨剂轮用。

205. 唑螨酯可防治哪些害螨?

唑螨酯为苯氧基吡唑类杀螨剂，对害螨具有很强的触杀作用，速效性好，害螨接触药液1小时后，即被麻痹击倒，行动困难，随之死亡；

持效期较长，一般为30天以上，长的可达40～50天。对成螨、幼螨、若螨都有效，在成螨期使用还可抑制产卵，在卵期使用孵化后第一休眠期大量死亡。产品为5%悬浮剂。

唑螨酯可防治多种作物上的红蜘蛛、锈螨、瘿螨。防治时应抓紧在幼螨发生初期、叶螨密度不高时喷药，当叶螨数量增多时用药，防效下降。因唑螨酯无内吸、内渗性，施药时应均匀细致地喷到叶片表面和背面，防止漏喷。

（1）防治苹果树上的苹果红蜘蛛　于开花前后越冬卵孵化高峰期施药，防治山楂红蜘蛛于开花初期越冬成虫出蛰始期可进行施药，也可在幼螨至成螨期施药，用5%悬浮剂2000～3000倍液喷雾。防治梨、桃、葡萄上的害螨或果树二斑叶螨，常用5%悬浮剂1000～2000倍液喷雾。防治柑橘叶螨和锈螨、荔枝瘿螨，于发生初期，喷5%悬浮剂1500～2000倍液。

（2）防治茶短须螨、茶橙瘿螨　在非采摘期、螨发生初期，每亩用5%悬浮剂50～75毫升，兑水50～75千克喷雾。

（3）防治啤酒花叶螨　每亩用5%悬浮剂20～40毫升，兑水喷雾。

本剂对鱼有毒，对蚕有拒食作用，使用时应注意。

206. 喹螨醚可防治哪些害螨？

用150～200克（有效成分）兑水900～1500千克/公顷喷雾，可防除苹果、柑橘、葡萄、番茄、葫芦、草莓、棉花及观赏植物上的害螨。

207. 吡螨胺是什么样的杀螨剂？

吡螨胺属酰胺类杀螨剂，产品为10%可湿性粉剂。对害螨以触杀作用为主，对植物组织具有渗透性，但无内吸性。对螨类各生育期均有效，可用于果树、茶树、棉花、蔬菜防治叶螨、锈螨、跗线螨、须螨，对蚜虫有一定的效果，持效期可达40天以上。

防治柑橘全爪螨和锈螨及苹果、梨、桃、山楂上的叶螨，用10%可湿性粉剂2000～3000倍液喷雾。

防治茶树叶螨和棉花红蜘蛛，用10%可湿性粉剂1000～3000倍液喷雾。对鱼类高毒，使用时应注意。

208. 嘧螨酯是什么样的杀螨剂？

嘧螨酯是第一个甲氧基丙烯酸酯类杀螨剂，制剂低毒，对人无影响，对鱼、蜜蜂高毒，喷雾地点应远离河流。产品为50%悬浮剂、30%乳油、30%悬浮剂。具有很好的触杀和胃毒作用，对害螨的各个阶段，包括卵、若螨、成螨均有效，且速效性好，持效期长达30天以上。由于它是甲氧基丙烯酸酯类杀菌剂类似物，除对害螨有效外，在250毫克/升浓度下对某些病害也有较好的活性。产品为50%悬浮剂（天达农）、30%乳油（经典），主要用于防治果树的多种害螨，如防治柑橘树、苹果树的红蜘蛛，可喷洒嘧螨酯4000～5000倍液。

209. 炔螨特有什么特性？可防治哪些害螨？

炔螨特又称丙炔螨特，商品名有克螨特、灭螨净等。对害螨具有触杀和胃毒作用。在气温高于27℃时，还有熏蒸作用，对成螨和幼螨、若螨有效，杀卵的效果差。在世界各地已使用了30多年，至今尚未发现有螨类产生抗性。在任何气温下使用都有效，气温20℃以上药效好，20℃以下随气温递减。杀螨谱广，可控制30多种害螨。产品有25%、40%、57%、70%、73%、76%乳油。

（1）果树害螨　能防治多种果树的害螨，常用浓度为200～400毫克/千克。

防治柑橘全爪螨、始叶螨、六点始叶螨，于开花前喷73%乳油2000～3000倍液，谢花后温度较高时，喷3500～4000倍液；对柑橘锈螨，于6～9月份锈螨发生初期，喷73%乳油3000～4000倍液。柑橘幼苗和嫩梢对本剂较敏感，当用73%乳油2000倍液时会产生油浸状药害，但对生长影响不大，故生产上宜使用3000倍液。在采收前30天停止施药。

防治荔枝瘿螨，在冬季12月和翌年1月各喷1次73%乳油1000倍液，重点喷叶背。

防治枇杷若甲螨，在3～4月螨盛发期，用73%乳油1000倍液喷树冠。

防治苹果全爪螨和山楂叶螨，一般用73%乳油2000～3000倍液喷雾。在春季幼螨、若螨盛发期施药，有效控制期可达30～40天；夏季使用有效期缩短。采收前20天停止用药。

梨树和桃树对本剂敏感，特别是雪花梨、泸州水蜜桃使用73%乳油2000倍液时，即会产生药害，落叶、落果。

（2）茶园中的茶跗线螨、茶橙瘿螨和茶叶瘿螨　在螨发生高峰前期，每亩用73%乳油40～50毫升，兑水50～75千克喷雾。喷洒的药液浓度过高，会使茶树嫩芽叶产生药害，尤其是在高温、高湿条件下，以兑水不少于1000倍为宜。

（3）桑树红蜘蛛　一般用73%乳油3000～5000倍液喷雾。

（4）蔬菜害螨　防治茄果类、豆类、瓜类的红蜘蛛，在若螨、幼螨盛发初期施药，每亩用73%乳油30～50毫升，兑水75～100千克喷雾，或用73%乳油2000～3000倍液喷雾。由于对某些作物幼弱小苗有药害，在25厘米以下瓜、豆苗上使用时，兑水倍数不能少于3000倍。

（5）大豆和花生叶螨类　一般用73%乳油2000～3000倍液喷雾，每亩喷药液30～40千克。

（6）棉花红蜘蛛　每亩用73%乳油40～60毫升，兑水60～75千克喷雾。

（7）玉米叶螨　可用73%乳油2000～3000倍液喷雾。

以上均以73%乳油为例介绍用药量或使用浓度，当选用其他含量的产品时，则应按其含量换算各自的用量或按其标签上的用量使用。炔螨特对鱼类毒性大，使用时应防止污染鱼塘、河流。

210. 双甲脒有哪些特性？可防治哪些害螨？

双甲脒，又名双虫脒和螨克等。它在中性液中较稳定，在强酸或强碱性液中不稳定，在吸潮条件下存放会分解。对人、畜低毒。对蜜蜂、草蛉和瓢虫等安全，但对捕食螨有杀伤作用。

常用剂型是20%双甲脒乳油。该制剂为广谱性杀螨剂，对成螨、若螨和螨卵都有很强的触杀作用，并具有胃毒、熏蒸作用，尤其对三氯杀螨醇产生抗性的红蜘蛛防治效果更好。气温高时药效好，气温低时则药效明显降低，但持效期长。

双甲脒除了可以防治枣树上的红蜘蛛之外，还能兼治蚧壳虫、蚜虫和棉铃虫等害虫。对梨小食心虫和各类夜蛾科害虫的卵也有一定防治效果。以双甲脒防治红蜘蛛时，用20%双甲脒乳油1000～1500倍液喷雾，对成螨和卵有很好的杀伤效果，并可兼治蚜虫。以该制剂防治二斑叶螨时，在卵和若螨盛发期用20%双甲脒乳油1000～2000倍液喷雾。

该制剂在低温时使用，发挥作用较慢，药效较低，在高温天晴时使用，药效高；药液直接触杀力强，残留药膜杀螨差；在高温、高湿天气下施药易发生药害，使叶片大面积枯焦，但不脱落。故使用时，应根据当时的天气状况调整用药的浓度。

211. 单甲脒可防治哪些害螨?

单甲脒又称杀螨脒、螨虱克、单甲脒盐酸盐、卵螨双净、天环螨清、螨类净，是一种有机氮广谱甲脒类杀螨剂，为双甲脒的同系物。单甲脒可与有机磷和菊酯类农药混用，有增效作用，并可扩大杀虫谱。主要用于防治果树、茶叶、棉花、蔬菜等各种作物上的植食性叶螨及棉花蚜虫；也可以用于防治家畜体虱及蜂螨。对人、畜中毒，对鱼有毒。

(1) 柑橘红蜘蛛　在开花前后气温达20℃以上或秋天，每叶有螨3～5头时，用25%单甲脒水剂1000～2000倍液喷雾，防治效果较好，持效期达20天左右。

(2) 柑橘锈壁虱　6～9月每叶有螨2～3头或结果果园内出现个别受害果时，用25%单甲脒水剂1500～2500倍液喷雾，有好的防治效果，持效期可达3周左右。

(3) 四斑黄蜘蛛　在气温达20℃以上，每叶有螨2～4头时，用25%单甲脒水剂1000倍液喷雾，有较好的防治效果。持效期达14天左右。

(4) 苹果红蜘蛛　在苹果开花前后气温达20℃以上螨类达防治指标时，用25%单甲脒水剂1000～1500倍液喷雾，对螨和卵均有较好的防治效果，并可兼治蚜虫。

(5) 山楂叶螨、苹果全爪螨　在苹果落花后，叶螨密度不大时，用25%单甲脒水剂1000倍液均匀喷洒树冠，有效控制期30天左右，若在夏季螨口密度较大时防治，使用浓度需提高到500倍液效果才好。

(6) 棉红蜘蛛　在卵孵化、若螨盛发期用25%单甲脒水剂1000～1500倍液喷雾，防治效果较好。

(7) 棉蚜、棉叶螨　防治棉花苗蚜，用25%单甲脒水剂800～1500倍液喷雾；防治伏蚜和棉叶螨用500～1000倍液喷雾。

(8) 矢尖蚧、红蜡蚧和吹绵蚧　在1～2龄若虫盛发期用25%单甲脒水剂500～1500倍液喷雾，防治效果可达90%左右。

(9) 防治茶橙瘿螨　用25%单甲脒水剂1500倍液喷雾。

212. 联苯肼酯是什么样的杀螨剂?

联苯肼酯是联苯肼类杀螨剂，其理化性质非常适合制作悬浮剂，是一种新型选择性叶面喷雾用杀螨剂。其对螨的各个生活阶段有效，具有杀卵活性和对成螨的击倒活性（48～72小时），且持效期长。持效期14天左右，推荐使用剂量范围内对作物安全。用于苹果和葡萄防治苹果红蜘蛛、二斑叶螨和麦叶螨，以及观赏植物的二斑叶螨和路易斯螨。

产品有43%单剂、24%单剂水悬浮剂，复配产品主要有和螺螨酯、四螨嗪、苯丁锡以及阿维菌素的复配剂，剂型都是水悬浮剂。

对于防治螨类害虫的卵、幼螨、若螨、成螨、雌成螨特效，可广泛应用于防治柑橘、蔬菜等各种农作物红白蜘蛛、黄蜘蛛、锈壁虱、短须螨、茶黄螨、山楂叶螨、二斑叶螨等。产品特点是速效加长效，24小时死虫95%以上，持效期长达45天以上。

213. 溴螨酯可防治哪些害螨？

溴螨酯又称螨代治、溴丙螨酯，是化学结构与滴滴涕相似的有机溴化物，对成螨、幼螨、若螨、螨卵都有很强的触杀作用，药效不受气温高低的影响，持效期达20天以上。产品为50%乳油。溴螨酯适用于果树、蔬菜、棉花、茶、大豆、观赏植物等，防治叶螨、瘿螨、跗线螨等多种害螨，一般用50%乳油1000～1500倍液喷雾。

（1）果树害螨　防治苹果全爪螨和山楂叶螨，在苹果花前花后幼螨、若螨集中发生期，喷洒50%乳油1000～1200倍液，可有效地控制其为害，持效期一般在20天以上。防治柑橘的全爪螨、始叶螨、六点始叶螨、裂爪螨、锈螨，用50%乳油1000～1500倍液喷雾，持效期20天以上。在采果前21天停止用药。

（2）茶短须螨、茶橙瘿螨、茶叶瘿螨　在发生高峰前，非采摘茶园，每亩用50%乳油25～40毫升，兑水50～75千克喷雾。

（3）棉花红蜘蛛　每亩用50%乳油25～40毫升，兑水50～75千克喷雾。

（4）茄子、豆类、瓜类等蔬菜红蜘蛛　在螨发生初盛期，用50%乳油2000～4000倍液喷雾。采收前21天停止用药。

（5）大豆和花生叶螨　在螨发生初盛期，喷施50%乳油1500～2000倍液，每亩喷药液30～40千克。

（6）玉米叶螨　用50%乳油2000～3000倍液喷雾。

（7）花卉上的螨类　用50%乳油2500倍液喷雾。

溴螨酯对鱼等水生动物高毒，喷药时远离水域和鱼塘。

已对三氯杀螨醇产生抗药性的种群，不宜使用溴螨酯。在蔬菜、果实和茶叶采摘期勿施溴螨酯。

第四章 杀鼠剂安全用药知识

214. 什么是杀鼠剂？

杀鼠剂是指用于控制害鼠的一类农药。按照作用方式及使用目的，杀鼠剂可以分为具有毒杀作用的化学药剂、熏蒸剂、驱鼠剂、不育剂以及能提高其他药剂灭鼠效果的增效剂等。

215. 杀鼠剂有哪些类型？

根据灭鼠药进入鼠体后作用的快慢，分为急性灭鼠药和慢性灭鼠药两类。急性灭鼠药鼠类一次吃够致死量的毒饵就可致死。这类药的优点是作用快、粮食消耗少，但它们对人、畜不安全，容易引起二次中毒。慢性灭鼠药又称缓效灭鼠药、安全鼠药，又可分为第一代抗凝血灭鼠剂，如敌鼠钠盐、杀鼠灵、杀鼠醚等；第二代抗凝血灭鼠剂，如溴敌隆、大隆、杀它仗等。实践证明，慢性抗凝血杀鼠剂对人、畜比较安全，对猫、狗以及其他自然天敌引起的二次中毒程度也较轻，适宜在广大农村推广应用。

216. 禁止使用和不宜使用的杀鼠剂有哪些？

目前国家禁止使用的氟乙酰胺、氟乙酸钠、毒鼠强、甘鼠硅这些剧毒急性鼠药对人、畜的生命构成很大威胁，因其在对鼠类产生快速作用的同时，也对人、畜产生高毒，人、畜一旦误食，不但来不及抢救，而且没有特效解毒剂，且对环境污染大、残留高。同时，这些急性杀鼠剂一般作用于老鼠的中枢神经，老鼠中毒后死得快并发出“吱、吱”的尖叫声，使同类产生恐惧拒食现象，灭鼠效果差。所以我们在开展大面积灭鼠活动或家庭灭鼠时，切记不要使用剧毒急性杀鼠剂，而应使用抗凝血慢性杀鼠剂，如溴敌隆、杀鼠醚等灭鼠剂，进行科学灭鼠，保证灭鼠效果及人畜安全。

217. 灭鼠毒饵应具有什么特点?

（1）安全　避免了非靶标动物的中毒事故发生，特别是保护了鸟类。由于使用安全杀鼠剂毒饵，不会给人畜构成威胁。

（2）高效　据有关对比试验表明，传统裸投防治效果平均为70%左右，毒饵站的灭鼠效果平均为83.1%。

（3）经济　传统裸投每公顷需要毒饵2250克，而毒饵站只要900克，减少毒饵用量60%，减少了防治成本。

（4）环保　在常年大面积灭鼠中，每次投放的毒饵，除害鼠消耗了20%～30%，其余毒饵残留在土壤中，对环境和水体造成了污染；而使用毒饵站技术，不仅投饵量大大降低，而且毒饵可持续发挥作用，不对环境造成污染。

（5）持久　特别是在雨水偏多的地区，传统裸投一般在投饵后7天霉变率达90%，毒饵在竹筒放置100天后霉变率仅4.8%，并且杀鼠剂不会被雨水冲淋到土壤中。在园艺设施或仓库、畜禽养殖场等地方可以一年四季长期使用。

218. 杀鼠灵灭家鼠如何使用?

杀鼠灵又称灭鼠灵，属第一代抗凝血杀鼠剂。对鼠毒力强，适口性好，老鼠吃药后因内出血而行动艰难，但仍然来取食，所以灭鼠效果甚佳。不过杀鼠作用缓慢，一般在投毒饵后第3天发现死鼠，第5～7天出现死亡高峰。产品有95%原粉，0.25%、2.5%、3.75%、7.5%母粉，3.75%、7.5%、8%母液，0.025%、0.0375%、0.05%毒饵。

室外防治家栖鼠（褐家鼠、黄胸鼠、小家鼠）：在褐家鼠为主的发生地区如早稻秧田害鼠密度达2%夹次，晚稻秧田害鼠密度达3%夹次，稻田孕穗期和乳熟期害鼠密度达5%夹次时进行防治。使用0.1%～0.2%毒素毒饵，饵料用褐家鼠喜食的毒饵，如用大米制作毒饵亦可。一般在15℃以下使用，灭效可达85%左右。

室内防治家栖鼠：在北方农村，秋、冬季为最佳灭鼠时机，将毒饵直接投放室内地面、墙边、墙角等鼠经常活动处。一般15平方米房内可投2堆，每堆5～10克。一次投饵，平均每户投100克左右。可根据鼠情，鼠多多投，鼠少少投。

219. 杀鼠醚能杀灭抗性鼠吗？如何使用效果好？

杀鼠醚又称萘满香豆素、杀鼠萘等，商品名立克命。产品有0.0375%毒饵，0.8%水剂，0.75%追踪粉，3.75%、7.5%母粉，0.75%、3.75%、7.5%母液。

杀鼠醚属第一代抗凝血杀鼠剂，急性和慢性毒力均强于杀鼠灵，适口性也优于杀鼠灵，配制的毒饵带有香蕉味，对鼠有一定的引诱作用。对多种鼠类均有良好的灭除效果。据试验证明，对有抗药性的鼠也有一定效果，但在现场防治抗药性鼠种的效果并不明显。适用于住宅、粮库、食品店、禽畜养殖场以及农田、草场、林地等多种环境灭鼠，死鼠高峰为投药后4～7天。

① 0.0375%毒饵一般用于消灭家栖鼠，每间房用50～100克，每堆或鼠洞投放15～20克。投药48小时后检查，吃多少补多少，全部吃掉要加倍投。连续投5天。

② 0.8%水剂适用于仓库、畜栏等处，兑水30倍配成毒水，也可加5%食糖作引诱剂，供鼠饮用。

③ 0.75%追踪粉可直接用作饵剂杀灭家栖鼠和田鼠，室内每平方米撒粉0.5～1克，室外每洞投粉0.5～1克，或每15平方米用配制成的0.0375%毒饵20～40克，分4堆投放。

④ 各种规格的母粉或母液，均为配制毒饵使用。

220. 溴敌隆有什么特点？可防治哪些害鼠？

溴敌隆又称乐万通，是第二代抗凝血杀鼠剂。具有如下特点。

① 对鼠类有极强的胃毒作用，使用毒饵含量仅为0.005%。

② 杀鼠谱广，对多种家栖鼠和田鼠均能有效地防治。

③ 适口性好，害鼠喜食，且不易引起老鼠惊觉，既具有杀鼠作用缓慢，可以小剂量、多次投药灭鼠彻底的特点；又有急性毒力强的优点，一次投毒即有效。鼠死亡高峰一般在投药后4～6天。

④ 防治对第一代抗凝血杀鼠剂产生抗药性的鼠有高效。

⑤ 有解毒剂。溴敌隆对人高毒，使用时要特别注意安全。若发生中毒，可在医生指导下服用解毒剂维生素K_1，剂量为成人每日40毫克，儿童20毫克。

溴敌隆产品有 0.005%、0.01%、0.05%毒饵，0.5%母粉，0.5%母液。防治家栖鼠，每 15 平方米房间，以堆施或穴施方式投放 0.005%毒饵 20～30 克或 0.01%毒饵 10～20 克，一次投药即可收效。

防治田鼠，一般每亩设 20～30 点，每点投 0.005%毒饵 2～5 克；也可沿周边每 5 米 1 点，每点投 20 克。但防治的鼠种不同所需的毒饵浓度及投饵量是不相同的。高原鼢鼠每洞投 0.02%麦粒或青稞毒饵 10 克，如选取鼢鼠喜食的胡萝卜切成 1 厘米见方的小块配制成的毒饵，则每洞投饵 12 克；高原鼠兔每洞投 0.01%毒饵 1.5 克；长爪沙鼠每洞投 0.01%毒饵 1 克或 0.005%毒饵 2 克；黄鼠每洞投 0.005%毒饵 15～20 克，投放在洞口以外 30～50 厘米处效果最好；达乌尔鼠每洞投 0.005%毒饵 3～5 克。一次投药即可收效，必要时，隔 7～10 天再补投一次被吃掉的毒饵量。

221. 溴鼠灵是什么样的杀鼠剂?

溴鼠灵又称溴联苯鼠隆、溴鼠隆，进口产品的商品名为大隆，产品有 0.005%大隆饵剂、0.005%大隆蜡块、0.005%溴鼠灵毒饵、0.05%溴鼠灵母液。

溴鼠灵属第二代抗凝血杀鼠剂，其特点与溴敌隆相似，兼有速效性和缓效性杀鼠剂的优点，其毒力为杀鼠灵的 137 倍，配置的毒饵适口性和效力都好，杀鼠谱广，能防治多种家栖鼠和田间野鼠，鼠取食毒饵后 4～12 天出现症状，小家鼠则为 1～26 天。使用时一次投饵或间歇投饵均可。

溴鼠灵的缺点是对非靶标动物特别是鸡、狗、猪很危险，其二次中毒的危险性也比第一代抗凝血杀鼠剂大，有些国家已经禁止在城市使用。因此，在使用时需特别注意安全操作，若发生中毒现象及时送医院救治，特效解毒剂是维生素 K_1。

222. 氟鼠灵在我国应用情况如何?

氟鼠灵又称氟鼠酮，商品名有杀它仗、速箭，产品为 0.005%毒饵，为进口产品。它属第二代抗凝血杀鼠剂，化学结构和生物活性与溴鼠灵类似，特性与用法也与溴鼠灵比较接近。适口性好，急性毒力大，鼠一次取食即可达到防治目的，鼠中毒后 3～10 天死亡。对非靶标动物比较安全，仅对狗毒性大。在我国试验结果表明，对室内外和农、牧、林区的各种害鼠都有很好的防治效果，一次投药即可。与国产抗凝血杀鼠剂相比，它的价格高，效果无明显差异，应用时应针对当地优势鼠种，先试验，再推广。

防治家栖鼠：在室内每 15 平方米房间用 0.005%毒饵 50 克，分数堆投放。在夏、秋季节，田间食物丰富，有的家栖鼠迁至室外，可选择田间食物缺少时投饵，按 5～10 米等距离设点，每点投饵 3～5 克。

防治田间野鼠：每亩用 0.005%毒饵 70～100 克，堆施。例如，在南方水稻秧田，每亩设 5 点，每点投饵 20 克。

氟鼠灵毒性高，使用时须注意安全，严防儿童及狗、鹅接近毒饵，用药后认真清理包装物，将鼠尸掩埋或烧掉。用药前准备好解毒剂维生素 K_1。

223. 沙门氏菌是什么样的杀鼠剂？

肠炎沙门氏菌体为鼠类的专性寄生菌，进入鼠体后，主要引起鼠消化道出血，4～16 天死亡。产品为 1.25%饵剂，主要用于草原防治黄胸鼠、大足鼠、布氏田鼠、高原鼠兔等。采用饱和投饵法，每洞投饵 5～6 克。

第五章

杀菌剂安全用药知识

224. 什么是杀菌剂？

杀菌剂是用于防治由各种病原微生物引起的植物病害的一类农药，一般指杀真菌剂。但国际上，通常是作为防治各类病原微生物的药剂的总称。一般可以分为农用杀菌剂和生活用杀菌剂，农用杀菌剂是用于防治真菌、细菌等病菌引起的病害的一类农药。

225. 什么是杀菌作用和抑菌作用？

杀菌作用是指杀菌剂真正能把病菌杀死。抑菌作用是指杀菌剂抑制病菌生命活动的某一过程使之不能发展，并非将病菌杀死。采用杀菌剂防治植物病害是一种经济有效的方法。

226. 什么是杀菌剂的保护作用？

杀菌剂的保护作用是在病菌侵染作物之前施药保护作物免受病害为害。较老的杀菌剂品种，多数以保护作用为主，需在病菌侵入寄主之前将药剂喷在植物表面，要做到均匀、周到，才能起到保护植物的作用。病菌落在已受药剂保护的叶面上，孢子萌发受抑制，或阻碍发芽的孢子入侵。碱式硫酸铜、福美双、代森锌、百菌清等都是广泛使用的保护剂。发挥杀菌剂的保护作用，要求严格掌握施药的有利时期，要在病菌入侵之前喷洒。如果病菌已经入侵，处于潜伏期，用保护剂也无效。保护剂的田间持效期一般仅有 6～7 天，所以除了及时之外，还要多次使用。

227. 什么是杀菌剂的治疗作用和铲除作用?

治疗作用是在病菌已经侵染作物或发病后施药抑制病菌生长或致病过程使病害停止发展或作物逐步恢复健康，有这类作用的药剂也称内吸性杀菌剂（简称内吸剂）。此类药种类多，具有内吸、传导的特点，渗入叶片表皮后能输导到同一叶片的其他部位，有的能向顶部输导，少数可以向根部输导。多菌灵、三唑酮都是内吸性杀菌剂。内吸剂的施用时间没有保护剂那样严格，可以在发病最初时期施用，仍能够抑制植物体内菌丝的生长、蔓延，甚至可以直接杀死。如果发病已较重，可能已造成一定损失。故不要误解有内吸、治疗作用的药剂是灵丹妙药、包治百病，也需要适时施药。内吸剂杀菌一般不如保护剂广，且容易导致病菌产生抗药性，故应用时更要注意。

铲除作用是通过施药将作物表面或耕作环境中的病菌杀死，保护作物免受侵染。这类药剂可直接与病菌接触，并能杀死菌类，使它不能侵入植物体内。一般不能直接使用在生长时期的植物上，有的虽可施用，但要注意用药浓度及用量，故多用于种子消毒或处理土壤，近年研制成的溴菌清具有消毒、防腐、杀菌的多种作用。有的杀菌剂施用后，可使在植物表面和其他部位的菌丝直接被杀灭，如三唑酮对小麦的白粉病、锈病，在应用得当时，即表现出铲除的作用。

228. 杀菌剂有哪些类型?

杀菌剂按化学成分分为无机杀菌剂和有机杀菌剂。无机杀菌剂有硫素、铜素和汞素杀菌剂 3 类；有机杀菌剂分为有机硫类、三氯甲硫基类、取代苯类、吡咯类、有机磷类、苯并咪唑类、三唑类、苯基酰胺类等。按防治对象分为杀真菌剂、杀细菌剂、杀病毒剂等。按作用方式分为保护性杀菌剂、内吸性杀菌剂等。按原料来源分为化学合成杀菌剂、农用抗生素、植物杀菌素、植物防御素等。按作用方式分为喷布剂、种子处理剂、土壤处理剂、熏蒸和熏烟剂、保鲜剂等。

229. 如何选择杀菌剂?

（1）要彻底贯彻以预防为主的方针，重点是防　无论是对系统侵染还是对局部侵染的病害，几乎无一例外地要在病菌入侵前或进入植物体的初期，加强防治，减少其危害。一旦症状显露，或已具有一定的严重程度，再大力防治已为时过晚，损失已成定局。因此防病不同于治虫。

（2）要根据传病规律，采取相应对策　农作物病害的传播方式有空气传播病原、种子苗秧带菌传播土壤或土杂肥带菌传播有害昆虫和螨类传播等几大类。如蚜虫、飞虱等传播病毒造成的病害，则应在带毒害虫危害作物前治虫，才能防治病害的发生，即治虫防病。若带毒昆虫已吸食寄主汁液，再治虫已不能防病。种传病害（如许多禾本科作物的黑穗病等）需加强种子处理，秧苗带菌则应先处理秧苗后下田。土传病害（包括多种线虫病）大多采用药剂处理土壤、苗床，如使用多种杀线虫剂、熏蒸剂等。对气传病害，大多用常规叶面喷雾、喷粉（包括粉尘剂）。

（3）针对作物需防治的病害，对症选药　选择有效的药物，不是一药治百病，也不能盲目地追求高效、广谱。有些药只对少数病菌有效，仍是优秀药物。

（4）根据病原菌的生活周期及流行规律，确定防治期　要按照防治目的、施药手段等来决定如何用药。例如，防治种传病害，可以拌种、浸种、闷种、种子包衣等；叶面施药，可以喷雾或撒粉，应根据所用的保护剂、内吸剂、治疗剂的种类，来决定药用时间与次数；防治麦类赤霉病，关键在初花期施药。正是在这些方面有着许多科学道理，也有许多成功的技术措施，我国在辩证用药、抓住病害发生的关键时期防治成果显著。

（5）不要刻意追求高效、内吸、广谱杀菌剂　许多保护剂有其独到的优点，历百年而不衰。例如波尔多液及铜制剂、石硫合剂及硫剂类，百菌清、代森锰锌更是近年广泛应用的杀菌剂品种，应与内吸剂配合或轮换应用。

（6）防止病菌抗药性发展　不能连续用一种杀菌剂，也不能一个生长期连续数次用同一类杀菌剂，对内吸剂应限制使用次数。

（7）防病效果如何，不仅是药剂本身的问题，使用技术的好坏，也直接影响药效的正常发挥，运用得当可减少用药量而取得更佳的效益。例如，20 世纪 80 年代推广的三唑酮拌麦种，控制条锈病的流行；用三环唑浸稻秧后栽插，可以控制穗颈瘟及叶部稻瘟病；水稻中后期喷施三唑酮兼治多种病菌等，这些都是十分突出的例子。

（8）防治病害要作经济核算，减少投入。

230. 使用杀菌剂应注意什么问题?

（1）合理配置浓度　使用杀菌剂（包括水剂和可湿性粉剂）喷雾

时，需要用水将药剂配成或稀释成适当的浓度。不同的杀菌剂其使用浓度都有其特殊要求，配置浓度时一定要严格按照使用说明书操作，不可随意增大或缩小。如果浓度过高就极易造成药害，而浓度过低则达不到用药防治病害的效果。

（2）选准喷施时间　一般而言，喷施杀菌剂的时间过迟或过早都会影响防治效果。喷药时间过早不仅造成浪费，而且会降低防治效果。而喷药时间过迟则因大量病原物已经侵入寄主或造成危害，这时即使喷内吸剂，也事倍功半，很难收到好的效果。因此，使用杀菌剂时应根据作物不同病害的发生规律以及病害发生的具体情况及时用药。通常杀菌剂的喷施时间均应掌握在发病前（保护用药）或发病初期（防患于未然）为佳。

（3）掌握用药次数　杀菌剂的用药次数主要是根据药剂残效期的长短和气象条件来确定。一般每隔10～15天喷一次，共喷2～3次。遇特殊情况，如用药后遇雨，应及时补喷一次。

（4）提高用药质量和合理用药数量　用药数量要适宜，用药过多一方面会增大成本，另一方面还极易造成药害；而用药过少则无法达到用药目的。用药质量要讲究，喷药时要求雾点细密，喷药均匀，要喷遍植株茎干和叶片正反面，力求做到不漏喷。

（5）严格防止药害　杀菌剂造成药害有多种原因，首先一般水溶性较强的药剂容易发生药害，其次不同作物对药剂的敏感性也不同，例如波尔多液一般不会造成药害，但对铜敏感的作物也可能产生药害。豆类、马铃薯、棉花则对石硫合剂敏感，药害发生的概率较高。再者作物的不同生长发育阶段对药剂的反应也不同，一般幼苗和孕穗开花阶段容易产生药害。另外，药害与气象条件如气温、日照等也有一定关系，一般高温干旱、日照强烈或雾重、高湿等条件下施药都可能引起作物药害。

（6）谨慎药物混用　杀菌剂不少为碱性农药，故不能与遇碱性物质易分解失效的杀虫剂混用，如波尔多液、石硫合剂等呈碱性不能和1605、乐果、敌敌畏等混合使用。还有一些杀菌剂如多菌灵、白僵菌等不能与波尔多液、石硫合剂、托布津等杀菌剂混用，同样会造成杀虫（菌）微生物丧失生理活性和杀虫（菌）能力而失效。另外，一些混合后产生化学反应并致药害的也不能“乱点鸳鸯谱”。当然，也不是所有的杀菌剂都不能与其他农药混用，有少数杀菌剂与农药混合后还能起到增效作用。例如，乐果与酸性杀菌性如代森锌或可湿性硫黄或胶体硫等混用，不仅不会影响药效的发挥，反而还有提高药效的作用。

（7）注意规避抗药性　使用杀菌剂也存在作物病害的抗药性问题，长期使用单一的药剂（主要是内吸性杀菌剂），就会导致病原物产生抗药性，即使多次重复用药也无济于事。为规避病害抗药性，要在科学选用农药的基础上，切实做好不同类型的药剂交替（轮换）使用，严禁长期单独使用一种农药。

231. 杀菌剂的使用方法有哪些？

杀菌剂的使用方法有多种，每种使用方法都是根据病害发生的规律设计的。常见的使用方法主要有对田间地上作物喷药、土壤消毒和种苗消毒三种。

（1）对田间地上作物喷药　要注意掌握喷药的时期，喷药时期一般由病害的发生规律决定（一般在病害发生前或初期施药）；还要考虑到作物的生育期，很多病害的发生都是与作物的某一生育阶段相联系；作物各生育期对杀菌剂的耐受力不同。药剂种类的选择取决于病害类型，如小麦白粉病、锈病可选三唑醇、三唑酮等。药剂的种类选定后，还要根据作物种类及生长期、杀菌剂的种类和剂型、环境条件等选择合适的施用浓度，一般农药使用说明书都有推荐使用浓度，可以按说明书使用，但最好还是根据当地植保技术部门在药效试验基础上提出的使用浓度进行施用。

（2）土壤消毒　用药剂消毒土壤，切断病害的初侵染源。可采用浇灌法、密闭熏蒸法、药土法等。棉花枯萎病、黄瓜枯萎病等土壤传播的病害除了可以用浸种或拌种法防治以外，还可以采用土壤消毒法防治。

（3）种苗消毒　是对种子、果实、块根/茎、插条、秧苗、苗木或其他繁殖器官的化学药剂处理，如浸种、拌种、种子包衣等。

232. 农用抗生素杀菌剂有哪些品种？

农用抗生素杀菌剂有以下 8 个品种。

① 井冈霉素。有很强的内吸性，主要用于防治水稻纹枯病，同时可以兼治麦类和玉米纹枯病、棉花和瓜类立枯病等。

② 春雷霉素。具有较强的内吸性，常用于稻瘟病的防治，兼具预防和治疗作用，对高粱炭疽病也有较好的防治效果。

③ 公主岭霉素。是一种用于种子处理的农用抗生素，对小麦腥黑

穗病、高粱坚黑穗病及谷子黑穗病、莜麦黑穗病防效显著，用于防治水稻恶苗病、稻曲病也有很好的防效。

④ 农抗120。是用于防治植物真菌性病害的农用抗生素，对防治瓜类枯萎病、小麦白粉病、芦笋茎枯病、苹果腐烂病等真菌性病害具有较好的效果。

⑤ 武夷菌素。对番茄叶霉病、番茄灰霉病、黄瓜白粉病、黄瓜黑星病、芦笋茎枯病、西瓜枯萎病、大豆灰斑病等多种作物真菌病害防效良好。

⑥ 中生菌素。对水稻白叶枯病、大白菜软腐病、苹果轮纹病和柑橘溃疡病、黄瓜细菌性角斑病等具有良好的防治效果。

⑦ 宁南霉素。可有效防治水稻白叶枯病、烟草花叶病毒病。

⑧ 多氧霉素。也称多抗霉素，主要防治对象有烟草赤星病、小麦白粉病、瓜类枯萎病及梨黑斑病等多种真菌病害。

233. 使用种衣剂时应注意哪些安全问题?

种衣剂是由农药原药（杀虫剂、杀菌剂等）、成膜剂、分散剂、防冻剂和其他助剂加工制成的，可直接或经稀释后包覆于种子表面，是一种具有一定强度和通透性的保护层膜的农药制剂。使用种衣剂应注意以下安全问题。

① 药肥复合型的种衣剂，有些品种也具有较强的毒性，因此，在使用过程中一定要严格执行操作规程。

② 种衣剂为固定型号，除个别产品注明要加水稀释外，一般不能加水，更不能添加其他药肥。

③ 种子包衣后一般要存放2周以上，让药膜充分固化后再使用，以免药膜脱离，影响药效。

④ 药肥型种衣剂不能与除草剂敌稗同时使用，要有一定的间隔期，否则容易发生药害或降低种衣剂效果。

⑤ 生物型种衣剂不能与含铅物质及链霉素等医用杀菌药剂混用。可与一般农药、化肥、激素等混合使用，但最好在使用前做试验。

⑥ 包衣种子播前无需再经药剂拌种或浸种。

⑦ 凡含有呋喃丹的各种型号种衣剂，都不能在瓜果、蔬菜上应用，尤其是不能在叶、芽类的蔬菜上应用，也不能将它稀释成水剂喷施。

⑧ 包装容器不能用于其他用途。禁止用种衣剂包衣的种子出的苗喂牲畜。

⑨ 在田间发现死虫、死鸟等应集中深埋，防止家禽、家畜误食发生二次中毒。

234. 如何正确使用保护性杀菌剂?

保护性杀菌剂常用的有铜制剂、硫制剂等，其作用是保护农作物，防止病菌侵害，在使用时应注意以下几点。

① 需在农作物没有接触到病菌，或病菌未发生之前，将药剂均匀地喷洒到要保护的农作物上，若植物已经发病并造成一定损失后使用，则不会有防病效果。

② 喷施要均匀周到，叶片正反面要均匀覆盖药剂，进行全面保护，否则就不能彻底保护好植物。

③ 注意有效保护期。施药后植物生长出新的叶片、枝条，由于没有受到药剂的保护，仍可受害。另外，一般农药喷施后的有效防护期是7～10天，因此，第一次施药后隔7～10天还需施第二次。如在有些蔬菜生长期，要喷药3～5次或更多。

④ 药量准确，水量足够，浓度合理，不宜随便加大或缩小，喷施至药液在叶面上欲滴为止。

235. 使用治疗性杀菌剂需要注意些什么?

治疗性杀菌剂，是指病菌侵入作物后或作物发病后施用的杀菌剂。这类杀菌剂能渗入到作物体内或被作物吸收并在体内传导，对病菌直接产生作用或影响植物代谢，杀灭病菌或抑制病菌的致病过程，清除病害或减轻病害。这类杀菌剂杀菌专性强，治疗效果好，但易使致病菌产生抗药性。

在病菌侵染作物之前，先在作物表面上施药，防止病菌入侵，起到保护作用，这类杀菌剂称为保护性杀菌剂。这类杀菌剂使用后，能在作物表面形成一层透气、透水、透光的致密性保护药膜，这层保护膜能抑制病菌孢子的萌发和入侵，从而达到杀菌防病的效果。这类杀菌剂杀菌谱广，兼治性强，不易使病菌产生抗药性。

在植物病虫害防治过程中，在病害发生之前应使用保护性杀菌剂进行预防保护，防止病菌侵染，在使用保护性杀菌剂的过程中，要注意它的持效期，因为几乎所有的保护性杀菌剂的持效期为7～10天，所以要定期喷药保护，防止病菌乘机入侵。若病菌已侵染或已发病，则应使用内吸性杀菌剂杀菌治疗。

236. 波尔多液可防治哪些病害?

硫酸铜与生石灰配成波尔多液，波尔多液是一种广谱、无机（铜）、保护性杀菌剂，是防治马铃薯晚疫病，葡萄炭疽病、黑痘病，瓜类炭疽病，梨树黑星病，苹果炭疽病、轮纹病、早期落叶病等的常用药剂，广泛用于防治果树、蔬菜、棉、麻等的多种病害，防治叶部病害效果尤佳，可防止病菌侵染，并能促使植物叶色浓绿、生长健壮，提高抗病能力。波尔多液成品为天蓝色、微碱性悬浮液，该制剂具有杀菌谱广、持效期长、病菌不会产生抗性、对人和畜低毒等特点，是农业生产上优良的保护剂和杀菌剂，也是应用历史最长的一种杀菌剂。

237. 硫酸铜钙可防治哪些病害?

硫酸铜钙是一种广谱保护性铜素杀菌剂，低等毒性，相当于工业化生产的“波尔多粉”，但喷施后对叶面没有药斑污染。其杀菌机制是通过释放的铜离子与病原真菌或细菌体内的多种生物基团结合，形成铜的络合物等物质，使蛋白质变性，从而阻碍和抑制代谢，导致病菌死亡。独特的“铜”钙化合物，遇水缓慢释放出杀菌的铜离子，与病菌的萌发、侵染同步，杀菌、防病及时彻底，对真菌性和细菌性病害同时有效。硫酸铜钙与普通波尔多液不同，药液呈微酸性，可与不含金属离子的非碱性药剂混用，使用方便。该药颗粒微细，呈绒毛状结构，喷施后能均匀分布并紧密黏附在作物的叶片表面，耐雨水冲刷能力强。另外，硫酸铜钙富含12%的硫酸钙，在防治病害的同时，还具有相当的补钙功效。

硫酸铜钙可广泛应用于对铜离子不敏感的多种果树、蔬菜及经济作物上，防治多种真菌性与细菌性病害，如多种落叶果树的枝干病害，苹果褐斑病，柑橘的溃疡病、疮痂病、炭疽病，烟草的野火病、赤星病，葡萄的霜霉病、炭疽病、褐斑病、黑痘病，枣树的锈病、轮纹病、炭疽病、褐斑病，梨树的黑星病、褐斑病，生姜的烂脖子病（腐霉茎基腐病）、姜瘟病，大蒜的根腐病、软腐病，多种瓜果蔬菜的疫病、猝倒病、立枯病、霜霉病、晚疫病、真菌性叶斑病、细菌性叶斑病，马铃薯晚疫病等。

硫酸铜钙的使用方法多样，既可用于喷雾防治地上病害，又可用于土壤防治土传病害。由于铜离子在土壤中不易降解或被固定，所以其杀菌效果稳定且持效期较长。

（1）喷雾发芽前防治落叶果树枝干病害时，一般使用77%可湿性粉剂200～400倍液喷雾。生长期防治各种植物病害时，一般使用77%可湿性粉剂600～800倍液喷雾；若遇高温干旱季节，应适当提高使用倍数，以免发生药害。

（2）土壤消毒防治土传病害时，在栽种前或定植前用硫酸铜钙消毒，一般每亩用77%可湿性粉剂1～2千克均匀撒施于栽植沟内或穴内，混土后栽植；也可生长期用500～600倍液浇灌植株根茎基部及其周围土壤。

注意事项：可与大多数杀虫剂、杀螨剂混合使用，但不能与含有其他金属离子的药剂和微肥混合使用，也不宜与强碱性或强酸性物质混用。桃、李、梅、杏、柿子、大白菜、菜豆、莴苣、荸荠等对铜离子敏感，它们的生长期不宜使用；苹果、梨树的花期、幼果期对铜离子敏感，应慎用；阴雨连绵季节或地区慎用，以免出现药害。

238. 王铜应如何使用?

王铜为30%氧氯化铜悬浮剂（30%SC），该药为无机铜保护性杀菌剂，为铜制剂中药害最小的药剂。施用后迅速破坏病菌蛋白酶而使病菌死亡，能在植物表面形成一层保护膜。用在马铃薯、花生、向日葵等作物上具有刺激生长、增产的效果。

防治对象和使用方法：苹果斑点病、落叶病、褐斑病，梨黑星病，在苹果套袋后用30%悬浮剂稀释1000～1500倍液喷雾，15～20天喷一次。葡萄霜霉病、白粉病、黑痘病用30%悬浮剂稀释600～1000倍液喷雾。枣树锈病、褐斑病、炭疽病、腐烂病用30%悬浮剂稀释600～1000倍液喷雾。花生叶斑病发病初期用30%悬浮剂稀释600倍液喷雾。柑橘溃疡病、疮痂病、炭疽病用30%悬浮剂稀释600～800倍液喷雾；蔬菜上的细菌性角斑病、疫病、霜霉病用30%悬浮剂稀释400～500倍液喷雾；棉花、蔬菜的立枯病、枯萎病等维管束病害用30%悬浮剂稀释250～400倍液，苗床喷雾或淋根，发病初500倍液喷雾可控制病情发展。也可拌种防治小麦黑穗病、小米黑穗病，番茄、马铃薯、葡萄等的真菌、细菌病害。

239. 氢氧化铜可防治哪些病害?

在目前的农业生产过程中，氢氧化铜的作用很大，用途十分广泛，可作为分析试剂，还可用于医药、农药等，可作为催化剂、媒染剂、颜料、饲料添加剂、纸张染色剂等。在农业生产活动中常用的氢氧化铜剂型有很多，如氢氧化铜77%的可湿性粉剂，53.8%的水分散粒剂，53.8%、61.4%的干悬浮剂。

农药氢氧化铜可防治的病害有很多，可适用于多种农作物、蔬菜等，如柑橘、水稻、花生、胡萝卜、番茄、马铃薯、葱类、辣椒、茶树、葡萄、西瓜等。农药氢氧化铜可防治的病害有柑橘疮痂病、树脂病、溃疡病、脚腐病，水稻白叶枯病、细菌性条斑病、稻瘟病、纹枯病，马铃薯早疫病、晚疫病，十字花科蔬菜黑斑病、黑腐病，胡萝卜叶斑病，芹菜细菌性斑点病、早疫病、斑枯病，茄子早疫病、炭疽病、褐斑病，菜豆细菌性疫病，葱类紫斑病、霜霉病，辣椒细菌性斑点病，黄瓜细菌性角斑病，香瓜霜霉病、网纹病，葡萄黑痘病、白粉病、霜霉病，花生叶斑病，茶炭疽病、网饼病等。

特别是氢氧化铜77%的可湿性粉剂作为农药杀菌剂为农产所经常使用的一种药剂。对于果木的一些病害具有很好的效果，如苹果轮纹病、炭疽病、斑点落叶病、褐斑病、疫腐病等。

240. 氧化亚铜有什么特点？如何使用？

氧化亚铜是广谱保护性杀真菌剂，也是以铜离子起杀菌作用。此药剂高度浓缩、颗粒细微、悬浮性好、覆盖率高、极耐雨水冲刷、杀菌活性强，广泛应用于蔬菜、果树、棉花、茶树、烟草、药用植物、花卉草坪、粮食和油料等多种作物。在蔬菜上主要防治霜霉病、炭疽病、疮痂病、软腐病、叶斑病、黑星病、白粉病、菌核病、紫斑病、枯萎病、立枯病和番茄早疫病等，还可以防治柑橘溃疡病、葡萄霜霉病等果树病害。

氧化亚铜剂型主要有50%、86.2%可湿性粉剂，86.2%水分散粒剂，50%粒剂。防治黄瓜霜霉病、辣椒疫病在发病前或发病初期，每亩用86.2%可湿性粉剂140～186克，兑水均匀喷雾，间隔7～10天喷药1次，连喷药3～4次。防治番茄早疫病在发病前或发病初期，每亩用86.2%可湿性粉剂70～100克，兑水均匀喷雾，间隔7～10天喷药1次，连喷药3～4次。注意事项：氧化亚铜属保护性杀真菌剂，喷雾要均匀周到，保证覆盖植物和果实表面，以起到杀菌作用。不得与强碱强酸类农用化学品混用，不得与含有锰、锌、铝、矾和砷等矿物源成分的农药混用。对铜离子敏感的作物，如桃、李、杏、柿、梅、枇杷、荸荠、苹果和梨树（套袋果除外）的某些品种等，未全面掌握应用技术前不得使用本品。

241. 络氨铜如何使用？

络氨铜曾用名瑞枯霉、增效抗枯霉、克病增产素、消病灵和胶氨铜等。络氨铜为广谱性杀菌剂，为深蓝色液体，内含多种微量元素。能防治真菌、细菌和霉菌引起的多种蔬菜病害，并能促进植物根深叶茂，增加叶绿素含量，增强光合作用及抗旱能力，有明显的增产作用。对瓜类枯萎病防效显著。在酸性条件下不稳定，对人畜低毒。此外，还可以防治苹果树皮腐烂病，葡萄霜霉病，柑橘溃疡病，棉花棉铃疫病、立枯病、炭疽病和水稻稻曲病、水稻纹枯病等。

络氨铜的剂型主要有14%、23%、25%水剂。防治茄子、辣椒炭疽病、立枯病，每亩用25%水剂30～40克，稀释成50倍液拌种，或在幼苗期、开花前喷洒500～800倍液，间隔10天左右重喷1次；防治西瓜、黄瓜、菜豆枯萎病，用25%水剂300～600倍液灌根，每次每株灌250～300毫升，连灌2次；防治黄瓜霜霉病，番茄早疫病、晚疫病，茄子黄叶病，用25%水剂400～600倍液喷雾，于发病初期开始，每隔10天喷1次，连喷2～3次；防治黄瓜角斑病，用14%水剂稀释200～250倍液喷雾；防治蔬菜褐斑病，用14%水剂稀释200倍液喷雾；防治芦笋茎枯病，用14%水剂稀释150～200倍液喷雾。

注意事项：该药为碱性，不得与一般酸性药剂或激素药物混用。作叶面喷雾时，25%水剂使用浓度不能高于400倍液，以免发生药害。应避免误食，避免与皮肤接触，如皮肤沾染此药应立即洗净。保存温度最高不得超过50℃，最低不低于－20℃，有效期3年。

242. 松脂酸铜可防治哪些病害？

松脂酸铜，曾用商品名绿乳铜。它是保护性农药杀菌剂，靠释放出的铜离子对真菌、细菌起毒杀作用，主要用于防治果树、蔬菜的某些病害。

（1）果树病害　防治柑橘溃疡病，用12%松脂酸铜乳油500～800倍液喷雾。防治柑橘炭疽病，用16%乳油400～700倍液喷雾。

松脂酸铜防治苹果斑点落叶病，用12%乳油600～800倍液喷雾。防治葡萄霜霉病，每亩用12%乳油210～250毫升，兑水喷雾。

防治西瓜枯萎病，当发现零星病株时，用12%松脂酸铜乳油500倍液灌根，每株灌药液400毫升。

（2）蔬菜病害　防治黄瓜霜霉病，每亩用12%松脂酸铜乳油175～230毫升或15%悬浮剂140～150毫升，兑水喷雾。

松脂酸铜防治番茄灰叶斑病、溃疡病、软腐病，于发病初期开始喷12%乳油600倍液，隔10天左右喷1次，连喷2～3次。对溃疡病在喷药前应拔除病株。

防治茄子褐纹病，在结果后开始喷12%松脂酸铜乳油500倍液，隔10天左右喷1次，连喷2～3次。

松脂酸铜防治蔬菜（黄瓜、番茄、辣椒等）猝倒病，于发病初期，用12%乳油600倍液喷淋，每亩喷药液3千克，隔7～10天喷1次，连喷1～2次。

防治番茄晚疫病、茄子青枯病，于发病初期，用12%乳油600倍液灌根，每株灌药液300～400毫升，隔10天左右灌1次，连灌3～4次。

防治白菜霜霉病，每亩用20%松脂酸铜乳油70～100毫升，兑水喷雾。

（3）烟草病害　防治破烂叶斑病、空胫病、细菌性角斑病，于发病初期及时喷12%乳油600倍液，隔10天左右喷1次，连喷2～3次。

（4）防治甘蔗黄点病、甜菜蛇眼病和细菌性斑枯病　喷12%乳油600倍液。防治甜菜根腐病，用12%乳油600倍液喷洒或浇灌。

（5）防治黄麻褐斑病、大麻白斑病　喷12%乳油500倍液。

（6）防治药用植物病害　如防治珍珠梅褐斑病、玄参斑点病、白芍轮斑病、黄连白粉病、银杏褐斑病、白花曼陀罗灰斑病、女贞叶斑病、马钱轮纹褐斑病、肉豆蔻穿孔病、牵牛白锈病等叶部病害，一般发病初期开始喷12%松脂酸铜乳油500～600倍液。

松脂酸铜防治三七和玉竹的细菌性根腐病，于发病初期用12%乳油600倍液浇灌根部，有一定防治效果。

（7）防治水稻稻曲病　每亩用12%乳油120～200毫升，兑水喷雾。

注意事项：松脂酸铜不能与强酸、碱性农药和化肥混用；对铜离子敏感的作物要慎用。

243. 琥胶肥酸铜可防治哪些病害？

琥胶肥酸铜是将丁二酸铜、戊丁二酸铜、己二酸铜按一定比例配成的混合物。它对作物具有保护作用，兼有一定铲除病害的作用。杀菌谱广，防治对象基本上与波尔多液相同，但对细菌性病害以及真菌中的霜霉菌和疫霉菌引起的病害防效优于一般药剂。产品有30%、50%可湿性粉剂，30%悬浮剂，5%粉剂，5%粉尘剂。

（1）果树病害　防治柑橘溃疡病，在新梢初出时开始喷30%悬浮剂或30%可湿性粉剂的300～500倍液，隔7～10天喷1次，连喷3～4次。

防治苹果树腐烂病，用30%悬浮剂20～30倍液涂抹刮治后的病疤，7天后再涂1次。具有防止病疤复发的作用。

防治葡萄黑痘病、霜霉病，在病菌侵染期和发病初期开始喷30%悬浮剂200倍液，隔10天后再喷1次，或与其他杀菌剂交替使用。

（2）蔬菜病害　防治黄瓜细菌性角斑病、芹菜软腐病、洋葱球茎软腐病、大蒜细菌性软腐病，在发病初期开始喷50%可湿性粉剂500倍液，每隔5～7天喷1次。防治黄瓜角斑病，还可喷粉，每亩喷5%粉剂或5%粉尘剂1～1.2千克。

防治番茄青枯病、辣椒黄萎病、菜豆枯萎病等维管束病害，用50%可湿性粉剂400倍液灌根，每株灌药液250～300毫升，隔7～10天灌1次，共灌根2～3次。

防治黄瓜、番茄和马铃薯疫病，在发病前开始喷50%可湿性粉剂500～700倍液，隔7～8天喷1次。防治黄瓜霜霉病，喷50%可湿性粉剂800～1000倍液，隔10天左右喷1次。

防治姜瘟，在发现病苗时，立即拔除并喷50%可湿性粉剂500倍液，隔7天喷1次，连喷2～3次。

（3）棉花病害　防治棉花黄萎病，用50%可湿性粉剂500倍液浇灌，每株灌药液250～400毫升。防治棉铃软腐病，发病初期喷50%可湿性粉剂500倍液，隔10天左右喷1次，连喷2～3次。

（4）防治大麻霉斑病、白星病　发病初期喷50%可湿性粉剂500倍液。

（5）防治烟草破烂叶斑病、空胫病、细菌性角斑病　发病初期喷50%可湿性粉剂500～600倍液。

（6）防治枸杞霉斑病、葛细菌性叶斑病、牛蒡细菌性叶斑病等　发病初期喷50%可湿性粉剂500倍液，每7～10天喷1次，连喷2～4次。

琥胶肥酸铜主要可防治黄瓜角斑病、霜霉病，辣椒炭疽病，冬瓜枯萎病，柑橘溃疡病，甜菜立枯病，番茄病毒病等。

244. 喹啉铜的主要优势是什么？如何使用？

喹啉铜可由8-羟基喹啉与硫酸铜作用而得，为螯合态有机铜杀菌剂，用于防治苹果轮纹病等，具有高效、广谱、安全、低毒、低残留等特点，对真菌、细菌性病害都具有优异的防治效果。产品作用方式独特，在作物表面形成致密保护膜，杀死膜内病原菌。在病原菌内部，抑制病原菌的主要传导物的活动和传导，从而杀死病原菌。

喹啉铜的主要优势如下。

（1）杀菌机理独特　杀灭病菌作用点多，多次使用病菌不会产生抗性，对常规杀菌剂已经产生抗药性的病害有高效的预防、治疗效果。

（2）杀菌谱广、持效期长　对真菌、细菌有全面的预防治疗作用，持效期长达15天。

（3）剂型先进　悬浮剂剂型采用缓释控制技术，持效期长，附着率高，减少用药次数。

（4）安全性高　不刺激落叶，保叶又保果，特别是幼叶、幼果期使用安全可靠。

（5）混配性好　pH呈中性，具有优异的混配性，可以和大多数农药混配，使用前建议先做试验，保证用药安全。

（6）提高果蔬品质　果蔬叶片变绿增亮，果实表面光洁，无残留污点，增强果面着色。

（7）绿色无公害农药　是生产绿色无公害食品（蔬菜、瓜果等）的常用优秀杀菌剂。

喹啉铜的使用方法：33.5%喹啉铜悬浮剂（袋装）于发病前或发病初期开始施药，之后每隔5～7天喷雾施药1次，共喷施3次。

245. 噻菌铜可防治什么病害？

噻菌铜在农业生产活动中常见的农药产品是20%噻菌铜（龙克菌）悬浮剂，具有内吸杀菌和保护治疗的作用。防治作物细菌性病害特效、真菌性病害高效。

20%噻菌铜悬浮剂能够防治蔬菜、瓜类、水稻、果树等病害，具体如下。

（1）蔬菜　番茄溃疡病、青枯病，茄子褐纹病、黄萎病，豇豆枯萎病，大葱软腐病，大蒜紫斑病，白菜类软腐病，大白菜细菌性角斑病、细菌性叶斑病，甘蓝类细菌性黑斑病。

（2）瓜类　冬瓜疫病、枯萎病，南瓜白粉病、斑点病，黄瓜立枯病、猝倒病、霜霉病、叶枯病、黑星病、细菌性角斑病、细菌性叶枯病，甜瓜黑星病、叶枯病，苦瓜枯萎病，西瓜细菌性角斑病、枯萎病、蔓枯病。

（3）水稻　细菌性基腐病。

（4）果树　苹果斑点落叶病、桃树流胶病等。使用时间：①在果树新梢展叶 3 厘米到新枝 10 厘米时均可使用。②待到果实膨大期（即果核完全硬化）到采收期禁止使用，以防药害发生。

噻菌铜的使用方法如下。

① 一般作物的叶部病害，使用 500～700 倍液喷雾，正反叶面喷湿，不滴水为宜。水稻每亩用量 100～125 克。

② 根部病害和土传病害以 800～1000 倍液粗喷、灌根或浇在基部。

③ 施药适期：应以预防为主，在初发病期防治，药效更佳。若发病较重，可每隔 7～10 天防治一次，连续防治 2～3 次。

④ 对于种子带菌作物，稀释倍数为 300 倍，种子在药液中浸种 2～3 小时后晾干。

⑤ 对于苗期移栽作物，在移栽之前进行 500 倍液泼浇处理。移栽定植时进行 500 倍液蘸根处理。

需要注意的是，20％噻菌铜悬浮剂在使用时，先用少量水将悬浮剂搅拌成浓液，然后加水稀释，而且能与碱性药剂混用。

246. 噻森铜可防治哪些细菌性病害？

噻森铜是我国具有自主知识产权的新型杀菌剂，为有机铜络合物，在碱性介质中不稳定。对人畜低毒，对鱼、鸟、蜜蜂、家蚕均低毒。产品为 20％悬浮剂，对多种细菌性病害有良好的防治效果。噻菌铜的产品为 20％悬浮剂，它是噻唑类有机铜杀菌剂，具有保护和治疗作用，也有良好的内吸性，杀菌谱广，对细菌性病害有特效，对真菌性病害有高效。使用方法如下：防治水稻细菌性条斑病，每亩用制剂 125～160 毫升，兑水喷雾；防治水稻白叶枯病，每亩用制剂 100～120 毫升，兑水喷雾；防治柑橘溃疡病、疮痂病，用制剂的 300～700 倍液喷雾。

247. 硝基腐植酸铜防治蔬菜病害，如何使用？

30%硝基腐植酸铜对细菌性病害效果突出，对部分真菌性病害具有超强的抑制作用。对溃疡病、青枯病、细菌性角斑病、水稻白叶枯病、根腐病、软腐病、茎基腐病、细菌性条斑病效果突出，用药后15～20小时见效明显。本品为全络合态有机铜制剂，可与多种农药、激素、液肥混合使用，达到保护治疗和提供养分的全方位作用。

248. 硫黄有哪些新剂型？如何使用？

硫黄具有杀菌和杀螨的作用。硫黄杀菌、杀螨力大小与其粉粒细度关系极大。试验结果证明，平均直径18微米的硫黄粉的防病效果要比27微米的高4倍，大于37微米的硫黄粉粒就没有多大的药效。为充分发挥硫黄应有的药效，其加工剂型有粉剂、可湿性粉剂、悬浮剂、水分散粒剂、油膏剂。硫黄粉只能供喷粉，目前已极少使用。可湿性粉剂可兑水喷雾，药效比硫黄粉虽然有所提高，但目前也很少使用。目前在生产上大量使用的是硫黄悬浮剂、水分散粒剂、油膏剂等新剂型。

硫黄悬浮剂的颗粒极细，其直径大部分都在5微米以下，悬浮率大于90%，黏着性强，耐雨水冲刷，因而实际使用的药效比硫黄可湿性粉剂高1倍多，即单位面积用药量降低一半多。持效期10～15天。产品有45%和50%硫黄悬浮剂。主要用于防治白粉病和红蜘蛛，如果树、橡胶、瓜类、黑穗醋栗、麦类、花卉等作物的白粉病、红蜘蛛等以及枸杞锈螨，通常用50%硫黄悬浮剂200～400倍液喷雾，也可直接喷施制剂原液。如用飞机超低容量喷雾防治橡胶树白粉病，飞机每亩可喷400毫升。不能与矿油乳剂混用，也不要在矿油乳剂喷洒前后立即施用。

80%硫黄水分散粒剂用于防治黄瓜白粉病，每亩用制剂200～230克，兑水喷雾；防治小麦白粉病，每亩用制剂160～250克，兑水喷雾；防治柑橘疮痂病，用制剂的300～500倍液喷雾；防治苹果白粉病，用制剂的500～1000倍液喷雾。

10%油膏剂登记用于防治苹果腐烂病，在刮治后用原液直接涂抹，每亩涂药液100～150克。硫黄制剂的防治效果与气温关系密切。4℃以下防效不好，32℃以上易产生药害，在适宜温度范围内气温高则药效好。使用50%硫黄悬浮剂，早春低温季节浓度应提高至200～300倍液，以保证药效；夏季高温季节使用400～500倍液，以免发生药害。

249. 石硫合剂有几种新剂型和产品？如何使用？

石硫合剂为石灰硫黄合剂的简称，是以生石灰和硫黄粉为原料加水熬制而成的。它是一个古老的杀菌、杀虫、杀螨剂，自古以来都是使用者自制自用。近年来工厂化生产，产品质量高又规格化，使用方便。现有产品29％水剂、20％膏剂、30％和45％固体、45％结晶。

（1）20％膏剂　防治柑橘红蜘蛛、蚧壳虫、锈壁虱，早春喷雾用60～100倍液，晚秋喷雾用140～230倍液。

（2）30％固体　防治苹果红蜘蛛用100～200倍液喷雾。

（3）29％水剂　防治葡萄白粉病、黑痘病，在发芽前用6～11倍液喷雾。对苹果白粉病、花腐病、锈病、山楂红蜘蛛等用57倍液喷雾。对柑橘白粉病、红蜘蛛及核桃白粉病，在冬季用28倍液喷雾。对茶红蜘蛛及观赏植物白粉病、蚧壳虫，用60倍液喷雾。

（4）45％固体和45％结晶　防治苹果红蜘蛛于早春萌芽前，用20～30倍液喷雾。防治柑橘红蜘蛛、锈壁虱、蚧壳虫，早春用180～300倍液喷雾，晚秋用300～500倍液喷雾。防治茶红蜘蛛及麦类白粉病用150倍液喷雾。

石硫合剂的主要成分是多硫化钙，喷施后分解产生硫黄细粒起杀虫治病作用。硫黄由固体挥发成气体的速度与气温呈正比，即气温越高挥发越快，产生的硫黄气体越浓。因此在气温高于30℃时，要适当降低施药浓度和减少施药次数，对本剂敏感的桃、李、梅、梨、葡萄等最好不用水剂，而用结晶制剂。瓜类、豆类、马铃薯、番茄、葱、姜、洋葱等不宜用本剂。苹果的某些品种如金冠，花卉中的杜鹃等对本剂也较敏感。

250. 多硫化钡是什么样的农药？

多硫化钡是与石硫合剂一样古老的无机药剂，它是由细微的硫化钡熔体和硫黄细粉及少量无生物活性的惰性固体粉状物组成的机械混合物。

使用时，将其加水溶解后，其中的硫化钡与硫黄发生化学反应生成多硫化钡，其中主要有四硫化钡和五硫化钡，为深红色溶液。多硫化钡的化学性质与石硫合剂的有效成分多硫化钙相似，遇酸能分解出元素硫和硫化氢气体。其杀菌或杀螨原理也与多硫化钙相同，即喷施于植物体表面后，在植物体的酸性分泌物、空气中的二氧化碳和水分的作用下，缓慢地分解出极为细小的硫黄颗粒沉积在植物体表面，发挥毒效作用。因而被认为可以部分代替石硫合剂用于植物化学保护。产品有70%和95%可溶性粉剂。

防治苹果白粉病，用95%可溶性粉剂150～250倍液喷雾；防治苹果红蜘蛛，用70%可溶性粉剂150～250倍液喷雾；防治苹果轮纹病、黑星病、干腐病、花腐病、炭疽病、锈病等，在苹果树萌芽前喷70%可溶性粉剂100倍液，生长期喷150～200倍液。防治柑橘叶螨、锈螨，喷70%可溶性粉剂200～250倍液。防治棉红蜘蛛，喷70%可溶性粉剂150～200倍液。

石硫合剂能防治的病害及螨类，多硫化钡也能防治，使用时应掌握：一般在果树萌芽前用100倍液，生长期用150～200倍液，大田作物生长期也用150～200倍液。

喷洒药液配制方法：喷洒前先用5倍量的水与多硫化钡混合搅拌，放置1～2小时，期间再搅拌2～3次，即成橙色母液。临喷洒时根据防治对象和气温，再加水稀释至所需的浓度。配药不得用金属容器，药液现配现用，不宜久放，不能与波尔多液、松脂合剂混用。

251. 代森锌能防治哪些病害?

代森锌为广谱杀菌剂，中等毒性，能够防治多种真菌引起的病害，但对白粉病作用差。代森锌已使用了40多年，防效虽然不是很高，而且对病害没有治疗作用，但是它的杀菌谱广，病菌不易产生抗药性，所以仍在杀菌剂中占有一定的地位。目前，世界各国大多将代森锌与内吸性杀菌剂混配使用。代森锌的主要剂型有60%、65%和80%可湿性粉剂，4%粉剂。

可防治的蔬菜病害主要有马铃薯早疫病、晚疫病，番茄早疫病、晚疫病、斑枯病、叶霉病、炭疽病、灰霉病，茄子绵疫病、褐纹病，白菜、萝卜、甘蓝霜霉病、黑斑病、软腐病、黑腐病，瓜类炭疽病、霜霉病、疫病、蔓枯病、冬瓜绵疫病，豆类炭疽病、褐斑病、锈病、火烧病等。还可以防治梨、苹果黑星病，烟草炭疽病、赤星病，小麦锈病，水稻纹枯病等。用65%的代森锌可湿性粉剂500～700倍液喷雾。喷药次数根据发病情况而定，一般在发病前或发病初期开始喷第1次药，以后每隔7～10天喷1次，速喷2～3次。

252. 代森锰锌主要用于防治哪类病害？

代森锰锌是代森锰与锌离子的配位络合物，是广谱的保护性杀菌剂，也是同类杀菌剂中应用最广、用量最大的品种，主要用于防治多种作物的多种病害，与多种内吸性杀菌剂、保护性杀菌剂复配，往往能扩大杀菌谱，延缓病原菌对内吸剂产生抗性。其杀菌原理主要是抑制菌体丙酮酸的氧化。

产品有50%、65%、70%、80%可湿性粉剂，30%、42%、43%悬浮剂和75%干悬浮剂。

（1）花卉病害　用80%可湿性粉剂400～600倍液喷雾，可防治菊花褐斑病、玫瑰锈病、桂花叶斑病、碧桃叶斑病、百日草黑斑病、牡丹褐斑病、鸡冠花黑胫病、鱼尾葵黑斑病等。在温棚使用，适当降低浓度。

用种子质量的0.1%～0.3%的80%可湿性粉剂拌种，可防治花卉苗期猝倒病和立枯病。

（2）防治蔬菜病害　对番茄早疫病、晚疫病、炭疽病、轮纹病，茄子灰霉病、黑斑病，黄瓜霜霉病、蔓枯病，马铃薯早疫病、晚疫病，胡萝卜黑斑病，蚕豆赤星病，芹菜早疫病，白菜、甘蓝霜霉病、白斑病、黑斑病等，在发病初期，每亩用70%可湿性粉剂175～225克，喷雾间隔10天，共喷3～5次。

对番茄早疫病还可用50%可湿性粉剂100倍液涂茎病部，省时省药，特别适用于保护地。

（3）防治香蕉褐缘灰斑病、炭疽病、黑斑病，番木瓜炭疽病等　用70%可湿性粉剂500～700倍液喷雾。

（4）防治棉麻苗期立枯病、猝倒病、镰刀菌引起的病害　每100千克种子用70%可湿性粉剂400～500克拌种，对棉花炭疽病引起的烂铃，用70%可湿性粉剂400倍液喷雾；对黄麻茎斑病、红麻炭疽病用800～1000倍液喷雾。

253. 代森铵有什么杀菌特性？可防治哪些病害？

代森铵的水溶液呈弱碱性，具有内渗作用，能渗入植物体内，所以杀菌力强，兼具铲除、保护和治疗作用。在植物体内分解后，还有肥效作用。杀菌谱广，能防治多种作物病害，持效期短，仅3～4天。产品为45%水剂。

代森铵可以叶面喷雾、种子处理、土壤处理等方式施用。

(1) 果树病害　防治苹果花腐病，于春季苹果树展叶时，喷45%水剂1000倍液。防治苹果圆斑根腐病，用45%水剂1000倍液浇灌病根附近土壤。

防治梨黑星病，自谢花后1个月左右开始，喷45%水剂800～1000倍液，隔15天左右喷1次，当气温高于30℃时，只能使用1000倍液。

防治桃褐腐病，自谢花后10天左右开始喷45%水剂1000倍液，隔10～15天喷1次。

防治葡萄霜霉病，发病初期开始喷45%水剂1000倍液，10～15天喷1次，共喷3～4次。

防治柑橘苗圃立枯病，用45%水剂200～400倍液浸种1小时。防治柑橘溃疡病、炭疽病、白粉病，喷45%水剂600～800倍液。

防治落叶果树苗木立枯病，每亩用45%水剂200～300倍液2～4千克处理苗床土壤，或用1000倍液淋根。

(2) 防治桑赤锈病　用45%水剂1000倍液喷雾，隔7～10天喷1次，连喷2～3次。喷药后7天可采叶喂蚕。

(3) 防治落叶松早期落叶病　喷45%水剂500～800倍液。

254. 丙森锌能防治哪些病害?

丙森锌是广谱的保护性有机硫杀菌剂，其杀菌原理是抑制病原菌体内丙酮酸的氧化。产品为70%可湿性粉剂。现登记主要用于防治果树、蔬菜的病害。

(1) 果树病害　防治苹果斑点落叶病，在春梢或秋梢开始发病时，用70%可湿性粉剂700～1000倍液喷雾，每隔7～8天喷1次，连喷3～4次。防治葡萄霜霉病，在发病初期开始喷70%可湿性粉剂400～600倍液，7天喷1次，连喷3次。防治杧果炭疽病，在开花期、雨水较多易发病时，用70%可湿性粉剂400～600倍液喷雾，隔10天喷1次，共喷4次。

(2) 蔬菜病害　防治黄瓜霜霉病，发现病叶立即摘除并开始喷药，每亩(1亩=666.67米^2)用70%可湿性粉剂20～25克兑水喷雾或喷500～700倍液，隔5～7天喷1次，连喷3次。防治番茄早疫病，每亩用70%可湿性粉剂125～187.5克；防治番茄晚疫病，每亩用150～215克，兑水喷雾，隔5～7天喷1次，连喷3次。防治大白菜霜霉病，发病初期或发现发病中心时喷药保护。每亩用70%可湿性粉剂150～215克，兑水喷雾，隔5～7天喷1次，连喷3次。

（3）防治烟草赤星病　发病初期开始，每亩用70%可湿性粉剂91～130克兑水喷雾或用500～700倍液喷雾，隔10天1次，连喷3次。此外，本剂还可用于防治水稻、花生、马铃薯、茶、柑橘及花卉的病害，不可与铜制剂和碱性农药混用，若两药连用，需间隔7天。

255. 福美双有哪些主要用途?

福美双是一种高效、广谱、具有保护作用的杀菌剂，对蔬菜霜霉病、疫病、炭疽病以及苗期立枯病、猝倒病具有较好的防治效果，可用作种子处理、土壤处理或喷雾，还可以防治棉花苗期病害，稻苗立枯病，禾谷类黑穗病，松苗立枯病，草莓等的灰霉病，梨黑星病，葡萄炭疽病、白腐病等。

福美双的主要剂型有50%、75%、80%可湿性粉剂。

① 应用50%可湿性粉剂按种子质量的0.25%拌种，可防治甘蓝、莴苣、瓜类、茄子、蚕豆等的苗期立枯病、猝倒病；按种子质量的0.8%剂量拌种，可防治豌豆等的立枯病。

② 按每亩用50%可湿性粉剂500～750克处理土壤（沟施或穴施），可防治蔬菜、烟草的苗期病害。

③ 用50%可湿性粉剂兑水500～800倍液喷雾，可防治马铃薯、番茄早疫病、晚疫病，瓜类蔬菜霜霉病等。

④ 生产上已有多种福美双的复配制剂，如与萎锈灵复配，与甲基硫菌灵复配等。复配剂是一种良好的代替汞制剂的拌种剂。

注意事项：不能与铜、汞及碱性农药混用或前后紧接着使用。拌过药的种子有残毒，不能再食用。误服会出现恶心、呕吐、腹泻等症状。对皮肤和黏膜有刺激作用，皮肤接触易发生瘙痒及出现斑疹等，喷药时注意防护。储存在阴凉干燥处，以免分解。对鱼类有毒，对蜜蜂无毒。高剂量对田间老鼠有一定驱避作用。福美双单独喷雾使用效果很差，目前主要作为种子处理剂的伴药，或者土壤处理剂的伴药。

256. 福美胂防治苹果腐烂病，应如何使用?

（1）春季施药　春季腐烂病发生最盛，为害最烈，病菌产生的孢子最多，侵染健皮也最为集中。在春季发病高峰前后，发现病斑，应及时刮除，对刮治后的病斑用40%福美胂可湿性粉剂30～50倍液涂抹，愈细致周到，防病效果愈好。

因腐烂病菌可侵入木质部，并在木质部存活较长时间，所以对前1～3年刮过的老病疤也要涂药，以防复发。

对发病较重的果园，于果树发芽前用40%福美胂可湿性粉剂100倍液喷全树一次，对铲除病菌、预防发病有较好效果。

（2）秋季施药 进入结果期以后的苹果树，于每年的夏末和秋季，在主干、大枝部位的局部树皮上，特别是枝杈和剪锯口周围，形成落皮层。潜伏在部分落皮层上的腐烂病菌开始致病，引发秋季腐烂病发生的小高峰。同时，春季刮病遗漏下的小块病斑也恢复活动，菌丝团穿过周围树皮的愈伤组织，往活树皮上扩展，导致溃疡型的腐烂病。因此，在苹果采收前后应仔细检查，认真刮除表层溃疡和各种类型的腐烂病斑后，用40%福美胂可湿性粉剂50倍液涂抹。对发病重的果园，于落叶后用100倍液喷全株一次。

257. 福美胂防治果树枝干轮纹病和干腐病，应如何使用？

苹果和梨的轮纹病和干腐病的病菌能在枝干上越冬，翌年产生孢子，侵入健康枝干和果实。因此，对枝干上的病斑、病瘤要在早春刮除，刮后用40%福美胂可湿性粉剂50～100倍液涂抹，发病较严重的果园，在刮治基础上，于早春发芽前用100倍液喷洒1次。另外，杨树、柳树的溃疡病菌、枝枯病菌也能侵染苹果和梨果实，引起烂果，所以对发病重的果园，对其周围的杨树、柳树枝干病害也要喷药。

258. 乙蒜素可防治哪些病害？

（1）防治甘薯黑斑病 ①熏窖。每100千克甘薯用80%乳油20～30毫升，兑水1千克，喷洒窖储甘薯的垫盖物，密闭熏蒸3～4天，敞窖散温。窖温低于10℃不宜用药。②浸种薯。用80%乳油2000倍液浸种薯1分钟，取出下床育苗。③浸薯秧。用80%乳油4000倍液浸薯秧10分钟后栽植。

（2）防治水稻烂秧 用80%乳油7000～8000倍液，籼稻浸种2～3天，粳稻浸种3～4天。防治水稻稻瘟病，每亩用20%高渗乳油75～94毫升，兑水喷雾。

（3）防治麦类病害 对小麦腥黑穗病用80%乳油8000～10000倍

液浸种24小时，对大麦条纹病用5000倍液浸种24小时，对青稞大麦条纹病，每100千克种子用80%乳油10毫升，加少量水，湿拌。

（4）防治棉花苗期炭疽病、立枯病、红腐病等　用80%乳油5000倍液浸种16～24小时，取出晾干播种。防治棉枯萎病、棉黄萎病，当田间零星发病时，每亩用80%乳油80毫升熏蒸土壤，消灭点片发病中心。对一般棉枯萎病株，每株用80%乳油3000倍液500毫升灌窝，能促进恢复健康；或每亩用30%乳油55～78毫升，兑水喷雾。

（5）防治大豆紫斑病　用80%乳油5000倍液浸种1小时。

（6）防治油菜霜霉病　喷80%乳油5000～6000倍液。

（7）防治黄瓜细菌性角斑病　每亩用41%乳油60～75毫升，兑水喷雾。

（8）防治葡萄及核果类果树根癌病　在刮除病瘤后，伤口用80%乳油200倍液涂抹。

（9）防治桃流胶病　于桃树休眠期，在病部划道后，用80%乳油100倍液涂抹。

259. 三唑类杀菌剂有哪些特点?

三唑类杀菌剂对子囊菌、担子菌、半知菌的许多种病原真菌有很高的活性，但对卵菌类无活性；药效高，用药量减少，仅为福美类和代森类杀菌剂的1/10～1/5；持效期长，叶面15～20天，种子处理80天左右，土壤处理100天，均比一般杀菌剂长，且随用药量的增加而延长；内吸输导性好，吸收速度快，施药2小时后三唑酮被吸收的量已能抑制白粉菌的生长；具有强的预防保护，较好的治疗、熏蒸和铲除作用。

260. 三唑酮有哪些制剂?

三唑酮曾用名粉锈宁、百里通，是第一个广泛应用的三唑类杀菌剂。对白粉病、锈病和黑穗病有特效，因而得一美名“粉锈宁”。

三唑酮在我国得到广泛的应用，原药和制剂生产厂家较多，开发的制剂种类也多，主要有15%、20%乳油，8%、10%、12%高渗乳油，12%增效乳油，10%、15%、25%可湿性粉剂，8%高渗可湿性粉剂，15%烟雾剂，以及众多含三唑酮的复配杀菌剂和杀菌杀虫剂、种衣剂。

三唑酮可以茎叶喷雾、处理种子、处理土壤等多种方式施用。

三唑酮是高效、持效期长、内吸性强的杀菌剂，具有预防、治疗、铲除、熏蒸作用，其作用机理主要是抑制病菌麦角甾醇的合成，从而抑制菌丝生长和孢子形成。

261. 苯醚甲环唑是什么样的杀菌剂?

苯醚甲环唑又称双苯环唑，产品有10%水分散粒剂、10%悬浮剂、3%悬浮种衣剂。它是三唑类内吸性杀菌剂，杀菌谱广，对子囊菌、担子菌、半知菌、白粉菌、锈菌和某些种传病害具有持久的治疗作用。对作物安全，用于种子包衣，对种苗无不良影响，表现为出苗快、出苗齐，这有别于三唑酮等药剂。种子处理和叶面喷雾均可提高作物的产量和保证质量。

(1) 防治果树病害　防治梨黑星病，一般用10%水分散粒剂6000～7000倍液，发病重的梨园建议用3000～5000倍液。保护性防治，从嫩梢至10毫米幼果期每隔7～10天喷1次，以后视病情12～18天喷1次。治疗性防治，发病后4天内喷第一次，以后每隔7～10天喷1次，最多喷4次。

防治苹果斑点落叶病，于发病初期用10%水分散粒剂2500～3000倍液喷雾，重病园用1500～2000倍液，隔7～14天喷一次，连喷2～3次。

防治葡萄炭疽病、黑痘病，用10%水分散粒剂1500～2000倍液喷雾。

防治柑橘疮痂病，用10%水分散粒剂2000～2500倍液喷雾。

防治西瓜炭疽病和蔓枯病，每亩用10%水分散粒剂50～75克，兑水喷雾。

(2) 防治蔬菜病害　防治大白菜黑斑病，每亩用10%水分散粒剂35～50克，兑水常规喷雾。

防治辣椒炭疽病，于发病初期用10%水分散粒剂800～1200倍液喷雾，或每亩用10%水分散粒剂40～60克，兑水常规喷雾。

防治番茄早疫病，于发病初期，每亩用10%水分散粒剂40～60克，兑水常规喷雾。

(3) 防治麦类病害　主要是处理种子，由于药剂能进入种子内部，故对种传病害及土传病害均有效。用3%悬浮种衣剂，农户简易拌种包衣或种子行业采用机械化拌种包衣。每100千克麦种用3%悬浮种衣剂的量为：小麦散黑穗病用200～400毫升，小麦腥黑穗病用67～100毫升，小麦矮腥黑穗病用133～400毫升，小麦根腐病、纹枯病、颖枯病用200毫升，小麦全蚀病、白粉病用1000毫升，大麦条纹病、根腐叶斑病、网斑病用100～200毫升。

（4）防治大豆根腐病　每100千克种子用3%悬浮种衣剂200～400毫升，进行种子包衣。

（5）防治棉花立枯病　每100千克种子用3%悬浮种衣剂800毫升，进行种子包衣。

苯醚甲环唑在其他国家还用于水稻、花生、马铃薯、芹菜、甘蓝、香蕉、甜菜、花卉等作物。

苯醚甲环唑不宜与铜制剂混用，如果确实需混用，则苯醚甲环唑使用量要增加10%。对鱼类有毒，勿污染水源。

262. 戊唑醇主要防治哪些病害?

（1）防治禾谷类作物病害　防治小麦腥黑穗病和散黑穗病，每100千克种子，用2%干拌剂或湿拌种剂100～150克或2%干粉种衣剂100～150克或2%悬浮种衣剂100～150克或6%悬浮种衣剂30～45克，拌种或包衣。防治小麦纹枯病，每100千克种子，用2%干拌剂或湿拌种剂170～200克或5%悬浮种衣剂60～80克或6%悬浮种衣剂50～67克或0.2%悬浮种衣剂1500～2000克，拌种或包衣。防治小麦白粉病、锈病，每亩用有效成分12.5克，兑水喷雾。

防治玉米丝黑穗病，每100千克种子，用2%干拌剂或湿拌种剂或2%干粉种衣剂400～600克或6%悬浮种衣剂100～200克，拌种或包衣。

防治高粱丝黑穗病，每100千克种子，用2%干拌剂或湿拌种剂400～600克或6%悬浮种衣剂100～150克，拌种或包衣。

用戊唑醇处理过的种子，播种时要求土地耙平，播种深度一般在3～5厘米为宜。出苗可能稍迟，但不影响以后的生长。

（2）防治果树病害　防治苹果斑点落叶病，于发病初期喷43%悬浮剂5000～7000倍液，隔10天喷1次，春梢期共喷3次，秋梢期共喷2次。

防治梨黑星病，于发病初期喷43%悬浮剂3000～4000倍液，隔15天喷1次，共喷4～7次。

防治香蕉叶斑病，在叶片发病初期喷12.5%水乳剂800～1000倍液或25%水乳剂1000～1500倍液或25%乳油840～1250倍液，隔10天喷1次，共喷4次。

在推荐浓度下喷洒对蜜蜂安全。对水生动物有害，勿污染水源。

263. 己唑醇可防治哪些病害?

己唑醇是三唑类中的高效杀菌剂，其生物活性与杀菌机理与三唑酮、三唑醇基本相同，抑菌谱广，对子囊菌、担子菌、半知菌的许多病原菌有强抑制作用，但对卵菌纲真菌和细菌无活性。渗透性和内吸输导能力很强，例如，在苹果叶中部进行带状交叉施药时，药剂渗入后能在叶中移动和重新分布，对未施药的末梢区有很好的保护作用，对基部也有一定的保护作用；同时对病害有很好的治疗作用。

己唑醇可以有效地防治子囊菌、担子菌和半知菌所致病害，尤其是对担子菌纲和子囊菌纲引起的病害如白粉病、锈病、黑星病、褐斑病、炭疽病等有优异的铲除作用。

对水稻纹枯病有良好的防效。除此之外还可以防治如苹果、葡萄、香蕉、蔬菜（瓜果、辣椒等）、花生、咖啡、禾谷类作物和观赏植物病虫害等。在推荐剂量下使用，对环境、作物安全，但有时对某些苹果品种有药害。

进口的5%己唑醇悬浮剂，商品名安福，登记用于防治果树和水稻病害。

防治梨黑星病和苹果斑点落叶病，用5%悬浮剂1000～1500倍液喷雾。防治桃褐腐病，用5%悬浮剂800～1000倍液喷雾。防治水稻纹枯病，每亩用5%悬浮剂60～100克，兑水常规喷雾。

据报道，己唑醇还可用于防治葡萄白粉病，用10～15毫克/升浓度药液喷雾，每隔2周喷1次；防治葡萄黑腐病，用15～20毫克/升浓度药液喷雾，防效优于常用药剂。防治苹果白粉病、黑星病和锈病，用10～20毫克/升浓度药液喷雾。

对咖啡锈病有很好的治疗作用，每亩用有效成分2克兑水喷雾，防治3次。

在对茎叶进行喷雾时，使用己唑醇通常为15～250克/升。以10～20克/升己唑醇喷雾，能有效地防治苹果白粉病、黑星病，葡萄白粉病；以20～50克/升己唑醇喷雾，可有效防治咖啡锈病，或以30克/公顷防治咖啡锈病，效果优于三唑酮250克/公顷；以20～50克/公顷可防治花生褐斑病；以15～20克/升可防治葡萄白粉病和黑腐病。

防治花生叶斑病，每亩用有效成分3～4.5克，防病效果和保产效果均优于每亩用百菌清75克。将己唑醇和百菌剂的用量减半后混用，可达到己唑醇单用的效果。

己唑醇还可用于柑橘、蔬菜、花卉上，以防治多种病害。

264. 用三唑醇拌种可防治哪些病害?

三唑醇又称羟锈宁、百坦。三唑醇的杀菌谱与三唑酮大体相同，对病害具有铲除和治疗作用。能杀灭附于种子表面的病原菌，也能杀死种子内部的病原菌。主要供拌种用，也可用于喷洒。其产品有15%、25%干拌种粉剂，1.5%悬浮种衣剂，10%、15%可湿性粉剂。

(1) 处理种子　在很低剂量下，对禾谷类作物种子和叶部病原菌都有优良的防治效果，这是三唑醇的重要特点。对小麦散黑穗病、网腥黑穗病、根腐病，大麦散黑穗病、叶条纹病、网斑病，燕麦散黑穗病等，每100千克种子，用有效成分7.5～15克即10%可湿性粉剂75～150克拌种。

三唑醇处理麦类种子，与三唑酮相似，在干旱或墒情不好时会影响出苗率，对幼苗生长有一定的抑制作用，其抑制强弱与用药浓度有关，基本上不影响麦类中后期的生长和产量。

(2) 防治作物病害　防治小麦锈病，每100千克种子用25%干拌种粉剂120～150克拌种，还可兼治白粉病、纹枯病、全蚀病等。防治小麦纹枯病，每100千克种子用10%可湿性粉剂300～450克拌种，或用1.5%悬浮种衣剂2～3千克包衣，还可兼治苗期锈病、白粉病。

防治玉米丝黑穗病，每100千克种子用25%干拌种粉剂240～300克或15%可湿性粉剂400～500克拌种。

防治高粱丝黑穗病，每100千克种子用15%干拌种粉剂100～150克拌种。

265. 烯唑醇可防治哪些病害?

烯唑醇属三唑类杀菌剂，是麦角甾醇生物合成抑制剂。烯唑醇具有治疗、铲除和内吸向顶传导作用，杀菌谱广，对白粉病菌、锈菌、黑粉病菌和黑星病菌等有较好的防治效果，另外对尾孢霉、球腔菌、核盘菌、禾生喙孢菌、青霉菌、菌核菌、丝核菌、串孢盘菌、黑腐菌、驼孢锈菌、柱锈菌属等也有较好的抑制效果。在真菌的麦角甾醇生物合成中抑制14α-脱甲基化作用，引起麦角甾醇缺乏，导致真菌细胞膜不正常，最终真菌死亡，持效期长久。对人、畜、有益昆虫、环境安全，是具有治疗、铲除作用的广谱性药剂。

特别是对子囊菌和担子菌有高效。对子囊菌和担子菌引起的多种作物白粉病、黑粉病、锈病、黑星病等有特效。

（1）防治玉米、高粱丝黑穗病　12.5%烯唑醇可湿性粉剂 240～640 克，干拌 100 千克玉米种子。

（2）防治小麦散黑穗病、腥黑穗病、坚黑穗病　用 12.5%烯唑醇可湿性粉剂 160～240 克，干拌 100 千克小麦种子。

（3）防治小麦白粉病、锈病、云纹病、叶枯病　每次使用 12.5%烯唑醇可湿性粉剂 180～480 克/公顷，兑水 750～1000 千克均匀喷雾。

（4）防治小麦全蚀病　上年发生全蚀病、种子未进行包衣、又未用药剂处理土壤的麦田，每亩用 12.5%烯唑醇可湿性粉剂 150～200 克，或每亩用 15%烯唑醇可湿性粉剂 500 克兑水 100 千克，顺麦垄灌在小麦根基部。

（5）防治花生褐斑病、黑斑病　在花生发病初期，每次用 12.5%烯唑醇可湿性粉剂 240～720 克/公顷，兑水 750 千克喷雾。

（6）防治苹果白粉病、锈病　在苹果感病初期，以 3125～6250 倍 12.5%烯唑醇稀释液喷雾。此外，对花卉、蔬菜等的白粉病和锈病均有效。

（7）防治梨黑星病　使用浓度为 31～35 毫克/千克（折合 12.5%烯唑醇可湿性粉剂 3600～4000 倍液）。在初见病芽、病叶或病果时喷雾，残效期 15 天。

（8）防治花生叶斑病　用 12.5%烯唑醇可湿性粉剂 20～25 克，兑水 50 千克，在发病初期喷雾。

（9）防治黑穗醋栗白粉病　使用浓度 50～75 毫克/千克（折合 12.5%烯唑醇可湿性粉剂 1700～2500 倍液），在发病初期喷雾使用，一般喷药两次，间隔时间为 15 天。

（10）防治香蕉叶斑病　使用浓度为 125～166.7 毫克/千克（折合 12.5%烯唑醇可湿性粉剂 750～1000 倍液），在发病初期喷雾使用，一般喷药 3 次，间隔为 10～15 天。

（11）防治花生网斑病　是一种针对花生发作的真菌性病害，主要为害花生的叶片和茎部，其为害程度已超过褐斑病和黑斑病，严重影响花生荚果产量和品质的提高。多菌灵和波尔多液等常规农药对该病防效较差。

用600～1000倍烯唑醇防治花生网斑病效果明显，防效为54.39%～55.89%；处理间差异较小；与1000倍多菌灵比较防效提高43.11%～44.61%；荚果产量比对照增产幅度为19.88%～30.69%，比多菌灵增产10.74%～27.73%。烯唑醇还具有显著的控长矮化作用。

266. 高效烯唑醇是什么样的杀菌剂?

烯唑醇对真菌引起的作物病害有效，适用于防治水稻恶苗病和辣椒炭疽病。本品为高效、广谱、低毒型杀菌剂，具有内吸传导、预防治疗等多重作用，内含咪鲜胺，为咪唑类广谱杀菌剂。烯唑醇属三唑类杀菌剂，持效期长久。对人、畜、有益昆虫、环境安全，是具有保护、治疗、铲除作用的广谱性杀菌剂；对子囊菌、担子菌引起的多种植物病害如白粉病、锈病、黑粉病、黑星病等有特效。另外，还对尾孢霉、球腔菌、核盘菌、菌核菌、丝核菌引起的病害有良效。

剂型有12.5%超微可湿性粉剂。防治花卉、草坪草锈病、白绢病等用12.5%可湿性粉剂3000～4000倍液；防治梨黑腥病用3500～4000倍液；防治小麦白粉病、水稻纹枯病用量32～64克/亩。

注意施药过程中避免药剂沾染皮肤；药剂应存放在阴凉干燥处；施药后，对少数植物有抑制生长现象。

267. 粉唑醇可防治麦类作物哪些病害?

粉唑醇属三唑类杀菌剂，对病害具有治疗作用，对白粉病的孢子具有铲除作用，施药5～10天，原来形成的病斑可以消失，内吸性强，可被作物根茎叶吸收，进入植株内的药剂由维管束向上转移，输送到顶部各叶片，但不能在韧皮部做横向或向基部疏导。产品为12.5%、250克/升悬浮剂，50%可湿性粉剂。粉唑醇主要用于防治麦类病害，可喷雾或种子处理。

（1）拌种　对麦类黑穗病，每100千克种子用12.5%悬浮剂200～300毫升；对玉米丝黑穗病，每100千克种子用320～480毫升。拌种时，先将药剂调制成药浆，药浆量为种子量的1.5%，拌匀后播种。

（2）喷雾　在锈病盛发期，每亩用50%可湿性粉剂8～12克或250克/升悬浮剂16～24毫升，兑水喷雾；对白粉病，在剑叶零星发病至病害上升期，或上部3片叶发病率达30%～50%时，每亩用12.5%悬浮剂35～60克，兑水喷雾。

268. 腈菌唑可防治哪些病害？

腈菌唑属三唑类杀菌剂，杀菌特性与三唑酮相似，杀菌谱广，内吸性强，对病害具有治疗作用，可以喷洒，也可处理种子。产品有5%、6%、12%、12.5%和25%乳油，5%高渗乳油，40%可湿性粉剂。

(1) 防治果树病害　防治梨、苹果黑星病，喷5%乳油或5%高渗乳油1500～2000倍液或40%可湿性粉剂8000～10000倍液或25%乳油4000～5000倍液。如与代森锰锌混用，防病效果更好。

防治苹果和葡萄白粉病，喷25%乳油3000～5000倍液，每两周喷1次，具有明显的治疗作用。

防治香蕉叶斑病，喷5%乳油或5%高渗乳油1000～1500倍液。

用1%药液处理采收后的柑橘，可防治柑橘果实的霉病。

(2) 防治小麦白粉病　每亩用有效成分2～4克，折合5%乳油40～80毫升或6%乳油34～67毫升或12%乳油17～33毫升或12.5%乳油16～32毫升或25%乳油8～16毫升，兑水常规喷雾。

防治麦类种传病害，对腥黑穗病、散黑穗病，每100千克种子用25%乳油40～60毫升，兑水量水拌种；对小麦颖枯病，每100千克种子用25%乳油60～80毫升，兑少量水拌种。

(3) 防治黄瓜白粉病　每亩用5%乳油或5%高渗乳油30～40毫升，兑水常规喷雾。防治茭白胡麻斑病和锈病，在病害初发期和盛发期各喷1次12.5%乳油1000～2000倍液，效果显著。

269. 丙环唑可防治哪些病害？

丙环唑是一种具有治疗作用的内吸性三唑类杀菌剂，可被根、茎、叶部吸收，并能很快地在植物株体内向上传导，防治子囊菌、担子菌和半知菌引起的病害，特别是对小麦全蚀病、白粉病、锈病、根腐病，水稻恶苗病，香蕉叶斑病具有较好的防治效果。

丙环唑具体能防治以下病害。

(1) 麦类病害　对小麦白粉病、条锈病、颖枯病，大麦叶锈病、网斑病，燕麦冠锈病等，在麦类孕穗期，每亩用25%乳油32～36毫升，兑水50～75千克喷雾。对小麦眼斑病，每亩用25%丙环唑乳油33毫升加50%多菌灵可湿性粉剂14克，于小麦拔节期喷雾。

(2) 果树病害　防治香蕉叶斑病，在发病初期喷25%乳油500～

1000 倍液，必要时隔 20 天左右再喷 1 次。

防治葡萄白粉病、炭疽病，用于保护性防治，每亩用 25％乳油 10 毫升兑水 100 千克，或 25％乳油 2000～10000 倍液，每隔 14～18 天喷施 1 次。用于治疗性防治，每亩用 25％乳油 15 毫升兑水 100 千克，或 25％乳油 7000 倍液，每月喷洒 1 次；或每亩用 25％乳油 20 毫升，兑水 100 千克，或 25％乳油 5000 倍液，每一个半月喷洒 1 次。

防治瓜类白粉病，发现病斑时立即喷药，每亩用 25％乳油 30 毫升，兑水常规喷雾。隔 20 天左右再喷药 1 次，药效更好。

（3）水稻病害　防治水稻纹枯病每亩用 25％乳油 30～60 毫升，稻瘟病用 24～30 毫升，兑水常规喷雾。防治水稻恶苗病，用 25％乳油 1000 倍液浸种 2～3 天后直接催芽播种。

（4）蔬菜病害　防治菜豆锈病、芦笋锈病、番茄白粉病，于发病初期喷 25％乳油 4000 倍液，隔 20 天左右喷 1 次。

防治韭菜锈病，在收割后喷 25％乳油 3000 倍液，其他时期发现病斑及时喷 4000 倍液。

防治辣椒褐斑病、叶枯病，每亩用 25％乳油 40 毫升，兑水常规喷雾。

（5）花生叶斑病　于病叶率 10％～15％时开始喷药，每亩用 25％乳油 100～150 毫升，兑水 50 千克喷雾，隔 14 天喷 1 次，连喷 2～3 次。

（6）药用植物病害　芦竹、紫苏、红花、薄荷、苦菜的锈病，菊花、薄荷、田旋花、菊芋的白粉病，于发病初期开始喷 25％乳油 3000～4000 倍液，隔 10～15 天喷 1 次。

270. 氟硅唑可防治哪些病害？

（1）氟硅唑对苹果轮纹烂果病菌有很强的抑制作用，田间防治苹果、梨的轮纹病，可试用 40％乳油 8000 倍液喷雾。

（2）防治黄瓜黑星病，于发病初期开始，每亩用 40％乳油 7.5～12.5 毫升，兑水常规喷雾；或用 40％乳油 8000～10000 倍液喷雾，隔 7～10 天喷 1 次，连喷 3～4 次。

（3）防治烟草赤星病、蔬菜白粉病，于发病初期喷 40％乳油 6000～8000 倍液，隔 5～7 天喷 1 次，连喷 3～4 次。

（4）防治药用植物菊花、薄荷、车前草、田旋花、蒲公英的白粉病，以及红花锈病，于发病初期开始喷 40％乳油 9000～10000 倍液，隔 7～10 天喷 1 次。

据资料报道，氟硅唑还可防治小麦锈病、白粉病、颖枯病，大麦叶斑病等。

271. 氟环唑可防治哪些病害？

氟环唑对水稻纹枯病、稻曲病防治效果较好，对稻瘟防治不是很理想，对柑橘的黑星病、炭疽病、叶斑病，香蕉的叶斑病，蔬菜的白粉病、锈病，草莓的白粉病防治效果不错，但要注意稀释倍数，稀释倍数不准确时，容易出现药害。

氟环唑是一种内吸性三唑类杀菌剂，可抑制病菌麦角甾醇的合成，阻碍病菌细胞壁的形成，并能提高作物的几丁质酶活性，导致真菌吸器收缩，抑制病菌侵入，可以防治多种作物真菌性病害，对水稻纹枯病、稻曲病、稻瘟病，小麦纹枯病、锈病、白粉病等有良好的防治效果。

272. 四氟醚唑可防治哪些病害？

四氟醚唑产品为 4%的水剂，是内吸性广谱杀菌剂，活性高，持效期长达 4～6 周，可用于防治小麦的白粉病、锈病、黑穗病，大麦的纹枯病、云纹病、散黑穗病，玉米和高粱的黑穗病，瓜果白粉病、叶斑病、黑星病等。可以茎叶处理和种子处理。例如，防治草莓或哈密瓜的白粉病，每亩用 4%水剂 70～100 毫升，兑水喷雾。

273. 亚胺唑防治果树病害，如何使用？

（1）防治梨黑星病，在发病初期开始用 15%可湿性粉剂 3000～3500 倍液或 5%可湿性粉剂 1000～1200 倍液喷雾，隔 7～10 天喷 1 次，连喷5～6 次，在病害发生高峰期，喷药间隔期应适当缩短。对梨赤星病有兼治作用。不宜在鸭梨上使用，以免引起轻微药害。

（2）防治苹果斑点落叶病，于发病初期开始喷 5%可湿性粉剂 600～700 倍液。

（3）防治葡萄黑痘病，于春季新梢生长达 10 厘米时开始喷 5%可湿性粉剂 600～800 倍液，发病严重的葡萄园应适当提早喷药，以后每隔10～15 天喷 1 次，共喷 4～5 次。雨水较多时，需适当缩短喷药间隔期和增加喷药次数。对葡萄白粉病也有较好的防治效果。于采收前 21 天停止使用。

274. 腈苯唑可防治哪些病害？

腈苯唑是三唑类内吸性杀菌剂，能阻止已发芽的病菌孢子侵入作物组织，抑制菌丝的伸长。在病菌潜伏期使用，能阻止病菌的发育；在发病后使用，能使下一代孢子变形，失去侵染能力，对病害具有预防作用和治疗作用。进口产品为24%悬浮剂。

（1）防治苹果黑星病、梨黑星病　用24%悬浮剂6000倍液；防治梨黑斑病用3000倍液喷雾，隔7～10天喷1次，一般连喷2～3次。

（2）防治禾谷类黑粉病、腥黑穗病　每100千克种子，用24%悬浮剂40～80毫升拌种。防治麦类锈病，于发病初期，每亩用24%悬浮剂20毫克，兑水30～50千克喷雾。

（3）防治菜豆锈病、蔬菜白粉病　于发病初期，每亩用24%悬浮剂18～75毫升，兑水30～50千克喷雾，隔5～7天喷1次，连喷2～4次。

275. 戊菌唑防治葡萄白腐病，如何使用？

戊菌唑属三唑类杀菌剂，对病害具有治疗和铲除作用，可由作物叶、茎、根吸收，由根吸收后可向上传导，杀菌谱较广。

剂型有10%乳油、10%水乳剂。

防治葡萄白腐病，于发病初期施药，喷10%乳油2500～5000倍液，每季最多施药3次。安全间隔期为葡萄收获前30天。

本品对鱼毒性中等，注意勿污染水源。

276. 嘧菌酯有什么特点？

嘧菌酯是第一个大量用于农业生产的免疫类杀菌剂，广泛应用于番茄、黄瓜等露地蔬菜及保护地蔬菜，葡萄、西瓜、甜瓜等水果作物，城市绿化园林工程以及高尔夫球场、足球场的草坪，对所有真菌类病害都有良好的防治效果，且具有良好的作物安全性和非常突出的环境相容性，是蔬菜、水果无公害基地及高尔夫球场的首选产品。引起植物病害的真菌分四类：卵菌纲、子囊菌纲、担子菌纲和半知菌纲。以往治疗型杀菌剂只对其中一类或二类或三类真菌有效，杀菌谱较窄。嘧菌酯同时对四类真菌均具有极强杀菌活性，一药治多病是它的突出特点，与现有杀菌剂作用方式不同，活性高，病菌对其尚无抗药性。

能在植物发病全过程均有良好的杀菌作用，病害发生前阻止病菌的侵入，病菌侵入后可清除体内的病菌，发病后期可减少新孢子的产生，对作物提供全程的防护作用。还可调节作物的内在生长环境，增强长势，增强抗逆能力，促使作物早发快长、提早上市，提高品质，延迟作物的衰败，延长结果期，提高单季收入。不污染环境，特别适用于绿色无公害产品的生产。单剂有25%、250克/升悬浮剂，25%乳油，50%水分散粒剂。混剂有嘧菌酯·苯醚甲环唑、嘧菌酯·百菌清。

(1) 杀菌谱广　能一药治多病，减少用药量，降低生产成本。是一个具有预防兼治疗作用的杀菌剂。但它最强的优势是预防保护作用，而不是它的治疗作用。它的预防保护效果是普通保护性杀菌剂的十几倍到100多倍，而它的治疗作用和普通的内吸治疗性杀菌剂几乎没有多大差别。

(2) 增加抗病性　使作物少生病，长势旺，早发快长，提早上市，售价高。

(3) 提高抗逆力　使作物在气候不良条件下也高产。

(4) 延缓衰老　拉长作物收获期，增加总产量，提高总收益。

(5) 持效期长　持效期15天，减少用药次数，蔬菜农药残留少，优质优价多卖钱。

(6) 高效安全　内吸性强、渗透效果明显，天然、低毒、安全、无公害。

277. 吡唑醚菌酯可防治哪些病害?

吡唑醚菌酯是在醚菌酯的基础上改进的高效广谱杀菌剂，活性是目前同类产品的3倍，产品有250克/升唑醚（EC）、60%唑醚·代森联（WG）、18.7%烯酰·吡唑酯（WG），还有20.4%唑醚·啶酰菌等。其对白粉病、炭疽病、霜霉病、黑星病、疫病、叶斑病等病害都有很好的防治效果，还可以和氟环唑、克菌丹、咯菌清、拌种咯、有机铜、有机锡等各种杀菌剂混配，是从事农药杀菌剂生产、销售的企业必须关注的潜在产品。

防治下列病害的使用剂量如下。

防治香蕉的叶斑病和黑星病，喷洒1000～1000倍液；防治果实的炭疽病和轴腐病，用1000～2000倍液进行浸果。

防治杧果树、茶树炭疽病及草坪草的炭疽病和褐斑病，喷洒1000～2000倍液。防治黄瓜的白粉病和霜霉病，每亩用20～40毫升，兑水喷雾。防治白菜炭疽病，每亩用30～50毫升，兑水喷雾。一般是自发病初期开始喷雾，间隔7～10天，连喷3～4次。

本剂对鱼类高毒，不得污染水源。

278. 苯醚菌酯是什么样的杀菌剂？

苯醚菌酯属甲氧基丙烯酸甲酯类杀菌剂，是我国具有自主知识产权的新农药。

苯醚菌酯杀菌谱广、杀菌活性高、见效快，且耐雨水冲刷、持效期长，属高效、低毒、低残留农药。对各种作物的白粉病（如瓜类白粉病、苹果白粉病等）、锈病（如苹果锈病、梨锈病等）、霜霉病（葡萄和黄瓜霜霉病等）、炭疽病（如黄瓜、西瓜和杧果炭疽病等）都表现出优异的防治效果，实现了喷施一种杀菌剂即可同时控制作物上混合发生的多种病害。

苯醚菌酯是一种预防兼治的杀菌剂，经药剂喷施后植株的光合作用增强，能使作物在较长时间内保持青枝绿叶，从而提高了作物的产量和品质。

279. 氰烯菌酯是什么样的杀菌剂？

氰烯菌酯属 2-氰基丙烯酸酯类杀菌剂。原药为白色外观固体粉末，产品在常温条件下质量保证期为 2 年。氰烯菌酯具有内吸及向顶传导活性，可以被植物根部、叶片吸收，在植物导管中以短距离运输的方式向上输导。氰烯菌酯理化性质稳定，在自然环境中分解缓慢，较难被土壤吸附，喷施后损耗极小，有力地保证了药效的充分发挥。不但可对植物体表喷雾，也可满足土壤处理要求。氰烯菌酯与苯并咪唑类、麦角甾醇生物合成抑制剂类、甲氧基丙烯酸酯类、二硫代氨基甲酸盐类和取代芳烃类等不同作用机制和化学类型的杀菌剂没有交互抗性，即与噻菌灵、多菌灵、福美双、百菌清、甲基硫菌灵、咪鲜胺、戊唑醇和嘧菌酯等常用杀菌剂不存在交互抗性。氰烯菌酯耐雨水冲刷，施药后 12 小时、24 小时、48 小时模拟降雨，对防效影响轻微。在生产实践中，施药 12 小时后下雨不影响防治效果，不需要重新施药。氰烯菌酯为单作用位点，分子靶标新颖，对孢子萌发没有抑制作用。可强烈抑制菌丝生长，对病菌的活性是多菌灵的 3 倍以上。

氰烯菌酯原药和氰烯菌酯 25%悬乳剂均为微毒杀菌剂，无致畸、致癌、致突变作用；对蜜蜂、家蚕低毒；对鱼、鹌鹑等中毒；为弱生物富集性农药。氰烯菌酯对人体、环境安全无害，符合无公害农产品生产要求。

氰烯菌酯对镰刀菌类引起的病害有效，具有保护作用和治疗作用。通过根部被吸收，在叶片上有向上输导性，向叶片下部及叶片间的输导性较差。氰烯菌酯可以有效防治番茄、黄瓜等作物的茎腐、根腐和髓部坏死等病害，主要使用方法是将试剂稀释后灌根（注意：待作物移栽后缓苗15天再开始使用；小苗禁止灌根，否则容易引起严重药害）。

田间药效试验结果表明，氰烯菌酯25％悬乳剂对小麦赤霉病有较好的防治效果。用药量为375～750克（有效成分）/公顷，于小麦扬花期至盛花期采用喷雾法均匀喷药。根据病情，一般使用1～2次，间隔7天左右。每生长季最多使用3次，安全间隔期为21天。对作物安全，未见药害发生。

280. 烯肟菌酯是什么样的杀菌剂？

烯肟菌酯是国内开发的第一个甲氧基丙烯酸酯类杀菌剂，该品种具有杀菌谱广、活性高、毒性低、与环境相容性好等特点。

烯肟菌酯属甲氧基丙烯酸酯类杀菌谱广、活性高的杀菌剂，具有预防及治疗作用，对由鞭毛菌、结合菌、子囊菌、担子菌及半知菌引起的多种植物病害有良好的防治效果。

对黄瓜、葡萄霜霉病，小麦白粉病等有良好的防治效果。经田间药效试验表明，25％烯肟菌酯乳油对黄瓜霜霉病防治效果较好，每亩用有效成分6.7～15克（折合成25％乳油制剂用量为26.7～53克/亩），于发病前或发病初期喷雾，用药3～4次，间隔7天左右喷1次药，对黄瓜生长无不良影响，无药害发生。

281. 烯肟菌胺是什么样的杀菌剂？

烯肟菌胺制剂有25％烯肟菌酯（EC）、25％霜脲·烯肟菌酯（WP）、28％多菌灵·烯肟菌酯（WP）、18％氟环唑·烯肟菌酯（SC）。

烯肟菌胺杀菌谱广、活性高，具有预防及治疗作用，与环境生物有良好的相容性，对由鞭毛菌、接合菌、子囊菌、担子菌及半知菌引起的多种植物病害有良好的防治效果，对白粉病、锈病防治效果卓越。可用于防治小麦锈病、白粉病，水稻纹枯病、稻曲病，黄瓜白粉病、霜霉病，葡萄霜霉病，苹果斑点落叶病、白粉病，香蕉叶斑病，番茄早疫病，梨黑星病，草莓白粉病，向日葵锈病等多种植物病害。同时，对作物生长性状和品质有明显的改善作用，并能提高产量。

小麦白粉病是小麦高产的主要制约因素，生长茂盛、产量性状好的田块，往往容易感染白粉病。施药时间依据不同地区的气候条件以及具体的侵染压力，在出现中心病株或根据气象因素在抽穗期施药。同时，5%烯肟菌胺乳油对小麦锈病、小麦赤霉病、小麦纹枯病均有很好的防治效果。

282. 多菌灵有哪些剂型？如何使用？

多菌灵是目前最常用的杀菌剂品种之一，是一种高效、低毒、广谱、内吸性杀菌剂，对子囊菌的许多病原菌和半知菌类的大多数病原菌都有效，有内吸治疗和保护作用。喷施到作物上以后可以内吸到植物体内，并可以顺植物的蒸腾液向上传导。除了可以喷雾使用以外，多菌灵还可以用于拌种和灌根。该药剂防治病害的种类非常多，可以防治蔬菜上常见的灰霉病、白粉病、菌核病、黑星病、立枯病、炭疽病、叶霉病、枯萎病、黄萎病以及大多数的叶斑类病害；还可以防治果树白粉病、炭疽病、黑星病，麦类赤霉病，水稻纹枯病、稻瘟病、小粒菌核病等。

但对霜霉病、晚疫病和细菌引起的病害无效。多菌灵对人和高等动物的毒性很低，对水生生物和鱼毒性也很低，对蜜蜂无毒。

多菌灵的剂型主要有25%、50%、80%可湿性粉剂，40%可湿性超微粉剂，40%悬浮剂。

防治瓜类白粉病、番茄早疫病、豆类炭疽病、油菜菌核病，每亩用50%可湿性粉剂100～200克，兑水喷雾，于发病初期喷洒，共喷2次，间隔5～7天，防治大葱、韭菜灰霉病，用50%可湿性粉剂300倍液喷雾；防治茄子、黄瓜菌核病，瓜类及菜豆炭疽病、豌豆白粉病，用50%可湿性粉剂500倍液喷雾；防治十字花科蔬菜、番茄、莴苣、菜豆菌核病，番茄、黄瓜、菜豆灰霉病，用50%可湿性粉剂600～800倍液喷雾；防治白粉病、黑斑病及其他真菌性叶斑病，用50%多菌灵可湿性粉剂500～800倍液喷雾。

283. 苯菌灵如何使用？

苯菌灵是一种高效、广谱内吸性杀菌剂，并兼具有铲除及杀螨卵的作用，最初是由美国杜邦公司研制开发出来的。它在植物体内代谢为多菌灵及具有挥发性的异氰酸丁酯，其杀菌作用方式与多菌灵相同，能抑制病菌细胞分裂中纺锤体的形成，但产生的异氰酸丁酯与叶、果表皮的角质层、蜡质层结合，所以药效常比多菌灵效果好。

常用剂型有30%、50%苯菌灵可湿性粉剂。

苯菌灵适用范围很广，可广泛应用于苹果、梨、葡萄、桃、石榴、柑橘、香蕉、菠萝等果树，黄瓜、甜瓜、西瓜、南瓜等瓜类，番茄、茄子、辣椒、芹菜、芦笋等蔬菜，花生、大豆、玉米、水稻、小麦、棉花、芝麻、甜菜、烟草、油菜、马铃薯、花卉、林木等。对许多高等真菌性病害均具有很好的防治效果，如疮痂病、黑星病、褐斑病、黑斑病、斑点病、叶斑病、炭疽病、轮纹病、褐腐病、心腐病、根腐病、流胶病、脚腐病、腐烂病、干腐病等。

苯菌灵使用方法多样，既可叶面和果实喷雾，也可枝干涂抹，还可浸泡果实或其他组织，又可土壤处理。

（1）喷雾　防治地上部的叶片、茎部及瓜、果实病害时，一般通过喷雾进行用药。在病害发生初期使用50%可湿性粉剂800～1000倍液喷雾，病情较重时可适当增加用药量。

（2）涂抹　防治果树枝干病害时，一般使用50%可湿性粉剂100～200倍液直接涂抹病斑，或刮病斑后涂抹。

（3）浸泡　防治果实采后病害（如桃、柑橘、苹果等）或薯类储运期病害时，一般使用50%可湿性粉剂500～600倍液浸泡2分钟，取出后晾干储运。

（4）土壤处理　主要用于防治果树根部病害及蔬菜的土传根部病害。防治蔬菜土传根部病害时，既可土壤直接用药，也可蔬菜根茎部浇灌。土壤直接用药时，一般在定植前每亩使用50%可湿性粉剂1～2千克均匀混土；浇灌蔬菜根茎部时，一般使用50%可湿性粉剂600～800倍液，每株浇灌0.1～0.3千克药液（视植株大小而不同）。防治果树根部病害时，一般使用50%可湿性粉剂600～800倍液浇灌根区土壤。

注意不能与波尔多液、石硫合剂等碱性药剂混用；连续使用病菌易产生抗药性，因此，最好和其他不同类型药剂交替使用。在苹果、梨、柑橘、甜菜上的安全间隔期为7天，葡萄上为21天。本剂在黄瓜、南瓜、甜瓜上的最大允许残留量为0.5毫克/千克。

284. 丙硫多菌灵是什么样的杀菌剂？能防治哪些病害？

丙硫多菌灵又称丙硫咪唑、阿苯达唑，属苯并咪唑类化合物，化学结构与多菌灵相类似。它是低毒、广谱、内吸性杀菌剂，具有保护和治疗作用。对病原菌孢子萌发有较强的抑制作用，可与多菌灵、三环唑等混配。能有效地防治霜霉菌、腐霉菌、白粉菌引起的病害，其杀菌作用机理与多菌灵相似。对人、畜毒性低，对鱼、蜜蜂低毒。

主要剂型有10%和20%悬浮剂，20%可湿性粉剂。

（1）防治烟草病害　对烟草炭疽病、白粉病、黑胫病、赤星病等，在发病前或病害初发生期，每亩用20%悬浮剂或20%可湿性粉剂100～125克兑水喷雾，间隔10～14天，共施药2～3次。

（2）防治稻瘟病（叶瘟和穗颈瘟）　每亩用20%悬浮剂或可湿性粉剂75～100克兑水喷雾，一般施药一次即可，对重病田可以间隔7～10天再施药一次。防效优于三环唑。

（3）防治蔬菜病害　对大白菜和黄瓜霜霉病，每亩用20%悬浮剂或可湿性粉剂75～100克兑水喷雾。对豇豆霜霉病用20%悬浮剂或可湿性粉剂300倍液喷雾。防治辣椒疫病，每亩用20%可湿性粉剂25～35克，兑水50～60千克喷雾。

对烟草和花生青枯病，在发病初期，用20%悬浮剂2000～3000倍液，连喷两次，有较好的防治效果。

285. 如何使用噻菌灵防治果品腐烂和保鲜？

噻菌灵又称硫苯唑，其内吸传导主要是向顶性的。杀菌谱广，具有保护和治疗作用，与多菌灵、苯菌灵等苯并咪唑类的品种之间有正交互抗性。

主要剂型有40%可湿性粉剂，15%、42%、45%、50%悬浮剂，3%烟剂等。

噻菌灵属苯并咪唑类内吸性杀菌剂，主要用于果品和蔬菜等防腐保鲜，采用喷雾或浸蘸方式施药。

防治香蕉、菠萝储运期烂果，采收后用40%可湿性粉剂或42%～50%悬浮剂的600～900倍液，浸果1～3分钟，捞出晾干装箱。防治香蕉冠腐病，用15%悬浮剂150～250倍液或50%悬浮剂60～1000倍液浸果1分钟。

防治柑橘青霉病、绿霉病、蒂腐病、炭疽病等，采后用42%悬浮剂300～420倍液或50%悬浮剂400～600倍液浸果1分钟，捞出、晾干、装筐、低温保存。

苹果、梨、葡萄、草莓等果实，采收后用750～1500毫克/千克浓度药液，相当于50%悬浮剂330～670倍液浸果1分钟，捞出晾干，能预防苹果、梨果实的青霉病、黑星病和葡萄、草莓的灰霉病等。

甘薯用42%悬浮剂280～420倍液浸泡半分钟左右，捞出滴干，入窖储藏，可防治窖储期的黑疤病、软腐病，效果优于多菌灵。

286. 甲基硫菌灵有什么特性?

甲基硫菌灵又名甲基托布津。甲基硫菌灵是一种广谱性杀菌剂，具有向植株顶部传导的功能，对蔬菜类、禾谷类、果树上的多种病害有较好的预防和治疗作用；对病原线虫有抑制作用，可对农作物、经济作物进行叶面喷雾、拌种、浸种、灌根等。主要用于蔬菜炭疽病、瓜类白粉病，还可防治苹果、柑橘、梨的常见病，棉花苗期病害及甜菜、小麦、山芋、花生、水稻等稻瘟病、纹枯病、黑穗病、菌核病、赤霉病等。甲基硫菌灵属低毒性杀菌剂，对人、畜、鸟类、蜜蜂低毒。

甲基硫菌灵的剂型主要有：50%、70%可湿性粉剂，40%、50%悬胶剂，36%悬浮剂。用70%可湿性粉剂500～700倍液防治灰霉病、白粉病、炭疽病、褐斑病、叶霉病等均有良好的预防和治疗效果，隔7～10天喷施一次，共喷2～3次；也可用种子重量的0.3%～0.4%进行拌种处理；或用70%可湿性粉剂500倍液灌根，防治枯萎病也有较好的效果。

甲基硫菌灵不能与碱性及无机铜制剂混用。长期单一使用此药剂病菌易产生抗性，因此应注意与其他药剂轮用。药液溅入眼睛可用清水或2%苏打水冲洗。

287. 咪鲜胺是什么样的杀菌剂? 可防治哪些病害?

咪鲜胺是广谱性杀菌剂，主要是通过抑制甾醇的生物合成，使病菌细胞壁受到干扰。虽不具内吸作用，但具有一定的传导作用。当通过种子处理进入土壤的药剂，主要降解为易挥发的代谢产物，易被土壤颗粒吸附，不易被雨水冲刷。此药在土壤中对土壤内其他生物低毒，但对某些土壤中的真菌有抑制作用。

咪鲜胺是咪唑类杀菌剂中的重要品种，这类杀菌剂主要是干扰病原菌细胞壁而抑制其危害，其中的咪鲜胺和抑霉唑主要用于水果防腐保鲜及种子处理，氟菌唑主要用于喷雾防治作物生长中的病害。

咪鲜胺是一种广谱杀菌剂，对多种作物由子囊菌和半知菌引起的病害具有明显的防效，也可以与大多数杀菌剂、杀虫剂、除草剂混用，均有较好的防治效果。用于防治大田作物、水果蔬菜、草皮及观赏植物上的多种病害。

主要制剂有25％、45％乳油，45％水乳剂，0.05％水剂。

（1）防治果树病害　主要用于水果防腐保鲜。防治柑橘果实储藏期的蒂腐病、青霉病、绿霉病、炭疽病，在采收后用25％乳油500～1000倍液浸果2分钟，捞起、晾干、储藏。单果包装，效果更好。也可每吨果使用0.05％水剂2～3升喷涂。

防治香蕉果实的炭疽病、冠腐病，采收后用45％水乳剂450～900倍液浸果2分钟后储藏。

防治杧果炭疽病，生长期防治，用25％乳油500～1000倍液喷雾，花蕾期和始花期各喷1次，以后隔7天喷1次，采果前10天再喷1次，共喷5～6次。

储藏期防腐保鲜：采收的当天，用25％乳油250～500倍液浸果1～2分钟，捞起晾干，室温储藏。如能单果包装，效果更好。

防治储藏期荔枝黑腐病，用45％乳油1500～2000倍液浸果1分钟后储存。

用25％乳油1000倍液浸采收后的苹果、梨、桃果实1～2分钟，可防治青霉病、绿霉病、褐腐病，延长果品保鲜期。对霉心病较多的苹果，可在采收后试用25％乳油1500倍液往萼心注射0.521毫升，防治霉心病菌所致的果腐效果非常明显。

防治葡萄黑痘病，每亩用25％乳油60～80毫升，兑水常规喷雾。

（2）防治水稻病害　防治水稻恶苗病，采用浸种法。长江流域及长江以南地区，用25％乳油2000～3000倍液浸种1～2天，捞出用清水催芽。黄河流域及黄河以北地区，用25％乳油3000～4000倍液浸种3～5天，捞出用清水催芽。东北地区，用25％乳油3000～5000倍液浸种5～7天，取出催芽。此浸种法也可防治胡麻斑病。

防治稻瘟病，每亩用25％乳油60～100毫升，兑水常规喷雾。

（3）防治小麦赤霉病　每亩用25％乳油53～67毫升，兑水常规喷雾，同时可兼治穗部和叶部的根腐病及叶部多种叶枯性病害。

（4）防治甜菜褐斑病　每亩用25％乳油80毫升，兑水常规喷雾，隔10天喷1次，共喷2～3次。

播前用25％乳油800～1000倍液浸种，在块根膨大期每亩用150毫升兑水喷 1 次，可增产增收。

288. 咪鲜胺锰盐与咪鲜胺有什么关系？可防治哪些病害？

咪鲜胺锰盐又称咪鲜胺锰络合物，是由咪鲜胺与氯化锰复合而成的，其防病性能与咪鲜胺极为相似。咪鲜胺苯油为外观黄色或淡黄色液体，咪鲜胺锰盐是氯化锰络合 4 个咪鲜胺形成的，咪鲜胺锰盐为外观白色或灰白色粉末状固体。与咪鲜胺相比，咪鲜胺锰盐的安全性有所提高，适用于使用咪鲜胺乳油易引起药害的作物（如大蒜等），另外，锰本身就有杀菌作用，理论上在用量相当的情况下，咪鲜胺锰盐对适用病害的防治效果应该会比咪鲜胺好一些，但实际应用时药效和环境、作物等多种因素相关。

咪鲜胺主要剂型有 25%、50%可湿性粉剂。

咪鲜胺锰盐主要剂型有 50%、60%可湿性粉剂。

（1）防治蘑菇褐腐病和褐斑病　施药方法有两种。①覆土法。第一次施药在菇床覆土前，每平方米覆盖土用 50%可湿性粉剂 0.8～1.2 克兑水 1 千克，拌土后，覆盖于已接菇种的菇床上；第二次施药是在第二潮菇转批后，每平方米菇床用 50%可湿性粉剂 0.8～1.2 克兑水 1 千克，喷于菇床上。②喷淋法。第一次施药在菇床覆土后 5～9 天，每平方米菇床用 50%可湿性粉剂 0.8～1.2 克兑水 1 千克，喷于菇床上；第二次施药是在第二潮菇转批后，按同样药量喷菇床。

（2）防治柑橘青霉病、绿霉病、炭疽病、蒂腐病等储藏期病害　采果当天用 50%咪鲜胺锰盐或咪鲜胺可湿性粉剂 1000～2000 倍液浸果 1～2 分钟，捞起晾干，室温储藏。单果包装，效果更好。

（3）防治桩果炭疽病　生长期防治，用咪鲜胺锰盐或咪鲜胺 50%可湿性粉剂 1000～2000 倍液喷雾，花蕾期和始花期各喷药 1 次，以后隔 7 天喷 1 次，采果前 10 天再喷 1 次，共喷 5～6 次。储藏期防腐保鲜，采果当天用咪鲜胺锰盐或咪鲜胺 50%可湿性粉剂 500～1000 倍液浸果 1～2 分钟，捞出晾干，室温储藏，效果更好。

（4）防治青霉病、绿霉病及桃黑霉病　苹果、梨、桃采收后，用咪鲜胺锰盐或咪鲜胺 50%可湿性粉剂 1000～1500 倍液浸果 1～2 分钟，取出晾干后装箱，可防治青霉病、绿霉病及桃黑霉病。

289. 抑霉唑可防治哪些病害？

抑霉唑又称烯菌灵，用于防治柑橘、杧果、香蕉、苹果、瓜类等作物病害，也可用于防治谷类作物病害，对抗多菌灵、噻菌灵的青绿霉菌有特效。抑霉唑制剂有25%、50%乳油，0.1%涂抹剂。

（1）防治柑橘储藏期的青霉病、绿霉病　采收的当天用浓度50.5克/升药液（相当于50%乳油1000～2000倍液或22.2%乳油500～1000倍液）浸果1～2分钟，捞起晾干，装箱储藏或运输。单果包装，效果更佳。

柑橘果实也可用0.1%涂抹剂原液涂抹。果实用清水清洗，并擦干或晾干，再用毛巾或海绵蘸药液涂抹，晾干。尽量涂薄些，一般每吨果品用0.1%涂抹剂2～3升。

（2）防治香蕉轴腐病　用50%乳油1000～1500倍液浸果1分钟，捞出晾干，储藏。

（3）防治苹果、梨储藏期青霉病、绿霉病　采后用50%乳油100倍液浸果30秒，捞出晾干后装箱，入储。

（4）防治谷物病害　每100千克种子用50%乳油8～10克，加少量水拌种。

290. 氟菌唑可防治哪些病害？

氟菌唑属咪唑类杀菌剂，具有治疗和铲除作用，内吸性强，杀菌谱广，主要用于水稻、麦类、蔬菜、果树等作物的病害防治。

主要剂型为30%可湿性粉剂。

（1）防治水稻恶苗病、胡麻叶枯病　用30%可湿性粉剂20～30倍液浸种10分钟，或用200～300倍液浸种1～2天。

（2）防治麦类条纹病、黑穗病　每100千克种子用30%可湿性粉剂500克拌种。对小麦白粉病，在发病初期用30%可湿性粉剂1000～1500倍液喷雾，隔7～10天再喷1次。

（3）防治黄瓜黑星病、番茄叶霉病、瓜类白粉病　在发病初期，每亩用30%可湿性粉剂35～40克，兑水喷雾，隔10天再喷1次。

（4）防治多种果树白粉病，桃黑星病、褐腐病和灰星病，樱桃灰星病　在发病初期，用30%可湿性粉剂1000～2000倍液喷雾，间隔7～10天，共喷3～4次。

（5）防治瓜类、豆类、番茄等蔬菜白粉病　在发病初期，每亩用30%可湿性粉剂14～20克，兑水70千克，相当于稀释3500～5000倍液喷雾，隔10天后再喷1次。

291. 氰霜唑是什么样的杀菌剂?

氰霜唑是一种新型低毒杀菌剂，具有很好的保护活性和一定的内吸治疗活性，持效期长，耐雨水冲刷，使用安全、方便。该药属线粒体呼吸抑制剂，对卵菌的所有生长阶段均有作用，对甲霜灵产生抗性或敏感的病菌均有活性。

制剂主要以 10%、20%水悬剂为主。

用于防治葡萄霜霉病、番茄疫病、西瓜疫病、马铃薯晚疫病、荔枝霜疫霉病，几乎涵盖了主要作物的卵菌纲病害。

采用 30%氟啶胺·氰霜唑水悬剂 1500 倍液、1000 倍液、750 倍液防治葡萄霜霉病，三种浓度都能有效控制病害，8 天后霜霉病均未二次复发；同时，高浓度下对病菌的杀灭能力更强，叶片保有正常生理机能，是防治葡萄霜霉病的特效药。

292. 甲霜灵有哪些特点?

甲霜灵属苯基酰胺类内吸性杀菌剂。这类杀菌剂在我国目前有甲霜灵、噁霜灵、苯霜灵、灭锈胺、氟酰胺、水杨菌胺 6 个品种。甲霜灵有以下特点。

① 对病害具有治疗和铲除作用。在作物感病之前使用保护作物不受病菌侵染；在作物感病之后使用，阻止病菌在植物体内蔓延和发展，对马铃薯晚疫病初发病斑的扩大和游动孢子的产生有显著的抑制作用。

② 对作物有很强的双向内吸输导作用，渗透以及在植物体内传导很快，进入植物体内的药剂可向任何方向传导，既有向顶性、向基性，还可进行侧向传导。药剂由根、茎吸收后，随植物体内水分运转而输送到叶片及施药后新长出的幼嫩组织内，保护叶片及幼嫩组织不受病菌侵害；由上部叶片吸收后，可以向基部叶片及组织传导，抑制组织内病菌繁殖和蔓延。

③ 持效期较长。用于种子处理或灌根，持效期 1 个月左右；而叶面喷雾约 15 天。

④ 选择性强，仅对卵菌纲病害有效，对其中的霜霉菌、疫霉菌、腐霉菌有特效。

⑤ 易引起病菌产生抗药性，尤其是叶面喷雾，连续单用两年即可发现病菌抗药现象，使药剂突然失效。因此，甲霜灵单剂一般只用于种子处理和土壤处理，不宜作叶面喷洒用。叶面喷雾应与保护性杀菌剂混用或加工成混剂。实验证明，混用或混剂可以大大延缓抗药性的发生，尤其是与代森锰锌混用效果最好。甲霜灵混剂有甲霜铜（甲霜灵＋琥胶肥酸铜）、甲霜铝铜（甲霜灵＋三乙膦酸铝＋琥胶肥酸铜）、甲霜锰锌（甲霜灵＋代森锰锌）等。

⑥ 对人、畜低毒，低残留。

上述甲霜灵的特性，基本上代表了苯基酰胺类内吸性杀菌剂的特性，其中对卵菌纲病害有高效和向基性传导两大优点。

293. 噁霜灵是什么样的杀菌剂？如何应用？

噁霜灵属苯基酰胺类内吸性杀菌剂，具有与甲霜灵相似的特性。被作物内吸后很快转移到未施药部位，其向顶传导能力最强，因此根施后吸收传导速度快；施在叶面后向另一面传导能力很弱，因此在做茎叶喷雾时要均匀。

仅对卵菌纲病害有效，具有治疗、铲除作用，施药后持效期 13～15 天。其药效略低于甲霜灵，与其他苯基酰胺类药剂有正交互抗性，属于易产生抗药性的品种，与保护性杀菌剂混用有明显增效作用和延缓病原菌产生抗药性。

噁霜灵为杂环类化合物，是一种内吸性杀菌剂、土壤消毒剂，同时又是一种植物生长调节剂。作用机理独特，高效、低毒、无公害，能抑制病原真菌菌丝体的正常生长或直接杀灭病菌，又能促进植物生长。对土壤真菌、镰刀菌、根壳菌、丝核菌、腐霉菌、苗腐菌、伏革菌等病原菌有显著的防治效果，对立枯病、烂秧病、猝倒病、枯萎病、黄萎病、菌核病、炭疽病、疫病、干腐病、黑星病、菌核软腐病、苗枯病、茎枯病、叶枯病、沤根、连作（重茬）障碍有特效，并具有促进作物根系生长发育、生根壮苗，提高成活率的作用。对人、畜、鱼、鸟类均有较好的安全性。适用作物为谷类、油料、蔬菜、棉花、烟草、小麦、瓜类、果树、花卉、草坪、林业苗木等。

施用方法如下。

① 一般用 38％噁霜·菌酯兑水 800 倍喷雾，防治黄瓜霜霉病和疫

病，茄子、番茄及辣椒的棉疫病，十字花科蔬菜白锈病等，每隔10～14天喷1次，用药次数每季不得超过3次。

② 谷子白化病的防治，每100千克种子用35%拌种剂200～300克拌种，先用1%清水或米汤将种子湿润，再拌入药粉。

③ 烟草黑茎病的防治，苗床在播种后2～3天，每亩用25%可湿性粉剂133克进行土壤处理，本田在移栽后第7天用药，每亩用38%噁霜·菌酯兑水800倍喷雾。

④ 马铃薯晚疫病的防治，初见叶斑时，每亩用38%噁霜·菌酯兑水800倍液喷雾，每隔10～14天喷1次，不得超过3次。

注意事项：单一长期使用该药，病菌易产生抗性，所以常与其他杀菌剂混配。

294. 氟酰胺防治水稻纹枯病，如何使用？

氟酰胺具有保护和治疗作用，对担子菌纲中的丝核菌有特效，药效期长，对水稻安全。产品为20%可湿性粉剂。防治水稻纹枯病时，用20%可湿性粉剂600～750倍液或每亩用20%可湿性粉剂100～125克兑水喷雾，在水稻分蘖盛期和破口期，各喷一次，重点喷在稻株基部。

氟酰胺对鱼类和蚕有毒，使用时应注意。

295. 水杨菌胺防治西瓜枯萎病，如何使用？

水杨菌胺的原药和15%可湿性粉剂属低毒类农药，对鱼、鸟、蜜蜂、柞蚕也均为低毒。它是广谱杀菌剂，对西瓜枯萎病有较好的防效，一般是用15%可湿性粉剂700～800倍液，于西瓜播种前苗床浇灌，或西瓜移栽后进行灌根，每株灌500毫升药液，一般施药2～3次。

296. 噻呋酰胺是什么样的新杀菌剂？

噻呋酰胺又称噻氟菌胺，属于噻唑酰胺类杀菌剂，具有很强的内吸传导性能，可以叶面喷雾、种子处理、土壤处理等方式施用。噻呋酰胺对丝核菌属、柄锈菌属、黑粉菌属、腥黑粉菌属、伏革菌属、核腔菌属等致病真菌均有活性，尤其对担子菌纲真菌活性较强。防治纹枯病时多采用叶面喷雾。孕穗期及以前是防治纹枯病的关键期，一般每亩使用

240 克/升悬浮剂 20～25 毫升，兑水 30～45 升喷雾，喷药应均匀、周到。

防治水稻纹枯病，由于它的持效期长，在水稻全生长期只需施药 1 次，即在水稻抽穗前 30 天，每亩用 24%悬浮剂 15～25 毫升，兑水50～60 千克喷雾。

297. 稻瘟酰胺有什么特点？如何使用？

稻瘟酰胺属苯氧酰胺类杀菌剂，为黑色素生物合成抑制剂，主要是抑制小柱孢酮脱氢酶的活性，从而抑制稻瘟病菌黑色素形成。具有良好的内吸性和卓越的特效性，施药后对新展开的叶片也有很好的效果，施药 40 天仍能抑制病斑上孢子的脱落和飞散，从而避免了二次感染。产品为 20%悬浮剂。

在抽穗前 5～30 天，收获前 14 天停止施药。

防治稻瘟病，在抽穗前 5～30 天，每亩用制剂 35～65 毫升，兑水喷雾。收获前 14 天停止施药。另据报道，在国外尚有颗粒剂供撒施。

298. 硅噻菌胺防治小麦全蚀病，如何使用？

硅噻菌胺属含硅的噻吩酰胺类杀菌剂，主要作种子处理，拌种强烈抑制小麦全蚀病。产品有 12.5%悬浮剂，它是能量抑制剂，具有良好的保护作用，持效期长，主要作种子处理用。用于防治小麦全蚀病，每 100 千克种子，用 12.5%悬浮剂 160～320 克拌种。也可使用种子量 0.5%～4.0%的硅噻菌胺拌种小麦，对小麦根部发病和小麦后期的白穗都有很好的控制效果，对成株期根部发病的防治效果较好。

299. 啶酰菌胺防治黄瓜灰霉病，如何使用？

啶酰菌胺属酰胺类杀菌剂，杀菌谱广，具有保护和治疗作用，并能通过叶面渗透在植物体中转移。产品为 50%水分散粒剂，灰褐色，略带芳香味，可用于黄瓜等多种作物防治灰霉病、白粉病等病害。防治黄瓜灰霉病于发病初期开始，每亩用制剂 33.3～46.7 克，兑水 60～75 千克喷雾，间隔 7 天，连喷 3～4 次。

本品对人、鱼、鸟、蜜蜂、蚯蚓等低毒，但对家蚕有中等风险性，使用时防止雾滴飘移污染桑叶。

300. 双炔酰菌胺可防治哪些病害?

双炔酰菌胺为酰胺类杀菌剂。双炔酰菌胺对多数由卵菌引起的病害有良好的防效，能渗入叶片内起保护作用。其对绝大多数由卵菌引起的叶部和果实病害均有很好的防效。对处于萌发阶段的孢子具有较高的活性，并可抑制菌丝成长和孢子形成。可以通过叶片被迅速吸收，并停留在叶表蜡质层中，对叶片起保护作用。产品为 250 克/升悬浮剂，用于防治辣椒和西瓜的疫病、马铃薯晚疫病，每亩用制剂 30～40 毫升，兑水喷雾。

双炔酰菌胺 250 克悬浮剂对荔枝霜疫霉病有较好的防治效果。用药剂量为 125～250 毫克/千克（相当于 250 克悬浮剂的稀释倍数为 1000～2000 倍的药液），于发病初期开始均匀喷雾，开花期、幼果期、中果期、转色期各喷药 1 次。推荐剂量下对荔枝树生长无不良影响，未见药害发生。

301. 霜霉威适用于防治哪类病害?

霜霉威可广泛用于黄瓜、辣椒、莴苣、马铃薯等蔬菜及烟草、草莓、草坪、花卉卵菌纲真菌病害，如霜霉病、疫病、猝倒病、晚疫病、黑胫病等，具有很好的防治效果。

霜霉威属氨基甲酸酯类化合物，产品有霜霉威原体和霜霉威盐酸盐两类，制剂有 35%、36%、40%、66.5%、66.6%、72.2% 水剂，30%高渗水剂，50%热雾剂。霜霉威是内吸剂，能抑制卵菌类的孢子萌发、孢子囊形成、菌丝生长，对霜霉菌、腐霉菌、疫霉菌引起的土传病害和叶部病害均有好的效果，其作用机理是抑制病菌细胞膜成分的磷脂和脂肪酸的生物合成。适用于土壤处理，也可以种子处理或叶面喷雾，在土壤中持效期可达 20 天。对作物还有刺激生长效应。

（1）防治蔬菜苗期猝倒病、立枯病和疫病　可在播种前或移栽前，用 66.5%水剂 400～600 倍液浇灌苗床，每平方米浇灌药液 3 千克。出苗后发病，可用 66.5%水剂 600～800 倍液喷淋或灌根，每平方米用药液 2～3 千克，隔 7～10 天施 1 次，连施 2～3 次。当猝倒病和立枯病混合发生时，可与 50%福美双可湿性粉剂 800 倍液混合喷淋。

防治辣（甜）椒疫病，还可于播种前用 66.5%水剂 600 倍液浸种 12 小时，洗净后晾干催芽。

（2）防治蔬菜叶部病　如黄瓜霜霉病、甜瓜霜霉病、莴苣霜霉病以及绿菜花、紫甘蓝、樱桃萝卜、芥蓝、生菜等的霜霉病，蕹菜白锈病，多种蔬菜的疫病，一般每亩用有效成分45～75克，相当于66.5%水剂67～110毫升或72.2%水剂60～100毫升。用30%高渗水剂防治黄瓜霜霉病每亩用125～187毫升，或50%热雾剂每亩用120～140毫升，用烟雾机喷烟雾。

（3）防治烟草苗床的猝倒病　在播种前和移栽前用72.2%水剂400～600倍液各苗床浇灌1次。

防治烟草黑胫病、霜霉病，在移栽后发病初期施药，每亩用72.2%水剂45～75毫升，兑水45千克喷雾，或用72.2%水剂600～1000倍液喷雾，隔7～10天喷1次，连喷3～4次。

（4）防治甜菜疫病　在播种时及移栽前，用66.5%水剂400～600倍液浇灌，在田间发病时再用600～800倍液喷雾，隔5～7天喷1次，连喷2～3次。

（5）防治荔枝霜霉病　在初花期及盛花期用66.5%水剂各喷1次，以后视病情每隔7天喷1次。可用66.5%水剂600～800倍液喷雾防治葡萄霜霉病、草莓疫病。

（6）防治红花猝倒病　于出苗后发病前喷72.2%水剂500倍液。

302. 霜霉威盐酸盐与霜霉威有何不同？如何使用？

霜霉威盐酸盐是由霜霉威原药经盐酸酸化处理而得，两者本质是一样的，霜霉威盐酸盐是霜霉威在制剂中的存在形式，对病害的作用基团是没有改变的，另外霜霉威盐酸盐多一个Cl^-是为了能更容易溶解于水。

霜霉威施用方法如下。

（1）喷雾　从病害发生前或发生初期开始喷药，7～10天1次，与其他不同类型杀菌剂交替使用。一般使用722克/升水剂600～800倍液，或66.5%水剂500～700倍液，或40%水剂300～400倍液，或35%水剂300～400倍液，均匀喷雾。

（2）浇灌　主要用于防治苗床及苗期病害，播种前或播种后、移栽前或移栽后，每平方米使用722克/升水剂5～7.5毫升，或66.5%水剂5.5～8毫升，或40%水剂9～13.5毫升，或35%水剂10～15毫升，兑水2～3升后浇灌。

用霜霉威盐酸盐防治病害如下。

（1）白菜类霜霉病　于发病初期使用72.2%普力克水剂600～800

倍液或72.2%霜霉威水剂600～800倍液喷雾防治。

(2) 萝卜根肿病　移栽前，用72.2%普力克水剂600倍液喷雾制成毒土，开沟施于定植穴后再定植，或在发病初期，用72.2%普力克水剂600倍液灌根，每穴500毫升左右。

(3) 萝卜黑根病　在发病初期开始用药液灌根，每株浇灌药液量250克左右，每隔7～10天浇灌1次，共用药1～2次；药剂可选用72.2%普力克水剂600倍液，或72.2%霜霉威水剂600倍液。

(4) 白菜类白锈病　发病初期喷药，药剂可选用72.2%霜霉威水剂600～800倍液，每隔10天左右1次，共连续防治2～3次。

(5) 番茄土传病害　对于立枯病、猝倒病、根腐病，于番茄播种盖土后出苗前，每15千克水加普力克25毫升，混匀后苗床喷淋或浇灌。

303. 霜霉威·乙磷酸盐如何使用?

霜霉威·乙磷酸盐的产品为840克/升可溶液剂，其防病性能与霜霉威基本相同，例如，防治黄瓜霜霉病，可以每亩用66.5%水剂65～100毫升、40%水剂180～250毫升或35%水剂120～200毫升，兑水喷雾。防治黄瓜苗期疫病和猝倒病，每平方米苗床用40%水剂9～27毫升，兑水浇灌。

304. 乙霉威有什么杀菌特性? 如何合理使用?

乙霉威是一种非常独特的内吸性杀菌剂，具有保护和治疗作用，药效高、毒性低、持效期长，用于防治蔬菜及葡萄等的灰霉病，还可以防治梨、苹果黑星病，柑橘灰霉病、疮痂病和甜菜褐斑病等。尤其适用于已对多菌灵及甲基托布津产生抗性的灰霉病发生田块，如灰霉菌对多菌灵产生抗药性，但对乙霉威仍然很敏感。相反，对多菌灵敏感的灰霉菌，乙霉威则表现为无抑菌活性。本剂一般不作单剂使用，而是与多菌灵、甲基硫菌灵或速克灵等药剂混用防治灰霉病。

乙霉威及其混剂的主要剂型有：25%乙霉威可湿性粉剂，50%多·霉威可湿性粉剂（多霉灵），6.5%硫菌·霉威粉剂，65%硫菌·霉威可湿性粉剂（甲霉灵、抗霉灵），25%乙霉威可湿性粉剂。65%硫菌·霉威可湿性粉剂可防治黄瓜、番茄、韭菜、辣椒等蔬菜上的灰霉病，同时兼治菌核病、叶霉病、黑星病等，每亩用80～125克，兑水50千克喷雾，每隔10天1次；或用6.5%粉剂直接喷粉，每亩用750～1500克。

注意事项：避免大量、过度连续使用。使用的间隔时间为 14 天以上。否则也会出现对多菌灵和乙霉威均具抗性的病菌。不能与铜制剂及酸碱性较强的农药混用。防治对多菌灵和甲基托布津已产生抗性的蔬菜和葡萄灰霉病菌有特效。喷药时做好防护，避免药液沾染皮肤，一旦沾染，应以清水洗涤。储藏时不得与食物、饲料等混放，保持通风良好。

305. 缬霉威该如何使用？

缬霉威属氨基甲酸酯类杀菌剂，也有将其划归为氨基酸酰胺类的而命名为异丙菌胺。主要用于防治卵菌纲类病害，其作用机理为干扰真菌细胞壁和蛋白质的合成，能抑制孢子的侵染和萌发，抑制菌丝生长，导致死亡，从而起到保护和治疗作用。缬霉威可用于茎叶喷洒，也可用于土壤处理防治土传病害，一般用药量为每亩 6.7～20 克有效成分。但本品极易引起病原菌产生抗性，多数学者建议与其他保护性杀菌剂混用。国内市场上也无单剂产品供应，仅有混剂 66.8%丙森·缬霉威可湿性粉剂。

防治黄瓜霜霉病，每亩用 100～133 克，兑水喷雾，间隔 7～10 天喷 1 次，共喷 3 次。防治葡萄霜霉病，喷雾 700～1000 倍液。

306. 腐霉利有什么杀菌特性，防治哪类病害？

腐霉利又称二甲菌核利，是内吸剂，具有保护和治疗作用，对孢子萌发的抑制强于对菌丝生长的抑制，表现为使孢子的芽管和菌丝膨大，甚至胀破，原生质流出。使菌丝畸形，从而阻止早期病斑形成和病斑扩大。

腐霉利产品有 50%可湿性粉剂，20%悬浮剂，10%、15%烟剂。

对在低温、高湿条件下发生的多种作物的灰霉病、菌核病有特效，对由葡萄孢属、核盘菌属所引起的病害均有显著效果。适用于果树、蔬菜、花卉等的菌核病、灰霉病、黑星病、褐腐病、大斑病的防治。

还可防治对甲基硫菌灵、多菌灵产生抗性的病原菌。但须注意的是连年单用腐霉利防治同一种病害，特别是灰霉病，易引起病菌抗药性，因此凡需多次防治时，应与其他类型杀菌剂轮换使用或使用混剂。

307. 腐霉利可防治哪些果树病害？

（1）防治葡萄、草莓灰霉病　于发病初期开始施药，用 50%可湿性粉剂 1000～1500 倍液或 20%悬浮剂 400～500 倍液喷雾，隔 7～10 天再喷 1 次。

（2）防治苹果、桃、樱桃褐腐病　于发病初期开始喷 50%可湿性粉剂 1000～2000 倍液，隔 10 天左右喷 1 次，共喷 2～3 次。

（3）防治苹果斑点落叶病　于春、秋季旺盛生长期喷 50%可湿性粉剂 1000～1500 倍液 2～3 次，其他时间由防治轮纹烂果病药剂兼治。

（4）防治柑橘灰霉病　在开花前喷 50%可湿性粉剂 2000～3000 倍液，防治柑橘果实储藏期的青绿病，用于柑橘防腐保鲜。对普通甜橙于采果后 3 天内，用 50%可湿性粉剂 750～1000 倍液加 250 毫克/升浓度的 2,4-D 或对氯苯氧乙酸（防落素）的混合液洗果、晾干、装筐。

（5）防治枇杷花腐病　喷 50%可湿性粉剂 1000～1500 倍液。

308. 腐霉利防治蔬菜病害，如何使用？

（1）防治黄瓜灰霉病　在幼果残留花瓣初发病时开始施药，喷 50%可湿性粉剂 1000～1500 倍液，隔 7 天喷 1 次，连喷 3～4 次。防治黄瓜菌核病，在发病初期开始施药，每亩用 50%可湿性粉剂 35～50 克，兑水 50 千克喷雾；或每亩用 10%烟剂 350～400 克，点燃放烟，隔 7～10 天施 1 次。当茎节发病时，除喷雾还应结合涂茎，即用 50%可湿性粉剂加 50 倍水调成糊状液，涂于患病处。

（2）防治番茄灰霉病　在发病初期每亩用 50%可湿性粉剂 35～50 克，兑水常规喷雾。对棚室番茄，在进棚前 5～7 天喷 1 次；移栽缓苗再喷 1 次；开花期施 2～3 次，重点喷花；幼果期重点喷青果。在保护地也可熏烟，每亩用 10%烟剂 300～450 克。也可与百菌清交替使用。防治番茄菌核病、早疫病，每亩喷 50%可湿性粉剂 1000～1500 倍液 50 千克，隔 10～14 天再施 1 次。

（3）防治辣椒灰霉病　发病前或发病初期喷 50%可湿性粉剂 1000～1500 倍液，保护地每亩用 10%烟剂 200～250 克放烟。防治辣椒等多种蔬菜的菌核病，在育苗前或定植前，每亩用 50%可湿性粉剂 2 千克进行土壤消毒。田间发病喷 50%可湿性粉剂 1000 倍液，保护地每亩用 10%烟剂 250～300 克放烟。

（4）防治菜豆茎腐病、灰霉病，防治绿菜花灰霉病、菌核病等　每亩用 50%可湿性粉剂 30～50 克，兑水 50 千克喷雾，隔 7～10 天再喷 1 次。

（5）在发病初期开始喷 50%可湿性粉剂 1000～1500 倍液，隔 6～8 天喷 1 次，共喷 2～3 次，可防治绿菜花灰霉病、菌核病，芥蓝黑斑病，豆瓣菜褐斑病、丝核菌腐烂病，生菜灰霉病，荸荠灰霉病、菌核病等。可与其他杀菌剂交替使用。

309. 腐霉利还可用于哪些作物？

（1）防治油菜、大豆、向日葵的菌核病　于发病初期，每亩用50%可湿性粉剂30～60克，兑水60千克喷雾，隔7～10天喷1次。

（2）防治大豆纹枯病　在开花期，每亩用50%可湿性粉剂50～60克，兑水50千克喷雾。

（3）防治玉米大斑病、小斑病　有条件的制种田可考虑使用，在心叶末期至抽丝期，每亩用50%可湿性粉剂50～100克，兑水50～70千克喷2次。

（4）防治棉铃灰霉病　发病初期开始喷50%可湿性粉剂1500～2000倍液，隔7～10天喷1次，共喷2～3次。

（5）防治亚麻、胡麻菌核病　发病初期喷50%可湿性粉剂1000～1500倍液。

（6）防治甜菜叶斑病　发病初期喷50%可湿性粉剂1000倍液，隔7～10天喷1次，共喷3～4次。

（7）防治烟草菌核病、赤星病　喷50%可湿性粉剂1500～2000倍液，防菌核病重点是喷淋烟株根茎部及周围土壤，隔7～10天喷1次，共喷3～4次。

（8）防治啤酒花灰霉　喷50%可湿性粉剂2000倍液。

（9）防治药用植物病害　防治北沙参黑斑病、百合叶枯病、贝母灰霉病、枸杞霉斑病、落葵紫斑病等药用植物病害，于发病初期开始喷50%可湿性粉剂1000～1500倍液，隔7～10天喷1次，一般喷2～3次。

（10）防治十字花科、菊料、豆科、茄科等花卉的菌核病　在刚发现中心病株时喷50%可湿性粉剂1000倍液，重点喷植株中下部位及地面。

310. 乙烯菌核利主要防治哪类病害？

乙烯菌核利是一种专用于防治灰霉病、菌核病的杀菌剂。对病害作用是干扰细胞核功能，并对细胞膜和细胞壁有影响，改变孢子发芽和菌丝的发育，具有优良的预防效果，也有治疗效果。茎叶施药可输导到新叶。

乙烯菌核利产品有50%可湿性粉剂、50%干悬浮剂。

（1）防治番茄、辣椒、菜豆、茄子、莴苣、韭菜的灰霉病、菌核病　每亩用50%可湿性粉剂75～100克，兑水50千克喷雾。一般在第一朵花开放、发现茎叶上有病菌侵染时开始喷药，隔7～10天喷1次，连喷3～4次。

（2）防治黄瓜及其他葫芦科蔬菜的灰霉病、茎腐病　每亩用50%可湿性粉剂或50%干悬浮剂75～100克，兑水50千克喷雾。一般在始花期发病初期开始喷药，隔7～14天喷1次，连喷3～5次。防治白菜类菌核病，发病初期喷50%可湿性粉剂1000倍液。

（3）定植　将菜苗的根在50%可湿性粉剂500倍液中浸蘸一下后定植，防效较好。防治大白菜褐斑病，从早期发病开始用50%可湿性粉剂1000倍液，隔10～14天喷1次，连喷3～5次。

311. 菌核净可防治哪些病害？

（1）防治水稻纹枯病　在发病初期，每亩用40%可湿性粉剂200～300克，兑水100千克喷雾，隔7～10天再喷1次。

（2）防治油菜菌核病　在油菜盛花期，每亩用40%可湿性粉剂100～150克，兑水50～75千克喷雾，隔7～10天后再喷1次，喷于植株中下部。

（3）防治大豆菌核病　于病菌子囊盘萌发盛期开始施药，每亩喷40%可湿性粉剂500～1000倍液60千克，隔7～10天再喷1次。

（4）防治烟草赤星病　在发病初期，每亩用40%可湿性粉剂200～330克或20%可湿性粉剂375～670克，兑水50～75千克喷雾，隔7～10天喷1次，连喷3～4次。

防治烟草菌核病，用40%可湿性粉剂800～1200倍液喷淋，隔10～14天喷1次，喷2～3次。

（5）防治蔬菜菌核病　如十字花科、黄瓜、豆类、莴苣、菠菜、茄子、胡萝卜、芹菜、绿菜花、生菜等的菌核病，用40%可湿性粉剂800～1200倍液，重点喷在植株中下部位。隔7～10天喷1次，连喷1～3次。防治瓜类菌核病，除正常喷雾，还可结合用50倍液涂抹瓜蔓病部，可控制病部扩展，还有治疗作用。

（6）防治韭菜菌核病　每次割韭菜后至新株抽生期，喷淋40%可湿性粉剂800～1000倍液，隔7～10天喷1次。

防治保护地番茄灰霉病，每亩用10%烟剂150～200克放烟。

312. 异菌脲在果树上如何使用?

异菌脲可防治多种果树生长期病害，也可用于处理采收的果实防治储藏期病害。

(1) 防治苹果斑点落叶病　可喷50%异菌脲可湿性粉剂1000～1500倍液或50%悬浮剂1000～2000倍液或10%高渗乳油500～600倍液。在苹果春梢开始发病时喷药，隔10～15天再喷1次；秋梢旺盛生长期再喷2～3次。

防治苹果树的轮纹病、褐斑病，可喷50%可湿性粉剂1000～1500倍液。

(2) 防治梨黑斑病　在始见发病时开始喷50%异菌脲可湿性粉剂1000～1500倍液，以后视病情隔10～15天再喷1～2次。

(3) 防治葡萄灰霉病　发病初期开始喷50%异菌脲可湿性粉剂或悬浮剂750～1000倍液，连喷2～3次。

(4) 防治草莓灰霉病　每亩用50%异菌脲可湿性粉剂50～100克，兑水50～75千克喷雾。于发病初期开始喷药，每隔8～10天喷1次，至收获前2～3周停止施药。

(5) 防治核果（杏、樱桃、桃、李等）果树的花腐病、灰霉病、灰星病　可每亩用50%可湿性粉剂或悬浮剂67～100克，兑水喷雾。花腐病于果树始花期和盛花期各喷施1次。灰霉病于收获前施药1～2次。灰星病于果实收获前1～2周和3～4周各喷施1次。

(6) 防治柑橘疮痂病　于发病前半个月和初发病期，喷50%异菌脲可湿性粉剂或悬浮剂1000～1500倍液或25%悬浮剂500～750倍液。

防治柑橘储藏期青霉病、绿霉病、黑腐和蒂腐病，可用50%异菌脲可湿性粉剂或悬浮剂500倍液与42%噻菌灵悬浮剂500倍液混合浸果1分钟后包装储藏。

(7) 防治香蕉储藏期轴腐病、冠腐病、炭疽病、黑腐病　可用25.5%悬浮剂170倍液浸果。若与噻菌灵混用，防效更好，且可显著提高防治由镰刀菌引起腐烂病的效果。

异菌脲也可用于梨、桃防治储藏期病害。

(8) 防治西瓜叶枯病和褐斑病　可于播前用种子量0.3%的50%异菌脲可湿性粉剂拌种，生长期发病可喷50%可湿性粉剂1500倍液。隔7～10天喷1次，连喷2～3次。

313. 异菌脲在蔬菜上如何使用?

(1) 防治番茄、茄子、黄瓜、辣椒、韭菜、莴苣等蔬菜的灰霉病　于育苗前，用50%可湿性粉剂或悬浮剂800倍液对苗床土壤、苗房顶部及四周表面喷雾，灭菌消毒。对保护地，在蔬菜定植前采用同样的方法对棚室喷雾消毒。在蔬菜作物生长期，于发病初期开始喷50%可湿性粉剂或悬浮剂1000～1500倍液，或每亩用制剂75～100克兑水喷雾，7～10天喷1次，连喷3～4次。

(2) 防治黄瓜、番茄、油菜、茄子、芹菜、菜豆、荸荠等蔬菜菌核病　于发病初期开始喷50%可湿性粉剂1000～1500倍液，隔7～10天喷1次，共喷1～3次。

(3) 防治番茄早疫病、斑枯病　必须在发病前未见病斑时即开始喷药，7～10天喷1次，连喷3～4次。每亩喷50%可湿性粉剂或悬浮剂75～100克或喷50%可湿性粉剂或悬浮剂800～1200倍液。此外，还可用100～200倍液涂株病部。

(4) 防治甘蓝类黑胫病　喷50%可湿性粉剂1500倍液，7天喷1次，连喷2～3次。药要喷到下部老叶、茎基部和畦面。

(5) 防治大白菜黑斑病　用种子量0.3%的50%可湿性粉剂拌种后播种。发病初期喷50%可湿性粉剂1500倍液，7～10天喷1次，连喷2～3次。

(6) 防治石刁柏茎枯病　在春、夏季采茎期或割除老株留母茎后的重病田喷50%可湿性粉剂500倍液，保护幼茎出土时免受病害侵染。在幼茎期，若出现病株及时喷50%可湿性粉剂500倍液，7～10天喷1次，连喷3～4次。对前期病重的幼茎，用药液涂茎，可提高防效。

(7) 防治大葱紫斑病、黑斑病、白腐病及洋葱白腐病、小菌核病　用种子量0.3%的50%可湿性粉剂拌种后播种，出苗后发病喷50%可湿性粉剂1500倍液。对白腐病和小菌核病可用药液灌淋根茎。储藏期也可用本剂防治。

(8) 防治特种蔬菜病害　如绿菜花、紫甘蓝褐斑病，芥蓝黑斑病，豆瓣菜丝核菌腐烂病，魔芋白绢病等，于发病初期开始喷50%可湿性粉剂或悬浮剂500～1000倍液，7～10天喷1次，连喷2～3次。

(9) 防治水生蔬菜病害　如莲藕褐斑病，茭白瘟病，胡麻斑病、纹枯病，荸荠灰霉病，茭角纹枯病，芋污斑病等，于发病初期开始喷50%可湿性粉剂700～1000倍液。7～10天喷1次，连喷2～3次。在药液中加 0.2%中性洗衣粉后防病效果更好。

314. 异菌脲还用于防治哪些作物病害?

(1) 防治草莓灰霉病　于草莓发病初期开始喷药,每隔 8 天施药 1 次,收获前 2~3 周停止施药。每次每亩用 50%异菌脲悬浮剂或可湿性粉剂 100 毫升(克),兑水喷雾。

(2) 防治果花腐病、灰星病、灰霉病　对花腐病于果树始花期和盛花期各喷 1 次药。对灰星病于果实收获前 3~4 周和 1~2 周各喷 1 次。对灰霉病则于收获前视病情施 1~2 次药。每次每亩用 50%异菌脲悬浮剂或可湿性粉剂 66~100 毫升(克),兑水喷雾。

(3) 防治番茄灰霉病、早疫病、菌核病和黄瓜灰霉病、菌核病　发病初期开始喷药,全生育期施药 1~3 次,施药间隔期 7~10 天。每次每亩用 50%异菌脲悬浮剂或可湿性粉剂 50~100 毫升(克),兑水喷雾。

315. 克菌丹是什么样的杀菌剂? 有何用途?

克菌丹是农药中的一个老品种,现已很少使用,常见剂型为 50%可湿性粉剂。克菌丹是保护性杀菌剂,有一定的治疗作用。叶面喷雾或拌种均可,也能用于土壤处理,防治根部病害。

(1) 蔬菜病害　防治蔬菜苗期立枯病、猝倒病,每亩用 50%可湿性粉剂 500 克,拌细土 15~25 千克,于播前施入土内。

喷雾防治黄瓜炭疽病、霜霉病、白粉病、黑斑病,番茄早疫病、晚疫病、灰叶斑病,辣椒黑斑病,胡萝卜黑斑病,白菜黑斑病、白斑病,芥蓝黑斑病,菜心黑斑病等,喷 50%可湿性粉剂 400~500 倍液,或每亩用 50%可湿性粉剂 125~190 克,兑水喷雾。

防治姜根茎腐败病,用 50%可湿性粉剂 500~800 倍液浸姜种 1~3 小时后播种。

(2) 果树病害　在果树育苗期,每亩用 50%可湿性粉剂 500 克,拌细土 15 千克,撒施于土表,耙匀,可防治果树苗木的立枯病、猝倒病。

在病菌侵染期和发病初期,喷 50%可湿性粉剂 400~700 倍液,可防治苹果、梨、桃、杏、李等果树轮纹烂果病、炭疽病、黑星病、疮痂病,葡萄霜霉病、黑痘病、炭疽病、褐斑病,草莓灰霉病,杧果炭疽病、白粉病、叶斑病等。

防治杧果流胶病，用50%可湿性粉剂50～100倍液涂抹病疤。

防治苹果、梨、桃、樱桃储藏期病害，可用50%可湿性粉剂400倍液浸果。

(3) 防治小麦腥黑穗病，高粱坚黑穗病、散黑穗病、炭疽病、北方炭疽病　用种子量0.3%的50%可湿性粉剂拌种。但这种用法现已被三唑类等高效内吸性杀菌剂所取代。

防治麦类赤霉病、马铃薯晚疫病，每亩用50%可湿性粉剂150～200克，兑水50～75千克喷雾。由于防效一般，现已多被其他高效杀菌剂所取代。

316. 百菌清有多少种制剂？如何使用？

百菌清的制剂较多，有40%、50%、60%、75%可湿性粉剂，40%、50%悬浮剂，10%油剂，5%粉剂，2.5%、10%、20%、28%、30%、40%、45%烟剂。由于某些剂型（如可湿性粉剂、烟剂）的规格（有效成分含量）较多，在介绍用途、用法时只能选其中之一，其余的可由此换算其用药量或按产品标签使用。

(1) 蔬菜病害　防治蔬菜幼苗猝倒病：①播前3天，用75%可湿性粉剂400～600倍液将整理好的苗床全面喷洒1遍，盖上塑料薄膜闷2天后，揭去薄膜晾晒苗床1天，准备播种；②出苗后，当发现有少量病倒时，拔除病苗，用75%可湿性粉剂400～600倍液泼浇病苗周围床土或喷到土面见水为止，再全苗床喷1遍。

防治番茄叶霉病，用种子量0.4%的75%可湿性粉剂拌种后播种，田间发病初期喷75%可湿性粉剂600倍液。防治番茄早疫病，每亩用40%悬浮剂50～175克，兑水常规喷雾。

防治黄瓜炭疽病，喷75%可湿性粉剂500～600倍液。防治黄瓜霜霉病，每亩用40%悬浮剂150～175克，兑水常规喷雾。

防治辣椒炭疽病、早疫病、黑斑病及其他叶斑类病害，于发病前或发病初期，喷75%可湿性粉剂500～700倍液，7～10天喷1次，连喷2～4次。

防治甘蓝黑胫病，发病初期，喷75%可湿性粉剂600倍液，7天左右喷1次，连喷3～4次。

防治特种蔬菜病害，如山药炭疽病，石刁柏茎枯病、灰霉病、锈病，黄花菜叶斑病、叶枯病、姜白星病、炭疽病等，于发病初期及时喷

75%可湿性粉剂500～800倍液，7～10天喷1次，连喷2～4次。

防治莲藕腐败病，可用75%可湿性粉剂800倍液喷种藕，闷种24小时，晾干后种植；在莲藕始花期或发病初期，拔除病株，每亩用75%可湿性粉剂500克，拌细土25～30千克，撒施于浅水层藕田，或兑水20～30千克，加中性洗衣粉40～60克，喷洒莲茎秆，隔3～5天喷1次，连喷2～3次。防治莲藕褐斑病、黑斑病，发病初期喷75%可湿性粉剂500～800倍液，7～10天喷1次，连喷2～3次。

防治慈姑褐斑病、黑粉病，发病初期，喷75%可湿性粉剂800～1000倍液，7～10天喷1次，连喷2～3次。

防治芋污斑病、叶斑病，水芹斑枯病，于发病初期，喷75%可湿性粉剂600～800倍液，7～10天喷1次，连喷2～4次。在药液中加0.2%中性洗衣粉，防效会更好。

（2）果树病害　防治苹果白粉病，于苹果开花前、后喷75%可湿性粉剂700倍液。防治苹果轮纹烂果病、炭疽病、褐斑病，从幼果期至8月中旬，15天左右喷1次75%可湿性粉剂600～700倍液，或与其他杀菌剂交替使用。但在苹果谢花20天内的幼果期不宜用药。苹果一些黄色品种，特别是金帅品种，用药后会发生锈斑，影响果实品质。

防治梨树黑胫病，仅能在春季降雨前或灌水前，用75%可湿性粉剂500倍液喷洒树干基部。不可用百菌清防治其他梨树病害，否则易产生药害。

防治桃褐斑病、疮痂病，在桃树花蕾期和谢花时各喷1次75%可湿性粉剂800～1000倍液，以后视病情隔14天左右喷1次。注意：当喷洒药液浓度高时易发生轻微锈斑。

防治葡萄白腐病，用75%可湿性粉剂500～800倍液，于开始发现病害时喷第一次药，隔10～15天喷1次，共喷3～5次，或与其他杀菌剂交替使用，可兼治霜霉病。防治葡萄黑痘病，从葡萄展叶至果实着色期，每隔10～15天喷1次75%可湿性粉剂500～600倍液，或与其他杀菌剂交替使用。防治葡萄炭疽病，从病菌开始侵染时喷75%可湿性粉剂500～600倍液，共喷3～5次，可兼治褐斑病。须注意葡萄的一些黄色品种用药后会发生锈斑，影响果实品质。

防治草莓灰霉病、白粉病、叶斑病，在草莓开花初期、中期、末期各喷1次75%可湿性粉剂520～600倍液。

防治柑橘炭疽病、疮痂病和沙皮病，在春、夏、秋梢嫩叶期和幼果期以及8、9月间，喷75%可湿性粉剂600～800倍液，10～15天喷1

次，共喷 5～6 次，或与其他杀菌剂交替使用。

防治香蕉褐缘灰斑病，用 75%可湿性粉剂 800 倍液，从 4 月份开始，轻病期 15～20 天喷 1 次，重病期 10～12 天喷 1 次，重点保护心叶和第一、二片嫩叶，一年共喷 6～8 次，或与其他杀菌剂交替使用。防治香蕉黑星病，用 75%可湿性粉剂 1000 倍液，从抽蕾后苞叶未开前开始，雨季 2 周喷 1 次，其他季节每月喷 1 次，注意喷果穗及周围的叶片。

防治荔枝霜霉病，重病园在花蕾、幼果及成熟期各喷 1 次 75%可湿性粉剂 500～1000 倍液。

防治杧果炭疽病，重点是保护花朵提高穗实率和减少幼果期的潜伏侵染，一般是在新梢和幼果期喷 75%可湿性粉剂 500～600 倍液。

防治木菠萝炭疽病、软腐病，在发病初期喷 75%可湿性粉剂 600～800 倍液。

防治人心果肿枝病，冬末和早春连续喷 75%可湿性粉剂 600～800 倍液。

防治杨桃炭疽病，幼果期每 10～15 天喷 1 次 75%可湿性粉剂500～800 倍液。

防治番木瓜炭疽病，于 8～9 月间每隔 10～15 天喷 1 次 75%可湿性粉剂 600～800 倍液，共喷 3～4 次，重点喷洒果实。

百菌清对柿树易产生药害，不宜使用。百菌清有疏花、疏果作用，在果树上使用需注意。

(3) 茶树病害　防治茶白星病的关键是适期施药，应在茶鲜叶展开期或在叶发病率达 6%时进行第一次喷药，在重病区，用 75%可湿性粉剂 800 倍液，每隔 7～10 天再喷 1 次。

防治茶炭疽病、茶云纹叶枯病、茶饼病、茶红锈藻病，于发病初期喷 75%可湿性粉剂 600～1000 倍液。

(4) 林业病害　防治杉木赤枯病、松枯梢病，喷 75%可湿性粉剂 600～1000 倍液。

防治大叶合欢锈病、相思树锈病、柚木锈病等，用 75%可湿性粉剂 400 倍液，每半月喷 1 次，共喷 2～3 次。

(5) 防治橡胶树炭疽病、溃疡病　喷 75%可湿性粉剂 500～800 倍液，或每亩喷 5%粉剂 1.5～2 千克。

(6) 油料作物病害　防治油菜黑斑病、霜霉病，发病初期，每亩用 75%可湿性粉剂 110 克，兑水 50～75 千克喷雾，隔 7～10 天喷 1 次，连喷 2～3 次。防治油菜菌核病，在盛花期，叶病株率 10%、茎病株率 1%时开始喷 75%可湿性粉剂 500～600 倍液，7～10 天喷 1 次，共喷 2～3 次。

防治花生锈病和叶斑病，发病初期，每亩用 75%可湿性粉剂100～125 克，兑水 60～75 千克，或每亩用 75%可湿性粉剂 800 倍液 75 千克，每隔 10～14 天喷 1 次，共喷 2～3 次。

防治大豆霜霉病、锈病，喷 75%可湿性粉剂 700～800 倍液，7～10 天喷 1 次，共喷 2～3 次。对霜霉病自初花期发现少数病株叶背面有霜状斑点、叶面为退绿斑时即开始喷药。对锈病在下部叶片有锈状斑点时即开始喷药。

防治向日葵黑斑病，一般在 7 月末发病初期，喷 75%可湿性粉剂 600～1000 倍液，7～10 天喷 1 次，共喷 2～3 次。

防治蓖麻枯萎病和疫病，在发病初期，喷 75%可湿性粉剂 600～1000 倍液，7～10 天喷 1 次，共喷 2～3 次。

（7）棉麻病害　防治棉苗根病，100 千克棉籽用 75%可湿性粉剂 800～1000 克拌种。防治棉花苗期黑斑病（又称轮纹斑病），在降温前喷 75%可湿性粉剂 500 倍液，有很好的预防效果。

防治红麻炭疽病，播前用 75%可湿性粉剂 100～150 倍液浸种 24 小时后，捞出晾干播种。苗期喷雾，一般在苗高 30 厘米时用 75%可湿性粉剂 500～600 倍液喷雾，对轻病田，拔除发病中心后喷药防止病害蔓延；对重病田，每 7 天喷 1 次，连喷 3 次。

防治黄麻黑点炭疽病和枯腐病，播前用 20～22℃的 75%可湿性粉剂 100 倍液浸种 24 小时；生长期于发病初期喷 75%可湿性粉剂 400～500 倍液。此浓度喷雾还可防治黄麻褐斑病、茎斑病。

防治亚麻斑枯病（又称斑点病），在发病初期，每亩喷 75%可湿性粉剂 500～700 倍液 50～75 千克。

防治大麻秆腐病、霜霉病，苎麻霜霉病，喷 75%可湿性粉剂 600 倍液。

（8）烟草病害　对烟草赤星病、炭疽病、白粉病、破烂叶斑病、蛙眼病、黑斑病（早疫病）、立枯病等，用 75%可湿性粉剂 500～800 倍液，在发病前或发病初期开始喷药，7～10 天喷 1 次，连喷 2～3 次。

防治烟草根黑腐病，用 75%可湿性粉剂 800～1000 倍液喷苗床或烟苗茎基部。

（9）糖料作物病害　防治甘蔗眼点病，在发病初期喷 75%可湿性粉剂 400 倍液，7～10 天喷 1 次，有较好的防治效果。

防治甜菜褐斑病，当田间有 5%～10%病株时开始喷药，每亩用 75%可湿性粉剂 60～100 克，15 天后再喷 1 次。发病早、降雨频繁且连续时间长时，需喷 3～4 次。

(10) 药用植物病害　可防治多种药用植物的炭疽病、白粉病、霜霉病、叶斑类病，如人参斑枯病，北沙参黑斑病，西洋参黑斑病，白花曼陀罗黑斑病和轮纹病，枸杞炭疽病、灰斑病和霉斑病，牛蒡黑斑病，女贞叶斑病，阳春砂仁叶斑病，薄荷灰斑病，落葵紫斑病，白术斑枯病，黄芪、车前草、菊花、薄荷的白粉病，麦冬、萱草、红花、量天尺的炭疽病，百合基腐病，地黄轮纹病，板蓝根霜霉病和黑斑病等，于发病初期开始喷 75%可湿性粉剂 500～800 倍液，7～10 天喷 1 次，共喷 2～3 次，采收前 5～7 天停止用药。

防治北沙参黑斑病，除喷雾外，还可于播前用种子量 0.3%的 75%可湿性粉剂拌种。防治玉竹曲霉病，每亩用 75%可湿性粉剂 1 千克，拌细土 50 千克，撒施于病株基部。防治量天尺炭疽病可于植前用 75%可湿性粉剂 800 倍液浸泡繁殖材料 10 分钟，取出待药液干后再插植。

(11) 花卉病害　是花卉常用药，可防治多种花卉的幼苗猝倒病、白粉病、霜霉病、叶斑类病害，一般于发病初期开始喷 75%可湿性粉剂 600～1000 倍液，7～10 天喷 1 次，共喷 2～3 次。防治幼苗猝倒病，注意喷洒幼苗嫩茎和中心病株及其附近的病土。防治疫霉病在喷植株的同时也应喷病株的土表。棚室里的花卉可使用烟剂。百菌清对梅花、玫瑰花易产生药害，不宜使用。适用的花卉病害有鸡冠花、三色堇、白兰花、茉莉花、栀子花、仙人掌类的炭疽病，月季、芍药、樱草、牡丹的灰霉病，鸡冠花、菊花、一串红的疫霉病及万寿菊茎腐病（疫霉菌），以及月季黑斑病、广玉兰褐斑病、紫薇褐斑病、石竹褐斑病、大丽花褐斑病、荷花黑斑病、福禄考白斑病、朱顶红红斑病、香石竹叶斑病、唐菖蒲叶斑病、苏铁叶斑病、百合叶枯病、郁金香灰霉枯萎病等。

(12) 粮食作物病害　防治麦类赤霉病、叶锈病、叶斑病，每亩用 75%可湿性粉剂 80～120 克，兑水常规喷雾。防治玉米小斑病，每亩用 75%可湿性粉剂 100～175 克，兑水常规喷雾。防治水稻稻瘟病和纹枯病，每亩用 75%可湿性粉剂 100～125 克，兑水常规喷雾。但对上述病害的防治，现已被有关高效杀菌剂所取代。

(13) 10%乳油　为百菌清新剂型，药效远远大于可湿性粉剂。例如防治黄瓜霜霉病，用 10%乳油 200～250 倍液喷雾，可获得较高的防效。

（14）百菌清烟剂　适用于防治温室、大棚等保护地蔬菜多种病害，主要用于防治黄瓜霜霉病和黑星病、番茄叶霉病和早疫病、芹菜斑枯病等。大棚一般每亩用45%烟剂200～250克，从发病初期，每隔7～10天施放1次，全生长期用药4～5次即可控制病害。一般在傍晚临收工前点燃，密闭1夜，第二天早晨打开大棚、温室门窗。

应用熏烟法防治韭菜灰霉病，一般年份在第一月发病较轻，可在发病初期放烟1次即可；第二茬韭菜发病较重，应在韭菜新叶露出地面5厘米时放烟施药，7天后再施药1次。

（15）5%粉剂　是专供大棚、温室等保护地栽培蔬菜用于防治病害的制剂。可防治多种蔬菜的霜霉病、晚疫病、早疫病、炭疽病等。一般1亩大棚或温室用5%百菌清粉尘剂1千克喷粉。喷粉前大棚、温室关闭，从一端开始退步走喷粉，至另一端门口为止，关严门，次日可正常进行农事作业。当温室、大棚较矮，人在其内直立行走不便的情况下，可在大棚顶部，每隔一定距离（例如5米）留一喷粉孔，喷后将孔关闭。

对鱼类及甲壳类动物毒性大，须注意防止污染水源。

317. 百菌清烟剂在温室、大棚中，如何使用？

市场上销售的有45%、30%、28%、20%及10%百菌清烟剂，为灰色粉末或呈圆柱状。适用于防治温室、大棚等保护地蔬菜多种病害，主要用于防治黄瓜霜霉病和黑星病、番茄叶霉病和早疫病、芹菜斑枯病等。大棚一般每亩用45%烟剂200～250克，从发病初期开始，每隔7～10天施放1次，全生长期用药4～5次即可控制病害。一般在傍晚临收工前点燃，密闭1夜，第二天早晨打开大棚、温室门窗。

318. 百菌清粉剂如何在温室、大棚中使用？

百菌清粉剂的使用方法如下。

（1）使用时期　粉尘剂分为两种：一种是防治病害的粉尘剂，另一种是灭蚜粉尘剂。百菌清等防治病害的粉尘剂应在植株发病初期或发病前开始使用，灭蚜粉尘剂应在虫害发生初期使用。

（2）使用方法　最好在早晨放风前1小时或傍晚闭风后喷施。晴天中午在强光高温下易发生药害，应避免使用。喷施时应从棚室远离进出口的一端开始，沿人行道匀速退行，一直退至棚室的进出口，出棚室后将门关好即可。操作者要边走边左右、上下摇动喷粉器的喷粉管，使粉尘均匀喷到棚室空间，并充分悬浮在空中后，自行扩散分布和沉积在叶片上。

（3）使用量及间隔时间　每亩棚室每次用5%百菌清粉尘剂或5%灭蚜粉尘剂1千克。百菌清粉尘剂7～10天喷施1次。灭蚜粉尘剂第一次使用后，下次使用时间视虫情而定。

（4）注意事项　喷粉时粉尘被向前喷出2米以外才开始飘散，而且操作者是向后退行，所以基本上不会与粉尘剂接触。但为了安全，必须按操作规程穿上长袖工作服，配戴眼镜、口罩及防护帽。打完药后必须清洁手、脸以及裸露的肌肤。

319. 用五氯硝基苯处理种子和土壤，可防治哪些病害？

五氯硝基苯是传统的保护性杀菌剂，在土壤中持效期较长，对由丝核菌引起的多种作物苗期病害、禾谷类黑穗病等有良好的防治效果。多用作种子处理和土壤处理。产品为20%、40%粉剂。

（1）防治小麦腥黑穗病、散黑穗病、秆黑粉病等，每100千克种子，用40%粉剂500克拌种。

（2）防治甜菜立枯病，每100千克种子用40%粉剂300～400克拌种。

（3）防治生菜、紫甘蓝的褐腐病，如果苗床是建在重茬地或旧苗床地，每平方米用40%粉剂8～10克，与适量细土混拌成药，取1/3药土撒施于床土上或播种沟内，余下的2/3药土盖于播下的种子上面。如果用40%五氯硝基苯粉剂与50%福美双可湿性粉剂按1∶1混用，则防病效果更好。施药后要保持床面湿润，以免发生药害。

防治黄瓜、辣椒、番茄、茄子、菜豆、生菜等多种蔬菜的菌核病，于苗前或定植前，每亩用40%粉剂2千克，与细土15～20千克混拌均匀，撒施于土中，也撒施于行间。

防治黄瓜、豇豆、番茄、茄子、辣椒等蔬菜的白绢病，播种时施用40%粉剂与4000倍细土制成的药土。发现病株时，用40%粉剂800～900克与细土15～20千克混拌成药土，撒施于病株基部及周围地面上，每平方米撒药土1～1.5千克；或用40%粉剂1000倍液灌根，每株幼苗灌药液400～500毫升。

防治大白菜根肿病、萝卜根肿病，每平方米用40%粉剂7.5克，与适量细土混拌成药土，苗床土壤消毒于播前5天撒施，大田于移栽前

5天穴施。当田间发现病株时，用40%粉剂400～500倍液灌根，每株灌药液250毫升。

防治番茄茎基腐病，在番茄定植发病后，按平方米表土用40%粉剂9克与适量细土混拌均匀后，施于病株基部，覆堆把病部埋上，促使病斑上方长出不定根，可延长寿命，争取产量。也可在病部涂抹40%粉剂200倍液，在药液中加0.1%青油，效果更好。

防治马铃薯疮痂病，每亩用40%粉剂1500～2500克进行土壤消毒(施于播种沟、穴或根际，并覆土)。

防治黄瓜枯萎病，对重病田块于定植前，每亩用40%粉剂3千克，与适量细土混拌均匀后沟施或穴施。

(4) 防治果树病害，对果树白绢病、白纹羽病、根肿病很有效。

防治苹果、梨的白纹羽病和白绢病，用40%粉剂500克，与细土15～30千克混拌均匀，施于根际。每株果树用药100～250克。

防治柑橘立枯病，在砧木苗圃，每亩用40%粉剂250～500克，与细土20～50千克混拌均匀，撒施于苗床上；当苗木初发病时，喷雾或泼浇40%粉剂800倍液。

防治果树苗期丝核菌引起的病害，每平方米用40%粉剂5克，与细土15千克混拌均匀，1/3药土作垫土，2/3药土作盖土。

(5) 防治黄麻黑点炭疽病和枯腐病，100千克种子用40%粉剂500克拌种，密闭15天左右播种。

防治亚麻、胡麻立枯病，100千克种子用40%粉剂200～300克拌种，还可兼治苗期的其他病害。

防治兰麻白纹羽病，每亩用40%粉剂4400克，兑水500千克，沿麻株基部及周围淋浇。

(6) 防治烟草苗期的猝倒病、立枯病、炭疽病，每平方米苗床用40%粉剂8～10克，与适量细土混拌均匀，取药土1/3撒于苗床内，播种后，撒余下的2/3盖种。

(7) 花卉病害，对多种花卉的猝倒病、立枯病、白绢病、基腐病、灰霉病等有效。施用方法有如下两种。①拌种。10千克种子用40%粉剂300～500拌种。②土壤消毒。每平方米用40%粉剂8～9克，与适量细土拌匀后施于播种沟或播种穴。对于疫霉病，在拔除病株后，再施药土。

用五氯硝基苯处理种子或处理土壤，一般不会发生药害，但过量使用会使豆类、洋葱、番茄、甜菜幼苗遭受药害。

320. 敌磺钠是什么样的杀菌剂？如何使用？

敌磺钠又称敌克松，是取代苯基的磺酸盐，因而也被列入有机硫杀菌剂。它是一种选择性种子处理剂和土壤处理剂，对多种土传和种传病害有良好防治效果，对病害防治以保护作用为主，兼有治疗作用。施用后经根、茎吸收并传导。药剂遇光易分解，使用时应注意。

产品有50%、70%、95%可溶性粉剂，1%、1.2%、1.5%、45%、50%可湿性粉剂，55%膏剂。

（1）粮食作物病害　防治水稻病原性烂秧：①播前处理厢面。在稻种下厢前1天，每亩用70%可溶性粉剂1～1.25千克，兑水100～150千克，喷洒或泼洒秧厢，趟平，可以杀灭土壤中潜伏的病原菌，预防播后烂秧。②秧期喷雾。当秧苗1叶1心至2叶期，在早晨出现秧尖卷叶时，或芽色出现锈色、干枯时，每亩用70%可溶性粉剂50～100克，兑水50千克喷雾，或每亩用药1.25千克，拌细土15～20千克，撒施。露地育秧，在2～3叶期，当强冷空气到来前后应及时用药。防治水稻秧田立枯病，每亩用50%可溶性粉剂或湿粉1.3～1.8千克，兑大量水喷洒或泼浇苗床。防治小麦黑穗病，100千克种子用55%膏剂545克或45%湿粉667克拌种。有资料介绍用种子量0.3%的70%可溶性粉剂拌种，可防治小麦霜霉病。防治谷子白粉病、高粱和玉米丝黑穗病，100千克种子用50%可溶性粉剂600克拌种。

（2）蔬菜病害　对大白菜软腐病，在发现菜株个别外叶发蔫时，及时用70%可溶性粉剂600倍液顺叶柄徐徐浇灌。每株用药液不少于500毫升，每4～5天浇灌1次，连续2～3次即可。也可采用喷雾法，7天1次，连喷2～3次，但防病效果不如浇根。防治豇豆根腐病，于发病初期，用70%可溶性粉剂1000倍液喷淋或浇灌，每株用药液400毫升，每亩用药液60～65千克。10天1次，连用2～3次。防治黄瓜和番茄的枯萎病、茄子黄萎病，用70%可溶性粉剂600倍液灌根。每株300～400毫升，7天1次，连用3次。或用药10克与面粉20克调成糊状，涂抹病株茎基部。防治马铃薯环腐病，100千克种薯用50%可溶性粉剂或湿粉或55%膏剂300～400克拌种。防治菜豆细菌性疫病，10千克种子用50%可溶性粉剂60克拌种。防治菜苗根腐病，播前每亩用70%可溶性粉剂150克拌细土15～20千克，沟施或穴施后播种。出苗后于发病前或发病初期，喷70%可溶性粉剂800倍液。防治黄瓜疫病、炭疽病，茄子绵疫病，魔芋软腐病，用70%可溶性粉剂600～1000倍液茎叶喷雾及喷洒病株附近地面，5～7 天 1 次，连喷 4～5 次。也可喷雾与病株灌药同时进行。防治菱角白绢病，用 95％可溶性粉剂 500 倍液，于病害发生初期及早喷 2～3 次，或在拔除中心病株后及时喷药封锁。

（3）果树病害　主要用于防治果树砧木、种子、土传病害，对藻状菌类所致的病害特效，适用于种苗消毒和保护发芽种子。果树苗床土壤消毒，按每平方米用 50％可溶性粉剂 6～8 克与 4000 倍的细沙土拌匀，播前撒施于播种沟内约 1 厘米厚，播种后再用剩余的药土盖种；或用 50％可溶性粉剂 500～600 倍液浇灌或喷施于播种沟内。若与 3 倍的五氯硝基苯混用，则效果更好。防治柑橘、山楂等苗木的立枯病，在发病初期，用 70％可溶性粉剂 700～1000 倍液喷洒根颈部，有较好的防治效果。防治柑橘苗疫病，在嫁接苗抽发春、夏梢时，喷 70％可溶性粉剂 700～1000 倍液。防治梅溃疡病，于谢花后发病初期，喷 70％可溶性粉剂 500～700 倍液。防止苹果树腐烂病疤复发，用 70％可溶性粉剂 30～50 倍液涂抹刮治后的病疤。防治西瓜猝倒病，在发病初期，每亩用 70％可溶性粉剂 100 克，兑水 50 千克喷雾。

（4）林业病害　防治松、杉苗木立枯病、根腐病，100 千克种子用 95％可溶性粉剂 150～300 克拌种，或用 95％可溶性粉剂 650～1200 倍液于苗床发现病害时立即喷雾。防治橡胶割面条溃疡病，于割胶当天下午或第二天上午，用 70％可溶性粉剂 40～70 倍液涂抹刀口部位或用 100～200 倍液喷于刀口部位。

（5）棉麻病害　防治棉花立枯病、炭疽病等根苗病害，100 千克种子用 50％可溶性粉剂 400～500 克拌种，或将药剂与 10 千克细土拌和成药土后与种子拌匀，再播种。防治棉枯萎病、棉黄萎病，于发病初期，用 95％可溶性粉剂 2000 倍液灌根，每株灌药液 500 毫升，有较好的防治效果。防治红麻、黄麻立枯病，齐苗后，每亩用 95％可溶性粉剂 100 克，兑水 50 千克喷雾，5～7 天喷 1 次，连喷 2～3 次。防治剑麻斑马纹病的用法有二：①在病害流行期间，用 70％可溶性粉剂 400 倍液，喷洒麻叶的正反面及脚叶，每月 1 次，连喷 4～5 次，割叶后预报有雨，应及时喷药保护，以防病菌从伤口侵入引发茎腐。②病穴消毒，在病穴及其周围地面撒施药土，用 70％可溶性粉剂与 10 倍量的干细土混拌均匀，每病穴施药土 250 克；或用 70％可溶性粉剂 250 倍液淋灌，每病穴淋药液 2.5～5 千克，同时喷洒地面土壤。

（6）烟草病害　防治猝倒病、黑胫病，在移栽或培土之前各施药 1 次，每亩用 50％可溶性粉剂或 55％膏剂 400 克，与细土 15～20 千克拌匀，撒施于烟苗烟株周围，并立即覆土。也可用500倍液浇灌。

（7）防治甜菜立枯病、根腐病、蛇眼病及细菌性斑枯病　100千克种子用50%可溶性粉剂950～1500克拌种；或每亩用50%可溶性粉剂3千克，与细土100千克混拌均匀后沟施或穴施。

（8）药用植物病害　防治人参立枯病，100千克种子用70%可溶性粉剂200克拌种；当幼苗发病时，每亩用70%可溶性粉剂30～50克，兑水50千克浇根。防治薄荷白绢病，在拔除病株后，用95%可溶性粉剂800倍液对病穴及其邻近植株淋灌，每株（穴）淋灌药液400～500毫升。防治量天尺枯萎腐烂病，于发病初期用70%可溶性粉剂800倍液喷淋病穴。

（9）防治油菜软腐病　在发病初期，每亩用70%可溶性粉剂250～500克，兑水75千克喷雾或泼浇，7天后再施药1次。

（10）花卉病害　防治兰花、君子兰、万寿菊、郁金香等多种花卉植物的白绢病，按每平方米用70%可溶性粉剂6～10克，与适量细土拌匀后，撒施入土壤内或施于种植穴内，再行栽植。防治万寿菊茎腐病（疫霉菌），对病重的圃地，按每平方米用70%可溶性粉剂6～10克处理土壤。防治四季秋海棠茎腐病（立枯丝核菌），用70%可溶性粉剂600～800倍液喷植株茎基部。防治仙人掌类茎腐病（尖镰孢菌、茎点霉菌、长蠕孢菌等引起），定期用70%可溶性粉剂800～1000倍液喷雾。由于敌磺钠遇光易分解，应避光储存，药液现配现用，并宜在傍晚或阴天喷雾。

321. 十三吗啉可防治哪些病害？

十三吗啉内吸性好，对白粉病和叶斑病等真菌病害防治效果非常不错，还可以用其灌根治疗根部病害。十三吗啉主要用于防治谷类白粉病和香蕉叶斑病，对其他真菌病害，如橡胶树的白根病、红根病、褐根病、白粉病，咖啡眼斑病，茶叶的饼病，瓜类的白粉病及花木的白粉病等具有良好的防效。

对农作物，适用对象有作物小麦、大麦、黄瓜、马铃薯、豌豆、香蕉、茶树、橡胶等。防治对象为小麦和大麦白粉病、叶锈病和条锈病，黄瓜、马铃薯、豌豆白粉病，橡胶树白粉病，香蕉叶斑病。

防治橡胶红根病和白根病，在病树基部周围挖一条15～20厘米深的环形沟，每株用75%乳油20～30毫升，兑水2千克，先用1千克药液淋浇沟内，覆土后将另1千克药液淋浇沟上。每6周淋浇药1次，共淋浇 4 次。

防治香蕉褐缘灰斑病，用 75%乳油 500 倍液喷雾，效果较好。

防治甜菜白粉病，发病初期及时喷 75%乳油 5000 倍液。

防治麦类白粉病，发病初期，一般喷 75%乳油 2000～3000 倍液，或每亩用 75%乳油 33 毫升，兑水常规喷雾。

防治茶树茶饼病，于发病初期，每亩用 75%乳油 13～33 毫升，兑水 60～70 千克喷雾。

322. 烯酰吗啉应如何合理使用?

单剂为 50%可湿性粉剂，防治黄瓜霜霉病，每亩用制剂 30～40 克，兑水常规喷雾。

烯酰吗啉主要通过喷雾防治病害，根颈部受害的也可对根颈部及其周围土壤喷淋。防治葡萄、荔枝或根颈部病害时，一般使用 50%可湿性粉剂或 50%水分散粒剂 1500～2000 倍液，或 80%水分散粒剂 2000～3000 倍液，或 40%水分散粒剂 1000～1500 倍液，或 25%可湿性粉剂 800～1000 倍液，或 10%水乳剂 300～400 倍液，喷雾或喷淋；防治瓜类、茄果类、叶菜类及烟草等作物的病害时，一般每亩使用 35～50 克有效成分的药剂，兑水 30～60 升喷雾。在病害发生前或初见病斑时用药效果好。

注意事项：使用时应严格遵守农药安全使用规定，做好安全防护。每季作物使用本品不要多于 3 次，安全间隔期 2 天。建议与其他作用机制不同的杀菌剂轮换使用，以延缓抗性的产生。本品对鱼类有毒，施药期间应避免污染鱼塘、河流和水源。用过的包装应妥善处理，不可做他用，也不可随意丢弃。

323. 氟吗啉是什么样的杀菌剂?

氟吗啉的生物性能与烯酰吗啉基本相同，但其生物活性更高，尤其是治疗作用和抑制孢子萌发作用明显优于烯酰吗啉；持效期长，约为 16 天，推荐两次用药间隔时间为 10～13 天，显著长于常用杀菌剂 7 天左右。

氟吗啉对卵菌类引起的黄瓜霜霉病、白菜霜霉病、番茄晚疫病、辣椒疫病、葡萄霜霉病等有优异的活性。对甲霜灵等苯基酰胺类杀菌剂敏感的或有抗性的菌株均有活性。

324. 三乙膦酸铝可防治哪些病害？

三乙膦酸铝是一种有机磷类内吸性杀菌剂，具有保护和治疗作用。对霜霉属、疫霉属等藻菌引起的病害有良好的防效。

三乙膦酸铝兼具保护和治疗作用。杀菌谱广，对霜霉病有特效，对一些蔬菜疫病也有较好的防治效果。主要供叶面喷雾，也可浇灌土壤和浸根。产品有40%和80%可湿性粉剂、90%可溶性粉剂。

（1）蔬菜病害　防治蔬菜的霜霉病，用90%可溶性粉剂500～1000倍液或80%可湿性粉剂400～800倍液或40%可湿性粉剂200～400倍液喷雾，间隔7～10天喷1次，共喷3～4次。

防治瓜类白粉病、番茄晚疫病、马铃薯晚疫病、黄瓜疫病等，用90%可溶性粉剂500～1000倍液喷雾。在黄瓜幼苗期施药，要适当降低使用浓度，否则会发生药害。

防治辣椒疫病，主要采取苗床土壤消毒，每平方米用40%可湿性粉剂8克，与细土拌成毒土。取1/3的毒土撒施苗床内，播种后用余下的2/3毒土覆盖。防治辣椒苗期猝倒病，在发病初期开始用40%可湿性粉剂300倍液喷雾，隔7～8天喷1次，连喷2～3次，注意对茎基部及其周围地面都要喷到。

（2）果树病害　防治葡萄霜霉病，于发病初期开始施药，用80%可湿性粉剂400～600倍液喷雾，视降雨情况，隔10～15天与其他杀菌剂交替施药1次，共施药3～4次。

防治苹果轮纹病，兼治斑点落叶病，于苹果谢花10天左右有降雨后，用80%可湿性粉剂700～800倍液混50%多菌灵可湿性粉剂800倍液开始喷第一次药，以后视降雨情况，间隔10～15天喷1次，无雨不喷，至8月底、9月初结束。

防治苹果果实疫腐病，于发病初期喷80%可湿性粉剂700倍液，与其他杀菌剂交替使用，隔10～15天喷1次。防治苹果树干基部的疫腐病，可用刀尖划道后，涂抹80%可湿性粉剂50～100倍液。

防治苹果黑星病，在刚发病时喷80%可湿性粉剂600倍液，以后视降雨情况，隔15天左右与其他杀菌剂交替喷药1次。

防治梨树颈腐病，用刀尖划道后，涂抹80%可湿性粉剂50～100倍液。

防治柑橘苗期疫病，在雨季发病初期，用80%可湿性粉剂200～400倍液喷雾。防治柑橘脚腐病，春季用80%可湿性粉剂200～300倍液喷布叶面。防治柑橘溃疡病，于夏、秋季嫩梢抽发期，芽长 1～3 厘米和幼果期，用 80%可湿性粉剂 300～600 倍液各喷 1 次。

防治荔枝霜疫病，在花蕾期、幼果期和果实成熟期，用 80%可湿性粉剂 600～800 倍液各喷施 1 次。

防治菠萝心腐病，在苗期和花期，用 80%可湿性粉剂 500～600 倍液喷雾或灌根。

防治油梨根腐病，用 80%可湿性粉剂 80～150 倍液注射茎干或用 200 倍液淋灌根颈部。

防治鸡蛋果茎腐病，用 80%可湿性粉剂 800 倍液淋灌根颈部。

防治草莓疫腐病，于发病初期，用 80%可湿性粉剂 400～800 倍液灌根。

防治西瓜褐斑病，用 80%可湿性粉剂 400～500 倍液喷雾。

（3）防治啤酒花霜霉病　用 80%可湿性粉剂 600 倍液喷雾，间隔 10～15 天，共喷 2～3 次。

（4）防治烟草黑胫病　在烟苗培土后，每亩用 80%可湿性粉剂 500 克，兑水 50 千克，重喷根颈部，或每株用 1 克兑水灌根，隔 10～15 天再施 1 次。

（5）水稻病害　防治水稻纹枯病、稻瘟病等，一般每亩用有效成分 94 克，或用 90%可溶性粉剂或 80%可湿性粉剂 400 倍液或 40%可湿性粉剂 200 倍液喷雾。

（6）棉花病害　防治棉花疫病，用 90%可溶性粉剂或 80%可湿性粉剂 400～800 倍液喷雾，间隔 7～10 天，连喷 2～3 次。苗期疫病在棉苗真叶期开始喷药，棉铃疫病于盛花后 1 个月开始喷药。与多菌灵、福美双混用，可提高防效。

防治棉铃红粉病，在发病初期开始施药，喷 80%可湿性粉剂 600 倍液，隔 10 天喷 1 次，连喷 2～3 次。

（7）防治橡胶树割面条溃疡病　用 80%可湿性粉剂 100 倍液，涂抹切口。

（8）防治胡椒瘟病　用 80%可湿性粉剂 100 倍液喷洒，或每株用药 1.25 克，兑水灌根。

（9）茶树病害　防治由腐霉菌引起的茶苗绵腐性根腐病（茶苗猝倒病），每亩用 90%可溶性粉剂（150～175 克），兑水 75 千克，对茶苗茎基部喷雾，间隔 10 天喷 1 次，共施药 2～3 次。或用 90%可溶性粉剂 100～150 倍液浇灌土壤，也可每株扦插茶苗用药 0.5 克兑水淋浇根部。

防治茶红锈藻病，于4～5月子实体形成期，每亩用40%可湿性粉剂190克，兑水400倍，喷洒茎叶，间隔10天喷1次，共施药2～3次。

（10）药用植物病害　防治板蓝根、车前草和薄荷的霜霉病、西洋参疫病、百合疫病、怀牛膝白粉病等，用80%可湿性粉剂400～500倍液喷雾，间隔10天左右喷1次，共施药2～3次。采收前5天停止用药。

防治延胡索（元胡）霜霉病，分两个时期施药：①种茎处理。播前用80%可湿性粉剂400倍液浸元胡块茎24～72小时，晾干后播种。②在系统侵染症状出现初期，喷80%可湿性粉剂500倍液，间隔10天喷1次，共喷施2～3次。

（11）花卉病害　防治草本花卉霜霉病、月季霜霉病、金鱼草疫病等，用80%可湿性粉剂400～800倍液喷雾，间隔7～10天喷1次，共喷施2～3次。

防治菊花、鸡冠花、凤仙花、紫罗兰、石竹、马蹄莲等多种花卉幼苗猝倒病，在发病初期及时喷80%可湿性粉剂400～800倍液，注意喷洒幼苗嫩茎和中心病株及其周围地面。间隔7～10天喷1次，共喷施2～3次。

防治非洲菊等花卉的根茎腐烂病（根腐病），用80%可湿性粉剂500～800倍液灌根。

（12）麻类病害　防治大麻霜霉病、苘麻霜霉病，于发病初期及时喷80%可湿性粉剂400～500倍液，间隔7～10天喷1次，共喷施2～3次。

防治剑麻斑马纹病的用法有二：①田间喷雾。在病害流行期间，用40%可湿性粉剂400倍液，喷洒叶的正面及脚叶，每月喷1次，连喷4～5次，割叶后预报有雨，应在雨前喷药保护，减少病菌从伤口侵入，防止发生茎腐病。②淋灌病穴。在病穴及其周围用40%可湿性粉剂400倍液淋灌，每穴2.5～5千克药液，同时喷洒地面。三乙膦酸铝连续单用，容易引起病菌产生抗药性，如遇有药效明显降低的情况，不宜盲目增加用药量，应与其他杀菌剂轮用、混用。

325. 甲基立枯磷能防治哪些病害?

甲基立枯磷为有机磷杀菌剂，主要起保护作用，持效期长，适用于防治土传病害，对半知菌、担子菌和子囊菌等有很强的杀菌活性，对立枯病菌、菌核病菌、雪腐病菌等有卓越的毒杀作用，对马铃薯茎腐病和黑斑病有特效。施药方法有拌种、浸种、毒土、土壤撒施。产品为20％乳油。

（1）蔬菜病害　防治黄瓜、冬瓜、番茄、茄子、甜（辣）椒、白菜、甘蓝苗期立枯病，发病初期喷淋20％乳油1200倍液，每亩喷2～3千克。视病情隔7～10天喷1次，连续防治2～3次。

防治黄瓜、苦瓜、南瓜、番茄、豇豆、芹菜的白绢病，发病初期用20％乳油与40～80倍细土拌匀，撒在病部根茎处，每株撒毒土250～350克。必要时也可用20％乳油1000倍液灌穴或淋灌，每株（穴）灌药液400～500毫升，隔10～15天再施1次。

防治黄瓜、节瓜、苦瓜、瓠瓜的枯萎病，发病初期用20％乳油900倍液灌根，每株灌药液500毫升，间隔10天左右灌1次，连灌2～3次。

防治黄瓜、西葫芦、番茄、茄子的菌核病，定植前每亩用20％乳油500毫升，与细土20千克拌匀，撒施并耙入土中。或在出现子囊盘时用20％乳油1000倍液喷施，间隔8～9天喷1次，共喷3～4次。病情严重时，除了喷雾，还可用20％乳油50倍液涂抹瓜蔓病部，以控制病害扩张，并有治疗作用。

防治甜瓜蔓枯病，发病初期在根茎基部或全株喷布20％乳油1000倍液，隔8～10天喷1次，共喷2～3次。

防治葱、蒜白腐病，每亩用20％乳油3千克，与细土20千克拌匀，在发病点及附近撒施，或在播种时撒施。

防治番茄丝核菌果腐病，喷20％乳油1000倍液。

（2）防治棉花立枯病等苗期病害　每100千克种子用20％乳油1～1.5千克拌种。

（3）防治水稻苗期立枯病　每亩用20％乳油150～220毫升，兑水喷洒苗床。

（4）防治烟草立枯病　发病初期，喷布20％乳油1200倍液，隔7～10天喷1次，共喷2～3次。

（5）防治甘蔗虎斑病　发病初期，喷布20％乳油1200倍液。

（6）防治药用植物病害　防治薄荷白绢病，当发现病株时及时拔除，对病穴及邻近植株淋灌20％乳油1000倍液，每穴（株）淋药液400～500毫升。防治佩兰白绢病，发病初期，用20％乳油与40～80倍细土拌匀，撒施在病部根茎处；必要时喷布20％乳油1000倍液，隔

7～10 天再喷 1 次。

防治莳萝立枯病，发病初期，喷淋 20％乳油 1200 倍液，间隔 7～10 天再防治 1～2 次。

防治枸杞根腐病，发病初期，浇灌 20％乳油 1000 倍液，经一个半月可康复。

防治红花猝倒病，采用直播的，用 20％乳油 1000 倍液，与细土 100 千克拌匀，撒在种子上覆盖一层，再覆土。

326. 嘧霉胺是什么样的杀菌剂？

嘧霉胺为传统杀菌剂，属苯胺基嘧啶类，为当前传统药物中防治黄瓜灰霉病，番茄灰霉病、枯萎病活性较高的杀菌剂。其作用机理独特，是通过抑制病菌浸染酶的产生从而阻止病菌的侵染并杀死病菌。

对常用的非苯胺基嘧啶类（苯并咪唑类及氨基甲酸酯类）杀菌剂已产生抗药性的灰霉病菌有强效，主要抑制灰葡萄孢霉的芽管伸长和菌丝生长，在一定的用药时间内对灰葡萄孢霉的孢子萌芽也具有一定抑制作用。

同时具有内吸传导和熏蒸作用，施药后迅速达到植株的花、幼果等喷雾无法达到的部位杀死病菌，尤其是加入卤族特效渗透剂后，可增加在叶片和果实的附着时间和渗透速度，有利于吸收，使药效更快、更稳定，目前国内合成成功的有 41％聚砹・嘧霉胺。此外嘧霉胺对温度不敏感，在相对较低的温度下施用不影响药效。

防治对象：嘧霉胺具有保护和治疗作用，是防治灰霉病、枯萎病的一种高效、低毒杀菌剂，具有内吸传导和熏蒸作用，施药后可迅速传到植物体内各部位，有效抑制病原菌侵染酶的产生，从而阻止病菌侵染，彻底杀死病菌。与其他杀菌剂无交互抗性，而且在低温下使用，仍有非常好的保护和治疗效果。用于防治黄瓜、番茄、葡萄、草莓、豌豆、韭菜等作物灰霉病、枯萎病以及果树黑星病、斑点落叶病等。

防治黄瓜、番茄等的灰霉病，在发病前或初期，每亩用 40％嘧霉胺25～95 克，兑水 800～1200 倍，每亩用水量 30～75 千克，植株大，高药量、高水量；植株小，低药量、低水量，每隔 7～10 天用一次，共用 2～3 次。一个生长季节防治需用药 4 次以上，应与其他杀菌剂轮换使用，避免产生抗性。露地菜用药应选早晚风小、低温时进行。

327. 嘧菌环胺对何类病害有特效？

嘧菌环胺是专门针对灰霉病的一种治疗性农药，对茄子灰霉病可以用。灰霉病病害是一种典型的真菌性气传病害，可随空气、水流以及农事作业传播。属低温高湿型病害，较难防控和治疗！在发病初期使用嘧菌环胺，不要大量发病时再用，那时已经迟了。建议一季最多使用2～3次，次数太多易产生抗性，可加百菌清同时使用，保护与治疗同时进行。嘧菌环胺为当前防治灰霉病、枯萎病和立枯病活性最高的杀菌剂。嘧菌环胺属蛋氨酸生物合成抑制剂，同三唑类、咪唑类、吗啉类、苯基吡咯类等无交互抗性。主要用于防治灰霉病、白粉病、黑星病、颖枯病以及小麦眼纹病等。

328. 乙嘧酚防治黄瓜白粉病，如何使用?

防治黄瓜白粉病用法用量：乙嘧酚叶面喷施800～1000倍液。

注意事项：产品安全间隔期为7天，每季作物最多施药3～4次。本品不可与呈强碱性的农药等物质混合使用。使用本品时应穿戴防护服和手套，避免吸入药液。施药期间不可吃东西和饮水。施药后应及时洗手和洗脸。孕妇及哺乳期妇女应避免接触。

329. 氟啶胺有何特性? 可防治哪些病害?

氟啶胺属吡啶类杀菌剂。依作用机理划分，其为线粒体氧化磷酰化解偶联剂，通过抑制孢子萌发、菌丝生长和孢子形成而抑制病原菌侵染，其保护效果优于常规保护性杀菌剂。杀菌谱广，对疫霉病、灰霉病、霜霉病、黑星病、黑斑病以及水稻稻瘟病和纹枯病、草坪斑点病等具有良好防效，对十字花科作物根肿病和水稻猝倒病也有很好的防效，还显示有杀螨活性。产品为500克/升悬浮剂。防治辣椒疫病和马铃薯晚疫病，每亩用制剂3克，兑水喷雾。

防治果树的白根腐病或紫根腐病，采用以下两种方法：①挖掘法，即围绕树干挖一个个半径50～100厘米、深30厘米的坑，除去坏死的根和根表面的菌丝，再往坑中浇灌浓度为1000毫克/升的氟啶胺药液50～100升，并培入足量的土壤与之混匀；②土壤喷射器法，即不挖坑，将药液装入一个特制的土壤喷射器内，喷射入树干周围的土壤内。

330. 咯菌腈应如何使用?

咯菌腈为非内吸苯吡咯类悬浮种衣剂，高效广谱。对子囊菌、担子菌、半知菌等许多病原菌引起的种传和土传病害有非常好的防效。在种子萌芽时，可被少量吸收，从而可以控制种子和颖果内部的病菌；同时咯菌腈在土壤中几乎不移动，因此能够一直保留在种子周围的区域，对作物根部提供长期的保护。另外咯菌腈优良的剂型使得种子包衣成膜快，不脱落。对作物种子安全，耐受性好，包衣种子可直接播种，在适当储存条件下也可放至下一个播种季节播种。是全球为数不多获得美国环保局“低风险”认证的产品之一。广泛应用于多种作物，如棉花、小麦、花生、大豆、水稻等。

咯菌腈防治枯萎病的使用方法如下。

① 种子处理，用咯菌腈进行种子包衣（10 毫升可以处理 2 千克种子）。

② 苗床浇洒淋根处理，在移栽前 1～2 天用咯菌腈 2000 倍液浇洒苗床，也可在起苗后用咯菌腈 2000 倍液淋根或蘸根。

在瓜类移栽时用 4000 倍液浇定根水，每亩用药液量约为 300 千克（需用咯菌腈 70～80 毫升）。

③ 在枯萎病易发时期用咯菌腈 2000 倍液进行灌根，每亩用药液量约为 150 千克。进行灌根时可将喷雾器的喷头去掉，对准植株茎基部，让药液缓慢进入土壤。

④ 病害初发时及早用药防治，根茎基部出现水渍状的症状后立即用咯菌腈 1500 倍液灌根及喷雾。

331. 噁霉灵防治立枯病，如何使用?

噁霉灵是一种内吸性杀菌剂，能被植物的根吸收在根系内移动，在植株体内代谢产生两种糖苷，对作物有提高生理活性的效果，促进根部生长，提高幼苗抗寒性。

噁霉灵又是一种优良的土壤消毒剂，对土壤中的腐霉菌、镰刀菌有高效，土壤施药后，药剂与土壤中的铁、铝离子结合，抑制病菌孢子萌发。而对土壤中病菌以外的细菌、放线菌的影响很小，所以对土壤中微生物的生态不产生影响。因而常用于种子消毒和土壤处理，而与福美双混用则效果更好。产品有 70%可湿性粉剂，8%、15%、30%水剂，商品名有优土菌消、明奎灵、绿亨一号等。

（1）防治稻苗立枯病　在水稻秧田、苗床、育秧箱（盘），于播前每平方米用 30%水剂 3～6 毫升（每亩用有效成分60～120 克），兑水 3 千克，喷透为止，然后再播种。秧苗 1～2 叶期如发病可在移栽前再喷一次。

（2）防治甜菜立枯病　每 100 千克种子，用 70%可湿性粉剂 400～

700 克，混合后拌种。因闷种容易产生药害，不宜采用。田间发病初期，用 70%可湿性粉剂 3300 倍液喷洒或灌根。

防治甜菜根腐病和苗腐病，必要时喷洒或浇灌 70%可湿性粉剂 3000～3300 倍液。

（3）防治西瓜枯萎病　用 30%水剂 600～800 倍液喷淋苗床或本田灌根。

（4）防治黄瓜、番茄、茄子、辣椒的猝倒病、立枯病　发病初期喷淋 15%水剂 1000 倍液，每平方米喷药液 2～3 千克。

防治黄瓜枯萎病，定植时每株浇灌 15%水剂 1250 倍液 200 毫升。

（5）防治烟草猝倒病、立枯病　发病初喷 70%可湿性粉剂 3000～3300 倍液。

（6）防治药用植物红花猝倒病　移栽时用 15%水剂 450 倍液灌穴。防治莳萝立枯病，发病初喷淋 15%水剂 450 倍液，隔 7～10 天再施 1 次。

（7）防治茶苗猝倒病、立枯病　在种植前，每亩用 70%可湿性粉剂 50～150 克，兑水土施，或每亩用 15%水剂 250～800 毫升，兑水喷于土面。

使用噁霉灵拌种时，以干拌最安全，湿拌或闷种易产生药害。应严格控制用药量，以防抑制作物生长。

332. 啶菌唑防治灰霉病，如何使用?

药剂防治是控制番茄灰霉病的重要措施，但近年来灰霉病病菌逐渐对甲基硫菌灵、腐霉利等常用药产生了抗药性。有资料介绍，啶菌唑具有预防、治疗作用和内吸传导性，能有效抑制灰霉病病菌菌丝生长、孢子萌发及芽管伸长，与常规杀菌剂甲基硫菌灵、腐霉利等作用机制不同，不存在交互抗性。

番茄大棚内药剂为 25%啶菌唑乳油、50%腐霉利可湿性粉剂和 70%甲基硫菌灵可湿性粉剂，其中 25%啶菌唑乳油设 750 倍液、1000 倍液、1500 倍液，50%腐霉利可湿性粉剂和 70%甲基硫菌灵可湿性粉剂均设 1000 倍液处理。在番茄开花结果期施药，每亩喷药液60 千克，每隔 7 天 1 次。25%啶菌唑乳油对番茄灰霉病有良好防效，其中以 750 倍液处理的防效最高，两年防效分别为 94.7%和 94.4%；1000 倍液次之，两年防效分别为 89.5%和 87.5%，均明显优于 50%腐霉利可湿性粉剂和 70%甲基硫菌灵可湿性粉剂处理（两年的防效分别为 79.7%、

82.1%和69.5%、70.2%）；25%啶菌唑乳油1500倍液处理两年的防效分别为83.3%和78.5%，与50%腐霉利可湿性粉剂1000倍液的防效相近，优于70%甲基硫菌灵可湿性粉剂1000倍液。

25%啶菌唑乳油对番茄灰霉病的防效明显优于50%腐霉利可湿性粉剂和70%甲基硫菌灵可湿性粉剂，用750～1000倍液（每亩用药60～100毫升，发病严重时可适当增加用药量）喷雾，掌握在灰霉病发病初期用药，每隔7天一次，连续防治3～4次。为延缓病菌抗药性产生，需将该药与其他多种杀菌剂交替使用。

333. 噻霉酮防治黄瓜霜霉病，如何使用？

噻霉酮属噻唑啉酮类，制剂为1.0%水乳剂。对真菌病害有预防和治疗作用，防治黄瓜霜霉病，于发病前或发病初期开始，每亩用1.5%水剂116～175毫升兑水常规喷雾，7～10天喷1次，连喷3～4次。在黄瓜采收前10天停止用药。

334. 烯丙苯噻唑防治稻瘟病，如何使用？

烯丙苯噻唑产品为8%颗粒剂，为一种植物诱导抗病激活剂，能诱导水稻植株体内产生α-亚麻酸，增强与植物抗病性相关的酶的活性，并使侵染部位寄主细胞形成了类木质素的保护层。可用于水稻秧田、育秧箱和本田，本田应在移栽前施药，能促进水稻根系吸收，保护稻苗不受病菌侵染。一般每亩用制剂1.67～3.3千克撒施。

335. 叶枯唑能防治哪些细菌性病害？

叶枯唑是内吸性杀菌剂，具有保护和治疗作用。主要用于防治细菌性病害，持效期10～15天。产品为15%、20%、25%可湿性粉剂。防治水稻白叶枯病，每亩用20%可湿性粉剂100～150克，兑水40～50千克喷雾。病情严重时，可适当增加用药量。秧田在3～4叶期和移栽前5天各施药1次；本田在发病初期和齐穗期各施药1～2次，间隔7～10天。在发病季节，如遇台风或暴雨，要在风雨过后立即喷药保护。防治水稻细菌性条斑病，使用方法同水稻白叶枯病。防治小麦黑颖病，每亩用25%可湿性粉剂100～150克，兑水50～70千克，于发病初期开始喷药，过7～10天再喷1次。防治柑橘溃疡病，一般是喷25%可湿性粉剂500～800倍液。苗木和幼树，在夏、秋梢长1.5～3厘米，叶片刚转绿时（新芽萌发后20～30天）各喷药1次；成年结果树在谢花后10天、

30天、50天各喷药1次；若遇台风天气，应在风雨过后及时喷药保护嫩梢和幼树。防治姜瘟，在挖取老姜后，用25%可湿性粉剂1500倍液淋蔸。防治番茄青枯病，用20%可湿性粉剂300～500倍液灌根。防治大白菜软腐病，每亩用20%可湿性粉剂100～150克，兑水喷雾。

336. 噻唑锌防治水稻细菌性条斑病，如何使用？

噻唑锌是一种噻唑类有机锌杀菌剂，产品为20%悬浮剂，可于发病初期开始，每亩用制剂100～125毫升，兑水50千克喷雾，间隔7～10天施药1次，喷雾次数视病而定。在推荐剂量下对水稻安全。

337. 三环唑防治稻瘟病，如何使用？

三环唑是防治稻瘟病专用杀菌剂，又称克瘟唑、克瘟灵、比艳稻瘟唑，是由美国礼来公司开发的一种选择性内吸保护杀菌剂，专利号BP1419121，因其分子结构含有三唑环，也被列入三唑类杀菌剂。杀菌作用机理主要是抑制附着孢黑色素的形成，从而抑制孢子萌发和附着孢形成，阻止病菌侵入和减少稻瘟病菌孢子的产生。三环唑具有较强的内吸性，能迅速被水稻根茎叶吸收，并输送到稻株各部，一般在喷洒后2小时稻株内吸收药量可达饱和。产品有20%和75%可湿性粉剂。

三环唑防病以预防保护作用为主，在发病前使用，效果最好。采用喷雾法的具体操作为：防治苗瘟，在秧苗3～4叶期或移栽前5天，每亩用20%可湿性粉剂50～75克兑水喷雾；防治叶瘟及穗颈瘟，在叶瘟初发病时或孕穗末期至始穗期，每亩用20%可湿性粉剂75～100克兑水喷雾；穗颈瘟严重时，间隔10～14天再施药1次。

338. 三环唑浸秧防治稻叶瘟效果为什么好？

三环唑是内吸性较强的杀菌剂，用于防治稻叶瘟病，试验结果表明，采用药液浸秧法的防病效果优于拔秧前喷雾，其原因有三：①三环唑在稻秧体内主要是向上传导，药液浸秧使根系秧叶受药均匀，可较好地防止带病秧苗传入本田。秧苗在后期生长郁密，病斑集中在叶片的中下部，喷雾难以到达，病苗移栽入本田，就加大了本田防治面积。②浸秧比喷雾的持效期长，一般喷雾法的持效期为15天左右，浸秧法持效期可达25～30天。③浸秧增强了药剂的内吸速度，0.5小时后内吸药量即达饱和。

三环唑浸秧的具体做法是：将20%三环唑可湿性粉剂750倍液盛

入水桶中，或就在秧田边挖一浅坑，垫上塑料薄膜，装入药液，把拔起的秧苗捆成把，稍甩一下水放入药液中浸泡 1 分钟左右捞出，堆放 0.5 小时后即可栽插。用药液浸秧，有时会引起发黄，但不久即能恢复，不影响稻秧以后的生长。

339. 霜脲氰应如何使用?

霜脲氰是一种高效、低毒杀菌剂，对霜霉目真菌如疫霜属、霜霉属、单轴霜属有效。霜脲氰与其他保护性杀菌剂混用广泛，用于黄瓜、葡萄、番茄、荔枝、十字花科蔬菜及烟草等。在一般储存条件下和在中性或弱酸性介质中稳定。霜脲氰是一种广谱性杀真菌剂，具有触杀和预防作用。对大多数由子囊菌和半知菌引起的真菌病害有很好的效果。可有效防治灰霉病、白粉病、菌核病、茎枯病、蔓枯病、炭疽病、轮纹病、黑星病、叶斑病、斑点落叶病、果实软腐病、青霉病、绿霉病。还能十分有效地防治苹果花腐病和苹果腐烂病以及小麦雪腐病等。此外，还被推荐作为野兔、鼠类和鸟类的驱避剂。同目前市场上的杀菌剂无交互抗性。

制剂为 40%可湿性粉剂，25%的水剂、液剂和 3%的糊剂。

用 40%可湿性粉剂 1000 倍液（有效浓度 400 毫克/升）喷雾，可防治西瓜蔓枯病、白粉病、炭疽病、菌核病，草莓炭疽病、白粉病，生菜灰霉病、菌植病，猕猴桃果实软腐病，沣葱灰霉病等。具体使用方法如下。

① 防治番茄灰霉病在发病初期或开花初期开始喷药，每隔 7～10 天喷 1 次，连续喷 3～4 次，每次每亩用 40%可湿性粉剂 30～50 克。

② 防治苹果斑点落叶病，在早期苹果春梢初见病斑时开始喷药，每隔 10～15 天喷 1 次，连续喷 5～6 次。每次用 40%可湿性粉剂 800～1000 倍液（有效浓度 400～500 毫克/升）。

③ 防治柑橘储藏病害，挑选当日采摘无伤口和无病斑柑橘，用 40%可湿性粉剂 1000～2000 倍药液（有效浓度 200～400 毫克/升）浸果 1 分钟，捞出后晾干，单果包装储藏于室温下保存，能有效地防治柑橘青霉病和绿霉病的危害。

④ 防治芦笋茎枯病，采笋结束后，留母茎笋田的嫩芽或新种植笋田的嫩芽长至 5～10 厘米时，每 100 升加 40%可湿性粉剂 100～125 克，配制 800～1000 倍液（有效浓度 400～500 毫克/升）喷雾或涂茎。开始阶段由于母茎伸出地面的速度比较快，所以需 2～3 天施药 1 次。至芦

笋嫩枝伸展和拟叶长成期，每100升水加40%可湿性粉剂100克，配制1000倍液（有效浓度400毫克/升）喷雾，每隔7天喷1次。

340. 如何用二硫氰基甲烷进行种子消毒？

二硫氰基甲烷为保护性种子消毒剂，可杀灭种传的病原真菌、细菌及线虫。杀菌原理是抑制病原物的呼吸作用。产品为1.5%可湿性粉剂，4.2%、5.5%、10%乳油。

防治水稻恶苗病和干尖线虫病，用1.5%可湿性粉剂375～625倍液或4.2%乳油5000～7000倍液或5.5%乳油5000～6000倍液或10%乳油5000～8000倍液，在20～25℃条件下浸种48小时，温度低时可延长至72小时，浸后不需清洗，直接催芽播种。

341. 菌毒清可防治哪些病害？

菌毒清为甘氨酸类广谱内吸性杀菌剂，有良好的内吸性和渗透性，可在植物体内传导和均匀分布，通过破坏和影响病菌的细胞膜、蛋白质和呼吸代谢来抑制病菌生长。对多种果树病害具有良好的控制作用。

主要剂型为5%水剂，为浅棕色透明液体，性质稳定，使用时气温低会出现结晶，但不影响使用。对人、畜低毒，无腐蚀和刺激作用，不污染环境，不宜与其他农药混用。气温低时出现沉淀，将药瓶放入热水中即可。

使用方法：可以用涂抹法和喷雾法防治苹果腐烂病、苹果炭疽病和苹果轮纹病，在果树休眠期刮除病斑，并对整树进行全株喷雾，早春用刀刮除病斑后，将5%水剂稀释液涂抹病部，隔1个月左右再涂抹1次。用5%水剂喷雾可以防治葡萄霜霉病、白腐病和炭疽病，每10天喷1次，共3次。

342. 稻瘟灵除防治稻瘟病，还能防治哪些病害？

稻瘟灵产品有30%、40%可湿性粉剂，30%、40%乳油，30%展膜油剂。主要用于防治稻瘟病，对水稻纹枯病、小球菌核病、白叶枯病也有一定效果。稻田使用后，可降低叶蝉的虫口密度。

（1）防治叶稻瘟或穗颈瘟　每亩用40%可湿性粉剂（或乳油）75～11克兑水喷雾。对叶稻瘟于发病初期施药，必要时隔10～14天再施1次。对穗颈瘟在水稻孕穗期和齐穗期各施药1次。

育秧箱施药，在秧苗移栽前1天或移栽当天，每箱（30厘米×60

厘米×3厘米）用40%可湿性粉剂（或乳油）20克，加水500克，用喷壶均匀浇灌在秧苗和土壤上。然后带土移栽，不能把根旁的土壤抖掉。药效期可维持1个月。

（2）防治大麦条纹病、云纹病　每100千克种子用40%可湿性粉剂50～500克拌种；田间于发病初期，每亩用40%可湿性粉剂50～75克，兑水50千克喷雾。

（3）防治玉米大、小斑病　在中、下部叶片初出现病斑时，每亩用40%乳油150毫升，兑水50千克喷雾。

（4）防治茭白瘟病　发病初期喷40%乳油1000倍液，7～10天喷1次，共喷2～3次。稻瘟灵对鱼类有毒，施药时防止污染鱼塘。

343. 二氯异氰尿酸钠在蔬菜上如何使用?

二氯异氰尿酸钠又称优氯特、优氯克霉灵。产品有20%、40%、50%可溶性粉剂，25%可湿性粉剂。它的消毒杀菌能力强，抑制孢子萌发，抑制菌丝生长，能用于防治多种真菌、细菌、病毒引起的病害。施药方式可浸种、浸根、叶面喷雾，目前主要用于防治蔬菜病害。

防治黄瓜霜霉病，发病初期，每亩用20%可溶性粉剂188～250克，兑水常规喷雾，或用20%可溶性粉剂300～400倍液喷雾。

防治番茄早疫病，每亩用20%可溶性粉剂188～250克或50%可溶性粉剂75～100克，兑水常规喷雾。防治番茄灰霉病，每亩用25%可湿性粉剂188～250克，兑水常规喷雾。

防治茄子灰霉病，每亩用20%可溶性粉剂188～250克，兑水常规喷雾。

防治辣椒根腐病，用20%可溶性粉剂300～400倍液灌根，每株灌药液200毫升。

防治平菇木霉菌，100千克干料用40%可溶性粉剂100～120克拌料。

防治桑漆斑病，在发病初期，喷50%可溶性粉剂2000倍液，特别要注意喷洒枝条的中下部叶片，7～10天喷后再喷1次。

344. 三氯异氰尿酸能防治哪些病害?

三氯异氰尿酸的产品为30%、36%、40%、42%、50%可湿性粉剂，商品名有强氯精、克菌净、菌特灵、棉枯净。消毒能力很强，因其含有次氯酸分子，扩散穿透细胞膜的能力较强，能迅速杀灭病原菌。

防治水稻细菌性条斑病，先将种子预浸6～12小时，再用40%可湿性粉剂300～600倍液浸种，早稻浸24小时，晚稻浸12小时，用清水洗净后再催芽、播种。防治水稻白叶枯病、纹枯病、细菌性条斑病，每亩用36%可湿性粉剂60～90克，兑水常规喷雾。

防治棉花立枯病、炭疽病、枯萎病、黄萎病，每亩用36%可湿性粉剂100～160克，兑水常规喷雾。

防治辣椒炭疽病，每亩用42%可湿性粉剂83～125克或50%可湿性粉剂70～105克，兑水常规喷雾。

防治油菜菌核病，每亩用42%可湿性粉剂70～100克，兑水常规喷雾。

防治小麦赤霉病，每亩用36%可湿性粉剂140～230克，兑水常规喷雾。

345. 如何使用过氧乙酸防治黄瓜灰霉病?

21%过氧乙酸水剂消毒杀菌力强，用于防治蔬菜灰霉病，施药后病斑木栓化，脓状腐败物消失，菌丝不再产生孢子。

防治黄瓜灰霉病，每亩用21%水剂140～233毫升，兑水50～75千克（即300～500倍液）喷雾。最好在上午10点以前或下午4点以后施药。

346. 丙烷脒防治蔬菜灰霉病，如何使用?

丙烷脒是全新型、高效、低毒、无公害杀菌剂，对蔬菜、果树、花卉、烟草、茶叶、中草药灰霉病等真菌类病害防治有特效。

2%丙烷脒水剂，按照我国农药毒性分级标准，属低毒杀菌剂。在番茄灰霉病发病初期，用2%丙烷脒水剂1500～1800倍液喷雾。在番茄灰霉病发病晚期，用2%丙烷脒水剂1000～1200倍液喷雾。在黄瓜灰霉病发病初期，用2%丙烷脒水剂1500～1800倍液喷雾。在黄瓜灰霉病发病晚期，用1000～1200倍液喷雾。

第六章

杀病毒剂安全用药知识

347. 盐酸吗啉胍也可用于防治植物病毒病吗？

盐酸吗啉胍片俗称病毒灵，主要成分是盐酸吗啉胍，医生临床上常常用于治疗病毒性感染或疱疹病毒的感染。作为一种广谱抗病毒药，盐酸吗啉胍片属于治疗药物，人服用该药并不能预防病毒感染，不能作为预防性药物使用。

盐酸吗啉胍是一种低毒病毒防治剂，该药喷施到植物叶面后，可通过气孔进入体内，抑制或破坏核酸和脂蛋白的形成，起到防治病毒病的作用。本品用于防治番茄、烟草病毒病具有较好的效果。

348. 哪些植物生长调节剂对植物病毒病也有防效？

有些抗病毒药剂可以调节植物生长，如赤霉素、芸薹素等一些激素对番茄、辣椒、西瓜等蔬菜病毒病有明显的疗效，喷施后表现花叶、卷叶的植物可以恢复，新叶完全展开。另外一些植物性抗病毒剂在喷施后对促进植物生长的一些内源激素的含量有一定的影响，虽然寄主植物中病毒含量并未降低，却可以通过维持植株中叶绿体含量而抑制病毒症状的产生。

植物生长调节剂通过对作物生长发育的调控作用，使植株强壮，增强抗病毒能力。有些植物生长调节剂对病毒有直接毒杀作用，例如0.0001%细胞分裂素可湿性粉剂400～600倍液，在烟草移栽后10天开始喷施，7天左右喷1次，共喷3次，可减轻烟草花叶病，并有增产作用。

用20毫克/升浓度的萘乙酸钠药液喷施，可减轻辣椒、黄瓜病毒病。

用1000毫克/升浓度的矮壮素药液喷施，自番茄幼苗期（3片真叶至第一花序开花前），每7天喷1次，共喷3次，可减轻病毒病。在保护地高温、高湿、通风不良的环境条件下，能抑制番茄植株徒长，使茎秆粗壮，节间缩短，叶色浓绿，有增产效应。

349. 植物病毒疫苗有什么特点？如何使用？

植物病毒疫苗的纯品为浅黄色粉末，制剂为深棕色液体。作为低毒的生物杀病毒剂，能有效地破坏植物病毒基因和病毒组织，抑制病毒分子的合成，在植物幼苗期或病毒发病之前使用，一次接种，便使植物终生获得免疫，并起到抗病、健株、增产的作用。

① 防治番茄、黄瓜、辣椒（甜椒）、茄子、白菜、萝卜、西葫芦、油菜、菜豆、甘蓝、大葱、洋葱、韭菜、芥菜、茼蒿、菠菜、芹菜、生菜、冬瓜、西瓜、香瓜、哈密瓜、草莓等作物的花叶、蕨叶、小叶、黄叶、卷叶、条纹等的病毒病。苗期育苗的作物，苗床上喷500～600倍液，喷雾2次，间隔5天；定植后喷500～600倍液2次，间隔5～7天。非苗期育苗的作物，苗期用500～600倍液，连续喷3次，每次间隔5～7天。

② 防治烟草、马铃薯、花生、生姜等经济作物由黄瓜花叶病毒（CMV）、烟草花叶病毒（TMV）、马铃薯X病毒、马铃薯Y病毒引起的病毒病，在育苗床上连续喷2次500～600倍液，间隔5天，具有免疫和治疗作用。

③ 防治玉米、水稻、小麦等大田作物的粗缩、矮化、丛矮等症状的病毒病，在幼苗2～3叶期喷1次，5叶期喷2～3次，间隔5天左右，均用500～600倍液，具有免疫和治疗作用。

④ 防治棉花病毒病，用600倍液，在幼苗期喷1次，现蕾前后喷2～3次，每次间隔5～7天，可以起到免疫和治疗作用。

350. 如何用吗啉胍·乙铜防治病毒病？

吗啉胍·乙铜是盐酸吗啉胍与乙酸铜复配的混剂，产品有20%可湿性粉剂，20%、25%可溶性粉剂，60%片剂，1.5%、15%水剂。

防治番茄病毒病，在发病初期，每亩用20%可湿性粉剂167～250克或20%可溶性粉剂150～200克或25%可溶性粉剂134～345克（有的产品需用188～375克）或60%片剂56～83克或15%水剂220～345克或1.5%水剂400～500克，兑水50～70千克喷雾。7～10天喷1次，共喷2～3次。

防治烟草病毒病，在发病初期，每亩用20%可湿性粉剂150～200克，兑水50～70千克喷雾。

可施用于防治辣椒、大豆、瓜类、小麦、玉米、水稻等作物的病毒病，以及香蕉束顶病，一般用20%可湿性粉剂500～700倍液喷雾，共施2～3次。

351. 如何用盐酸吗啉胍·铜防治蔬菜的病毒病？

盐酸吗啉胍·铜，低毒，剂型有20%可湿性粉剂、20%可溶性粉剂。为混配杀病剂，有效成分为乙酸铜和盐酸吗啉胍。可湿性粉剂外观为灰褐色粉末，在一般情况下稳定，但遇碱易分解。对人、畜低毒，对环境安全。对病害具有触杀作用，内吸性弱，但可通过水孔、气孔进入植株体内，对各种植物病毒病具有良好的预防和治疗作用。

施用方法：将20%可湿性粉剂（可溶性粉剂）兑水稀释后喷施，每隔10天左右喷1次，连喷3～4次。用500倍液，防治黄瓜、南瓜、西葫芦、冬瓜、金瓜、番茄、茄子、甜（辣）椒、马铃薯、莴苣、莴笋、茼蒿、白菜类、甘蓝类、萝卜、菠菜、芽用芥菜、乌塌菜、青花菜、紫甘蓝等的病毒病，西葫芦、菜用大豆、蕹菜等的花叶病，水芹等的花叶病毒病，洋葱的黄矮病，黄瓜绿斑花叶病，番茄的斑萎病毒病、曲顶病毒病，茄子斑萎病毒病，甜（辣）椒花叶病（CaMV），菜豆花叶病（TAV），菠菜矮花叶病，甘蓝花叶病（CaMV），萝卜花叶病毒病（RMV），马铃薯小叶病。

注意事项：不能与碱性农药混用。使用本剂时，稀释倍数不能低于300倍（即1千克可湿性粉剂，稀释用水量不能少于300千克），否则易产生药害。应在早期预防性施药，或在发病初期施药。若能与其他防治病毒病措施配合使用，防治效果更好。可根据当地昆虫传毒媒介（如蚜虫、白粉虱等）发生程度，确定本剂的使用次数。应在避光、阴凉、干燥处储存。

352. 如何用琥铜·吗啉胍或菌毒·吗啉胍防治番茄病毒病？

琥铜·吗啉胍是吗啉胍与琥胶肥酸铜复配的混剂，产品有20%、25%可湿性粉剂，用于防治番茄病毒病，亩用25%可湿性粉剂135～

200 克或 20%可湿性粉剂 150～250 克，兑水喷雾。

7.5%菌毒·吗啉胍水剂是吗啉胍与菌毒清复配的混剂，用于防治番茄病毒病，亩用制剂 110～200 毫升，兑水喷雾（详见各产品标签）。

353. 如何用腐植·吗啉胍防治番茄病毒病?

18%腐植·吗啉胍可湿性粉剂，是盐酸吗啉胍与腐植酸（钠）复配的混剂，用于防治番茄病毒病，在发病初期，亩用制剂 150～230 克，兑水 50～70 千克喷雾。

354. 羟烯·吗啉胍防治番茄和烟草病毒病，如何使用?

羟烯·吗啉胍是盐酸吗啉胍与羟烯腺嘌呤复配的混剂，产品有 40%可湿性粉剂、10%水剂。用于防治番茄病毒病，亩用 40%可湿性粉剂 100～150 克或 10%水剂 250～370 毫升，兑水喷雾；防治烟草病毒病，亩用 10%水剂 200～250 毫升，兑水喷雾。

355. 如何用丙多·吗啉胍防治烟草病毒病?

10%丙多·吗啉胍可湿性粉剂由盐酸吗啉胍与丙硫多菌灵复配而成，用于防治烟草病毒病。在发病初期，亩用制剂 100～150 克，兑水喷雾。

356. 如何用毒氟膦防治烟草病毒病?

毒氟膦是我国创制的具有自主知识产权的有机磷杀病毒剂，产品为 30%可湿性粉剂，经室内生物测定和田间药效试验的结果表明能有效防治烟草病毒病，一般在烟草成苗期或团棵期发病初期开始施用，亩用制剂 70～110 克，兑水喷雾，一般施药 2 次，间隔 7～10 天。

357. 氨基寡糖素是什么样的防病毒剂?

氨基寡糖素是从富含甲壳素的海洋生物外壳经酶解而得的多糖类天然产物，一般为 2～15 个单糖的寡聚糖，是一种很好的杀菌剂，对病毒病也有较好的防治效果，产品有 0.5%、1%、2%水剂。

防治番茄病毒病，亩用制剂为 2%水剂 160～260 毫升，兑水喷雾。

防治苹果花叶病，自苹果树展叶后开始用2%水剂400～500倍液喷雾，间隔10～15天喷1次，连喷3～4次。

防治香蕉、番木瓜病毒性病害，可施用0.5%水剂400倍液，在育苗期、移栽后营养生长期，10～15天喷1次，共喷3～4次，以提高植株的免疫力。

6%低聚糖素水剂与氨基寡糖素类似，用于防治胡椒病毒病，用制剂600～1200倍液喷雾。

另有0.5%葡聚烯糖可溶性粉剂，为氨基寡糖素的类似物，用于防治番茄病毒病，亩用制剂10～12克，兑水喷雾。

358. 菌毒清及其混剂可防治哪些病毒病？

菌毒清是杀菌剂，也能防治某些作物的病毒病，持效期7～10天，一般施药3次。防治辣椒病毒病，亩用5%菌毒清水剂200～300毫升，兑水喷雾。防治番茄病毒病，亩喷5%菌毒清水剂250～350毫升，或7.5%菌毒·吗啉胍水剂120～170毫升或6%菌毒·烷醇（菌毒清＋三十烷醇）可湿性粉剂90～140克，兑水喷雾。

359. 如何用辛菌·吗啉胍或辛菌·三十烷醇防治番茄病毒病？

辛菌·吗啉胍是辛菌胺与吗啉胍复配的混剂，用于防治番茄病毒病，亩用7.5%水剂110～120毫升或4.3%水剂250～400毫升，兑水喷雾。

2.2%辛菌·三十烷醇可湿性粉剂由辛菌胺与三十烷醇复配而成，用于防治番茄病毒病，亩用制剂240～380克，兑水喷雾。

360. 如何用腐植·硫酸铜防治辣椒病毒病？

20%腐植·硫酸铜可溶性粉剂由腐植酸与硫酸铜复配而成，用于防治辣椒病毒病，亩用130～175克，兑水喷雾。

361. 如何用烯·羟·硫酸铜或苦·钙·硫黄防治辣椒病毒病？

16.05%烯·羟·硫酸铜可湿性粉剂由烯腺嘌呤、羟烯腺嘌呤和硫酸铜复配而成，用于防治辣椒病毒病，亩用制剂200～250克，兑水喷雾。可在定植前、缓苗后和盛果期各施药1次。

20%苦·钙·硫黄水剂由苦参碱、氧化钙和硫黄复配而成，用于防治辣椒病毒病，亩用制剂135～200毫升，兑水喷雾。

362. 宁南霉素可防治哪类病毒病？

宁南霉素为胞嘧啶核苷肽型广谱抗生素杀菌剂，能防治多种真菌和细菌病害，也是我国研制的第一个能防治植物病毒病的抗生素，产品有2%、4%、8%水剂，可有效防治烟草、番茄、辣椒、瓜类、水稻、小麦、豆类等多种作物的病毒病。

防治烟草病毒病，一般亩用2%水剂300～400毫升或8%水剂75～100毫升，兑水喷雾，在烟草苗床期喷1～2次，团棵期、旺长期喷2～3次，间隔7～10天，最后1次距收获期14天以上。在重病区，应于发病前喷施，或增加施药量和施药次数。

防治番茄病毒病，亩用2%水剂300～400毫升，兑水喷雾。

防治水稻条纹叶枯病，亩用4%水剂150～170毫升，兑水喷雾。

363. 混合脂肪酸水剂是如何防治病毒病的？

10%混合脂肪酸水剂或水乳剂，为耐病毒诱导剂，能诱导作物抗病基因的提前表达，有助于提高抗病相关蛋白、多种酶、细胞分裂素的含量，使感病品种达到或接近抗病品种的水平；具有使病毒在作物体外失去侵染活性的钝化作用，抑制病毒侵染，降低病毒在作物体内的增殖和扩展速度；对传毒蚜虫有抑制作用；并具有植物激素活性、刺激作物根系生长的作用。所以说混合脂肪酸水剂防治病毒病是综合作用的结果。

防治烟草花叶病，亩用制剂600～1000克，兑水50千克喷雾。可在苗床期、移栽前2～3天、定植后2周各喷1次。

防治番茄、辣椒、豇豆、白菜类、芹菜、菠菜、苋菜、生菜等蔬菜的病毒病，用制剂100倍液喷雾。10天左右喷1次，共喷3～4次。

防治一串红病毒病，亩用制剂600～1000克，兑水喷雾。小苗施药量酌减。

本剂宜在作物生长前期施用，生长后期施用的效果不佳。

364. 如何用混脂·硫酸铜防治病毒病？

混脂·硫酸铜是混合脂肪酸与硫酸铜复配的混剂，产品为8%、24%水乳剂，用于防治烟草花叶病，亩用24%水乳剂84～125毫升或8%水乳剂200～250毫升；防治番茄病毒病，亩用24%水乳剂84～125毫升或8%水乳剂250～375毫升；防治辣椒、西瓜的病毒病，亩用24%水乳剂80～120毫升，兑水喷雾。

365. 香菇多糖是如何防治病毒病的？

香菇多糖是采用木屑、麦麸为主要原料接种香菇菌固体发酵后，经温水浸泡、减压蒸馏浓缩而制得的绿色生物农药。主要调节植物生长和提高植物免疫功能，提高植物对病害的抵抗能力。主要剂型为1%菇类蛋白多糖水剂，适用于预防多种农作物病毒病，能调节作物生长，提高产量和品质。

366. 烷醇·硫酸铜有几种？如何使用？

现有3种含三十烷醇的混剂，登记名称都是烷醇·硫酸铜。

① 烷醇·硫酸铜由三十烷醇与硫酸铜复配而成，产品有2.1%、6%可湿性粉剂，0.9%悬乳剂，0.55%微乳剂，2.1%水剂。用于防治番茄病毒病，亩用6%可湿性粉剂125～150克，或2.1%可湿性粉剂（或水剂）120～180克或0.55%微乳剂210～260毫升，兑水喷雾。

防治辣椒病毒病，亩用0.9%悬乳剂250～290毫升，兑水喷雾。防治烟草病毒病，亩用0.9%悬乳剂200～290毫升，兑水喷雾。

② 烷醇·硫酸铜（旧称植病灵）是添加十二烷基硫酸钠的烷醇·硫酸铜。十二烷基硫酸钠为表面活性剂，为农药助剂，不应视为有效成分。产品有1.5%乳剂，1.5%水乳剂，2.5%可湿性粉剂。

防治烟草花叶病，亩用1.5%水乳剂或乳油75～95毫升，兑水800～1000倍后喷洒。一般在苗床期喷1次，定植缓苗后再施1次，在初花期发病前施1次。持效期7～10天。重病区应适当增加施药次数。

防治番茄病毒病，亩用1.5%水乳剂或乳剂50～75毫升（有的厂家产品为80～120毫升）或2.5%可湿性粉剂50～75克，兑水50～70千克喷雾。一般是在定植前、缓苗后、现蕾前、坐果前各喷1次。定植前的一次施药，除喷雾外，还可用1.5%乳剂1000倍液浇灌，每平方米浇药液5千克。

防治十字花科、豆科、葫芦科等蔬菜的病毒病，一般是在幼苗期、发病前开始喷1.5%水乳剂或乳剂1000倍液，10～15天施1次，共施3～5次。

可施用于防治麦类、玉米、谷子、棉花、花生、大豆、葡萄等作物的病毒病。

③ 2.8%烷醇·硫酸铜悬乳剂是在植病灵的配方中添加硫酸锌成为四元复配混剂，故旧称为锌·植病灵。防治辣椒病毒病，亩用制剂85～

125 克；防治烟草病毒病，亩用制剂 65～125 克，兑水喷雾。

367. 三氮唑核苷及其混剂为什么要淘汰?

试验资料表明：三氮唑核苷存在致癌、致畸、致突变的“三致”作用，且在环境中较稳定，不易降解，所以应该淘汰，不宜再作农药使用。

368. 弱毒疫苗有什么特点? 有哪些使用方法?

弱毒疫苗是用人工诱变所获得的致病力较弱的病毒株系。弱毒疫苗 N14 是一种活体弱病毒制剂，含一定剂量的活体弱病毒，为无色液体，因其致病力很弱，接种到寄主作物上后，只给寄主作物造成极轻的危害或不造成危害，并由于它的寄生作用使寄主作物产生抗体，以阻止同种致病力强的病毒侵入。对由烟草花叶病毒所致的病毒病有预防作用，主要用于防治番茄花叶病，使用方法有以下 2 种。

(1) 浸根法　即番茄两片真叶期（约播后 30 天）结合分苗将幼苗拔出洗净，利用拔出时造成幼根损伤，浸蘸弱毒疫苗。使用时可将弱毒疫苗 N14 稀释 100 倍。浸根 30～60 分钟，然后假植。浸过根的疫苗可反复使用 3～4 次。也可将洗去根部泥土的番茄幼苗先放在容器中，再倒入稀释的弱毒疫苗。但间隔时间不能太长，否则会因微伤愈合而影响效果。

(2) 喷枪接种法　较大规模的育苗基地可采用荷花牌 2A 喷枪接种。有电源的地方可用空气压缩机供气（排气量为 0.025 $米^2$/分，压力为 6 千克/$厘米^2$）。无电源的地方可用压缩空气钢瓶代替。用前将稀释液（100 毫升）与金刚砂（过 400～600 目筛，约 0.5 克）混合均匀。喷枪距苗 5 厘米，移动速度 8 厘米/秒，药量为每亩 200 毫升稀释液（约 4000 株幼苗）。喷时要使空压机的气压维持在 4.5～5 千克/$厘米^2$，边喷边摇动喷枪，以防金刚砂沉淀。

第七章 除草剂安全用药知识

369. 什么是除草剂？

除草剂是指可使杂草彻底地或选择性地发生枯死的药剂，又称除莠剂，是用以消灭或抑制植物生长的一类物质。

370. 按对不同类型杂草的活性，除草剂可分为几类？

根据杂草的发生种类选择除草剂，不同除草剂其主要的杀草谱差异很大，以防除禾本科杂草为主的除草剂有氟乐灵、敌草胺、精异丙甲草胺、乙草胺、丁草胺、二甲戊灵等；防除阔叶杂草为主的除草剂有扑草净、灭草松等；对阔叶杂草和禾本科杂草效果都较好的除草剂有乙氧氟草醚。防治禾本科杂草的专用除草剂有高效氟吡甲禾灵、精吡氟禾草灵、精喹禾灵等。

371. 按剂型除草剂可分为几类？

除草剂按剂型可分为非选择性除草剂与选择性除草剂。

① 非选择性除草剂又称灭生性除草剂，对植物的伤害无选择性，草苗不分，能同时杀死杂草和作物。

② 选择性除草剂只杀死杂草而不伤害作物，甚至只杀死一种或某类杂草，凡具有这种选择作用的药剂称为选择性除草剂。

372. 除草剂的杀草原理是什么？

除草剂被植物吸收后，形成复杂的多种成分，对植物的正常生理化过程起着某种干扰作用。杂草吸收除草剂后，杂草内新陈代谢的某些重要环节受到阻碍或破坏，生命活动就会停止或受到抑制，从而达到防除杂草的目的。

373. 为什么除草剂能杀死杂草而不会杀死蔬菜?

有些除草剂能杀死某些杂草，而对另一些杂草则无效，对一些作物安全，但对另一些作物有伤害，此谓选择性，具有这种特性的除草剂称为选择性除草剂。除草剂的选择性不是绝对的，而是相对的，就是说选择性除草剂不是对作物一点也没有影响，只把杂草杀光，而是在一定对象、剂量、时间、方法和条件下有选择性，选择性好坏由选择性系数所决定。所谓选择性系数是一种除草剂杀死（或抑制）10%以下作物的剂量和杀死（或抑制）90%以上杂草的剂量之比，系数越大越安全，一个选择性除草剂其选择性系数大于2才可推广。

374. 土壤处理除草剂是如何被杂草吸收的?

土壤处理除草剂，即把除草剂撒于土壤表层或通过混土操作，把除草剂拌入土壤中，建立起一个除草剂封闭层，以防止挥发和光解而减效。这类除草剂是通过杂草的根、芽鞘或下胚轴等部位吸收而起作用，以杀死萌发的杂草，如异丙隆、乙草胺、绿麦隆等都属于此类。

375. 茎叶处理除草剂是如何被杂草吸收的?

杂草出苗后，直接施用于杂草茎叶而杀死杂草的药剂称为茎叶处理除草剂。茎叶处理，即把除草剂稀释在一定量的水中，对杂草幼苗进行喷洒处理，通过杂草茎叶对药物的吸收和传导来消灭杂草。茎叶处理剂的防除效果与温度、光照以及除草剂在植物体表面的湿润状况有很大关系。

376. 除草剂在植物体内是如何运输与传导的?

（1）触杀型除草剂　触杀型除草剂喷洒在杂草茎叶表面后，与杂草接触，能迅速杀伤细胞，很少向周围移动传导，只能在除草剂接触的部位起触杀或抑制作用。若不能将全部生长点杀死，杂草容易恢复生长，所以在杂草幼苗期使用效果较好。在使用这类除草剂时，药液浓度较大，药液量适当增加，并喷洒均匀周到，使整个植株喷洒上药液，才能取得良好的除草效果。

（2）内吸性除草剂　内吸性除草剂进入杂草体内后，随着光合作用，产物沿着韧皮部中的筛管运送到植物的顶芽、幼叶、根尖，使植物畸形生长而死亡。这类除草剂的最大特点是接触植物后能很快传导到全株，杀草彻底，特别是有些品种对多年生恶性杂草杀伤力强。如用草甘膦喷洒茎叶后，24 小时就可传导到全株，1 星期就可使杂草茎叶变黄失绿，最后枯死。这类除草剂的传导有两种途径：一种是共质体传导，另一种是质外体传导。

通过共质体传导：除草剂随光合作用产物通过细胞质和细胞间的原生质丝（胞间联丝），穿过相连的胞壁，从一个细胞转移到另一个细胞，筛管的筛孔把除草剂传导到各部位。叶面处理的除草剂进入杂草组织后，随光合作用产物沿筛管向生长旺盛的顶芽、幼叶、根尖传导，杀死杂草。

通过质外体（或称非质体）传导：植物体各细胞原生质外围的细胞壁与胞间空隙是相互连接成一片的。在传导水的过程中，除草剂随水分向上传导，运送到其他部位。如西玛津、莠去津等均三氮苯类除草剂，一般不通过质体膜进入共质体，而是沿质体外系统进入木质部而传导。有的除草剂，如茅草枯、毒莠定、麦草畏等，可以通过共质体传导，也可以在质体外传导。

除草剂的传导速度和吸收数量受到环境条件的影响。温度高时，吸收传导速度快；幼嫩杂草的传导、转运能力比老龄杂草强；光合作用强，转运快，杀草作用强；空气湿度大，气孔开放，除草剂易进入则效果高。在使用这些除草剂时，需要采取耕耙、混土等措施，减少药剂的损失，增加药剂的利用率，以提高除草效果。

377. 加工剂型对除草剂吸收有什么影响？

由于加工形式的不同，除草剂可以制成各种不同的剂型。因此，在使用时可根据需要选择合适的剂型，以达到简便、有效的目的。目前常用剂型有以下五种。

（1）可湿性粉剂　如除草醚、绿麦隆、农得时等，一般可兑水喷雾，也可与化肥或细潮泥混匀后撒施，但不能作喷粉使用。

（2）乳油　乳油又称乳剂，如杀草丹、盖草能、氟乐灵等。主要用于杂草茎叶处理，也可作土壤处理。

（3）水剂　如苯达松、二甲四氯、草甘膦等，兑水喷雾，用于处理杂草茎叶，但不能作土壤撒施处理。

（4）颗粒剂　如10%杀草丹、5%丁草胺等。主要用于水田撒施，使用方便、工效高、残效长，但不能作喷雾处理。

（5）混合剂　如5.3%丁西颗粒剂、丁草胺、恶草灵、绿麦隆和丁草胺混配等，可根据其不同剂型采用相应的使用方法。其特点是：扩大杀草谱，提高除草效果及降低成本。

378. 如何提高除草剂的除草效果?

（1）选择适合的除草剂　因为每一种除草剂都有一定的杀草谱，有灭生性的，有选择性的。所以要根据作物种类和杂草的主要品种，选用有效的除草剂。同时还要根据耕作制度选择除草剂。此外，还要注意混合、交替使用除草剂。由于同种除草剂连续使用多年，易导致敏感性杂草逐渐减少，抗药性杂草上升，因此，除草剂要混合使用和年度间交替使用，才能达到长期控制草害的目的。

（2）选择最佳时期施药　根据除草剂的性质、杂草发生时期、杂草和作物的生育期，选定用药适期。除草剂品种很多，有茎叶处理剂、土壤处理剂、触杀性除草剂、灭生性除草剂等，有的适用于芽前除草，有的适用于茎叶除草。土壤处理是将除草剂直接喷施于土面，杀死刚萌发的杂草。如都尔、乙草胺等应在作物播种后杂草出土前用药，等到杂草出苗后用药，不但效果差，有的还会伤害作物。所以除草剂选择最佳时期施药是很重要的。

（3）除草剂的使用效果与温度高低成正比　温度高时，杂草的吸收和输送除草剂的功能强，除草剂活性也高，容易在杂草的作用部位充分发挥杀草作用。试验结果表明，施用除草剂时，空气和土壤的温度越高，其药效就越显著，特别是茎叶处理除草剂的杀草功效可大大提高，在温度低的天气条件下除草剂的使用效果不仅会明显降低，而且农作物体内的解毒作用会因气温低而比较缓慢，从而易诱发药害，施用除草剂的温度以20～35℃为宜。空气湿度对除草剂的使用功效也影响明显，在空气湿度比较大的情况下施用茎叶除草剂，可延长除草剂在杂草叶面上的停留时间，有助于杂草叶面气孔开放，从而吸收大量的除草剂，达到提高除草效果的目的。土壤处理除草剂被吸收后，会随大量水分向上输导，有利于抑制光合作用，可显著提高除草功效。因此，在使用除草剂时，空气的湿度越大，除草效果就越明显；反之，就会降低除草效果。

379. 在菜田如何安全地使用除草剂？

（1）合理选用除草剂品种　除草剂的品种很多，不同的除草剂有不同的除草对象，不同的蔬菜又对除草剂有不同的适应性，因此，合理选用除草剂至关重要。根据试验证明，以下几种除草剂对蔬菜安全、低毒。①48%氟乐灵乳油，每亩100～150毫升，适用于大白菜、小白菜、芹菜、萝卜、胡萝卜、菜豆、豇豆播种之前和番茄、辣椒、茄子、甘蓝、西蓝花定植之前进行土壤处理。②25%除草醚可湿性粉剂300～400克，用于菜豆、豇豆、胡萝卜、芹菜、芫荽播种之前和黄瓜、番茄、辣椒、西蓝花定植之前土壤处理。也可与50%扑草净可湿性粉剂50克混合使用，效果更好。③50%扑草净可湿性粉剂每亩200～250克，用于芹菜、老根韭菜、胡萝卜、芫荽播种之前土壤处理。④33%施田补乳油，每亩100～150毫升，适用于菜豆、马铃薯、豌豆、直插韭菜、十字花科播种之前和茄科蔬菜定植之前土壤处理。⑤20%敌草胺乳油，每亩250～300毫升，适用于萝卜、白菜、菜豆播种之前和茄子、番茄、辣椒、卷心菜、马铃薯、西瓜定植之前土壤处理。

（2）提高用药质量　除草剂对杂草防效的高低与对蔬菜的用药时间和用药质量密切相关，因此，必须注意以下几个问题：①掌握用药量。必须做到“两个准确”，即田块面积准确，计算药量准确。有机质含量高的田块，微生物分解除草剂，黏土对除草剂有吸附作用，因此对这类田块的用药量要适当增加，反之瘦田和沙性田块用药量要酌情减少。②掌握用药时间。氟乐灵、敌草胺、除草醚、扑草净、施田补均属土壤处理剂，主要通过杂草的幼根和幼芽吸收而产生效果，抑制杂草生长。一般在作物播种后出苗前或定植前施用。精禾草克是茎叶处理剂，是通过杂草的茎和叶吸收到植株体内而破坏其分裂组织，用药时间应在禾本科杂草三至六叶期为宜。③土壤处理剂必须在雨后或浇水后喷药，即土壤含水量在20%～30%时，除氟乐灵喷药后要及时混土2～3厘米深，以防光解，其他类型的除草剂一般要保护好土表药膜，忌混土和践踏。④掌握用药兑水量。每亩药剂兑水25～30千克，必须均匀喷雾，使用的喷雾器无跑、冒、滴、漏现象。⑤日光温室和大棚使用除草剂时，高温应注意通风透气，以免产生药害。⑥黄瓜、莴苣、茼蒿对氟乐灵、扑草净除草剂敏感，芹菜、胡萝卜对敌草胺敏感，韭菜、大葱等百合科蔬菜及菠菜对除草醚敏感，而且对前茬用过这几种除草剂的田块也很敏感，使用时应注意避免施用和接茬。除草剂防除菜田杂草的效果和对蔬菜的安全性，与各地的气候、土质、蔬菜品种和耕种方法等都有密切关系，因此对每一种除草剂的使用都要遵循“试验、示范、推广”的原则，以达到省工、安全、高效、高产的效果。

380. 如何安全经济合理使用除草剂？

化学除草剂由于其本身所具有的优异特点，为广大用户所接受，使用范围越来越广，使用面积越来越大。磺酰脲类、咪唑啉酮类和三氮苯类除草剂的一些品种，如豆磺隆、绿磺隆、普施特和阿特拉津，具有用药量少、除草效果好、杀草谱广和用药成本低的优点，但这些除草剂品种在土壤中残效期过长（可达2～3年），对后茬敏感作物造成严重药害。到目前为止长残效除草剂的危害还没有被认识，在一些地区这些长残效除草剂品种仍然在大面积使用。因此应立即采取长短效除草剂交替或混合使用措施，降低长残效除草剂用量，以适应农业结构调整。

科学合理地搭配、轮换和混合使用除草剂，既可明显地扩大杂草谱，达到一次用药控制作物生育期内多种杂草危害的目的，又可降低各除草剂单剂用量、降低单位面积除草剂的总用量，从而降低生产成本，保护人类赖以生存的环境。除草剂的使用要求比杀虫剂、杀菌剂的使用要求更高更严，稍有不慎或疏忽，都会酿成巨大的经济损失和难以挽回的社会影响。因此农田除草剂除草必须强化“安全、经济、高效”的用药意识，不仅要考虑当茬被呵护作物安全，还必须考虑当茬邻作和后茬作物的安全。同时，精确除草剂用量和均匀施药也是保障作物安全的一项重要措施。经济就是要保证既除草又增产增收，这就要求制订切实可行、行之有效的防治指标。高效不仅要求除草成本低，而且要求除草效果好、效率高。必须做到了解除草剂在杂草和作物间的选择途径、明确除草剂的除草对象、弄清除草剂的作用方式和作用点、选择适宜的施药方法和时间、严格掌控用药量这五个方面，才能安全经济合理使用除草剂。

381. 什么是除草剂的生物化学选择性？

生物化学选择性是除草剂在植物体内的生物化学反应存在一定程度上的差异，主要表现为活化或钝化反应方面的差异。活化反应指有些除草剂本身对植物并无毒害，但某些植物吸收后，能将无毒物质转化成有毒物质，致使植物中毒死亡。钝化反应即解毒作用，是指这类除草剂本身对植物有毒害，但某些作物体内有解毒物质，能将除草剂分解成无毒物质，从而防止作物中毒。如绿磺隆能安全地用于小麦田，是因为它能与小麦体内的葡萄糖迅速轭合，形成无毒轭合物。

382. 什么是除草剂的生理选择性?

生理选择性即植物的茎、叶和根系对除草剂的吸收与传导往往存在差异。通常除草剂的吸收和传导量越多，植物就越容易被杀死。同一种植物，幼小、生长快的植株比老化、生长慢的植株对除草剂更敏感。如使用乙草胺防除禾本科杂草，当杂草萌芽时，芽体对乙草胺最为敏感，防除效果表现良好；而当杂草 2 叶期后，杂草对乙草胺的耐药力增强，故防除效果较差。

383. 什么是除草剂的形态选择性?

形态选择性即杂草和作物在形状结构上的差异很大，除草剂能利用这些形态上的差异来杀死杂草，而使作物不受伤害。如双子叶植物叶面阔大而平伸，叶片表面的角质层较薄，施药时叶面很容易粘住药，受药量大，中毒深，易被杀死。反之，禾本科植物的叶片狭小而竖立，表面角质层和蜡质层较厚，药液喷洒到叶面很难被粘住，受药量小，中毒就轻，则不易被杀死。又如禾本科植物的生长点包在叶鞘内，而双子叶植物的生长点裸露于外，当使用除草剂时，前者受到保护，而后者易直接受害。

384. 什么是除草剂的人为选择性?

除草剂的人为选择性就是在使用除草剂时，根据药剂性能和土壤、作物、杂草等环境条件，采用适当的除草剂和使用方法而形成的选择性，使很多不具有生理生化选择性的除草剂，甚至是灭生性除草剂得以在农田使用。除草剂的人为选择性有如下几个方面。

（1）时差选择　利用一些除草剂残效期短的特性，在作物播前或播后出苗前施用不会影响作物发芽和生长，如西玛津防除玉米田杂草在玉米播后苗前使用安全有效。

（2）位差选择　利用杂草和作物植株高矮和根系的深浅不同，将除草剂施于杂草茎叶或土壤表层；除草剂可杀死杂草，而对植株较高大、根系较深的作物无害，如灭生性的草甘膦用于果园除草。

（3）形态选择　有些除草剂起作用是利用单双子叶植物在叶片宽窄、角度、角质层厚度及生长点是否裸露等方面的不同，在同样施药情况下，双子叶植物叶片宽大平展（受药面积大）、角质层薄（药剂易展布及渗入）、生长点裸露，从而易被杀死，单子叶植物情况相反可不受伤害，如 2,4-D 类适于禾本科作物田内防除双子叶杂草即属于此种类型。

（4）生理选择　有的作物体内有特殊的水解酶，可使除草剂分解而不受害，杂草无此功能即被杀死。如敌稗用于稻田内除稗草而对水稻安全属于此类。实际应用时，应根据作物和杂草两方面的特点确定采取哪种选择方式保护作物，如果园除草可利用位差选择，农作物田除草多用时差及形态选择。另外，有的作物对一些除草剂具有自然抗药性，如玉米、大豆、花生对拉索抗药力较强，小麦对绿麦隆抗药力强，水稻对敌稗抗药力强，在选择除草剂品种时应优先考虑。

除草剂的选择性是相对的而不是绝对的，就是说选择除草剂不是对作物一点也没有影响，能把杂草杀光，而是在一定对象、剂量、时间、方法和条件下的选择性。

385. 什么是灭生性除草剂和选择性除草剂？

灭生性除草剂就是见绿齐杀，只要是除草剂喷到的植物，都会有药害，直至死亡，如草甘膦、百草枯；选择性除草剂就是药剂喷到之处，对目的作物安全而其他植物有药害，直至死亡。如选择性除草剂林用惠尔，在云杉、油松苗木中使用，对云杉、油松苗木安全，其他杂草死亡。

386. 什么是内吸性除草剂和触杀性除草剂？

喷施后能够被杂草的根、茎、叶或芽鞘等部位吸收进入杂草体内，并在杂草体内输导运送到全株，破坏杂草的内部结构和生理平衡，从而使杂草枯死，这类除草剂称为内吸性除草剂。如草甘膦，只需涂抹在杂草顶端的叶片上即可进入杂草植株，并向下输导到地下根、茎，杀死或抑制地下根茎繁殖。用作土壤处理的内吸性除草剂可以经过杂草的根系吸收后进入杂草植株体内。内吸性除草剂可以防除一年生和多年生的杂草。

与杂草植株（主要是叶与茎）发生接触而产生杀草作用的除草剂称为触杀性除草剂。触杀性除草剂只能杀死直接接触到药剂的杂草地上部位，对杂草地下部分无效，因而主要用于防除一年生杂草，施药时要喷洒均匀。用于土壤处理的除草剂在土壤中与杂草的幼苗和根系发生的接触也属于触杀作用。除草剂制剂中所含有的表面活性剂有利于药剂渗透，从而可提高除草效果。

387. 什么是茎叶处理和土壤处理除草剂?

将除草剂溶液兑水，以细小的雾滴均匀地喷洒在植株上，这种喷洒法使用的除草剂称为茎叶处理剂，如盖草能、草甘膦等。

将除草剂均匀地喷洒到土壤上形成一定厚度的药层，当杂草种子的幼芽、幼苗及其根系被接触吸收而起到杀草作用，这种作用的除草剂称为土壤处理剂，如西玛津、扑草净、氟乐灵等，可采用喷雾法、浇洒法、毒土法施用。

388. 什么是播前处理剂、播后苗前处理剂和苗后处理剂?

（1）茎叶处理剂（苗后处理剂）　在杂草出苗后使用，对出苗的杂草有效，但大多数品种不能防除未出土杂草。

（2）土壤处理剂（分播前处理剂和播后苗前处理剂）　在杂草出苗前施用，对未出土的杂草有效，对出苗杂草活性低或无效。土壤处理剂受外界环境影响大，特别是土壤墒情、有机质含量，如乙草胺、氟乐灵。

389. 哪些因素影响除草剂药效?

除草剂是具有生物活性的化合物，其药效的发挥既取决于杂草本身，又受制于环境条件与使用方法。

（1）杂草　作为除草剂防治对象的杂草，其生育状况、叶龄及株高对药效的影响很大。一般杂草在幼龄阶段，根系少，次生根尚未充分发育，抗性差，对药剂敏感；随着植株生育，对除草剂的抗性增强，因而药效下降。如水稻田应用敌稗与禾大壮时，稗草叶龄是喷药的主要依据，超过3.5叶期，除稗效果便显著下降，其他如烯禾啶、精吡氟禾草灵等防治禾本科杂草时，在杂草2～4叶期、株高8～12厘米时喷药效果最好。

（2）施药方法　正确的用量、施药方法及喷雾技术是发挥药效的基本保证，由于除草剂类型及品种不同。其用量与施用方法差异较大，磺酰脲类除草剂用量仅0.7～2克/亩，禾大壮与甲草胺用量则达133～266克/亩，特别是土壤处理剂因土壤有机质含量不同而用量显著不同。生产中应根据药剂特性、杀草原理、杂草类型及生育期以及环境条件，选择适宜的用量与施药方法。

茎叶处理剂的药效在很大程度上取决于雾滴沉降规律及其在叶片上的覆盖面积，其所要求的雾滴密度比土壤处理剂及杀虫、杀菌剂大，低容量喷雾的良好覆盖面积为80%，这就涉及喷雾器械及喷雾技术的改进与提高，从安全、经济及能源考虑，要求喷雾系统能准确地将药剂施于靶标上，尽量减少雾滴飘移，以确保除草剂更精确地施用，提高药效。

（3）土壤条件　土壤条件不仅直接影响土壤处理剂的杀草效果，而且对茎叶处理剂也有影响。土壤有机质与黏粒对除草剂吸附强烈使其难以被杂草吸收，从而降低药效，土壤含水量的增多又会促使除草剂进行解吸附而有利于杂草对药剂的吸收，从而提高药效。因此，土壤处理剂的用量应首先考虑满足土壤缓冲容量所需除草剂数量。

（4）气候条件

① 温度。温度是影响除草剂药效的重要因素，在较高温度条件下，杂草生长迅速，雾滴滞留增加；温度通过对叶表皮的作用，特别是通过对叶片可湿润性的毛状体体积大小的影响而影响雾滴滞留。此外，温度也显著促进除草剂在植物体内的传导，如在高温条件下，草甘膦迅速向匍匐冰草的根茎及植株顶端传导，而在根茎中积累的数量最大。高温促使蒸腾作用增强，有利于根吸收的除草剂沿本质部向上传导。在低温与高湿条件下，往往使除草剂的选择性下降。

② 湿度。空气湿度显著影响叶片角质层的发育，从而对除草剂雾滴在叶片上的干燥、角质层水化以及蒸腾作用产生影响。在高湿条件下，雾滴的挥发能够延缓，水势降低，促使气孔开放，有利于对除草剂的吸收。

③ 光照。光照不仅为光合作用提供能量，而且光强、波长及光照时间也影响植物茸毛、角质层厚度与特性、叶形和叶的大小以及整个植株的生育，并使除草剂雾滴在叶面上的滞留及蒸发产生变化。

此外，光照通过对光合作用、蒸腾作用、气孔开放与光合产物的形成而影响除草剂的吸收与传导，特别是抑制光合作用的除草剂与光照更有密切关系，在强光下，光合作用旺盛，形成的光合产物多，有利于除草剂的传导及其活性的发挥。

另外，风速、介质反应、露水等对除草剂药效均有影响。

390. 如何区分除草剂的选择性？

除草剂可按作用方式、施药部位、化合物来源等多方面分类。除草剂按作用方式分为选择性除草剂和非选择性除草剂两类。只能杀死某一种或某类杂草，而不伤害作物和其他杂草的称为选择性除草剂，如2,4-D-丁酯、莠去津等。这类除草剂的选择性是通过施药部位、时间、作物和杂草的形态特征及生物化学反应等实现的，其中生化作用是实现选择性的主要原因。例如，具有促进酶活性作用的除草剂本身对植物无害，但它进入植物后能促进氧化酶的作用，生成有毒物质，则对植物产生毒害。这样含氧化酶多的杂草或作物便很容易受害，而含量低者则不受害或者很轻。

还有一些除草剂本身是对植物有害的，但进入植物体内以后，受到酶或其他物质的作用则失去杀草活性，这是除草剂的钝化作用。如三氮苯类的除草剂莠去津，进入植物体后受含酮物质的影响，而产生脱氮反应，变成毒性很低的衍生物。这对含酮多的杂草或作物来说，这种除草剂便成为无效之物，因此能达到选择性杀草的目的。非选择性除草剂又叫灭生性除草剂，对植物不分良莠，见绿就杀，如百草枯、草甘膦、五氯酚钠等。这类除草剂可通过应用部位和时间的选择性及采用保护装置实现安全除草。

391. 在作物田使用非选择性除草剂时，应注意什么？

非选择性除草剂，也称灭生性除草剂，俗称“一扫光”，如草甘膦、百草枯（克芜踪）、五氯酚钠等，只能在田里没有庄稼的时候使用，并且要等药剂失去活性后才能进行播种或移栽。应该注意这些除草剂药力减退的速度，往往气温高、土壤不保水、有降雨的情况下药力减退速度快些。

如果利用作物根系和杂草种子在土壤中分布深浅的差异，将药剂散布在土壤表层1～2厘米，可以杀死或抑制浅层能够萌发的杂草种子，而作物（如小麦）或果树根系较深而不受影响。如大豆播后苗前使用甲草胺（拉索），玉米、棉花、花生、小麦等作物播后苗前施用乙草胺等。需要注意的是在土壤砂性、有机质含量低、遇降雨或形成积水的情况下，药剂就有可能向下渗透，容易出现药害。种子播种较浅的作物田，如一些蔬菜地就不适合使用这类药剂。同样道理，如果是在果园喷洒百草枯时，一定要选择无风天气，最好是下午气流上升不明显的时候进行，以做到农药定向喷到地面的杂草，不会飘散到果树叶片上或果园以外。

利用作物和杂草形态上的差异进行除草，比较典型的是使用2,4-D-丁酯除草。该药是一种激素型选择性除草剂，浓度低的对植物生长有刺激作用，浓度高的有抑制甚至致死作用。而它的选择性除草原理就是利用禾本科作物的生长点被层层叶片包裹着，而双子叶杂草的生长点始终是露在外面，这样，在同样喷药的条件下，双子叶杂草的生长点受药量会高些，便形成扭曲或抑制生长。使用此类药剂时要注意施药时间，小麦4叶前和拔节后不宜用药，否则小麦也会形成畸形穗，也要选择无风天气喷药，防止药剂飘散到周围蔬菜或瓜、果田。喷药后，器械也一定要认真清洗。

392. 除草剂的使用效果与温度有关系吗?

温度是影响除草剂药效发挥的主要环境因素之一。一般来说，在适宜的温度范围内，温度越高越有利于发挥，表现为杀灭杂草的速度快、效果好。如灭草松，高温晴天时施药除草效果好，阴天和气温低时施药效果差，但温度过高或过低容易使作物产生药害。乙草胺温度过高或过低均容易引起植物药害。

393. 除草剂的使用效果与湿度有关系吗?

一般来说，湿度大有利于除草剂被杂草吸收，作用效果好。应把握的时机是：叶面无露水、无雨水，空气湿度在60%以上。干热风季节如过干旱，则不要施药。

墒情好，土壤水分充足，作物和杂草生长旺盛，有利于作物对药剂的分解和杂草对药剂的吸收并在体内传导运输，从而达到最佳除草效果，尤其是土壤处理剂必须在土壤湿润的条件下才能发挥良好的药效。如土壤干旱，作物和杂草生长缓慢，作物抗性差，并有利于杂草茎叶形成较厚的角质层，降低茎叶表面的可湿润性，影响对除草剂的吸收传导，从而使除草剂药效下降，同时杂草为了适应干旱环境，减少水分蒸发，大部分毛孔关闭，影响药剂的吸收，根系更加发达，增加防除难度。因此，干旱的天气，要用推荐上限量，同时施药时要加大喷水量。

394. 除草剂的使用效果与风有关系吗?

除草剂要在无风或微风时施用，风大喷除草剂容易发生雾滴飘移，危害周围敏感作物。尤其是易挥发的除草剂，使用时应特别注意。

395. 除草剂的使用效果与降雨有关系吗?

降雨对除草剂最直接的影响就是在药剂还没有被植物吸收以前把除草剂淋洗或冲走。喷施除草剂后，降雨越早、降雨量越大对药效的影响越大。对于土壤处理类除草剂，施药前降雨能增加土壤湿度，有利于药效的发挥，施药后降雨尤其是大雨，可能造成作物药害，如使用乙氧氟草醚或扑草净后，如果短期内大水漫灌或雨后田间积水易造成严重药害。

396. 除草剂的使用效果与光照有关系吗?

除草剂药效的发挥与光照有密切的关系。有的除草剂种类是在有光照的情况下，除草效果好，如乙氧氟草醚在有光的条件下才能发挥药效，故用药后不能混土；有的除草剂在光照条件下容易挥发或光解，从而降低药效，如氟乐灵易挥发和光解，因此最好早晚用药且施药后及时混土。

397. 除草剂的使用效果与土壤酸碱性有关系吗?

土壤酸碱性对除草剂活性有一定影响，一般除草剂当 pH 在 5.5～7.5 时能较好地发挥作用，过酸过碱的土壤对某些除草剂起到分解作用，从而影响药效，如土壤封闭除草剂为酸性，在盐碱地中封闭除草效果就差或无效果。又如绿磺隆在酸性土壤中降解速度快，影响药效，在碱性土壤中降解速度慢，对后茬敏感作物易造成药害。

398. 除草剂的使用效果与土壤质地和土壤有机质含量有关系吗?

土壤质地和有机质含量直接影响多种土壤处理类除草剂的药效。一般来说，黏性土壤或有机质含量高的土壤对除草剂的吸附性强，药效发挥相对较差，不容易发生药害，因此应选择推荐剂量的上限用药量；沙性土壤或有机质含量低的土壤，药效发挥相对较好，容易发生药害，因此应选择推荐剂量的下限用药量。

399. 除草剂的使用效果与水质有关系吗?

水质情况指施药时所兑水的硬度和酸碱度。

硬度：指 100 毫升水中所含 Ca^{2+}、Mg^{2+} 的多少。由于这两种离子容易同某些除草剂的有效成分络合生成盐而被固定，所以硬度大的水可能会使除草剂药效下降。

酸碱度：具有酸碱性的农药掺入了碱性较高或酸性较高的水，会影响药剂的稳定性，从而降低除草效果。

400. 除草剂的使用效果与土壤微生物有关系吗?

若土壤微生物数量多、活动旺盛，药剂被较多地降解，应适当增加施药量。反之，若土壤中微生物较少，施药量可逐渐减少。

401. 什么是杂草对除草剂的抗药性?

杂草对除草剂的抗药性是指：由于长期、大量使用除草剂的选择压力或人为的诱导、遗传操作，杂草在对野生型致死剂量处理下，能存活并繁殖的可遗传能力。

402. 为什么使用土壤封闭除草剂要精细整地?

整地好坏对药效影响很大。土地平整均匀有助于除草剂在土壤表面的均匀分布和完整覆盖，利于药效发挥。

黄淮海地区玉米多为免耕贴茬播种，由于麦茬的影响，使用封闭型除草剂药效较差。

403. 天气干旱时封闭除草剂还能施用吗?

天气干旱时，也要使用封闭除草剂，但施药后一定要浅混土（2～3厘米），然后镇压，使药剂混入土壤中，以免风蚀、挥发、光解。大部分封闭除草剂可以被根系吸收，持效期在一个月以上，即使因天气干旱杂草未封住，下雨后杂草也可以通过根系吸收药剂，发挥药效，有利于后期除草。如果因为干旱不进行封闭用药，苗期杂草发生严重。如遇连雨天，造成草荒，用药困难，增加用药成本。所以天气干旱时，也要进行土壤封闭。

404. 天气干旱会影响苗后除草剂的施用效果吗？

在长期干旱的条件下，多数杂草叶片表面的蜡质层加厚，气孔关闭，影响药剂进入杂草体内，从而降低除草效果。另外干旱也会使空气湿度降低，喷药时挥发严重。所以一般空气湿度低于65%时，不宜喷施苗后除草剂，清晨或傍晚喷药会好些。

405. 除草剂对作物产生药害的原因有哪些？

除草剂对作物的选择性是相对的，只有在一定的情况下，合理使用，才对作物安全。在农业生产中使用除草剂，有多种原因可引起作物药害。

（1）误用　误用在生产中时有发生，错把除草剂当成杀虫剂使用，或使用的除草剂品种不对。

（2）除草剂的质量问题　如果制剂中含有其他活性的成分，或制剂质量差，出现分层等，或由于药液不均匀导致药害。

（3）使用技术不当　在生产中，使用时期不正确、使用剂量过大或用药不均匀等都可能造成作物药害。在喷药时，重喷也会造成作物药害。

（4）混用不当　在混用时，要充分了解除草剂的特性，根据所要达到的目的，选择适当的除草剂进行混用，否则易造成药害。

（5）雾滴飘移或挥发　喷施易挥发的除草剂时，应选择在晴天、无风时操作，否则易造成药害。

（6）施药器具清洗不干净　施药器具如果清洗不干净，残留有除草剂，再次使用时，可能造成敏感作物药害。

（7）土壤残留　有些除草剂的残效期很长，如在下茬种植敏感作物有可能发生药害。

（8）异常气候或不利的环境条件　除草剂使用后，遇到异常气候如低温、暴雨等可能导致药害发生。

406. 如何避免除草剂引起的药害？

杂草与作物均属于植物，从遗传学角度来讲，亲缘关系较近。因此除草剂在杀灭杂草的同时，比杀虫剂、杀菌剂更容易引起作物药害。为了防止药害的发生，在除草剂的使用上，无论是使用量还是使用方法均比杀虫剂和杀菌剂更加严格，对环境条件的要求也更加苛刻。但是如果除草剂品种选择合理，使用方法得当，除草剂药害是完全可以避免的。

407. 如何选择麦田除草剂?

（1）根据麦田杂草发生的特点制订防治策略　麦田杂草的发生规律受地理环境、气象因素、耕作制度等影响。在黄淮冬麦区，主要有冬前和冬后两个出草高峰。在一般年份，自小麦播种后5～7天杂草开始萌发，到30～45天形成第一个出草高峰，冬后从2月中下旬开始出草，至3月中旬达到高峰。一般情况下，冬前出草量达到70%～80%，冬后仅占20%～30%。气温偏高、雨水偏多的年份，冬前出草量大，干旱年份出草量偏少。冬后出草量的大小，同样受气温和湿度的影响。由于正常年份冬前杂草已基本出齐，此时小麦植株矮小，便于进行化学除草。因此，应当采取“春草秋治的防除策略”。可以采取苗前封闭和杂草3～4叶期茎叶处理的方法进行化学除草。

（2）根据田间杂草种类选择除草剂　防治禾本科杂草可以选择绿麦隆、异丙隆、乙草胺、精噁唑禾草灵、甲基二磺隆等。由于不同的杂草种群对这些除草剂的敏感程度和反应不同，因而在药剂的选择上还要进一步细化。

例如，以看麦草、野燕麦为主的田块，可以选择精噁唑禾草灵进行防除。炔草酸的杀草谱比精噁唑禾草灵稍宽些，除草效果优于精噁唑禾草灵，在每亩4～6克有效含量的情况下，冬前可以防除多花黑麦草、硬草等难防除杂草；绿麦隆和异丙隆能够有效防除大多数一年生禾本科杂草和部分阔叶杂草，特别是异丙隆仍是当前防除麦田多种禾本科杂草的首选药剂。

408. 麦田化学除草有哪些混剂组合?

麦田防除阔叶杂草二元混配的药剂有：2,4-D-丁酯＋麦草畏或苯磺隆或噻吩磺隆或氯氟苯氧乙酸或溴苯腈；二甲四氯＋麦草畏或苯磺隆或噻吩磺隆或灭草松或氯氟吡氧乙酸；噻吩磺隆＋苯磺隆或2,4-D-二甲胺；2,4-D-二甲胺＋苯磺隆。防除阔叶杂草和野燕麦采用防除阔叶杂草的除草剂与防除野燕麦的除草剂混用。三元混配药剂有：2,4-D-丁酯＋野燕枯＋麦草畏或苯磺隆、苯磺隆＋噻吩磺隆＋精噁唑禾草灵或野燕枯、2,4-D-二甲胺＋苯磺隆＋野燕枯。

409. 麦田化学除草的注意事项有哪些？

① 注意适时使用除草剂，根据杂草和小麦的生长发育情况确定。一般应控制在杂草3～5叶期施药为宜，施药过晚，杂草过大，防除成效降低，最晚应在小麦拔节以前施药，小麦拔节后施药对小麦不安全。

② 注意合理选用除草剂，应根据麦田杂草的品种和种植构造特性选用对路的除草剂品种。

③ 注意安全，使用除草剂要严格遵从除草剂使用量，不能盲目加大用药量，免得发生药害或影响下茬作物。2,4-D-丁酯对双子叶作物非常敏感，极易发生药害，麦田附近种植双子叶作物的地块严禁使用2,4-D-丁酯，喷过2,4-D-丁酯的喷雾器务必专用，不能再用于其他作物喷药。

④ 喷雾时土壤墒情要好，选择晴朗无风的天气，严格掌握用药量，做到一次喷匀喷透，不重喷，不漏喷。

⑤ 喷雾时加入一些粉锈宁（每亩用有效成分10克）可有效地预防小麦纹枯病、根腐病的发生。

410. 如何正确使用麦田除草剂？

（1）防除猪殃殃类顽固杂草　宜在冬前2～4叶时抓紧防除，越推后效果越差，到了春季基本很难防除。对于猪殃殃数量较多的麦田喷药时要适当加大用量，可使用75%苯磺隆2～3克/亩，且喷药越细致防除效果越好。对于用苯磺隆防除效果较差的可使用乙羧氟草醚、苄嘧磺隆、氯氟吡氧乙酸等，也可采用复配制剂如苯磺隆+二甲四氯或乙羧氟草醚或苄嘧磺隆或氯氟吡氧乙酸等，提高防除效果。

（2）防除禾本科杂草　对于节节麦严重田块，可选用3%甲基二磺隆乳油进行防除；看麦娘、野燕麦等宜选用6.9%精噁唑禾草灵乳油等除草剂（注意骠马不能用于大麦田）。

（3）合理调配，防除抗性杂草

① 适当增加用药量。一般草龄小时用量少，草龄大时需加大药量，敏感性杂草用量少，抗药性强的杂草用量应适当增大，但应注意控制，做到既能杀死杂草，又不产生药害。

② 合理混配。混用除草剂可扩大杀草谱，减缓抗性产生，如苯磺隆和快灭灵、二甲四氯和使它隆混用防除阔叶杂草效果较好，且不易产

生抗性。混用除草剂应注意的主要问题是混用后的几种除草剂不应有拮抗作用，如果因拮抗作用而降低药效或产生药害，最好不要混用。如精噁唑禾草灵（骠马）不可以和二甲四氯、百草敌等混用。如果除草剂混用有显著增效作用的应适当降低用药量，如果混用既无拮抗作用也无增效作用，杀草谱不同的药剂可按正常用量用药，如精噁唑禾草灵可与苯磺隆、使它隆等按常量混用。生产中也可选用成品复合制剂，如70.5%二甲·唑草酮可湿性粉剂、36%唑草·苯磺隆可湿性粉剂、34%氯氟·唑草酮可湿性粉剂、66%苯磺隆·二甲四氯钠可湿性粉剂等。

注意施药方法。

（1）适期用药　麦田杂草有2次出苗高峰期，第1次一般在冬前小麦播种后20～30天，这一时期杂草出苗量大，约占杂草总数的95%，草苗组织幼嫩、蜡质层薄、抗药性弱，防除较容易；第2次为翌年的3月即小麦返青期至拔节前，杂草出苗量小，约占杂草总数的5%，草苗长势较弱，对小麦生长造成的影响相对较小。从杂草生长规律可看出冬前是化学除草的最佳时机，宜在11月中、下旬至12月上旬即小麦播种后40天左右进行。注意土壤处理的除草剂应在小麦播完后尽早施药，以免影响除草效果或发生药害。

（2）注意技巧　药剂配制必须采用二次稀释法：先将药剂加少量水配成母液，再倒入盛有一定量水的喷雾器内，再加入需加的水量，边加边搅拌，调匀稀释至需要浓度。切忌先倒入药剂后加水，这样药剂容易在喷雾器的吸水管处沉积，使先喷出的药液浓度高，易产生药害，后喷出的药液浓度低，除草效果差；也不可将药剂一下倒入盛有大量水的喷雾器内，这样可湿性粉剂往往漂浮在水表或结成小块，分布不均匀，不但不能保证效果，而且喷雾时易阻塞喷孔。药液须用清洁水配制，土壤处理的除草剂喷水量要适当高些，每亩兑水50～60千克，茎叶处理的除草剂常规喷雾兑水量可适当少些，每亩用水量一般以30～45千克为宜。施药时要退着走或是侧身喷药，切忌边向前走边喷药；手压喷雾器的快慢、人行走的速度、喷头高度应基本保持一致；每次喷雾幅度要相同，喷雾要细致均匀，避免重喷、漏喷。除草剂最好使用专用喷雾器，如无专用器械，喷完药后必须使用生石灰或石硫合剂浸泡所有药液接触部分48小时以上，再用清水冲洗干净，才可以盛其他药剂喷药。

（3）避免不良环境因素　喷药时注意选择晴朗无风天气，防止药液飘移到附近农作物上产生药害，寒潮来临及低温天气应避免施药。墒情不足时要适当加大水量，缺墒时暂不施药，若土壤过干，可在小水浇灌后立即施药；田中积水时应先开沟排水后再用药。有机质含量高的土壤可适当加大用药量，沙壤土用药量宜适当减少。另外喷药前应密切注意天气预报，苗后茎叶处理除草剂应尽量避免喷后遇雨，土壤处理的除草剂则最好在雨前使用（雨水会将药剂带入深土层，提高除草效果），且施药1～2周内不能中耕，以免破坏药层，降低除草效果。

药害补救：除草剂产生药害后很难在短时间内解除，要根据除草剂的性能、特点综合分析药害产生的原因，然后确定具体补救办法。①清水喷淋。当明确除草剂的喷施剂量过大时，应及时用清水喷淋，清除叶面残留，降低作物体内除草剂浓度，并及时灌水促进小麦的蒸腾作用，减轻药害。②加强肥水管理。药害较轻时，作物的部分叶片出现褐斑，心叶未死，可以通过加强肥水管理，补偿部分叶片损失，一般短时间内可以恢复。③喷施解毒剂或相应补救剂。如硫酸亚铁可降低克芜踪对小麦的药害，多硫化钙可使土壤中残留的西玛津活性消失，赤霉素可减轻生长素类除草剂产生的药害；触杀性除草剂产生的药害，可喷施叶面肥促进作物迅速恢复生长，从而相对减轻药害。

411. 如何使用药剂对玉米除草？

玉米除草剂，品种繁多，使用技术要求高，使用不当不但起不到除草效果，还会对玉米产生药害。因此，选择正确的除草剂品种并掌握好使用技术对提高玉米生产水平尤为关键。

（1）甲草胺　48%乳油，为选择性苗前使用的除草剂，可防除1年生禾本科杂草和某些阔叶杂草。施用后被杂草幼芽吸收，使幼芽不出土即被杀死。在玉米播种后出苗前使用，每亩用量175～300毫升。甲草胺对大豆安全，故也适用于玉米与大豆间作地化学除草。

（2）乙草胺　50%乳油，是我国目前产量最大的一种除草剂。可防除1年生禾本科杂草，对双子叶杂草防除效果较差。乙草胺对杂草的作用部位是芽鞘和幼根。因此，这种除草剂在杂草出苗前使用效果较理想，通常在玉米播种后出苗前使用，每亩用量150～200毫升。该除草剂对大豆、花生安全，也适用于玉米与大豆、花生间作地除草。

（3）丁草胺　50%、60%乳油，在玉米播种后出苗前使用，每亩用50%丁草胺150～180毫升，60%丁草胺125～150毫升。丁草胺对大豆、花生安全，故也适用于玉米与大豆、花生间作地除草，其除草特性与乙草胺很相似。

（4）乙莠水　乙莠水为乙草胺与阿特拉津的混配剂，在玉米播种后出苗前使用，每亩用量200～300毫升。乙莠水对大豆、花生敏感，故不能用于玉米与大豆、花生间作地，只适用于玉米单作地。

（5）阿特拉津　又名莠去津，其40%胶悬液是玉米田常用的广谱除草剂。该除草剂为选择性内吸型苗前苗后除草剂，可防除1年生禾本科杂草和阔叶杂草，在玉米播种后1～3天使用（若天气干旱需浅混土），每亩用量200～300毫升。在玉米四叶期使用，要求同苗前处理基本一样。由于阿特拉津在土壤中持效期长，易在土壤中残留，危害后茬作物，故一般在玉米3～5叶、杂草2～3叶时采用茎叶喷雾，减少土壤残留。阿特拉津对豆类作物敏感，在使用时要考虑下茬作物的安排，避免对下茬敏感作物产生药害。

（6）都尔　通用名为异丙甲草胺，其72%乳油每亩用量100～150毫升。都尔对下茬作物安全，其使用技术与乙草胺相同。

（7）百草枯　速效灭生性触杀型除草剂，对单、双子叶植物的绿色组织均有很强的破坏作用，不能传导，只能使受药部位受害，药剂与土壤接触即被吸附钝化失效，施药后很短时间内即可播种玉米。百草枯常用于免耕玉米除草和后期成株杂草的防除。每亩用百草枯15%水剂265～400毫升，常常在作物播前或播后苗前使用杀死已长出的大草，也可在玉米苗长大后行间定向喷雾除草，无残效。

在使用以上除草剂时，除要了解其施用对象、施用时期等外，还要兼顾天气情况，不要在大雨前施用除草剂，以免因雨水冲洗造成除草剂流失或聚集，使药效降低或产生药害。同时严格掌握使用浓度和用量，浓度太低，用量太少，起不到理想的除草效果；浓度太高，用量过大，又会伤害玉米。一般来说，在土壤有机质含量高和土壤含水量偏低的地块，应使用安全浓度的上限值；相反，应使用下限值。不能随意扩大药液使用浓度和用药量，避免带来不应有的损失。

412. 玉米田化学除草的注意事项有哪些？

① 玉米田化学除草的各种药害时常发生。

② 推荐玉米播种后出苗前进行土壤封闭除草。

③ 要严格按照除草剂使用说明使用，以防造成药害。

④ 施药时必须保证用水量，要避开高温、刮风天气，均匀喷施到地面，做到不重喷、不漏喷。

⑤ 使用烟嘧磺隆对茎叶处理，注意甜玉米、爆裂玉米、制种玉米田、自交系玉米田及玉米2叶期前及10叶期后不宜使用。

⑥ 夏玉米每亩施40%莠去津胶悬剂200毫升是一个临界值，超过200毫升时，可能对后茬小麦发生药害。莠去津的分解速度与喷药是否均匀、土壤质地、当年降雨量多少有关。

413. 玉米田化学除草有哪些常见混剂？

（1）乙草胺和莠去津1∶1混剂　该类除草混剂最早生产的是乙阿合剂、乙莠悬浮剂，可以用于玉米播后芽前、玉米苗后早期防治一年生禾本科杂草和阔叶杂草，对玉米及后茬作物安全。相似的产品有丁草胺＋乙草胺＋莠去津、丁草胺＋莠去津、甲草胺＋乙草胺＋莠去津、异丙甲草胺＋莠去津、异丙草胺＋莠去津等。

（2）乙草胺和莠去津2∶3混剂　这种除草混剂可用于玉米播后芽前、玉米苗后早期防治玉米田一年生禾本科杂草和阔叶杂草，对玉米安全；在特别干旱年份可能降低对后茬小麦的安全性。性能相似的品种有绿麦隆＋乙草胺＋莠去津混剂，可大大提高对后茬小麦的安全性，但不可以用于玉米苗后。

（3）扑草津和莠去津混剂　可以有效防治玉米田一年生禾本科杂草和阔叶杂草。在玉米播后芽前施用除草效果稳定，受墒情影响程度较小，但雨水较大时，淋溶较多会降低除草效果；在玉米生长期施用，遇高温干旱等不良环境条件可以诱发玉米药害。

（4）烟嘧磺隆和莠去津混剂　是一种理想的除草剂混剂，不仅可以有效防治多种一年生杂草，而且可以防治多年生禾本科杂草和莎草科杂草，施用方便，对玉米和后茬作物安全。但使用前后不能与有机磷杀虫剂混合使用，可与菊酯类杀虫剂混用。

（5）乙草胺、莠去津和百草枯混剂　兼有灭生性和封闭除草效果，在玉米生长期施用可以有效防治玉米田多种杂草。类似的产品较多，也有以草甘膦替换百草枯的除草剂混剂。

414. 如何正确使用稻田除草剂？

（1）掌握好使用除草剂的基本原则　一是要根据稻田类型选择合适的除草剂。秧田、直播田、抛秧田和人工栽插田、机插秧田等不同类型的稻田在选用除草剂时要区别对待，秧田、直播田和抛秧田不能选用含有乙草胺、甲磺隆的除草剂，如乐草隆、精克草星、稻草畏及灭草王等，这些除草剂只适用于人工栽插田，如果没有分清稻田类型乱用除草剂，则稻田化学除草往往都不能取得预期效果。二是要按照除草剂说明书上规定的杀草范围选择对路的除草剂。有的除草剂只对单子叶杂草（俗称窄叶草）（如稗草等）有防效，有的除草剂只能杀死双子叶杂草（俗称阔叶杂草）（如鸭舌草等）。三是要根据稻田的杂草种类，依据需要防除的杂草对象选用除草剂。这是确保水稻种植中的除草效果所必须遵守的基本原则。

（2）正确选用除草剂品种　目前，市场上除草剂品种多，部分产品含量低，配方不尽合理，因此要注意识别、选用已经当地植保部门鉴定或试验推广的品种。抛秧田、机插秧田对除草剂的安全性要求较高，选择除草剂时要特别注意。为了安全起见，含有乙草胺、异丙甲草胺、甲磺隆的除草剂仅限于南方稻区移栽田使用，北方稻区不要使用。

（3）选择最佳施用时期　一是要选择在杂草对除草剂最敏感时期施药，以提高除草效果；二是要选择在水稻对除草剂抗力最强的生长期施药，以确保水稻安全。一般来说，杂草在种子萌发阶段及幼苗期对除草剂最敏感，此期喷药最易发挥药效；水稻在芽期和4叶期前对除草剂最敏感，容易产生药害，在这些生育阶段施用除草剂应注意药剂的浓度。

（4）按照除草剂的安全有效剂量及稻田的实际面积计算用药量　不同除草剂防除稻田杂草所需的药量差别很大，特别是一些用药量很少的除草剂，药量多了易产生药害，造成稻田蹲苗现象，严重时会出现水稻叶片卷曲等药害；反之，减少了药量，则除草效果差，达不到除草的目的。应严格按说明书上除草剂的安全有效剂量及稻田的实际面积计算用药量，不能超过最大用药量。

（5）注意施药环境对除草剂药效及安全性的影响　一般而言，有机质含量高的稻田，土壤对除草剂的吸附作用强，用药量可酌情增加；在气温高时除草剂易发挥，用药量应适当减少，反之，则适当增加；露水未干时不宜施药，特别是不宜撒施药土，以免水稻叶片上沾药多而产生药害。光照的强弱对除草剂的影响亦较大，取代脲类和均三氮苯类除草剂是典型的光合抑制剂，施药后若遇上几天强光照，可提高除草效果，而五氯酚钠则见光易分解，宜在阴天施用。

（6）采用正确的施药方法　稻田施用化学除草剂，常用的施药方法有喷雾和撒施两种。究竟采用哪种方法施药应根据除草剂的品种而定，一定要按说明书规定的方法进行施药。喷雾施药一般用于触杀型的除草剂，要求做到均匀喷雾，不重喷、不漏喷；撒施应采用两级稀释的方法，将化学除草剂与细沙土或肥料拌匀后均匀撒施。

（7）注意拌好药和施好药　拌药和施药不均会使除草效果不均。高效除草剂每亩田用量少，应与沙土或化肥充分混合均匀后撒施。

（8）地要尽量整平，应注意控制水层　不论是秧田、大田、旱直播田，都要求整平，这样施药后才能收到理想的效果。同时应注意控制水层在3厘米左右，保水5～7天。水层太高，超过苗心会产生药害，太浅或燥田施药会影响药效。

415. 稻田除草剂的使用注意事项有哪些？

只有根据田块土壤条件、水源条件、栽插田或抛秧田等不同特点，合理使用除草剂，才能达到最佳除草、长禾效果。

具体应注意以下几点：

① 耕耙栽禾田力求平整，以防止水浅处仍生杂草，水深处禾苗受伤。

② 把握栽后5～7天使用除草剂，以水不淹没心叶为原则，田间水深3～4厘米保持4～5天。

③ 高温天气，应在早、晚气温较低时用药，不超量用药。

④ 除草剂与细砂或细土拌匀撒施较为安全，建议不用化肥搅拌撒施。

416. 苄嘧·环庚醚在水稻本田如何使用？

防治水稻抛秧田和移栽田一年生及部分多年生杂草，定植后5～7天，即秧苗返青后、稗草1叶1心叶期，用10%可湿性粉剂40～50克/亩，或7%可湿性粉剂45～50克/亩，或8.8%可湿性粉剂43～50克/亩，与适量细土或细砂混合后均匀撒施。药后田间保持3～5厘米水层5～7天。

417. 扑草净在水稻本田如何使用？

扑草净为均三氮苯类选择性内吸传导性除草剂，药剂可由植物根部吸收，或从茎叶渗入植物体内，抑制植物叶片的光合作用使其失绿干枯死亡。扑草净对植物种子发芽和根系基本无影响，对刚萌发的杂草防除效果最好。主要登记品种为25%、40%、50%的可湿性粉剂，25%泡腾颗粒剂，50%悬浮剂，80%、90%、95%的原药以及甲戊·扑草净等多种复配制剂。不同作物和不同土壤类型使用量有所不同。35%甲戊·

扑草净乳油，大蒜田每亩150～200毫升，马铃薯田东北地区250～300毫升、其他地区130～250毫升土壤喷雾。

使用扑草净除草剂应注意的问题：

① 扑草净用药量少，活性高，使用时要准确称量，喷雾要均匀。

② 土壤有机质含量高、土质黏重、土壤干旱，宜采用较高药量。

③ 低洼易涝地、冷凉地、盐碱地、沙质土壤、有机质含量低于2%时，不宜使用扑草净。

④ 使用时，如遇高温（>25℃）、低温（<13℃）、干旱、大风天气，可能会影响药效发挥；施药后遇大雨，地面有明水易产生药害。

⑤ 扑草净对蜂、鸟、鱼、蚕低毒，清洗器具的废水不能排入河流、池塘等水源。

第八章 生物源农药安全用药知识

418. 什么是生物源农药?

生物源农药是指利用生物资源开发的农药，简称生物农药。生物包括动物、植物和微生物。因而生物源农药相应地分为动物源农药、植物源农药和微生物源农药三大类。而今，把一些具有农药作用或抗农药作用的转基因作物也归于生物农药。

419. 什么是植物源农药?

植物源农药又称植物性农药，是利用植物资源开发的农药。狭义的植物源农药，指直接利用植物产生的天然活性物质或植物的某些部位而制成的植物源农药。广义的植物源农药，还包括按天然物质的化学结构或类似衍生结构人工合成的农药。包括从植物中提取的活性成分、植物本身和按活性结构合成的化合物及衍生物。类别有植物毒素、植物内源激素、植物源昆虫激素、拒食剂、引诱剂、驱避剂、绝育剂、增效剂、植物防卫素、异株克生物质等。

按作用方式分为植物源杀虫剂、植物源杀菌剂和植物源除草剂。

按有效成分、化学结构及用途分为生物碱、萜烯类、黄酮类、精油类、光活化毒素。植物源农药是生物农药的一个重要组成部分，植物源农药所利用的植物资源为有毒植物。所以，植物源农药又被称为“中草药农药”。

420. 植物源农药的主要优点有哪些?

(1) 无污染、不积累　这类农药的有效成分一般都具有生物活性，使用后可以很快失活或被自然界的微生物分解。例如，鱼藤酮杀虫剂，使用超高剂量喷施后，再过 5 天在土壤中已检测不出有毒成分，残留在蔬菜上的毒质也微乎其微，在《农药合理使用准则》中规定允许残留量在 0.1%～0.2%。不会在农产品上残留和积累，因而也不会对人类生存空间和健康造成破坏，对生态环境不会带来污染。

(2) 取材容易，费用低廉　我国的植物资源十分丰富，野生植物农药资源能就地取材、开发利用，易采集、费用低，而且还可以形成商品，具有广泛的利用价值。

(3) 操作方便、安全　可以采用一些简单的方法浸提生物农药，在大量使用时，有的地方无需专门的设备和工厂，保管、施用和运输也十分方便，是一类安全系数高的农药品种。

(4) 不会产生抗药性　生物农药是从植物中粗提出来的，有效成分复杂多样，尤其是使用两种以上植物的复方制剂时，成分更是多种多样。这就使得害虫无法对其中的一种或几种成分产生抗药性，从而收到较好的防治效果。

(5) 对害虫天敌危害小　和化学农药相比，生物农药的有效成分在害虫体内存在的时间很短，很快就被分解或失活，无法在害虫体内积累，因而不会对害虫天敌和其他有益昆虫造成伤害，不破坏生态平衡。根据试验，使用鱼藤酮植物杀虫剂的常用剂量喷施，对蔬菜头号害虫萝卜蚜的防治效果达到 99.85%，而对蚜虫天敌瓢虫的杀伤率仅为 11.58%；对照使用的化学杀虫剂乐果乳油的两个指标分别为 71.58% 和 28.54%。

421. 植物源农药有哪些作用机理?

(1) 触杀和胃毒作用　植物次生代谢物质对害虫具有毒杀作用，如除虫菊素、鱼藤酮、烟碱等；包括由植物天然有效成分衍生合成的农药，著名例子有拟除虫菊酯类和氨基甲酸酯类两大类杀虫剂。

(2) 拒食作用　植物活性物质能抑制昆虫味觉感受器而阻止其摄食。如从印楝素和从柑橘种子提取的类柠檬苦素都是高效拒食剂。

(3) 引诱或驱避作用　植物活性物质对特定昆虫具有引诱或驱避作用。如某些香精油如丁香油可引诱东方果蝇和日本丽金龟，香茅油可驱避蚊虫。

（4）抑制生长发育作用　从藿香蓟属植物中提取的早熟素具有抗昆虫保幼激素功能，现已人工合成出活性更高的类似物；玉米螟幼虫注射印楝素（0.25～1.0微克/头）后不能化蛹而成为“永久性”幼虫；鱼藤酮和鱼藤根丙酮提取物对菜青虫有很强的抑制蜕皮变态作用。许多植物源农药能够干扰害虫的生长发育，使卵不能正常孵化、幼虫不能正常蜕皮化蛹、蛹不能正常羽化或出现畸形，在害虫的整个生长过程中起到主导调节作用。目前认为该类活性成分干扰了昆虫正常的内分泌系统，导致生长发育出现异常。这种方式对当代或当年的害虫影响不太明显，但可以控制下一代害虫的发生。

（5）绝育作用　印度菖蒲根部提取的β-细辛脑能阻止雌虫卵巢发育；湖南林科所研究表明，马尾松毛虫雄蛾与喜树碱药接触10秒钟后与正常雌蛾交配，可以引起不育。

（6）增效作用　芝麻油中含有的芝麻素和由此衍生合成的胡椒基丁醚对杀虫剂有增效作用。

（7）杀菌或抗（抑）菌作用　从茵陈蒿中分离得到的茵陈素对多种植物病原菌有杀菌作用；从一种刺桐中提取的紫檀素是一种具有杀菌活性的物质；另外，烟草、鱼藤、雷公藤等植物的提取物能抑制某些病菌孢子的发芽和生长，或阻止病菌侵入植株。

（8）异株克生作用　植物产生的某些次生代谢物质，释放到环境中能抑制附近同种或异种植物的生长。它们有不同的作用机制，作为开发除草剂或植物生长调节剂的潜在资源，至今尚未实用化。

422. 我国登记的植物源农药主要产品有哪些？其性能如何？

植物源农药在农作物病虫害防治中具有对环境友好、毒性普遍较低、不易使病虫产生抗药性等优点，是生产无公害农产品应优先选用的农药品种。我国开发的主要植物源农药品种及其在农作物病虫害防治中的应用情况如下。

苦参碱：单剂有0.2%、0.26%、0.3%、0.36%、0.5%水剂，0.3%水乳剂，0.36%、0.38%、1%可溶性液剂，0.3%乳油，0.38%、1.1%粉剂；混配制剂有1%苦参碱·印楝素乳油，0.2%苦参碱水剂·1.8%鱼藤酮乳油混剂，0.5%、0.6%、1.1%、1.2%苦参碱·烟碱水剂，0.6%苦参碱·小檗碱水剂。可分别用于防治菜地小地老虎，十字花科蔬菜菜青虫、小菜蛾、蚜虫，韭菜韭蛆，黄瓜红蜘蛛、蚜虫，茶树茶毛虫、茶尺蠖，烟草烟青虫、烟蚜，小麦、谷子黏虫，棉花红蜘蛛，梨树黑星病，苹果树红蜘蛛、黄蚜、轮纹病。

氧化苦参碱：单剂是0.1%水剂；混配制剂有0.5%、0.6%氧化苦参碱·补骨内酯水剂。可分别用于防治花卉蚜虫和十字花科蔬菜菜青虫、蚜虫。

烟碱：单剂是10%乳油；混配制剂有0.84%、1.3%马钱子碱·烟碱水剂，2.7%莨菪碱·烟碱悬浮剂，27.5%烟碱·油酸乳油，10%除虫菊素·烟碱乳油，9%辣椒碱·烟碱微乳剂，15%蓖麻油酸·烟碱乳油。可分别用于防治十字花科蔬菜菜青虫、蚜虫，小麦蚜虫、黏虫，苹果树黄蚜，黄瓜红蜘蛛、蚜虫，菜豆蚜虫，棉花棉铃虫、蚜虫，烟草烟青虫，芥菜蚜虫。

鱼藤酮：单剂有2.5%、4%、7.5%乳油；混配制剂有5%除虫菊素·鱼藤酮乳油。可分别用于防治蔬菜菜青虫、蚜虫、小菜蛾、斜纹夜蛾，柑橘树矢尖蚧，棉花棉铃虫。

闹羊花素Ⅲ：制剂为0.1%乳油，可用于防治十字花科蔬菜菜青虫。

血根碱：制剂为1%可湿性粉剂，可用于防治菜豆蚜虫、十字花科蔬菜菜青虫、梨树梨木虱和苹果树二斑叶螨、蚜虫。

桉叶素：制剂为5%可溶性液剂，可用于防治十字花科蔬菜蚜虫。

大蒜素：制剂为0.05%浓乳剂，可用于防治黄瓜、枸杞白粉病。

苦皮藤素：制剂为1%乳油，可用于防治十字花科蔬菜菜青虫。

蛇床子素：制剂为0.4%乳油，可用于防治十字花科蔬菜菜青虫和茶树茶尺蠖。

丁子香酚：单剂为0.3%可溶性液剂，混配制剂为2.1%丁子香酚·香芹酚水剂，可用于防治番茄灰霉病。

香芹酚：制剂为5%丙烯酸·香芹酚水剂，可用于防治黄瓜灰霉病和水稻稻瘟病。

藜芦碱：制剂为0.5%可溶性液剂，可用于防治棉花棉铃虫、棉蚜和十字花科蔬菜菜青虫。

楝素：制剂为0.5%乳油，可用于防治十字花科蔬菜蚜虫。

印楝素：制剂为0.3%、0.5%乳油，可用于防治十字花科蔬菜小菜蛾。

黄芩苷黄酮：制剂为0.28%水剂，可用于防治苹果树腐烂病。

除虫菊素：制剂为5%、6%乳油，可用于防治十字花科蔬菜蚜虫。

茴蒿素：制剂为0.65%水剂，可用于防治苹果树尺蠖、蚜虫和叶菜类蔬菜菜青虫、蚜虫。

百部碱：制剂为1.1%百部碱·楝素·烟碱乳油，可用于防治菜豆斑潜蝇、茶树小绿叶蝉和十字花科蔬菜蚜虫、菜青虫、小菜蛾。

423. 戊菌唑防治葡萄白腐病，如何使用？

在我国，葡萄白腐病普遍发生，被称为葡萄的四大病害之一。白腐病的流行或大面积发生，往往会造成葡萄20%～80%的损失。冰雹或雨后（长时间）的高湿度结合温暖的温度（7～24℃），能造成白腐病的流行。

戊菌唑属三唑类杀菌剂，对葡萄树具有保护作用，同时对葡萄白腐病具有治疗作用，可由葡萄叶、茎、根吸收，由根吸收后可向上传导。戊菌唑产品为戊菌唑10%乳油、20%乳油、10%戊菌唑水乳剂。戊菌唑防治葡萄白腐病具有很好的效果。

（1）保护性方案　落花坐果后至采收前1个月内是使用药剂防治白腐病的关键时期。戊菌唑用于防治葡萄白腐病，可于葡萄白腐病发病初期开始施药，喷20%乳油1500～3000倍液，兑水喷雾。

（2）治疗性方案　戊菌唑用于防治葡萄白腐病，可于葡萄白腐病发病初期开始施药，喷20%乳油2500～5000倍液，每季最多施药3次。

一旦发现有葡萄白腐病发生后，应及时疏除病果，并用戊菌唑20%乳油1000～1500倍液进行紧急处理，重点喷施果穗，连续使用2～3次。安全间隔期为葡萄收获前30天。本品对鱼毒性中等，注意勿污染水源。

424. 什么是农用链霉素？可防治哪些病害？

链霉素是一种抗生素药剂，工业品链霉素是无定形粉末状物，粗制品适于防治农作物多种病害。易溶于水，对人畜低毒。主要剂型为15%可湿性粉剂或20%可湿性粉剂。农用链霉素为白色粉末，有吸湿性，结块不影响药效。易溶于水，不溶于多数有机溶剂，对人、畜低毒，对作物安全。杀菌谱广，具有内吸作用，能渗透到植物体内并传导到其他部位，对植物多种细菌性病害有较好防效，如水稻白叶枯病，细菌性条斑病，烟草角斑病、野火病、青枯病等。

（1）蔬菜病害　农用链霉素对蔬菜细菌性病害防治效果显著。如要兼治，还可与其他杀菌剂、杀虫剂混用，但不能与杀螟杆菌、白僵菌、苏云金杆菌（Bt 制剂）等的微生物源杀虫剂混用。常用的农用链霉素剂型有 0.1%～0.85%粉剂、72%可溶性粉剂。

防治白菜软腐病、细菌性角斑病和叶斑病，在发病初期用 72%可溶性粉剂 4000 倍液喷雾，隔 7～10 天喷一次，连喷 2～3 次。对白菜黑腐病，用 1000 倍液浸种 2 小时。

防治甘蓝类软腐病和黑腐病，在田间发病初期，喷洒 72%可溶性粉剂 4000 倍液，每 7～10 天喷一次，连喷 3～4 次。对黑腐病，还可在播种前用 1000 倍液浸种 2 小时。

防治番茄溃疡病，在移栽时用药液做定根水，每 7 克 0.1%～0.85%粉剂加水 75 升，每株灌药液 150 毫升；当田间发现病株即刻拔除，并用 72%可溶性粉剂 4000 倍液喷洒。防治番茄青枯病，当田间发现零星病株即刻拔除，向穴内灌注 72%可溶性粉剂 3000～4000 倍液 0.5 升，每 10～15 天灌一次，连灌 2～3 次，并用 4000 倍液全田喷雾。

防治辣椒疮痂病和软腐病，在发病初期，用 72%可溶性粉剂 3000～4000 倍液喷雾，每隔 6～8 天喷一次，连喷 2～3 次。

防治菜豆细菌性疫病，在发病初期，喷洒 72%可溶性粉剂 3000～4000 倍液。

（2）果树病害　农用链霉素可用于苹果和梨疫病、核桃细菌性黑斑病、果树细菌性穿孔病，于病害初发时喷雾。药液应现用现配，不能久存。

（3）烟草病害　常用的农用链霉素剂型有 0.1%、0.85%粉剂，72%可溶性粉剂，可防治烟草根、茎、叶的细菌性病害。农用链霉素对烟草野火病、角斑病和细菌性叶斑病效果显著，防治时用 200 单位/毫升农用链霉素喷雾，7～10 天 1 次，连喷 3～5 次。

青枯病是一种常见的烟草根茎病害，在苗期和大田期均可为害。防治烟草青枯病时，发病初期用 200 单位农用链霉素灌根，7 天后再灌根 1 次。

野火病和角斑病在苗期和大田期均可发生危害，两者主要为害烟株叶片，防治时在发病初期用 200 单位/毫升的链霉素，每亩 100 千克药液，6 天 1 次，连续喷施 3～5 次。

烟草空胫病为烟草茎髓病害，为害后造成烟茎中空、叶片凋萎，最后死亡，防治时在发病后喷施 4.5%链霉素 5 万单位/毫升 200 倍液，每亩喷施 70～100 千克药液。

对烟草细菌性病害防治效果显著，还可与其他杀菌剂、杀虫剂混用兼治其他病害，但不能与杀螟杆菌、白僵菌、苏云杆菌（Bt 制剂）等微生物源杀虫剂混用。

425. 土霉素主要防治哪类病害?

土霉素主要对细菌、类细菌、立克次氏体有效，对细菌蛋白质合成有很强的抑制作用。能被植物叶片吸收，并传导到其他组织。常以盐酸盐的形式出售，供农业用的为88%土霉素盐酸盐可溶性粉剂。

防治大白菜软腐病，在发病初期，每亩用88%可溶性粉剂34～40克，兑较大量水喷雾，重点使药液流入根茎叶和叶柄基部，7～10天喷1次，连喷2～3次。

防治柑橘疮痂病、桃树细菌性穿孔病，喷88%可溶性粉剂9000～16000倍液，20天喷1次，连喷2～3次。

防治枣疯病，在发病初期用挂吊针注射法向树干注射88%可溶性粉剂100倍液，干周30厘米以上的枣树用药300～400毫升，干周40厘米以上的枣树用药500～700毫升，干周60厘米以上的枣树用药1200～1500毫升。注射方法：在树干基部或中下部无疤结的地方，用手摇钻钻一个外高里低的孔，深达髓部，再将吊针的注射头插入孔各部位。防治桑树疫病，在发病初期，对枝叶喷洒88%可溶性粉剂1700倍液，隔7～10天喷88%可溶性粉剂3000倍液。

土霉素还可以防治另一些细菌性病害，如苹果和梨的火疫病、马铃薯黑胫病和块茎软腐病、番茄和辣椒疮痂病、萝卜软腐病等。

426. 井冈霉素除防治纹枯病，还可防治哪些病害?

井冈霉素由A～G 7个结构相似的组分组成，其中以A组分即井冈霉素A的活性最高。

井冈霉素内吸性很强，兼有保护和治疗作用，是防治作物纹枯病的特效药剂。为适应稻田常是数病同发或病虫同发的现实，已开发出多种以兼治为目的、一药多治的复配混剂。单剂有3%、5%、10%水剂，2%、3%、4%、5%、10%、12%、15%、17%、20%可（水）溶性粉剂，20%可湿性粉剂，2.5%高渗水剂，5%、15%井冈霉素A可溶性粉剂。在叙述井冈霉素用途、用法时，仅能选其中之一为例，其余的制剂可由此换算需用量或按产品标签使用。

（1）水稻病害　主要是防治水稻纹枯病，一般是从发病率达20%左右时开始喷药，每亩用5%井冈霉素A水剂100～150毫升或5%可溶性粉剂25～50克，兑水60～75千克，重点喷于水稻中下部，或兑水

400 千克泼浇，泼浇时田间保持水层 3～5 厘米，一般是早稻施药 2 次，单季稻施药 2～3 次，连作晚稻施药 1～2 次。两次施药的间隔为 10 天左右。可兼治稻曲病、小粒菌核病、紫秆病。

专为防治稻曲病时，于孕穗末期，每亩用 5%水剂 150～200 毫升，兑水 50～75 千克喷雾。

（2）麦类病害　防治麦类纹枯病每 100 千克种子用 5%水剂 600～800 毫升，加少量水，喷拌种子，堆闷数小时。

或用药剂包裹种子，每亩用 5%水剂 150 毫升，与一定量黏质泥浆混合，再与麦种混合，再撒入干细土，边撒边搓，待麦粒搓成赤豆粒大小，晾干后播种。

田间喷雾，在春季麦株纹枯病明显增多时，每亩用 5%水剂 100～150 毫升，或 2.5%高渗水剂 167～200 毫升，兑水 60～70 千克喷雾，重病田隔 10～15 天再喷 1 次。

防治玉米纹枯病，可参考小麦的田间喷施药量。

（3）蔬菜病害　防治茭白纹枯病、菱角纹枯病，发病初期及早喷 5%水剂 800～1000 倍液，7～10 天喷 1 次，连喷 2～3 次。

防治菱角白绢病，在病害大发生初期及早喷 5%水剂 1000～1500 倍液 2～3 次，或在拔除中心病株后喷药封锁。为预防发病，可在 5 月底至 6 月初于隔离保护带内喷 3～5 米宽的药剂保护带。

防治番茄白绢病，在发病初期用 5%水剂 500～1000 倍液浇灌，共用药 2～3 次。防治苦瓜白绢病，拔除病株后，对病穴及邻近植株淋灌 1000～1600 倍液，每株（穴）用药液 300～500 毫升。

防治山药根腐病，发病初期淋灌 5%水剂 1500 倍液，特别要注意淋易受病害的基部。

防治黄瓜立枯病，在播种、定植后，用 5%水剂 1000～2000 倍液浇灌，每平方米灌药液 3～4 千克。

防治棉花立枯病，在播种后用 5%水剂 500～1000 倍液灌根，每平方米用药液 3 千克。

（4）果树病害　防治桃缩叶病，在桃芽裂嘴期，喷 5%水剂 500 倍液（100 毫克/千克）1～2 次。

防治柑橘播种圃苗木立枯病，于发病初期用 5%水剂 500～1000 倍液（50～100 毫克/千克）浇灌。此用法可防治其他果树苗期立枯病。

对多种果树的炭疽病、梨轮纹病、桃褐斑病、草莓芽枯病等，喷洒 5%水剂 500 倍液（100 毫克/千克），均有效果。

（5）人参苗期立枯病　用5%水剂800～1000倍液浇灌土壤，每平方米用药液2～3千克，青苗处理5次。

防治薄荷白绢病，拔除病株，用5%水剂1000～1500倍液淋灌病穴及邻近植株，每穴（株）用药液500毫升。

（6）防治甘蔗虎斑病　发病初期喷淋5%水剂1500倍液。

427. 井冈霉素混剂防治水稻病害，如何使用？

（1）井冈·三环唑是由井冈霉素与三环唑复配的混剂，产品为20%悬浮剂、20%可湿性粉剂。可防治水稻的纹枯病、稻瘟病、稻曲病等，一般每亩用有效成分20～30克，即为20%可湿性粉剂或悬浮剂100～150克，兑水喷雾。

（2）井·唑·多菌灵是由井冈霉素与三环唑、多菌灵复配的混剂，产品为20%可湿性粉剂，防治水稻纹枯病和稻瘟病，每亩用制剂100～150克，兑水喷雾。

（3）井冈·烯唑醇是由井冈霉素与烯唑醇复配的混剂，产品为14%、18%可湿性粉剂，防治水稻的纹枯病和稻曲病，每亩用18%可湿性粉剂30～50克或14%可湿性粉剂60～80克，兑水喷雾。

（4）井·酮·三环唑是由井冈霉素与三唑酮、三环唑复配的混剂，产品为16%可湿性粉剂。防治水稻的纹枯病和稻瘟病，每亩用制剂125～175克；防治稻曲病，每亩用制剂150～200克，兑水喷雾。

（5）井冈·蜡芽菌是由井冈霉素与蜡质芽孢杆菌复配的混剂，产品有12%、12.5%水剂，15%可溶粉剂，37%、40%可湿性粉剂，20%悬浮剂等。主要用于防治水稻的纹枯病和稻曲病，可以每亩用12%水剂200～250毫升或20%悬浮剂80～100毫升或40%可湿性粉剂60～150克或15%可溶性粉剂50～70克，兑水喷雾。

（6）井冈·枯芽菌是由井冈霉素与枯草芽孢杆菌复配的活剂，产品为由2.5%井冈霉素与100亿活芽孢/毫升复配的水剂，用于防治水稻的稻曲病和纹枯病，商用制剂200～300毫升，兑水喷雾。

（7）井冈·水杨酸是由井冈霉素与水杨酸复配的混剂，产品为13%水剂，防治水稻纹枯病，每亩用制剂70～100毫升，兑水喷雾。

（8）井冈·硫酸铜是由井冈霉素与硫酸铜复配的混剂，产品为4.5%水剂，防治水稻纹枯病，喷制剂的700倍液。

（9）井·烯·三环唑是由井冈霉素与烯唑醇、三环唑复配的混剂，产品为20%可湿性粉剂，防治水稻的稻曲病、稻瘟病和纹枯病，每亩用本品 75～90 克，兑水喷雾。

（10）井冈·羟烯腺　由井冈霉素与植物生长调节剂羟烯腺嘌呤复配的混剂，产品为 16％可溶性粉剂。防治水稻纹枯病，每亩用本品 25～45 克，兑水喷雾。

（11）2.75％井冈·香菇糖水剂　由井冈霉素与香菇多糖复配而成，用于防治水稻纹枯病，每亩用制剂 25～50 毫升，兑水喷雾。

428. 春雷霉素除防治稻瘟病外，还能防治哪些病害？

春雷霉素具有内吸治疗作用；渗透性强，耐雨水冲刷；对人畜安全，对作物无药害。主要用于防治水稻稻瘟病，对高粱炭疽病也有较好的防治效果。可以和多种农药混用，但不能与碱性农药混用。剂型有 2％、4％、6％可湿性粉剂，0.4％粉剂和 2％水剂。使用技术如下。

（1）防治稻瘟病　发病初期开始喷药，用 2％可湿性粉剂或水剂 500 倍液或 4％可湿性粉剂 1000 倍液或 6％可湿性粉剂 1500 倍液，每亩用药液 100 千克左右，7～10 天后再喷 1 次。防治稻瘟病，应在孕穗末期和齐穗期，按上述方法各喷药 1 次。如在药液中加入 0.1％～0.2％洗衣粉，能显著提高防治效果。除用水剂和可湿性粉剂喷雾外，还可用 0.4％粉剂每亩 1.5 千克进行喷粉，效果也很好。在早晚有露水时喷粉有利于药粉的附着。

（2）防治高粱炭疽病　发病初期用 2％可湿性粉剂或 2％水剂 500 倍液喷雾，隔 7～10 天喷 1 次，连喷 2 次。

429. 含春雷霉素的 3 种混剂防治稻瘟病，如何使用？

水稻稻瘟病是我国水稻区流行频率最高、危害程度最重的病害之一，严重制约我国水稻生产。稻瘟病因发病部位不同可以分为苗瘟、叶瘟、节瘟、穗颈瘟、谷粒瘟。我国南方稻区以叶瘟、穗颈瘟发生较重，北方稻区以穗颈瘟为主。稻瘟病在水稻秧苗期和分蘖期发病，可使叶片大量枯死，严重时全田呈火烧状，有些稻株虽不枯死，但抽出的新叶不易伸长，植株萎缩不抽穗或抽出短小的穗。孕穗抽穗期发病时，节瘟、穗颈瘟严重发生，导致减产，损失很大。春雷霉素为农用杀菌剂，对水稻的稻瘟病有优异防效和治疗作用。春雷霉素是放线菌产生的代谢产物，具有较强的内吸性，稳定性好。其作用机理为抑制病菌细胞蛋白质的合成，从而使菌丝伸长受影响并引起细胞颗粒化。正常使用技术条件下本品对人、畜、水生物毒性较低。

6%春雷霉素防治水稻稻瘟病，施药适期为水稻稻瘟病发病初期，30～40毫升/亩，兑水50～75千克，均匀喷雾。大风天或预计1小时内降雨，请勿施药。

4%春雷霉素水剂防治水稻稻瘟病，施药适期为水稻稻瘟病发病初期，60～70毫升/亩，兑水50～75千克，均匀喷雾。防水稻苗瘟，每平方米2～3克2%春雷霉素兑水3千克喷于土壤表面，24小时后可播种。防治水稻叶瘟每亩用2%春雷霉素30～40毫升，兑水15千克喷雾。发病较严重时，每亩用2%春雷霉素50毫升，兑水15千克叶面喷施。防治水稻穗颈瘟每亩用2%春雷霉素50毫升，兑水15千克喷雾，在孕穗后期到破口和齐穗期各喷1次。

430. 多抗霉素可防治哪些病害?

多抗霉素对苹果早期落叶病、葡萄灰霉病、草莓灰霉病、梨黑斑病、林木枯梢病、瓜类枯萎病、甜菜褐斑病、烟草赤星病、水稻纹枯病、小麦白粉病等多种植物病害具有较好防治效果。多抗霉素对人畜安全，有刺激植物生长的作用。剂型为1.5%、2%、3%、10%可湿性粉剂。使用技术如下。

(1) 防治苹果早期落叶病　在苹果青梢生长期，病害发生初期，用10%可湿性粉剂1000～2000倍液喷雾。最好与波尔多液交替使用，即喷1次多抗霉素，再喷1次波尔多液，防病效果良好。

(2) 防治水稻纹枯病　病害发生初期，用10%可湿性粉剂1000倍液喷雾。每亩喷药液75～100千克。

(3) 防治小麦白粉病　用10%可湿性粉剂1000倍液，在病害发生初期喷雾。每亩用药液50～75千克。

(4) 防治黄瓜霜霉病　用10%可湿性粉剂1000倍液，在病害发生初期喷药防治。每亩喷药液50千克，防治效果达70%，叶片浓绿、肥大，延长结瓜期。

(5) 防治其他植物病害　用10%可湿性粉剂1000倍液或1.5%可湿性粉剂150倍液、2%可湿性粉剂200倍液、3%可湿性粉剂300倍液喷雾。如果在药液中加入中性黏着剂，能提高防治效果。

431. 多抗霉素B如何使用?

10%多抗霉素B属于广谱性生物杀菌剂，特别适合苗期、花期、幼果期等作物敏感期使用。富含氨基酸，是高级植物营养液。

（1）防治苹果树斑点落叶病，在谢花后发病初期喷10%可湿性粉剂1000～1500倍液，或0.3%水剂200～300倍液，隔10天左右喷1次，共喷2～3次。防治苹果霉心病，在现蕾期、开花期和谢花70%左右时，各喷1次10%可湿性粉剂1200～1500倍液。

（2）防治草莓灰霉病，在草莓初花期、盛花期和谢花后，各喷1次10%可湿性粉剂1200～1500倍液。

（3）防治柑橘脚腐病、流胶病，在4～5月份，将病部刮除后，从健部纵刻到木质部，间隔0.2～0.3厘米，再用10%可湿性粉剂130～200倍液涂抹，15天后再涂抹1次。9～10月份若病害复发，可再涂抹。

（4）防治茶饼病，在芽梢发病率达35%时，每亩用10%可湿性粉剂50～85克，兑水50千克喷雾，7天喷1次，共喷3次左右。

（5）防治茶云纹叶枯病，在发病盛期，每亩用10%可湿性粉剂75～150克，兑水75千克喷雾，7天喷1次，共喷2～3次。

（6）防治水稻纹枯病，小麦纹枯病、白粉病，喷10%可湿性粉剂500～1000倍液，或2%可湿性粉剂100～200倍液，隔10天左右再喷1次。

（7）防治人参、西洋参、三七黑斑病，在定植前用2%可湿性粉剂100倍液浸苗8～15分钟，晾干后移栽定植；田间发病初期，喷10%可湿性粉剂500～1000倍液100～200毫克。

注意事项：该药不能与强碱性或强酸性农药等物质混用，以免降低药效。施药时需要做好防护，以免药液吸入和接触皮肤和眼睛等，施药期间不可吃东西和饮水。施药后需用肥皂和清水洗手、脸。建议与其他不同作用机制的杀菌剂轮换使用，以延缓抗性产生。远离水产养殖区施药，禁止在河塘等水体中清洗施药器具，避免污染水源。孕妇及哺乳期妇女避免接触。用过的容器应妥善处理，不可做他用，也不可随意丢弃。

432. 嘧啶核苷类抗生素能防治哪些病害?

嘧啶核苷类抗生素的产生菌为吸水链霉菌北京变种，是广谱的抗真菌的内吸性杀菌剂，具有保护和治疗作用，通过抑制病原物合成而发挥杀菌作用，对多种作物的白粉病有特效。产品为2%、4%水剂，8%可湿性粉剂，采用喷雾和灌根法使用，一般方法如下。

防治叶部病害，在发病初期，用2%水剂200倍液喷雾，隔10～15天再喷1次。若发病严重，隔7～8天喷1次，并增加喷药次数。

灌根防治枯萎病等土传病害，在田间植株发病初期，把根部土壤扒成一穴，稍晾晒后用2%水剂130～200倍液，每株灌药液500毫升，隔5天再灌1次，对重病株连灌3～4次。处理苗床土壤，播种前每亩用2%水剂100倍液300千克，喷洒于苗床。

（1）粮食作物病害　防治小麦锈病、白粉病，在病害初见时，每亩用2%水剂500毫升，兑水70千克喷雾，隔10～15天再喷1次，对重病田隔7～8天，共喷2次。

防治小麦纹枯病、玉米纹枯病也可参照小麦锈病的方法使用。

防治水稻纹枯病，每亩用2%水剂500～600毫升，兑水常规喷雾。

（2）蔬菜病害　于发病初期喷2%水剂200倍液，隔7～15天再喷1次，当病害严重，可缩短间隔天数，增加喷药次数，可防治多种蔬菜的叶部病害，如瓜类、茄果类的白粉病，十字花科、菜豆、青椒的炭疽病，大白菜黑斑病，番茄早疫病、灰霉病、叶霉病，黄瓜黑星病，石刁柏褐斑病，芹菜斑枯病等。

防治石刁柏茎枯病，发病初期喷2%水剂100倍液，7～10天喷1次，连喷3～4次。当前期幼茎病重时，用药液涂茎，可提高防效。

防治大白菜软腐病、茄科蔬菜青枯病，用2%水剂150倍液喷雾、灌根。

防治黄瓜、青椒枯萎病，茄子黄萎病等土传病害，将病株根部扒一穴，用2%水剂150～200倍液灌根，每株灌药液300毫升，5天灌1次，重病株连灌3～4次。防治西瓜枯萎病，喷8%可溶性粉剂600～800倍液。

433. 武夷菌素能防治哪些病害?

武夷菌素又称农抗Bo-10，是含有孢苷骨架的核苷类抗生素，其产生菌为不吸水链霉菌武夷变种，为中国农科院植物保护研究所于1979年从福建武夷山区的土壤中分离而得。产品为1%水剂。

（1）蔬菜病害　对多种病原真菌、细菌有明显的抑制作用。

防治黄瓜白粉病、灰霉病，发病初期喷1%水剂100～150倍液，7天喷1次，连喷3次。

防治番茄灰霉病、叶霉病、白粉病，发病初期喷1%水剂100～150

倍液，7天喷1次，连喷2～3次。

防治辣椒白粉病、茄子白粉病、韭菜灰霉病，喷1%水剂100～150倍液。

防治石刁柏茎枯病，发病初期喷1%水剂100倍液，7～10天喷1次，连喷3～4次。若前期幼茎病重，用药液涂茎，可提高防效。

（2）果树病害　防治葡萄、山楂、黑穗醋栗白粉病，从发病初期开始喷1%水剂100倍液。10～15天喷1次，共喷3次。

防治柑橘苗圃和幼树的炭疽病，喷1%水剂150～200倍液，15天喷1次，连喷2～3次。

防治柑橘流胶病，刮除病部后涂抹1%水剂150～200倍液。

防治甜橙、红橘树脂病，于7～10月份喷1%水剂200倍液，15天喷1次，连喷2～3次。

防治柑橘储藏期青霉病、绿霉病、酸腐病、黑腐病、褐腐病，用1%武夷霉素水剂25～50倍液加防落素500～750毫克/千克的混合液洗果。

对龙眼、荔枝防腐保鲜，用1%水剂20倍液洗果，在低温冷库中可储藏35天。

（3）药用植物病害　防治肉桂叶枯病、落葵紫斑病，发病初期开始喷1%水剂100倍液，10天左右喷1次，连喷2～4次。

434. 中生菌素可防治哪些病害?

中生菌素属*N*-糖苷类抗生素，产生菌为浅灰色链霉菌海南变种，产品有1%、3%水剂。

中生菌素对真菌、细菌都有效。防治苹果轮纹病，喷1%水剂250～500倍液或3%水剂750～1500倍液喷雾。

防治白菜软腐病，用1%水剂167倍液拌种。

435. 宁南霉素主要防治哪类病害?

宁南霉素是一种新型的广谱生物农药，具有杀菌、抗病毒、调节和促进生长的作用，是由中国科学院成都生物研究所发现并研制成功的具有自主知识产权的一种胞嘧啶核苷肽型新抗生素。它对多种作物病毒病有特效。宁南霉素可有效防治烟草、番茄、辣椒、瓜类、水稻、小麦、蔬菜、果树、豆类等多种作物的病毒病，并可防治白粉病、根腐病、茎腐病、立枯病、疫病、蔓枯病、炭疽病、水稻小球菌核病等真菌性病害，以及水稻白叶枯病、白菜软腐病、茄科作物青枯病等细菌性病害，还可以防治香蕉束顶病、香蕉花叶心腐病、胡椒花叶病、木瓜环斑病、人参立枯病和茎腐病等病害。

宁南霉素使用方法：宁南霉素主要用于喷雾，也可拌种。喷雾时从发病前或发病初期开始用药，每亩药液量50千克，喷药应均匀、周到，按照间隔期，可使用2～3次。防治水稻条纹叶枯病时，每亩使用2%水剂200～330克。防治烟草病毒病时，每亩使用8%水剂42～62.5克。防治番茄病毒病时，每亩使用8%水剂75～100克。防治辣椒病毒病时，每亩使用8%水剂75～104克。防治水稻黑条矮缩病时，每亩使用8%水剂45～60克。防治黄瓜白粉病时，每亩使用10%可溶性粉剂50～75克。防治苹果斑点落叶病时，用8%水剂2000～3000倍液喷雾。防治大豆根腐病时，每亩使用2%水剂60～80克拌种。

436. 枯草芽孢杆菌如何使用?

枯草芽孢杆菌的主要针对对象是一些丝状真菌引起的植物病害，如番茄叶霉病、水稻纹枯病、棉花枯萎病等，这些病大大地削减了农作物的产量。

枯草芽孢杆菌防治水稻稻瘟病的具体方法如下。

(1) 施药时期　当分蘖期田间出现急性病斑、中心病株或病叶率达到10%时，及时施药防治叶瘟；防治穗颈瘟要以预防为主，要在孕穗末期和齐穗期各施药一次。

(2) 施药方法　每亩用5～10克兑水15～30千克进行叶面喷雾。

(3) 施药时间　应选择下午5点以后，日落之前，避免在高温和阳光照射强烈时施药。另外，施用生物农药的时间要比施用化学农药提前2～3天，避免高温干旱时使用生物农药。

此外，枯草芽孢杆菌与多菌灵、三环唑、甲基托布津、百菌清等化学杀菌剂混用，增效作用更加明显。

437. 地衣芽孢杆菌可防治哪些病害?

地衣芽孢杆菌是众多微生物中比较常见的一种，它是一种良性菌。地衣芽孢杆菌是呈杆状、单生形态排列的。它可以抑制其他微生物争夺养分，从而阻止其他致病菌的繁殖，而且还可以杀死致病菌。

地衣芽孢杆菌对多种作物、蔬菜、瓜果、花卉等植物的真菌性、细菌性病害具有很好的防治作用，可用于防治烟草黑胫病、番茄灰霉病、棉花枯萎病和黄萎病、水稻稻瘟病、辣椒根腐病和叶斑病、黄瓜苗期猝倒病和霜霉病、西瓜枯萎病等。对采后水果病害如苹果轮纹病、柑橘炭疽病和青霉病具有明显的抑制作用，能明显推迟果实腐烂，降低水果的腐败率，并且抑制病斑扩展。

438. 荧光假单胞杆菌如何使用?

荧光假单胞杆菌属细菌，对某些病原菌具有拮抗作用，通过营养竞争、位点占领等保护作物免受病原菌的侵染，有效地抑制病原菌生长，达到防病、治病的目的。产品有 5 亿活芽孢/克可湿性粉剂、10 亿活芽孢/毫升水剂、15 亿活芽孢/克水分散粒剂方法如下。

防治小麦全蚀病方法如下。

（1）拌种　每 100 千克种子用 5 亿活芽孢/克可湿性粉剂或 15 亿活芽孢/克水分散粒剂 1～1.5 千克拌种。

（2）灌根　商用 5 亿活芽孢/克可湿性粉剂或 15 亿活芽/克分散粒剂 1～1.5 克，兑水 100～150 克顺垄灌根，一般需要 2 次。防治番茄青枯病，在定植后，用 10 亿活芽孢/毫升水剂 80～100 倍液灌根。

439. 放射形土壤杆菌防治植物根癌病，怎样使用?

根癌病又称冠瘿病。樱花和月季根癌主要发生在根茎处，也可发生在根部及地上部。病初期出现近圆形的小瘤状物，以后逐渐增大、变硬，表面粗糙、龟裂，颜色由浅褐色变为深褐色或黑褐色，瘤内部木质化。瘤大小不等，大的似拳头大小或更大，数目几个到十几个不等。由于根系受到破坏，故造成病株生长缓慢，重者全株死亡。该病除为害樱花、月季外，还能为害大丽花、丁香、秋海棠、天竺葵、蔷薇、梅花以及林木、果树等 300 多种植物。放射形土壤杆菌 K84 菌剂可用于生物防治，K84 菌剂在土壤中具有较强的竞争能力，优先定殖于伤口周围，并产生对根癌、根瘤病菌有专化性抑制作用的细菌素，预防根癌、根瘤病的发生和危害，与化学农药相比具有防病效果好、持效时间长和不污染环境等优点。

放射形土壤杆菌 K84 菌剂用 WY 培养基生产，菌剂含活菌量≥10^8 菌落形成单元/克，4～20℃下菌剂保质储藏期 4～6 个月，应用时拌种比例 1∶5（质量比），苗木假植或定植前蘸根比例为 1 千克处理 40～

50 株。

440. 丁香酚防治番茄灰霉病，怎样使用？

丁香酚是植物杀菌剂，产品为 0.3%可溶性液剂，是从丁香等植物中提取杀菌成分，辅以多种助剂配制而成的。能有效地防治番茄灰霉病，于发病初期开始施药，每亩用制剂 90～118 克，兑水 70 千克喷雾，7 天喷 1 次，一般喷施 3 次。

441. 丙烯酸·香芹酚是什么样的杀菌剂？

香芹酚是按照国际有机标准生产的一种纯天然植物源的高效广谱杀菌剂，广泛应用于农业有机基地和无公害绿色农业示范基地的生产需要，对各种蔬菜、粮食、经济作物、果树上易发生的真菌病、细菌病、病毒病等病害，有着显著的预防和治疗作用。

（1）特点

① 安全无药害：用药安全，无论是苗期、花期、幼果期打药均不会产生药害，特别是对芸豆角、香蕉等一些对药物敏感的作物，解决了坐花坐果期发生病害不敢随意施药的问题。

② 绿色环保、微毒无残留：5%丙烯酸·香芹酚符合微毒农药标准，急性经口 LD_{50} >5000 毫克/千克，比食用盐的毒性还低，假如棚内有蜂箱，不影响正常打药。

③ 无抗药性、持效期长：因香芹酚水剂产品作用机理独特，病菌无法适应，变异无从下手，所以从苗期就开始施用香芹酚，直至作物生长结束，都不会产生抗药性。特别是连续使用本产品，如同在植物体内注入了抗病疫苗，使药物的不同有效成分在植物体内长时间发挥着不同的作用，控制住病情后不易复发。

④ 作用方式全面：施药后，一部分药物存在于植物表面，对作物能起到保护作用和果实的防腐作用，使病原菌不易感染；另一部分药物具有内吸性作用，根据产生抑菌活性的不同机理，具有治疗作用、解毒作用、调节植物生长作用和提高植物自身产生免疫功能作用。

⑤ 预防效果突出、治疗效果显著：如果在育苗时就开始用 5%丙烯酸·香芹酚，可有效地预防真菌、细菌、病毒等引起的各种病害发生；当温度和湿度条件适宜发病时，能控制或延缓病情发生。发病后使用该产品，能有效地控制病情发展，连续用药可治愈。

(2) 防治范围及防治对象

① 黄瓜的猝倒病、立枯病、蔓枯病、霜霉病、疫病、早疫病、晚疫病、灰霉病、炭疽病、白粉病、枯萎病、叶斑病、菌核病、细菌性角斑病等。

② 番茄的叶霉病、茎基腐病、早疫病、晚疫病、灰霉病、白绢病、溃疡病、疮痂病、软腐病、青枯病等。

③ 甜辣椒的疫病、早疫病、灰霉病、叶枯病、枯萎病、炭疽病、根腐病、疮痂病、软腐病等。

④ 茄子的青枯病、黄萎病、枯萎病、炭疽病、根腐病、菌核病等。

⑤ 西瓜的枯萎病、蔓枯病、白绢病、炭疽病、绵腐病、细菌性角斑病等。

⑥ 甜瓜的炭疽病、叶枯病、黑星病等。

⑦ 西葫芦的灰霉病、绵腐病、菌核病等。

⑧ 草莓、葡萄的灰霉病、霜霉病、白粉病、褐斑病等。

⑨ 烟草的青枯病、白粉病、黑胫病等。

⑩ 人参等中药材的根腐病、猝倒病、立枯病、疫病等。

⑪ 水稻的稻瘟病、纹枯病、白叶枯病等。

⑫ 棉花的炭疽病、立枯病、红腐病、黄萎病、枯萎病等。

⑬ 花卉的灰霉病、白粉病、叶枯病、叶斑病等。

(3) 预防用药

① 苗床土壤消毒：5%丙烯酸·香芹酚水剂，稀释300倍液（50克药兑水15千克），将苗床土喷透，起到土壤杀菌作用，预防各种土传病害。

② 育苗期的预防：幼苗长出两片真叶时，用5%丙烯酸·香芹酚水剂和田之源各25克，稀释600倍液（兑水15千克），淋根一次，可预防苗期病害和病毒病的发生。同时，对幼苗起到发达根系、粗茎壮苗、定植时缓苗快、抗倒伏的作用。定植时用5%丙烯酸·香芹酚水剂，稀释300倍液（50克药兑水15千克），对苗穴淋根一次，起到土壤杀菌作用，预防各种土传病害。

③ 生长期的常规预防：用5%丙烯酸·香芹酚水剂25克，稀释600倍液（兑水15千克），每隔10～15天叶面喷雾一次，起到预防各种真菌、细菌及病毒病等病害的发生，同时能调节作物生长，补充营养，促进果实早熟、提前上市，延长生长期，增加产量等作用。

④ 灰霉病的早期预防：在蘸花时，加入5%丙烯酸·香芹酚水剂

600 倍液，可有效地预防花和幼果感染病害。

（4）治疗用药

① 治疗土传病害：用 5%丙烯酸·香芹酚水剂，稀释 300 倍液灌根。

② 治疗蔓枯病、腐烂病：用 5%丙烯酸·香芹酚水剂 100 倍液涂抹一次见效。

③ 常规治疗方法：清理干净病原后，用 5%丙烯酸·香芹酚水剂，稀释 500～600 倍液（兑水 15 千克）叶面喷雾，5～7 天一次，连续 3～4 次。病情严重时，可以 3～5 天打一次药。

④ 病毒病的治疗：初发病时，香芹酚和菇类蛋白多糖各 25 克，兑水 15 千克（稀释 600 倍液）喷雾，5 天一次，连续喷 2～3 次；发病严重时，5%丙烯酸·香芹酚、菇类蛋白多糖、CTS 双效微肥各 25 克，稀释 600 倍液（兑水 15 千克），每隔 5～7 天叶面喷雾一次，连续喷 2～3 次。

⑤ 特殊治疗方法：对不容易治的病害，可结合化学农药混配使用，治疗效果会增加数倍。

442. 儿茶素是什么样的杀菌剂？

儿茶素来源于中草药豆科植物儿茶树，属植物源杀菌剂。它含有多种成分，主要有儿茶素和表儿茶素。易溶于水，在微酸性和中性介质中稳定，在碱性介质中缓慢分解。产品 1.1%可湿性粉剂为土黄色疏松粉末，pH 5.5～6.5。对人、鱼、蜜蜂、鸟、家蚕均为低毒。

443. 小檗碱可防治哪些蔬菜病害？

小檗碱经田间药效试验结果表明，防治番茄灰霉病、叶霉病，黄瓜白粉病、霜霉病，辣椒疫霉病有较好防治效果。植物源农药“0.5%小檗碱”水剂对棉蚜、红蜘蛛、黏虫、菜青虫、小菜蛾、玉米螟、甜菜夜蛾也有较好的效果。

大面积应用验证表明，该药预防效果理想，一般使用浓度 500～600 倍液喷雾，亩施药液量 50～100 升，施药时尽可能使植株表面均匀湿润。

用药量分别为番茄灰霉病 4.5～5.65 克（有效成分）/公顷（1 公顷＝15 亩）、番茄叶霉病 14～21 克（有效成分）/公顷；黄瓜白粉病、霜霉病 12.5～18.75 克（有效成分）/公顷；辣椒疫霉病 14～21 克

（有效成分）/公顷。一般于病害发病初期开始喷雾，视病情间隔 7 天左右喷雾 1 次，连续使用 2～3 次。在试验剂量范围内对作物安全，未见药害发生。上述病情严重发生时，建议与其他杀菌剂轮换使用。

444. 氨基寡糖素可防治哪些病害？

在蔬菜生产上主要用于防治蔬菜由真菌、细菌及病毒引起的多种病害，对于保护性杀菌剂作用不及的病害，效果尤为显著，对病菌具有强烈抑制作用，对植物有诱导抗病作用，可有效防治土传病害，如枯萎病、立枯病、猝倒病、根腐病等。适用于西瓜、冬瓜、黄瓜、苦瓜、甜瓜等瓜类，辣椒、番茄等茄果类，甘蓝、芹菜、白菜等叶菜类作物。

（1）浸种　主要可防治番茄、辣椒上的青枯病、枯萎病、黑腐病等，瓜类枯萎病、白粉病、立枯病、黑斑病等，及蔬菜的病毒病，可于播种前用 0.5%氨基寡糖素水剂 400～500 倍液浸种 6 小时。

（2）灌根　防治枯萎病、青枯病、根腐病等根部病害，用 0.5%氨基寡糖素水剂 400～600 倍液灌根，每株 200～250 毫升，间隔 10 天，连用 2～3 次。

防治西瓜枯萎病，可用 0.5%氨基寡糖素水剂 400～500 倍液在 4～5 片真叶期、始瓜期或发病初期灌根，每株灌药液 100～150 毫升，隔 10 天再灌一次，连续防治 3 次。

防治茄子黄萎病，用 0.5%氨基寡糖素水剂 200～300 倍液，在苗期喷一次，重点为根部，定植后发病前或发病初期灌根，每株灌 100～150 毫升，隔 10 天灌一次，连续灌根 3 次。

（3）喷雾　防治茎叶病害，用 0.5%氨基寡糖素水剂 600～1000 倍液，发病初期均匀喷于茎叶上，间隔 7 天左右再喷，连用 2～3 次。

防治黄瓜霜霉病，用 2%氨基寡糖素水剂 500～800 倍液，在初见病斑时喷一次，间隔 7 天再喷，连续施药 3 次。

防治大白菜等软腐病，可用 2%氨基寡糖素水剂 300～400 倍液喷雾。第一次喷雾在发病前或发病初期，以后每隔 5 天一次，共喷 5 次。

防治番茄病毒病，用 2%氨基寡糖素水剂 300～400 倍液，苗期喷一次，发病初期开始，每隔一天喷一次，连续 4 次。

防治番茄、马铃薯晚疫病，每亩用 0.5%氨基寡糖素水剂 190～250 毫升或 2%氨基寡糖素水剂 50～80 毫升，兑水常规喷雾，每隔 10 天喷一次，连喷 2～3 次。

防治西瓜蔓枯病，用2%氨基寡糖素水剂500～800倍液，在发病初期开始喷药，每隔7天喷一次，共喷3次。

防治土传病害和苗床消毒，每亩用0.5%氨基寡糖素水剂8～12毫升兑水400～600倍均匀喷雾，或兑细土56千克均匀撒入土壤中，然后播种或移栽。发病严重的田块，可加倍使用。发病前用做保护剂，效果尤佳。

防治芦荟炭疽病，可用2%氨基寡糖素水剂300倍液喷雾。

445. 聚半乳糖醛酸酶是什么样的杀菌剂？

聚半乳糖醛酸酶是一种分子量为4万～5万的蛋白质，由一种曲霉产生的孢子，固态发酵生产，酶活力为820国际单位/毫升，外观为深褐色的均相液体。

本品为一种寡糖类抗病诱导剂，其功能是水解植物细胞壁的多糖，释放出具有诱导活性的寡糖素。它能激活植物防御系统，达到抗病作用。防治黄瓜霜霉病，发病前每亩用制剂90～120毫升，兑水75千克喷雾，预防病原菌侵染。

注意：①在40℃以下，本品酶的活性随温度的升高而增加，但酶的稳定性随温度升高而降低，当高于50℃时，酶的活力下降，因此，严禁高于50℃条件下储存或使用；②使用时兑水不得低于500倍，以免产生药害；③不得与含有重金属离子的农药混用。

446. 怎样用几丁聚糖防治蔬菜病害？

几丁聚糖是寡聚糖类的产品之一，现有产品为0.5%、2%水剂。

① 防治番茄晚疫病，每亩用2%水剂100～150毫升，兑水喷雾。

② 防治黄瓜白粉病，用0.5%水剂100～300倍液喷雾。

447. 蛇床子素也可当杀菌剂应用吗？

蛇床子素，商品名为天惠虫清、瓜喜。对多种鳞翅目害虫、同翅目害虫均有良好的防治效果；可防治各种蔬菜白粉病、霜霉病等病害。主要制剂有0.4%乳油、1%水乳剂。属高效低毒剂，为我国首创的新型高效环保生物农药。

产品特点：①高活性、微毒性、无残留。②高效性。蛇床子素抑制昆虫体壁和真菌细胞壁上的几丁质沉积，表现杀虫抑菌活性，还可抑制病原菌孢子产生、萌发、黏附、入侵及芽管伸长和作用于害虫的神经系统，因而当每亩仅喷雾使用1克蛇床子素纯品时，对病虫害防效可达85%～95%，与化学农药效果相当。③无残留。药后3天检测不到其在黄瓜果实中的残留，因此在环境中残留时间短，对环境无污染。

在蔬菜生产上的应用：①防治菜青虫。每亩用0.4%乳油80～120毫升兑水50～75升均匀喷雾，持效期7天左右，对作物安全。②防治蚜虫。用1%蛇床子素水乳剂400倍液喷雾防治。③防治黄瓜、南瓜、草莓白粉病。用1%蛇床子素水乳剂400～500倍液喷雾防治。

注意事项：在孵卵盛期施药。晴天傍晚和阴天施用效果好。对蚕高毒，桑园禁用。苗期与豆类作物中禁用。禁止与碱性物质和铜制剂混用。

448. 大黄素甲醚防治黄瓜白粉病，怎样使用？

大黄素甲醚是高活性植物源杀菌剂，以天然植物大黄为原料，经精心提取其活性成分，加工研制而成，对白粉病、霜霉病、灰霉病、炭疽病等有很好的防治效果。对人畜低毒，对环境友好，特别适合绿色和有机蔬菜生产。大黄素甲醚是保护性杀菌剂，诱导作物产生保卫反应，抑制病原菌孢子萌发、菌丝的生长、吸器的形成，使得作物免受病原菌的侵害，达到防病的效果。大黄素甲醚0.5%水剂均为低毒杀菌剂，对黄瓜白粉病有一定防治效果，是生产无公害黄瓜的首选药剂，建议使用浓度为400～500倍液。

449. 邻烯丙基苯酚如何使用？

① 防治草莓灰霉病和白粉病等病害，在病害始发期用药，每亩用20%邻烯丙基苯酚可湿性粉剂40～60克，兑水40千克喷雾，间隔7～9天喷1次，连续2～3次，防效显著。防治果树轮纹病、落叶病、黑星病等叶果病害，在病害始发期，用10%邻烯丙基苯酚乳油600～1000倍液喷雾防治。

② 防治果树腐烂病、轮纹病等枝干病害，在冬季用95%邻烯丙基苯酚原药40～60倍液涂抹；腐烂病还可以在春天萌芽前，或秋天采果后、落叶前，在病斑处快刀刮划，以95%邻烯丙基苯酚原药3～5倍液涂抹，一般病皮4～5天干裂，愈合较快。

③ 花生、大豆等作物对其敏感，若果园间作这类作物慎用。请严格按推荐浓度使用。邻烯丙基苯酚制剂保质期为2年。

450. 春雷霉素如何使用？

（1）防治稻瘟病　发病初期开始喷药，可用2%可湿性粉剂或水剂500倍液或4%可湿性粉剂1000倍液、6%可湿性粉剂1500倍液。每亩用药液100千克左右，7～10天后再喷1次。防治稻穗瘟，应在孕穗末期和齐穗期，按上述方法各喷药1次。如在药液中加入0.1%～0.2%洗衣粉，能显著提高防治效果。除用水剂和可湿性粉剂喷雾外，还可用0.4%粉剂每亩1.5千克进行喷粉，效果也很好。在早晚有露水时喷粉有利于药粉的附着。

（2）防治高粱炭疽病　发病初期用2%可湿性粉剂或2%水剂500倍液喷雾，隔7～10天喷1次，连喷2次。

451. 春雷·王铜可防治哪些病害？

春雷·王铜又称春·王铜，是春雷霉素与王铜复配的混剂，产品为47%、50%可湿性粉剂，进口产品的商品名加瑞农。不仅能防治一些真菌病害，如叶斑病、炭疽病、白粉病、霜霉病等；还能防治某些细菌性病害，如角斑病、软腐病、溃疡病等。

（1）果树病害　防治柑橘溃疡病，用50%可湿性粉剂500～800倍液或47%可湿性粉剂470～750倍液喷雾。间隔10～15天喷1次。高温时使用，易引起轻微褐点药害。

防治葡萄霜霉病、白粉病、灰霉病，可试用50%可湿性粉剂500～800倍液喷雾。

（2）蔬菜病害　防治番茄、茄子叶霉病，发病初期开始喷800～1000倍液60～65千克，7～10天喷1次，连喷2～3次。

防治黄瓜霜霉病，发病初期开始，亩用47%可湿性粉剂600～800倍液喷雾，7～10天喷1次。

防治苦瓜霜霉病，用50%可湿性粉剂800～1000倍液喷雾。由于苦瓜对铜较敏感，生长期使用要严格掌握用药浓度。

防治绿菜花、紫甘蓝黑腐病，喷50%可湿性粉剂800倍液。

防治生菜、菊苣由细菌引起的腐烂病，播前每10千克种子用47%可湿性粉剂30克拌种；田间发病初期喷47%可湿性粉剂800倍液，7～10天喷1次。

（3）烟草病害　防治烟草破烂叶斑病、空胫病、细菌性角斑病、青枯病，发病初期喷47%可湿性粉剂800倍液。对青枯病还可结合灌根。

（4）甜菜病害　防治甜菜蛇眼病、细菌性斑枯病、根腐病，可用47%可湿性粉剂800倍液喷洒或浇灌。

（5）药用植物病害　防治药用植物百合细菌性软腐病和叶尖干枯病、薄荷白粉病、裂叶牵牛白锈病等，可喷47%可湿性粉剂800～1000倍液。

452. 怎样用春雷·多菌灵防治辣椒炭疽病?

春雷·多菌灵是由生物农药春雷霉素和化学农药多菌灵复配而成的，弥补了单一用药的不足。具有内吸治疗和预防保护作用，渗透性强，并能在植物体内移动。喷药后见效快，耐雨水冲刷，持效期长，同时本品对人畜低毒，对鱼类毒性低。50%春雷·多菌灵可湿性粉剂是春雷霉素与多菌灵复配的混剂，用于防治辣椒炭疽病，每亩75～100克，兑水喷雾。

453. 多抗霉素可防治哪些病害?

多抗霉素对苹果早期落叶病、葡萄灰霉病、草莓灰霉病、梨黑斑病、林木枯梢病、瓜类枯萎病、甜菜褐斑病、烟草赤星病、水稻纹枯病、小麦白粉病等多种植物病害具有较好防治效果。多抗霉素对人畜安全，有刺激植物生长的作用。剂型为1.5%、2%、3%、10%可湿性粉剂。

使用技术如下。

（1）防治苹果早期落叶病　在苹果青梢生长期，病害发生初期，用10%可湿性粉剂1000～2000倍液喷雾。最好与波尔多液交替使用，即喷1次多抗霉素，再喷1次波尔多液，防病效果良好。

（2）防治水稻纹枯病　病害发生初期，用10%可湿性粉剂1000倍液喷雾。每亩喷药液75～100千克。

（3）防治小麦白粉病　用10%可湿性粉剂1000倍液，在病害发生初期喷雾。每亩用药液50～75千克。

（4）防治黄瓜霜霉病　用10%可湿性粉剂1000倍液，在病害发生初期喷药防治。每亩喷药液50千克，防治效果达70%，叶片浓绿、肥大，延长结瓜期。

（5）防治其他植物病害　用10%可湿性粉剂1000倍液或1.5%可湿性粉剂150倍液或2%可湿性粉剂200倍液或3%可湿性粉剂300倍液喷雾。用药液量视作物种类、种植密度而定，以喷匀、喷透为原则。如果在药液中加入中性黏着剂，能提高防治效果。

454. 多抗霉素 B 怎样使用?

中国的多抗霉素主要成分是多抗霉素 A（polyoxin A）和多抗霉素 B（polyoxin B）。多抗霉素由 A、B、C、D、E、F、G、H、I、J、K、L、M、N 14 种异构体组成，其中 B 组分为高效体，可防治小麦白粉病，番茄花腐病，烟草赤星病，黄瓜霜霉病，人参、西洋参和三七的黑斑病，瓜类枯萎病，水稻纹枯病，苹果斑点落叶病、火疫病，茶树茶饼病，梨黑星病、黑斑病，草莓及葡萄灰霉病。对瓜果蔬菜的立枯病、白粉病、灰霉病、炭疽病、茎枯病、枯萎病、黑斑病等多种病害防效优良，同时对防治水稻纹枯病、稻瘟病，小麦锈病、赤霉病等作物病害也有明显效果。

药肥双效：多抗霉素属多氧嘧啶核苷酸类物质，本身具有促进生长作用，同时为生物发酵产物，富含氨基酸和多种微量元素，能明显改善作物营养和促进光合作用。

10%多抗霉素 B 可湿性粉剂使用方法如下。

(1) 人参黑斑病的防治　每亩用 10%可湿性粉剂 100 克，兑水 50 千克喷在人参栽培畦面，隔 10 天喷 1 次，共 3～4 次。

(2) 草莓灰霉病的防治　每亩用 10%可湿性粉剂 100～150 克，加水 50～75 千克喷雾，每周喷 1 次，共 3～4 次。

(3) 苹果斑点落叶病的防治　每亩用 10%可湿性粉剂 1000～2000 倍液，在春梢生长初期喷药，每隔 1 周喷 1 次，与波尔多液交替使用，效果更好。

(4) 蔬菜苗期猝倒病的防治　用 10%可湿性粉剂 1000 倍液土壤消毒。

(5) 黄瓜霜霉病、白粉病的防治　用 2%可湿性粉剂 1000 倍液土壤消毒。

(6) 防治番茄晚疫病　用 2%可湿性粉剂 100 毫克/千克溶液喷雾。

(7) 防治瓜类枯萎病　用 300 毫克/千克溶液灌根。

注意事项：不能与碱性或酸性农药混用。密封保存，以防潮结后失效。虽属低毒药剂，使用时仍应按安全规则操作。

第九章

杀线虫剂、杀软体动物剂安全用药知识

455. 土壤对杀线虫剂药效影响有多大？

土壤质地、温度、湿度等因素对杀线虫剂药效影响很大，为确保良好药效和避免药害，土壤温度宜保持在12～20℃之间，土壤含水量保持在40%以上。

据报道，在田间尚未发现植物病原线虫抗药性，原因可能与杀线虫剂在土壤中施用有关。杀线虫剂在土壤中的持效期短，施用次数少，沟施或穴施时只影响作物根部周围的线虫，未施药土壤中的线虫不断迁入，这些因素的综合作用，延缓了抗药性产生的速度。已有线虫产生抗性种的记载，例如在温室连续10次施用苯线磷和涕灭威，钩针线虫（*Paratylenchus hamatus*）和起绒草茎线虫（*Ditylenchus dipsaci*）均出现抗性种群或居群。因此在实际应用杀线虫剂防治植物病原线虫的过程中，应避免连续在田间多次施用同一类型或同一种杀线虫剂，在那些经常用兼具杀线虫作用的杀虫剂地区，还要警惕产生交互抗药性的产生。

456. 杀线虫剂施药方式有几种？

杀线虫剂的施药方式有多种，在实际防治工作中，应根据药剂、作物、线虫进行选择，也要求在不同时间，采用不同的施药方式，力求防效好、费用低。

杀线虫剂施用时间如下。

① 栽种前：熏蒸杀线虫剂对植物有药害，应于栽种前处理苗床或

大田的土壤。

② 栽种时：非熏蒸杀线虫剂可以在作物栽种时处理土壤，或种苗移栽时浸（蘸）根（苗），或拌种。

③ 栽种后：作物生长期，有机磷和氨基甲酸酯杀线虫剂对植物药害轻，可在植物生长期间施药，主要是用于多年生的果树和观赏林木。

杀线虫剂的施药方式如下。

① 行施：主要用于行距较宽的作物田。

② 点（穴）施：用于穴播作物田和种植在斜坡地上的作物。

③ 种植场所施药：果树、西瓜、林木等植物定植时，在定植坑或穴内施药。

④ 全田施药：即整块田施药，主要用于撒播田或行距窄的作物田，此法用药量大。

杀线虫剂的处理部位如下。

① 处理种子：如用克百威拌种防治作物苗期线虫。

② 处理种根：在移植前用药剂浸渍根部，例如用浓度1000毫克/升除线磷浸桃树根30分钟可防治南方根结线虫。

③ 处理叶部：如用杀线威喷植物叶部防治叶斑线虫。

457. 苯线磷能防治哪些作物的线虫？

苯线磷又称克线磷、力满库，是有机磷杀线虫剂，也是一个较理想的杀线虫剂，具有触杀和内吸传导作用。水溶性好，可借助灌溉水或雨水进入作物根部土壤，被根吸收向上传导，也可经叶片吸收向基部传导。能防治多种线虫以及蓟马、粉虱等害虫，适用于花生、烟草、棉花及观赏性植物等。对作物无药害。

苯线磷可在播种、种植时及作物生长期间施用。药剂要施于根部附近土壤中，可穴施、沟施或撒施，也可以把药剂直接施入灌溉水中。

苯线磷对人畜高毒，施药时应戴胶皮手套，避免皮肤直接接触药剂。如不慎引起中毒，可用阿托品急救。施药后4～6周内，勿让畜禽进入施药区。

苯线磷在自然环境中，易受阳光、水分、作物和土壤微生物的影响，使药剂分解或转移。在田间施药后，半衰期为30天。

① 防治花生根结线虫，每亩用10%颗粒剂2～4千克，施在根部附近土壤中。可以沟施、穴施、撒施，也可施在灌溉水中，流入花生田。

防治大豆孢囊线虫和根结线虫，每亩用10%颗粒剂1.5～2千克，拌土穴施。

② 防治烟草根结线虫和孢囊线虫，每亩用10%颗粒剂2～4千克，与适量细土拌匀，移栽前穴施。

③ 防治粮食作物线虫，如防治水稻根结线虫、小麦粒瘿线虫（又称小麦粒线虫）、禾谷类孢囊线虫、甘薯茎线虫及南方根结线虫等，每亩用10%颗粒剂2～4千克，沟施或穴施。

④ 防治月季、菊花、鸡冠花、水仙、天竺葵、芍药、牡丹、郁金香等花卉线虫病，在种植时苗施10%颗粒剂2～3千克，施药后覆土。如为盆栽花卉，3号盆用颗粒剂1～2克，每增大一个规格，增加用药量1克。

苯线磷为高毒农药，国家规定不得用于蔬菜、果树、茶树、中草药材上。

458. 灭线磷可防治哪些作物的线虫？

灭线磷又称丙线磷、灭克磷、益舒宝，是有机磷杀线虫剂和杀虫剂，具有触杀作用，可防治多种线虫，对在土壤中为害根茎部位的害虫也有良好防效。在土壤中半衰期为14～28天。产品为5%、10%、20%颗粒剂。

① 防治花生根结线虫，在播前穴施或沟施，每亩用20%颗粒剂1.5～1.75千克，施药后再施一层薄土或有机肥料，再播种、覆土，避免种子接触药剂产生药害。

② 防治甘薯和马铃薯茎线虫，每亩用5%颗粒剂1～1.5千克，撒于薯秧茎基部，再覆土、浇水。

③ 防治烟草孢囊线虫，在移栽前穴施，每亩用20%颗粒剂1.5千克。

④ 防治甘蔗线虫，每亩用20%颗粒剂1.5～1.75千克，在甘蔗下种时或苗期，沟施并覆盖薄土。

⑤ 防治水稻稻瘿蚊，每亩用10%颗粒剂1～1.2千克，拌适量细土，施于稻丛根部。

⑥ 防治菊花根结线虫、郁金香茎线虫、仙客来根结线虫、草坪根腐线虫等多种线虫及地下害虫，在花圃地亩用20%颗粒剂1.5～2千克，沟施或配成毒土撒施，施后翻土盖地。盆花，20厘米内径的花盆埋颗粒剂1克。播种期施药，药剂不能与种子直接接触。

灭线磷对人、畜、鱼、鸟高毒，国家规定不得用于蔬菜、果树、茶树、中草药材上。

459. 硫线磷可防治哪些作物的线虫？

硫线磷又称克线丹、丁线磷，是当前较为理想的有机磷杀线虫剂，并对鞘翅目的许多害虫，如金针虫、马铃薯麦蛾有防治效果。具有触杀作用，对根结线虫和穿孔线虫防效很高，对孢囊线虫防效较低。适用于花生、香蕉、甘蔗、柑橘、麻类、烟草、蔬菜、马铃薯、菠萝、咖啡等作物。产品有10%和20%颗粒剂，可在播种时或作物生长期使用，可穴施、沟施或撒施。在土壤中半衰期40～60天，而在植物体内降解快，残留量极低。

① 防治花生线虫，每亩用10%颗粒剂1.5～3千克，对亚麻线虫用3～4千克，可以沟施，先施药后播种；或在种植时进行15～25厘米宽混土带施。

② 防治甘蔗线虫，每亩用10%颗粒剂3～4千克，种植时在蔗畦两侧开沟施药。

③ 防治香蕉线虫，每丛用10%颗粒剂20～30克，先把蕉丛周围3～5厘米深的表土疏松，把药撒施在距香蕉假茎30～50厘米以内的土中，再覆土。

④ 防治柑橘根结线虫，每亩用10%颗粒剂4～8千克，先将树冠下3～5厘米深的表土疏松，均匀撒药，随即覆土。

⑤ 防治茶苗根结线虫，在种植茶苗前，每亩用10%颗粒剂3～4千克，撒施；或在种植后，在根际表土3～5厘米深松土后撒施，随即覆土。

⑥ 防治烟草根结线虫和孢囊线虫，每亩用10%颗粒剂1.5～3千克，在移栽前与底肥一起穴施。

⑦ 防治棉花根结线虫和刺线虫，每亩用10%颗粒剂1.5～2.5千克，加细沙拌匀，撒于地表，耙入土中，耙深10厘米左右。

防治苎麻根腐线虫，每亩用10%颗粒剂2千克，撒于地表，耙混入土中。

⑧ 防治禾谷类（小麦、大麦、燕麦、黑麦）孢囊线虫，每亩用10%颗粒剂1.5～2千克，施于播种沟的底部。

⑨ 防治花卉的多种线虫，在移栽时每平方米穴施或环施10%颗粒剂2.5克，或盆土中埋入3～4克。

硫线磷对人畜高毒，搬运或施药时要戴手套。如误服中毒，应立即催吐，病人身上不发生青紫时可静脉注射 2～4 毫克阿托品，病人身上发紫时肌内注射阿托品，同时用解毒剂 2-PAM。

460. 噻唑磷防治根结线虫，如何使用？

噻唑磷防治根结线虫一定要谨慎，否则容易出现药害，导致植株生长缓慢、根系发育不良、叶片发黄等情况。首先噻唑磷不能直接与根系接触，可以拌土穴施；其次不要过量使用。10%噻唑磷颗粒剂对土壤中根结线虫幼虫有较好的防效。10%噻唑磷颗粒剂一般穴施，每亩地用量为 1～1.5 千克，沟施用量为 1～2 千克。不能超量使用，否则会给蔬菜造成药害。建议最好沟施或者穴施噻唑磷，不建议撒施，因为撒施需要量大，而且药量不集中，防效差。

461. 氯唑磷防治线虫，如何使用？

① 防治甘蔗线虫，每亩用 3%颗粒剂 4.5～6.5 千克，在甘蔗下种时和苗期，沟施并覆盖薄土，可兼治地下虫。

② 防治花生根结线虫，每亩用 3%颗粒剂 4～6 千克，播种时沟施或穴施。

③ 防治玉米线虫，每亩用 3%颗粒剂 1.5～2 千克，播种时穴施或沟施。

④ 防治花卉线虫，每亩用 3%颗粒剂 1.5～2 千克，在定植前十天左右，撒施沟里，覆土、压实。

氯唑磷毒性高，国家规定不得用于蔬菜、果树、茶树、中药材上。

462. 威百亩防治根结线虫，如何使用？

威百亩为熏蒸性杀线虫剂，施入土壤后通过产生异硫氰酸甲酯而发挥毒杀作用，可防治多种线虫，并兼有除草和杀菌效果。产品为 35%和 32.7%水剂。

许多作物对威百亩敏感，使用不当易产生药害，影响作物根的生长，不出苗或苗期生长不良。为此，必须在作物种植前、土壤足墒条件下，开沟深 15 厘米左右，施药于沟中，覆土踏实或覆盖塑料薄膜，经 15 天以上，再松土放气 2～3 天，再种植。防治多种作物根结线虫的用药量（35%水剂）：黄瓜根结线虫为 0.4～0.6 千克/亩；茶苗根结线虫为 8～9 千克/亩；红麻和黄麻根结线虫为 3～4 千克/亩；牡丹等花卉根结线虫为3～4千克/亩。

463. 阿维菌素也能防治线虫吗?

阿维菌素不仅是高效的杀螨、杀虫剂，也是高效的杀线虫剂，不仅对家畜体内多种寄生线虫有效，对多种植物病原线虫也有效，如对根结线虫属、根腐线虫属、穿孔线虫属、半穿刺线虫属的线虫都有很好的防治效果。在温室条件下，对南方根结线虫在土壤中亩施有效成分11～16克，即可收到良好的防治效果，这个用药量仅是常用杀线虫剂用量的1/30～1/10。使用不受季节限制，使用后很快即可种植，持效期长达2个月。

使用方法简便。防治黄瓜、棉花等根结线虫，在播种前，每平方米用1.8%乳油1～2毫升，兑水4～5千克，喷浇土面，立即耙入土内；或在定植时用1.8%乳油1000倍液浇灌定植穴。

2%阿维菌素类采用注茎法，每棵树注干60～90毫升，防治松材线虫很有效，可2年施药1次，并对天牛的成虫、幼虫也有效。

阿维菌素施入土壤后易被土壤团粒吸附而影响药效。甲氨基阿维菌素苯甲酸盐的水溶性比阿维菌素高10倍，从而大大缓解土壤吸附问题。

464. 克百威防治线虫，如何使用?

① 克百威防治烟草孢囊线虫，于移栽前穴施，每亩用3%颗粒剂1.5～2千克。

② 防治棉花根结线虫和刺线虫，播前每亩用3%颗粒剂4～5千克，混适量细沙，施入播种沟内。可兼治地下害虫和苗蚜。

③ 防治苎麻根腐线虫，每亩用3%颗粒剂5～7千克，撒施混入土层中。

④ 防治甘蔗线虫，每亩用3%颗粒剂4～5千克，在甘蔗下种时或苗期，沟施并覆薄土。可兼治地下害虫和苗期蚜虫。

⑤ 防治甘薯茎线虫，每亩用3%颗粒剂5～6千克，沟施。

⑥ 防治花生根结线虫，每亩用3%颗粒剂5～6千克；防治大豆根结线虫和孢囊线虫，亩用2～4千克。

⑦ 防治花卉线虫，每平方米施3%颗粒剂2～4克，或每盆施4～6克。

克百威为高毒农药，国家规定不得用于蔬菜、果树、茶树、中草药材上。

465. 淡紫拟青霉如何使用?

淡紫拟青霉属于内寄生性真菌，是一些植物寄生线虫的重要天敌，能够寄生于卵，也能侵染幼虫和雌虫，可明显减轻多种作物根结线虫、胞囊线虫、茎线虫等植物线虫病的危害。具有高效、广谱、长效、安全、无污染、无残留等特点，可明显刺激作物生长。

制剂为淡紫拟青霉100亿个/克活孢子制剂。

防治对象：大豆、番茄、烟草、黄瓜、西瓜、茄子、姜等作物根结线虫、胞囊线虫。

使用方法如下。

(1) 拌种　按种子量的1%进行拌种后，堆捂2～3小时，阴干即可播种。

(2) 处理苗床　将淡紫拟青霉菌剂与适量基质混匀后撒入苗床，播种覆土。1千克菌剂处理30～40米^{2}苗床。

(3) 处理育苗基质　将1千克菌剂均匀拌入2～3米^{3}基质中，然后装入育苗容器中。

(4) 穴施　施在种子或种苗根系附近，亩用量0.5～1千克。

注意事项：勿与化学杀菌剂混合施用。请注意安全使用，如不慎进入眼睛，请立即用大量清水冲洗。最佳施药时间为早上或傍晚。勿使药剂直接放置于强光下。储存于阴凉干燥处，勿使药剂受潮。

466. 螺威是什么样的杀螺剂?

螺威是从油茶科植物的种子中提取的五环三萜类物质，系植物源农药。

螺威50%母药为外观黄色粉末，不应有结块。螺威4%粉剂为外观黄色粉末，无可见外来杂质，不应有结块。

螺威50%母药和4%粉剂均为低毒杀螺剂。该药品杀螺种类广泛，以触杀、胃毒为主要作用方式，对钉螺的药效启动快、持效时间长、靶特异性高，兼杀钉螺卵和血吸虫尾蚴。本品对植物无影响，鱼类低毒，适用于各类环境的血防药物灭螺，并易于降解，无生物残留，是一种新型、高效、低毒、环保、使用安全方便的生物杀螺剂。

使用方法及剂量：防治钉螺，浸杀法，制剂用药量2.5克/米^2。防治钉螺，喷杀法，制剂用药量3克/米^2。

467. 杀螺胺有何特点？如何使用？

一种强的杀软体动物剂，主要用于防治福寿螺，是世界公认的杀灭钉螺、防治血吸虫病的首选药剂，并用于水处理，以干扰人类的血吸虫病传染媒介。本品以田间浓度对植物无害，也用于杀灭绦虫的成虫。

（1）防治水稻福寿螺　在水稻移栽后 7～15 天，田间福寿螺盛发期，亩用 70%杀螺胺可湿性粉剂 30～40 克，兑水喷雾或与土混合后撒毒土；或采用浸杀法，按每立方米水体用 70%可湿性粉剂 3 克。每 10 天左右施药一次，可连续用药 2 次。用药时请避开大风和预计 4 小时内降雨天。

（2）杀灭钉螺　春季在湖洲、河滩上按每平方米用 70%杀螺胺可湿性粉剂 1 克兑水喷雾；秋、冬季可用浸杀灭螺法，就是把杀螺胺药剂喷施或配成毒土撒施在湖洲、河滩有积水的洼地，使水中含药浓度达 0.2～0.4 毫克/升。浸杀 2～3 天，可杀死土表和土内的钉螺。当水源困难、不利于喷洒或浸杀的情况下，可采用细沙拌药撒粉灭螺。

（3）防治蛞蝓　用 70%杀螺胺可湿性粉剂150～700 倍液，直接喷施于蛞蝓体上。晴天应在早晨蛞蝓尚未潜土时喷药为好，阴天可在上午施药。

468. 四聚乙醛有何特点？如何使用？

四聚乙醛是一种选择性强的杀螺剂。例如 6%四聚乙醛，外观浅蓝色，遇水软化，有特殊香味，有很强的引诱力，当螺受引诱剂的吸引而取食或接触到药剂后，使螺体内乙酰胆碱酯酶大量释放，破坏螺体内特殊的黏液，使螺体迅速脱水，神经麻痹，并分泌黏液。由于大量体液的流失和细胞被破坏，导致螺体在短时间内中毒死亡。药剂主要成分为四聚乙醛、甲萘威、饵料。对人、畜低毒，对鱼类、陆上及水生非靶生物毒性低，对蚕低毒。

主要剂型：99%四聚乙醛原药，5%、6%、10%、15%四聚乙醛颗粒剂，6%威·醛颗粒剂，50%、80%四聚乙醛可湿性粉剂。

四聚乙醛的使用方法如下。

（1）颗粒剂　撒施于裸地表面或作物根系周围，为获得良好的防治效果，必须根据蜗牛、蛞蝓的生活习性使用。在害虫繁殖旺季，第一次用药两周后再追加施药一次，效果更佳。因春、秋雨季是蜗牛活动盛期，为施药关键时期，可在秧苗播种或移植后，每亩用 6%颗粒剂 500

克，均匀撒施，或拌细砂撒施，使福寿螺、蜗牛、蛞蝓易于接触药剂，可达保苗效果。

（2）可湿性粉剂　在水稻插秧后一天内使用本品，喷洒于稻田，水层宜在3～4厘米，保持3～7天。要均匀喷洒，使蛞蝓、蜗牛更容易接触药剂。种苗田：在播撒种子后即施药。移植田：在移植后即施药。烟草、棉花（用于保苗）：在作物移植后，立即在作物根基部喷洒一些，可以达到理想的效果。

四聚乙醛的使用注意事项：如遇低温（1.5℃以下）或高温（35℃以上），因蜗牛活动力弱，影响防治效果。施药后不要在地内践踏，若遇大雨，药粒被雨水冲入水中，也会影响药效，需补施。密闭操作，局部排风，防止粉尘释放到车间空气中。操作人员必须经过专门培训，严格遵守操作规程。建议操作人员佩戴自吸过滤式防尘口罩，戴化学安全防护眼镜，穿防毒物渗透工作服，戴乳胶手套。远离火种、热源，工作场所严禁吸烟。使用防爆型的通风系统和设备。避免与氧化剂接触。配备相应品种和数量的消防器材及泄漏应急处理设备。倒空的容器可能残留有害物。

469. 40%四聚乙醛悬浮剂如何应用?

（1）旱田蔬菜　用40%四聚乙醛悬浮剂300～500倍液均匀喷雾防治。喷施该药剂的最佳时间为有露水、多雾的早晨，雨后初晴，天黑前，蜗牛活动频繁、头部外露时。喷雾时叶片背面及植株中、下部要喷到。因蜗牛有隐蔽性和迁入性为害的特点，可酌情确定是否需追喷1次。喷施该药后，如遇大雨，药剂会被稀释，降低药效，需补充施药。

（2）水稻福寿螺　在插秧后一天内使用本品，推荐使用40%四聚乙醛悬浮剂为每亩用80～100克，喷洒于稻田，水层宜在3～4厘米，保持3～7天。

（3）玉米蜗牛　根据蜗牛晴天昼伏夜出的生活习性，建议在上午8时以前（最好在早上5～6时）或下午6时以后即蜗牛活动盛期开展防治。每亩使用40%四聚乙醛悬浮剂80～100克，兑水30～45千克，均匀喷洒于玉米根部及中下部叶片上。发生较重的地方可7～10天后再喷一次药。

（4）烟草、棉花（用于保苗）蜗牛　在作物移植后，使用本品100克兑水3桶（45千克）均匀喷洒在作物根基部，可以达到理想的保苗效果。

(5) 藕田椎实螺、福寿螺、钉螺　用 40% 四聚乙醛悬浮剂 150 克/亩（3 厘米以内浅水层或排干水使用防效更佳）；均匀喷雾，水层深时请酌情加量。

(6) 湖北钉螺　山丘干燥地区，40%四聚乙醛悬浮剂按 2.5 克/米^2 的用药量（有效成分含量 1.0 克/米^2），兑水稀释后用电动喷雾器均匀喷洒，建议使用本品 100 克兑水 40 千克均匀喷洒 40 米^2 区域；潮湿环境杀灭钉螺的最佳浓度为 7.5 克/米^2。40%四聚乙醛悬浮剂具有较好的黏附性，用药后可均匀黏附、滞留于作物及螺体，用 80～100 克，喷洒于稻田，水层宜在 3～4 厘米，保持 3～7 天。

(7) 烟草、棉花（用于保苗）蜗牛　在作物移植后，使用本品 100 克兑水 3 桶（45 千克）均匀喷洒在作物根基部，可以达到理想的保苗效果。

470. 聚醛·甲萘威防治蜗牛，如何使用？

聚醛·甲萘威是一种对蜗牛等软体害虫有效的农药，具有诱杀和触杀的作用，温度在 15～35℃用药效果较佳，傍晚用效果更好。聚醛甲萘威使用方法：制成毒饵诱杀、拌土撒施或均匀喷雾均可。每亩用制剂量 200～400 克。

(1) 毒饵诱杀　将本品按每亩 250～500 克的用量，与 2500～5000 克左右的豆饼、玉米饼或糠混匀后制成毒饵，均匀地撒施于田间。豆饼、玉米饼或糠经炒香后再混配效果更好。

(2) 拌毒土撒施　将本品按每亩 250～500 克的用量，混入20～25 千克的过筛细土或细沙。拌匀后均匀地撒施于田间。

(3) 喷雾　将本品按每亩 250～500 克的用量，兑水稀释 60～120 倍液均匀喷雾。喷雾时将作物和地面都喷洒到则效果更好。

(4) 施药最佳时间　施药最佳时间为傍晚，当以上操作发现虫情严重时均应适当提高用药量。

聚醛·甲萘威使用注意事项：该杀虫剂对水生生物、鱼类、蜜蜂均有毒，使用时应注意不要污染河流、池塘和养蜂场所。聚醛·甲萘威对瓜类敏感，因此在瓜类上应谨慎使用。可与一般杀虫剂、杀菌剂混合使用，但不能与强碱性物质混用。施药后人、畜不能在地里践踏，否则将严重影响药效。预计 1 小时内降雨请勿施药。

471. 浸螺杀是什么样的杀螺剂？如何使用？

浸螺杀是硫酸铜与硫酸烟酰苯胺复配成的混合杀螺剂。

产品为50%可溶性粉剂，其中含硫酸铜25%、硫酸烟酰苯胺25%。

该药剂主要经钉螺的消化系统和呼吸系统吸收，使其肝组织受损严重而致死。杀螺效果好，并兼杀螺卵和血吸虫尾蚴。药效稳定，持效期长，阳光曝晒不影响杀螺效果，且阳光愈强，效果愈好。气温也影响药效，20℃以上杀螺效果好，且随温度上升药效更好；20℃以下药效随温度降低而下降。

防治钉螺，施药前铲除过高的杂草，每立方米水用50%浸螺杀可溶性粉剂4克，兑水喷雾，施药后控制水位以保持水中药剂浓度。

浸螺杀对人畜低毒，对鱼的食料、水生植物及生活用水无不良影响。但对鱼和珍珠蚌有毒，使用时应严格掌握施药量，以免用药过多影响鱼的生长；在培育珍珠的养殖场和繁殖鱼苗的池塘禁止使用。

第十章 植物生长调节剂安全用药知识

472. 什么是植物激素？

植物激素是指一些在植物体内合成，并经常从产生之处运送到别处，对植物的生长发育产生显著作用的微量有机物质。

473. 什么是植物生长调节剂？

植物生长调节剂是指一些具有植物激素活性的人工合成的物质。

474. 生长素类调节剂主要有哪些作用？

生长素类调节剂具有促进插枝生根、延缓或促进器官脱落、控制雌雄性别、诱导单性结实等作用。常见的品种及作用如下。

（1）赤霉素　主要作用是促进发芽和茎叶生长，诱导花芽形成，促进单性结实和坐果。

（2）细胞分裂素　主要作用是促进细胞分裂和增大，诱导花芽分化，延缓叶片衰老。

（3）乙烯　主要作用是破除休眠芽，促进发芽及生根，抑制植株生长及矮化，引起叶子的偏上生长，促进果实成熟和器官脱落。对花的影响是：诱导苹果幼苗提早进入开花期；诱导葫芦科植物多生雌花，从而增加前期雌花数，降低雌花着花节位，提高早期产量。

（4）脱落酸　主要作用是促进植物休眠、器官脱落、气孔关闭与提高抗逆性，在多数情况下抑制植物胚芽鞘、嫩枝、根、胚轴的生长。

475. 生长抑制剂主要有哪些作用?

生长抑制剂阻止赤霉素合成，抑制植物生长。

生长抑制剂主要是抑制植物的顶端分生组织的细胞分裂及伸长，或抑制某一生理生化过程。在高浓度下这种抑制是不可逆的，不为赤霉素、生长素浓度逆转而解除；在低浓度下也没有促进生长的作用。多用于抑制萌芽、抽薹开花、催枯、脱落、诱导雄性不育等。

476. 吲哚乙酸和吲哚丁酸应如何使用?

吲哚乙酸为生长素类，可以维持植物顶端优势、促进坐果、促进植物插条生根、促进种子萌发、促进果实成熟及形成无籽果实等。在生产上多使用萘乙酸等代替吲哚乙酸或使用其复配制剂。目前主要登记的品种为50%吲乙·萘乙酸可溶性粉剂、0.136%芸薹·吲乙·赤霉酸可湿性粉剂。在蔬菜上，用0.136%芸薹·吲乙·赤霉酸可湿性粉剂，每亩用7～14克制剂喷雾，调节黄瓜生长。

吲哚丁酸为生长素类植物生长调节剂，能促进细胞分裂与细胞生长，诱导形成不定根。植物吸收后在体内不易输送，往往停留在处理部位。因此主要用于促进作物插条生根。生产上往往同萘乙酸混合使用，比单独使用生根效果更好。目前主要登记的品种为95%原药和吲丁·萘乙酸复配制剂。

477. 萘乙酸的特点和使用方法是什么?

萘乙酸具有生长素的活性，其生理作用和作用机理类似吲哚乙酸，在农业生产上常用其代替吲哚乙酸。其活性比吲哚乙酸强，不怕光和热，在植物体内也不会被吲哚乙酸氧化酶降解。药效较温和，不会产生2，4-D所引起的药害。主要促进细胞伸长，促进生根，低浓度抑制离层形成，可用于防止落花、落果和落叶；高浓度促进离层形成，可用于疏花、疏果，可诱导单性结实，形成无籽果实。诱发枝条不定根的形成，促进扦插生根，提高成活率。还可提高某些作物的抗逆性，增强抗旱、涝、寒及盐碱的能力。产品有0.1%、1%、5%水剂，1%水乳剂，2.5%微乳剂，20%粉剂，1%、20%、40%可溶性粉剂。由于制剂种类多，各产品具体使用量详见其标签，下面仅以5%水剂为例说明，如表10.1所示。

表 10.1　5%萘乙酸水剂使用方法及应用效果简表

作物	施药时期	稀释倍数	施药方法	效果
苹果	插前	20%粉剂兑滑石粉 100～200 倍	插条基部浸湿后蘸粉	促生根，提高成活率
	盛花期	1250	喷树冠	克服大小年
	采果前 20 天（北方），30 天（南方）	1700～2500	喷（重点喷内膛，隔 15 天重点喷外围）	防止采前落果
梨	盛花期	1250	喷树冠	克服大小年
	开始生理落果前 3～7 天	1300～2000	喷（重点喷果柄，隔 10～15 天再喷 1 次）	减少采前落果
桃	一般在开花后 20 天	900～1200	喷雾	疏果
	大久保盛花后 7 天	1300～2500	喷雾	疏果
	白凤桃开花期	2500	喷雾	疏果
金丝小枣	采前 4 周	2500～5000	喷雾	减少采前落果
李	插前	2500	浸插条	促生根，提高成活率
枳	插前	25	2 年生枝条快速浸蘸	促生根，提高成活率
橙	插前	50～100	未发枝的上年生的春梢（长 6～13 厘米，3～7 个芽，带 1～2 张叶片）浸 125 分钟	促生根
	夏梢停止生长期	500	喷树冠	控制秋梢萌发
	8 月中旬	50	喷树冠	控制新梢生长和抽发晚秋梢
温州蜜柑	花后 20～30 天	170～250	喷雾	疏果
蜜柑				着色
金橘	8 月下旬	150	喷雾	促果实增大

续表

作物	施药时期	稀释倍数	施药方法	效果
柠檬	早秋	50	喷雾	促果实成熟
荔枝	插前	80～100	浸雾	促生根
	春梢吐发前	130～250	喷雾	控制新梢生长，增加花枝数，增产
杧果	盛花后	1700	喷雾	提高坐果率
枇杷	花期	3000～5000	喷雾	疏花，但不疏果
菠萝	开始形成花芽时	2500～3000	每株从株心注入30～50毫升	诱导花芽加速形成与开花
	末花期	100	喷果	增产
香蕉	幼果期	500～1000	7天喷1次，共3～4次	提早15～30天收获
番石榴	吐梢前	700～1200	喷雾	促花芽分化，增加果数和果重
西瓜	开花期	1700～2500	喷花或浸花	提高坐瓜率
茶树	播前	100	浸种48小时	茶籽提早萌发
	插前	25～50	浸插条1～5分钟	促生根，提高成活率

478. 赤霉酸在水稻上如何使用？

赤霉酸（赤霉素）在水稻上的应用主要有五个方面。

（1）促进稻种发芽，培育壮秧　在稻谷浸种后、破肚露白时晾干，再用赤霉酸药液喷拌种子，粳稻用20～30毫克/千克浓度药液（相当于10%可溶片剂或粉剂3500～5000倍液或4%乳油1350～2000倍液），籼稻用10～15毫克/千克浓度药液（相当于10%可溶片剂或粉剂6670～10000倍液或4%乳油2670～4000倍液），拌匀拌湿为止。

也可以在播种前用上述浓度的赤霉酸药液浸种24小时，药液量与种子量之比为1∶0.8，其间翻动数次。

（2）解决杂交稻制种田稻穗包颈、花期不遇问题　杂交稻制种田因稻穗包颈、抽穗不整齐而使父母本花期不遇，不利于异交授粉，从而降低结实率，影响制种产量。使用赤霉酸后，能使稻株组织内正在生长的细胞拉长，促进穗下节间伸长，使包在剑叶叶鞘内的稻穗早伸出，减少母本包颈，加大开颖角度，增加柱头外露率，延长柱头寿命，增加异交能力；并能使花期集中，花时提前，午前花增加。一般能缩短亲本抽穗期 1～5 天，缩短亲本开花期 1～4 天，使亲本的开花期相对集中到始花后的第 2 天至第 6 天，从而使父母本盛花期更加吻合，提高了母本结实率，增加了制种产量。

使用方法是：在母本抽穗 5%～15%期间用药 2～3 次，每亩用总量为有效成分 5.7～8.5 克（相当于 40%可溶片剂、可溶粒剂或可溶粉剂 14.25～21.25 克或 4%乳油 142.5～212.5 克），第一次在母本抽穗 10%左右时每亩用 40%水溶性片剂 4.5 克；第二次在次日用总量的 50%，即 7～10 克；第三次在第二次用药的次日视稻抽穗情况而定，用总药量的 30%，即 4～7 克。每次每亩兑水 50 千克喷雾。

有两点需注意：一是在用过多效唑调节花期的杂交稻制种田，由于多效唑有抑制细胞伸长的作用，故必须增加赤霉酸的用量，一般是增加 25%～50%；二是在每亩药液中加磷酸二氢钾 1～1.5 千克，有利于提高千粒重。

（3）促进一季中稻抽穗、提高成穗率和千粒重　在一季中稻的始穗期至齐穗期，每亩喷 10～30 毫克/千克浓度的赤霉酸药液 50 千克（相当于 10%可溶片剂或可溶粉剂 5.1～15.3 克，兑水 50 千克），可促进抽穗，提高成穗率；延缓生育后期叶片衰老过程中叶绿素的降解速度，延长叶片功能期 7 天左右；利于根系生长，增加千粒重，增加籽粒产量 5%～10%。

（4）解决晚稻"翘穗头"问题　晚稻由于种植较晚，在低温来得早的年份，常出现大量"翘穗头"，影响产量，为解决这一问题，可在孕穗、抽穗期每亩用 10%可溶性片剂或可溶性粉剂 8.5 克，兑水 50 千克，进行穗部喷雾，能使抽穗提早 2 天，促进籽粒灌浆，减少空秕率，从而提高产量。

（5）调控再生稻产量和品质　一般是施药 2 次。第一次在头季稻收割后的当天及时施药，每亩用 10%可溶片剂或可溶粉剂 4.3 克，兑水 21.5 千克喷洒，以促进再生蘖的萌发和形成。第二次在孕穗至抽穗 20%时，每亩用 10%可溶片剂或可溶粉剂 8.5 克，兑水 43 千克，喷洒穗部，能促使抽穗整齐一致，抽穗时期相对集中，减少无效分蘖，增加产量，提高稻米中的支链淀粉和蛋白质含量。

479. 赤霉酸在果树上如何使用？

（1）苹果　为减少苹果第二年大年树的花量，应在当年苹果的花芽分化临界期前，喷洒浓度为 50～100 毫克/千克的赤霉酸药液（相当于 10%可溶性片剂或可溶性粉剂 1000～2000 倍液）。

为提高坐果率，在花期，金冠苹果喷 10%可溶片剂或可溶粉剂 4000 倍液，祝光喷 2000 倍液，青香蕉喷 5000 倍液，金帅喷 4000～5000 倍液。

（2）梨　白梨和酥梨在谢花后 40～60 天喷洒 10%可溶片剂或可溶粉剂 2000～4000 倍液，能减少翌年花芽形成，避免大小年结果。

为提高坐果率和单果重，砂梨在现蕾期喷洒 4%乳油 800 倍液；京白梨在盛花期及幼果膨大期各喷 1 次 1600 倍液，果实生长中期喷洒 800～1350 倍液；砀山酥梨在盛花期及幼果期各喷 1 次 2000 倍液；受霜冻后的莱阳茌梨，在盛花期喷 800 倍液。

用 2.7%膏剂涂梨幼果的果柄，每果用制剂 25～35 毫克，可调节果实生长、增重，改善品质。

（3）葡萄　巨峰葡萄在谢花后 7 天，用 4%乳油 130 倍液蘸果 3～5 秒钟，可明显增大果粒，降低酸度，提早 10 天着色。在盛花前 5～10 天，用 4%乳油 2000 倍液和 15 毫克/千克对氯苯氧乙酸混合液浸花序，无籽率达 90%以上，单粒重和含糖量增加，并可提前 10～15 天成熟。

玫瑰露葡萄在开花前 10～20 天和盛花后 10 天，用 4%乳油 400～800 倍液浸果穗，无籽果率达 90%。

（4）猕猴桃　用 4%乳油 400 倍液浸泡中华猕猴桃种子 4 小时后在苗床上播种，可提高出苗率。

（5）山楂　在种子沙藏前，把种子经破壳处理，再用 4%乳油 400 倍液浸泡 60 小时，稍加晾晒，于 10 月上旬进行沙藏，第二年 4 月中下旬播种，可提高发芽率。

山楂树在盛花初期，喷 4%乳油 800 倍液，能提高坐果率、单果重和着色，并可提早几天成熟。

（6）柿　柿采收后，在 4%乳油 40～80 倍液中浸泡 3～12 小时，可推迟软化 30 多天。涩柿的果实由绿变黄时用 4%乳油 800～1600 倍液喷全株，经脱涩，也可延长储藏期，不变软腐败。

（7）柑橘　柑橘种子在 4%乳油 40 倍液中浸泡 24 小时后播种，可提高发芽率。

红橘，在花期喷 4%乳油 2000～4000 倍液，可提高坐果率。在采收前 15～30 天喷 4%乳油 2000～4000 倍液，可提高耐储藏性。

锦橙，在谢花后至第二次生理落果初期，喷4%乳油200倍液或涂抹80倍液，能提高坐果率。

脐橙，在谢花后20～30天、第一次生理落果初期，用4%乳油160倍液涂果柄，15～20天后再涂1次，能提高坐果率。

早熟蜜柑，在花谢2/3时喷4%乳油1000倍液，可提高坐果率。

椪柑，在采前15～30天喷4%乳油2000～4000倍液，可提高耐储藏性。

柠檬，在秋季喷4%乳油4000～8000倍液，可延迟成熟，储藏期转色慢。

(8) 杧果　在幼果期喷4%乳油400～800倍液，可减少落果，提高坐果率。

(9) 荔枝　花期喷4%乳油2000倍液，可提高坐果率。

(10) 菠萝　用4%乳油500～1000倍液喷花，可使果实增大、增重。

(11) 香蕉　采收后用4%乳油400倍液浸果穗，可延迟成熟，减少储运中病害感染。

(12) 草莓　在长出2～3片新叶时，喷4%乳油400倍液，可提前发生匍匐茎，提高发生数，增大叶面积，生长健壮。在始花、盛花和盛果期各喷1次4%乳油400倍液，可提高果实糖、酸比例，产量和耐储性。

(13) 西瓜　在西瓜2叶1心期，用4%乳油8000倍液喷2次，可诱导雌花形成。在采瓜前用800～4000倍液喷瓜1次，可延长储藏期。

(14) 甘蔗　在收获前4个月开始用4%乳油4000倍液喷雾，每月喷1次，共2～3次，可使茎秆伸长，加速糖分积累。

480. 赤霉酸在蔬菜上如何使用?

赤霉酸可用于二十多种作物，起到调节生长、增产增收的目的。在蔬菜上具体使用方法如下。

(1) 番茄　4%赤·萘乙乳油，用1500～2500倍液茎叶喷雾，调节番茄生长、增产。

(2) 保护地黄瓜　0.136%芸薹·吲乙·赤霉酸可湿性粉剂，每亩用7～14克制剂喷雾，调节黄瓜生长。

(3) 芹菜　10%可溶性粉剂1000～1111倍液，或3%赤霉酸可溶性粉剂300～1500倍液，喷雾；4%赤霉酸乳油400～800倍液，或20%赤霉酸可溶性片剂4000～5714倍液，或85%赤霉酸结晶粉8500～42500倍液，或40%赤霉酸水溶性粒剂4000～20000倍液，或75%赤霉酸结晶粉7500～37500倍液，叶面处理1次，用于调节芹菜生长、增产。

（4）白菜　2.5%赤霉酸·复硝酚钾水剂，用500～1000倍液喷雾三次，调节白菜生长。

（5）菠菜　20%赤霉酸可溶性粉剂6667～10000倍液，或40%赤霉酸可溶性粉剂13333～20000倍液，4%赤霉酸乳油1600～4000倍液，或40%赤霉酸水溶性粒剂16000～40000倍液，或85%赤霉酸结晶粉34000～85000倍液，或75%赤霉酸结晶粉30000～75000倍液，喷雾，增加菠菜鲜重。

（6）马铃薯　4%赤霉酸乳油40000～80000倍液，或40%赤霉酸水溶性粒剂400000～800000倍液，或85%赤霉酸结晶粉850000～1700000倍液，或75%赤霉酸结晶粉750000～1500000液，浸薯块10～30分钟，用于马铃薯苗齐、增产。

使用注意事项：①赤霉酸不要与强酸强碱类物质混用。②配制好的水溶液不宜久置，应随用随配，一次用完，以免失效。③赤霉酸品种很多，在不同作物上使用时间、使用方法也不一样，因此使用时要详细阅读农药标签。

481. 在花卉上为什么不常用赤霉素？

赤霉素是一种植物生长调节剂，主要作用是使植物增高，常用于牧草、甘蔗等农作物。花卉过高容易倒伏，不利于开花，因此花卉种植一般不使用赤霉素，而是常用矮壮素，既可以控制花卉高度，又可以提高开花和结果率。

482. 赤霉酸在花卉上如何使用？

赤霉酸在花卉及园林植物上有着广泛的用途，如打破种子休眠，促进萌发；加速生长；使花梗伸长，促使某些植物提早开花；促使长日照植物在短日照下开花；以及控制花的性别等。

（1）牡丹　上年采收的种子，经沙土埋藏，翌年3～4月间，用100毫克/升药液浸种16小时，可促进萌发。用100毫克/升药液涂抹不长出叶面的花蕾，有利于开花。

（2）蔷薇　对三年以上、生长旺盛的地栽植株，喷洒 100 毫克/升药液，可促使植株生长加快，长势好。

（3）菊花　对光周期不敏感、需要冷处理的菊花，用 10 微克赤霉酸施于生长点，可以诱导抽薹开花。需要长日照才开花的菊花，用 100 毫克/升药液每 3 周喷 1 次，共喷 2 次，可促使菊花在冬季开花。夏菊在生育初期，每 10 天用 25～50 毫克/升药液喷 1 次，共喷 2 次，可提早开花。

（4）翠菊　当植株开始现蕾时，用 100 毫克/升药液喷洒中上部茎秆，可提高切花茎秆长度。

（5）荷兰菊　当第一次修剪后，侧枝开始抽生时，株高约 15 厘米，用 200 毫克/升药液喷洒，一般处理 2～3 次，可增加植株高，有利于切花。

（6）瓜叶菊　对切花的瓜叶菊，当花序基部的花蕾开始现色时，用 100 毫克/升药液涂抹总花序梗上，每 5～6 天涂 1 次，到花序高度达到要求为止。

（7）凤仙花　播前用 50 毫克/升药液浸种 8 小时，即可播种，可促进萌发。

（8）仙客来　播前用 25 毫克/升药液浸种 30 分钟，即可播种，可促进萌发。用 25 毫克/升药液喷施或滴注入含花蕾的叶腋间，可促进花梗伸长，提早开花。

（9）郁金香　用 100～150 毫克/升药液浸泡鳞茎，可使之提前在冬季温室中开花，增加花径。当筒状叶片伸长至 10～20 厘米时，用 400 毫克/升药液灌入叶片中心，每株 1 毫升，可促进花梗伸长，提早开花。

（10）五指茄　用 50～100 毫克/升药液浸种 8 小时后播种，可促进种子萌发。

（11）唐菖蒲　栽种前，用 20 毫克/升药液浸球茎 1～2 小时，可促进萌发。

（12）倒挂金钟　盆栽的植株，用 50 毫克/升药液喷洒枝叶，每周喷 1 次，共喷 3～4 次，使茎秆较长，经摘心后，可形成球形树冠，提高观赏价值。

（13）樱草　花蕾出现后，用 10～20 毫克/升药液喷施，可促进开花；还可破休眠，提高出苗率。

（14）君子兰　五年以上的盆栽植株，用 50 毫克/升药液涂抹在花葶基部，每 2～3 天涂 1 次，共涂 2～3 次，可促进紧缩在叶丛中的花葶伸长。

（15）喇叭水仙　当小花花蕾即将破膜前，用50毫克/升药液涂抹在花葶中上部，每天涂1次，共涂2～3次，可促进提前2～3天开花。

（16）一串红　当地栽一串红长出花蕾时，用40毫克/升药液喷洒茎叶，每4～6天喷1次，共喷1～2次，可有效地控制花期，促使提前开花。

（17）蒲包花　当盆栽蒲包花的花序完全长出后，用20～50毫克/升药液涂抹花梗，每4～5天涂1次，共涂2～3次，可促进开花。

（18）勿忘我　长出花葶的植株，用1000毫克/升药液喷洒叶面，可促使在高温环境下如期开花。

（19）山茶　3年生以上的盆栽山茶，当花蕾膨大后，用1000毫克/升药液涂抹花蕾基部，每2天涂1次，共涂2～3次，可促使不能如期绽放的花蕾如期开放。

（20）虾脊兰　3年生以上的盆栽植株，在花梗抽出前用50～100毫克/升药液涂抹植株生长点，可使花期提前。

（21）代代　5年生以上的盆栽植株，当果实完全长大时，用100毫克/升药液涂抹果实，可使果实延长绿色时期，提高观赏价值。

（22）白芷　用20～50毫克/升药液浸种苗30分钟再定植，可提早8～10天开花。

（23）丁香　休眠植株，用100毫克/升药液在温室喷洒3次，可提早开花。

（24）桔梗　桔梗根茎经低温处理后，用100毫克/升药液浸泡10分钟，可增加茎秆长度，有利于切花。

（25）牧草、草皮　在早春季节，用10毫克/升药液喷洒牧草或草皮，可促进其在低温下生长并发绿。

483. 赤霉酸在棉、麻上如何使用?

（1）促进棉苗生长在棉花苗期，用4%乳油2000倍液喷洒叶面，可促进弱苗生长，转变成壮棉苗。

（2）点涂棉花的花冠和幼铃，提高结铃率，减少落铃，提高衣分，增长纤维，增产。方法是：用4%乳油2000倍液，涂或点在当天的花冠或1～3天的幼铃上，在下午两三点钟处理的效果较好。

由于赤霉酸具有诱导无籽果实的性能，经点涂后的不育棉籽增加，所以不能用于留种棉田。

（3）促进麻株生长，以提高产量，改进品质，可在苗期至生长中期，用4%乳剂1000倍液连喷3次，每次每亩喷药液50千克。

484. 乙烯主要生理功能有哪些?

乙烯是一种植物内源激素，高等植物的所有部分，如叶、茎、根、花、果实、块茎、种子及幼苗在一定条件下都会产生乙烯。它是植物激素中分子最小者，其生理功能主要是促进果实、籽粒成熟，促进叶、花、果脱落，也有诱导花芽分化、打破休眠、促进发芽、抑制开花、矮化植株及促进不定根生成等作用。

485. 乙烯释放剂有哪些?

目前主要产品有乙烯利、乙烯硅、乙二肟、甲氯硝吡唑、脱叶膦、环己酰亚胺（放线菌酮），它们都是能释放出乙烯，或促进植物产生乙烯的植物生长调节剂。

486. 细胞分裂素的主要生理功能有哪些?

细胞分裂素的主要生理功能是在生长素存在的情况下，促进细胞分裂、增大；促进发芽，克服顶端优势促进侧芽萌发；促进花芽形成，并对雌花形成有促进作用；延缓蛋白质和叶绿素降解，从而延缓衰老等。

487. 苄氨基嘌呤有哪些主要功能?

苄氨基嘌呤又称6-苄基氨基嘌呤、苄基腺嘌呤，简称6-BA。产品有2%可溶性液剂、1%可溶性粉剂。苄氨基嘌呤为带嘌呤环的合成细胞分裂素类植物生长调节剂，具有较高的细胞分裂素活性，主要是促进细胞分裂、增大和伸长；抑制叶绿素降解，提高氨基酸含量，延缓叶片变黄变老；诱导组织（形成层）的分化和器官（芽和根）的分化，促进侧芽萌发，促进分枝；提高坐果率，形成无核果实；调节叶片气孔开放，延长叶片寿命，有利于保鲜等。因而其用途多而广，但目前仅登记用于白菜和柑橘的调节生长、增加产量。

488. 羟烯腺嘌呤适用于哪些作物?

羟烯腺嘌呤又称海藻素、类玉米素，为海藻组织提取物，是一种天然的植物内源激素，主要有效成分为玉米素和激动素，还含有氨基酸、维生素、矿物质及碳水化合物等。具有促进细胞分裂和分化，促进花芽分化，促进根和茎生长，延缓植物组织衰老的作用。产品为0.01%富磁水剂，适用于多种作物。

(1) 棉花　移栽前用0.01%水剂12500倍液蘸根。在盛蕾、初花、结铃期各喷药1次，每亩用0.01%水剂67～100毫升，兑水50～70千克喷洒，可增加结铃数，减少落铃，最终增产。

(2) 番茄　于幼苗移栽前，用0.01%富磁水剂400倍液浸根。移栽后两周，每亩用80～100毫升，兑水25千克，叶面喷雾，间隔两周，连喷3次，可提高产量。

(3) 玉米　在玉米6～8叶片展开时和9～11叶片展开时各施药1次，每亩次用0.01%水剂50～75毫升，兑水50千克喷雾。可促进部分雄花向雌花转化，利于花粉萌发，延长叶寿命，提高光合作用，从而使果穗、结实率、千粒重增加。

(4) 苹果　于花芽分化期，用0.01%水剂300～400倍液喷雾，可促进花芽分化，提高坐果率，改善品质。

489. 氯吡脲是什么样的植物生长调节剂？

氯吡脲（膨果百分百）是目前人工合成的活性最高的细胞分裂素，能促进细胞分裂、果实膨大；并能延缓叶片衰老，提高光合作用，加强叶绿素合成。同时打破顶端优势，促进侧芽萌发，能够诱导芽的分化，促进侧枝生成，增加枝数，增多花数，提高花粉受孕性，刺激子房膨大，防止落花落果，从而增加果实数量，提高产量。

适用作物：广泛适用于西瓜、甜瓜、葡萄、猕猴桃、荔枝、龙眼、番茄、茄子、豆角等瓜果蔬菜。

用法用量：叶面喷施800～1000倍液。

490. 硫脲也可作植物生长调节剂用吗？

硫脲在植物体上具有弱激素的作用，可延缓叶片衰老，促进在黑暗中二氧化碳的固定，在谷类作物灌浆时使用可增强光合作用，增加产量，并有促进大豆愈伤组织生长的作用；用于处理某些作物种子有打破休眠、促进萌发的作用。

(1) 小麦　在分蘖期，每亩用硫脲33克，兑水50千克，叶面喷雾，可增产15%。

(2) 玉米　在玉米拔节前后，每亩用硫脲135克，兑水50千克喷雾，可增产20%～30%。效果优于用同等量尿素。

(3) 打破休眠　甘蓝、莴苣、芥菜种子，用0.5%硫脲溶液浸种30～60分钟；桃树种子用0.25%～0.75%硫脲溶液浸种24小时，均有明显促进早发芽的效果。

491. 芸薹素内酯有何特点？可用于哪些作物上？

芸薹素内酯是一种新型绿色环保植物生长调节剂，通过适宜浓度的芸薹素内酯浸种和茎叶喷施处理，可以促进蔬菜、瓜类、水果等作物生长，可改善品质，提高产量，使色泽更艳丽、叶片更厚实；也能使茶叶的采叶时间提前；也可令瓜果含糖分更高，个体更大，产量更高，更耐储藏。植物激素对人畜都是无害的，正常使用剂量非常安全有效。天然芸薹素可广泛应用于各种经济作物，一般可增产5%～10%，高的可达30%，并能明显改善品质、增加糖分和果实重量、增加花卉艳丽程度，同时还能提高作物的抗旱、抗寒能力，缓解作物遭受病虫害、药害、肥害、冻害的症状。

492. 丙酰芸薹素内酯如何使用？

丙酰芸薹素内酯产品为0.003%和0.0016%水剂，适用作物和使用方法与芸薹素内酯基本相同。

(1) 黄瓜　移栽后生长期，用0.003%水剂3000～5000倍液，每10天左右喷1次，共喷2～3次，可使花期提前，提高坐瓜率，增加产量。

(2) 葡萄　在花蕾期、幼果期和果实膨大期，用0.003%水剂3000～5000倍液各喷1次，可促进生长，提高坐果率。

(3) 烟草　在移栽后20～35天和团棵期，用0.003%水剂2000～4000倍液各喷1次，可使叶片增大、增厚，增加烤烟产量。

(4) 水稻　在拔节期和孕穗期，用0.0016%水剂800～1600倍液各喷1次，可增加有效穗数和实粒数，但对千粒重影响不大。

493. 三十烷醇可在哪些作物上应用？

三十烷醇是天然产物，广泛存在于蜂蜡和植物蜡质中，是对人畜十分安全的植物生长调节剂，对作物具有促进生根、发芽、开花、茎叶生长、早熟、提高结实率的作用。在作物生长期使用，可提高种子发芽率、改善秧苗素质、增加有效分蘖。在作物生长中、后期使用，可增加花蕾，提高坐果率（结实率）、千粒重，从而增产。

三十烷醇产品有1.4%乳粉、0.1%微乳剂、0.1%可溶性液剂、1.4%可湿性粉剂，可用于水稻、麦类、玉米、高粱、棉花、大豆、花生、烟草、甜菜、蔬菜、果树、花卉等多种作物和观赏植物。可以浸种或茎叶喷雾。

（1）浸种　需要催芽的稻种用0.5～1毫克/千克浓度药液浸种2天后播种；旱作物种子用1毫克/千克浓度药液浸种0.5～1天后播种。可增强发芽势，提高发芽率，增产。水稻、大豆、玉米等作物一般可增产5%～10%。

（2）苗期　以茎叶为产品的作物，如叶菜类、牧草、甘蔗、烟草、苗木等，用0.5～1毫克/千克浓度药液喷洒茎叶，一般可增产10%左右。

（3）花期　喷洒在果树、茄果类蔬菜、禾谷类作物、大豆、花生、棉花等作物，于始花期和盛花期用0.5毫克/千克浓度药液各喷1次。

（4）浸插条　用1～5毫克/千克浓度药液浸插条，可促进生根，提高成活率。

（5）烟草　在团棵至生长旺盛期，用0.1%微乳剂1670～2500倍液喷雾2～3次，可增产。

（6）茶树　在鱼叶初展至1叶初展期，每亩用0.1%微乳剂25～50毫升，兑水50千克喷雾。每个茶季喷2次，间隔15天。如加0.3%尿素，可提高效果。

（7）柑橘　苗木用0.1%可溶性液剂3300倍液喷布，有促进生长作用。在初花期至壮果期喷1500～2000倍液，有增产作用。

（8）海带　分苗出库时，用1.4%乳粉或可湿性粉剂7000倍液浸苗2小时或用28000倍液浸苗12小时，夹苗放养，可促进假根生长，提高产量和核酸、蛋白质含量。

（9）紫菜　育苗后，用1.4%乳粉或可湿性粉剂7000倍液浸泡或喷洒苗帘，可促进丝状体生长，提高采苗数。每采收1次紫菜，施药1次，可增产，提高天冬氨酸和谷氨酸含量；并可增加采收次数。

（10）裙带菜　育苗疏散养殖时，用0.1%微乳剂或可溶性液剂4000倍液浸苗绳12小时，可促进生长，增产。

494. 胺鲜酯（DA-6）如何使用?

（1）直接使用　DA-6 原粉可直接做成各种液剂和粉剂，浓度据需要调配。操作方便，不需要特殊助剂、操作工艺和特殊设备。

（2）与肥料混用　DA-6 可直接与 N、P、K、Zn、B、Cu、Mn、Fe、Mo 等混合使用，非常稳定，可长期储存。

（3）与杀菌剂复配使用　DA-6 与杀菌剂复配具有明显的增效作用，可以增效 30%以上，减少用药量 10%～30%，且试验证明 DA-6 对真菌、细菌、病毒等引起的多种植物病害具有抑制和防治作用。

（4）与杀虫剂复配使用　可增加植物长势，增强植物抗虫性。且 DA-6 本身对软体虫具有驱避作用，既杀虫又增产。

（5）常作为除草剂的解毒剂　试验证明 DA-6 对大多数除草剂具有解毒功效。

495. 核苷酸是什么样的植物生长调节剂，如何使用?

核苷酸为核酸的水解混合物，其中一类是嘌呤或嘧啶-3′-磷酸，另一类是嘌呤或嘧啶-5′-磷酸。因采用不同的水解方法，其产物的组分有所不同。它可由植物的根、茎、叶吸收，主要生理作用是促进细胞分裂，提高细胞活力，加快新陈代谢，从而表现为促进根系较多、叶色较绿、加快地上部生长，但外观上表现不很明显，最终可不同程度提高产量。也具有防病作用，产品为 0.05%水剂。

（1）黄瓜　主要用于保护地黄瓜，一般是用 0.05%水剂 400～600 倍液喷洒幼苗，有调节生长和增产作用。

（2）水稻　可浸种、浸秧根及生育期喷雾。早稻浸种或浸秧根的增产效果虽不很突出，但可促进秧苗生长茁壮，根系发达，抗寒力强，对防治烂秧有一定意义。生育期喷施，以苗期增产效果较为稳定，而以幼穗分化期增产效果好。

浸种，用 0.05%水剂 20～60 倍液浸种 24～48 小时后催芽播种。

浸秧根，在 0.05%水剂 20～60 倍液中浸 10～30 分钟。

喷雾，可在移栽前 1～3 天苗期、幼穗分化期、抽穗始期或灌浆初期喷 0.05%水剂 25～50 倍液。

（3）防治病害　防治辣椒疫病，每亩用 0.05%水剂 80～120 毫升；防治棉花黄萎病，每亩用 120～150 毫升，兑水常规喷雾。

496. 复硝酚钠可在哪些作物上应用?

复硝酚钠能迅速渗入植物体内，促进细胞的原生质流动，对植物发根、生长、开花结实等都有不同程度的促进作用。可用于打破种子休眠，促进发芽；促进生长发育，提早开花；防止落花、落果，改良产品质量等方面。自播种至收获的全生育期内的任何时期皆可施药。浸种、浸根、苗床灌注、叶及花蕾喷雾均可。

(1) 粮食作物上应用　水稻、小麦在播种前用1.8%水剂3000倍液浸种12小时，清水冲洗后播种，能提早发芽，促进根系生长、壮苗。

水稻秧苗在移栽前4～5天，用3000倍液喷雾，有助于移栽后新根生长。幼穗形成期和齐穗期用3000倍液喷雾，可提高结实率，增加产量。

玉米在开花前数日及花蕾期用6000倍液各喷1次，可减秃尖，提高穗粒重，增产。

(2) 棉花上应用　在幼苗2叶期用1.8%水剂3000倍液喷雾，或8～10叶期用2000倍液喷雾，或在初花期用2000倍液喷雾，可促进生长，增加霜前花产量。

(3) 烟草上应用　在秧苗移栽前4～5天，用1.8%水剂20000倍液灌注苗床，有利于移栽根生长。移栽后用1200倍液喷雾2次，间隔7天。

(4) 甘蔗上应用　1.8%水剂8000倍液浸苗8小时后插栽，分蘖始期用2500倍液喷雾。

(5) 蔬菜上应用　多数菜籽用1.8%水剂6000倍液浸8～24小时，阴干播种。番茄、茄子、黄瓜等在生长期、花蕾期用6000倍液喷雾。

(6) 果树上应用　在葡萄、李、柿发芽后、开花前20天和坐果后，用1.8%水剂5000～6000倍液各喷1次；梨、桃在发芽后、开花前20天至开花前、结果后，各喷1次1500～2000倍液；可帮助受精，促进果实肥大，提早恢复树势。

葡萄、梨、桃、柿树苗圃，在发芽后每月喷6000倍液1次；草莓苗圃种植后喷6000倍液2～3次，定植后至收获前喷6000倍液3次，均可促进植株发根生长，帮助受精，促进果实肥大和提高果实质量。

龙眼、柠檬、番石榴、木瓜等在发新芽之后，开花前20天至开花前夕、结果后，用1.8%水剂5000～6000倍液，各喷1～2次；柑橘、荔枝按同样时期喷1500～2000倍液，可促使树势健壮，促使果实肥大。

成年果树施肥时，在树干周围开沟，每株树浇灌 1.8%水剂 6000 倍液 20～35 升。

（7）大豆上应用　开花前 4～5 天，用 1.8%水剂 6000 倍液喷叶片与花蕾，可减少落花、落荚。播前用 6000 倍液浸种 3 小时，可促进生根。

（8）花卉上应用　在开花前用 1.8%水剂 6000 倍液喷洒花蕾，可提早开花。

497. 复硝酚钾如何使用?

对碱性（pH 7）叶肥、液肥，复硝酚钾可直接搅拌加入；对偏酸性液肥（pH 5～7），应先将复硝酚钾溶于 10～20 倍的温水中再加入；对酸性较大的液肥（pH 3～5），可先用碱调到 pH 5～6 后加入，或加入液肥 0.5%的柠檬酸缓冲剂后再加入，可以防止复硝酚钾絮凝沉淀。固体肥料则不考虑酸碱性均可加入，但必须用 10～20 千克的载体混匀后再加入。复硝酚钾是一种较稳定的物质，高温不分解，烘干不失效，并可长期存放。

复硝酚钾的使用浓度：常用 1.8%的复硝酚钾水剂作叶面肥，使用时根据不同作物再稀释 2000～6000 倍喷施。实际上复硝酚钾不是叶面肥，而是一种高效能的植物生长调节剂，在直接施肥（稀释后）的溶液中或粉剂中含有3～9 毫克/千克（即 0.0003%～0.0009%）即可，根施或浇施浓度可提高 5～10 倍，因根部被土壤固定或流失量大，利用率低。一般来说在稀释 1000 倍的叶面肥（包括农药）中加 2～3 克/吨（最终使用浓度为 2～3 毫克/千克），在根部施肥的肥料中（包括冲施肥、滴施肥、有机肥、复混肥等），每吨加 50～100 克。

498. 甲哌可用于哪些作物?

产品有 250 克/升、25%水剂，10%、98%可溶性粉剂。

（1）玉米　在喇叭口期，每亩喷 25%水剂 5000 倍液 50 千克，可提高结实率。

（2）甘薯　在结薯初期，每亩喷 25%水剂 5000 倍液 40 千克，可促使块根肥大。

（3）花生　在下针期和结荚初期，每亩用 25%水剂 20～40 毫升，兑水 50 千克喷雾，可提高根系活力，增加荚果重量，改善品质。

（4）番茄　移栽前 6～7 天和初花期，各喷 25%水剂 2500 倍液 1

次，可促进早开花、多结果、早熟。

499. 多效唑的主要功能是什么？

多效唑属三唑类化合物，是广谱的植物生长延缓剂。主要是通过作物根系吸收，叶部吸收的量很少。吸收后经木质部传导到幼嫩的分生组织部位，抑制赤霉素和吲哚乙酸的生物合成，增加乙烯释放量，延缓植物细胞的分裂和伸长，使节间缩短、茎秆粗壮，使植株矮化紧凑；促进花芽形成，增加分蘖或分枝数；使叶片增厚，叶色浓绿；保花、保果，根系发达。也有一定的防病作用。

500. 多效唑能用在哪些果树上？

（1）在苹果上应用　土施，在秋季（8～9月），每平方米树冠下地面施15%可湿性粉剂3.4～6克，因土壤和苹果品种不同，用药量差异较大。叶面喷雾以谢花后10天左右为宜。一般用15%可湿性粉剂300倍液喷两次。

（2）在荔枝和龙眼上应用　在冬梢抽出前后，用300～400毫克/升药液或用10%可湿性粉剂250～500倍液或25%悬浮剂625～830倍液喷茎叶，有提高成花率、坐果率，减少落果的作用。

（3）杧果上应用　为解决因冷空气影响造成的开花多、结果少的问题，需将花期推迟40天左右，从而避开了冷空气。按以下方法应用多效唑可取得较好的效果：土施，于9月下旬，按树冠面积每平方米地面用15%可湿性粉剂5克，或每株用25%悬浮剂9～12克，兑水浇灌，因品种和树势不同，用药量可有增减；叶面喷雾，于9月下旬至10月底，用500毫克/升浓度药液喷洒，喷施次数因树势而异。在桃、樱桃、葡萄、杏、柑橘等也进行过研究和试用，由于效果不够稳定或应用技术较难掌握，未能大面积推广。

多效唑在果树上使用几年后也暴露出明显的副作用，如果实变小、变扁等，可考虑与赤霉素、疏果剂等混用或交替使用，以起到控制矮化植株、控制苗梢旺长、促进坐果又不使结果过多、保持果产的作用。

501. 多效唑在油菜、大豆、花生上如何使用？

（1）在油菜秧苗的三叶期使用最为适宜，喷药过早，因为苗体尚小，控制过头，不利于培育壮秧。每亩喷施100～200毫克/升的药液

50 千克为宜，在用药 3 天后，就能明显看出叶色转深，新生叶柄伸长受到抑制，半个月后调控作用较为明显，可使油菜秧苗矮壮、茎粗根壮、叶增柄短，能显著提高移栽成苗率。

(2) 防止大豆疯长　大豆应用多效唑，能有效调控株型，缓解营养生长和生殖生长的矛盾，防止疯长和倒伏。大豆初花期为最佳用药期，如长势旺盛的用药要早些，反之，用药稍晚些，每亩喷施 100～200 毫克/升药液 50 千克。药剂浓度过高、过低都不适宜。用药后可使大豆株高降低，株型紧凑，推迟封行 10～15 天，群体通风透光好。促进同化能力和同化产物向豆荚运输，使大豆地上部与地下部协调发展。如能适时、适量对适宜对象喷施多效唑，可收到很好的效果，一般可增产 10%～20%。

大豆播种前，用 15%可湿性粉剂 750 倍液（200 毫克/升）浸种后阴干，种子不皱缩即可播种，效果也好，还减少药剂对土壤污染。

(3) 抑制花生旺长　应用多效唑可抑制植株旺长，促进下针结荚，增加荚果重量。在盛花期，用 15%可湿性粉剂 1000～1500 倍液（春花生用 1500～6000 倍液）喷洒叶面。

多效唑在油菜、大豆、花生田使用，同样有土壤残留药害问题，应注意防范。

502. 多效唑在粮食作物上如何使用?

(1) 水稻　用于水稻主要是为培育矮壮秧和防止倒伏。

早稻，于秧苗 1 叶 1 心前，每亩用 15%可湿性粉剂 120 克，兑水 100 千克，落水后淋洒，12～24 小时后灌水，达到控苗促蘖、带蘖壮秧移栽，并有矮化防倒、增产之功效。

二季晚稻，于秧苗 1 叶 1 心期（一般是在播后 5～7 天）或 2 叶 1 心期，每亩用 15%可湿性粉剂 150 克，兑水 100 千克，落水喷淋，药后 1 天内不灌水即可收到控长促蘖的功效，解决因秧龄长、秧高、移栽后易败苗、返青慢等问题。

控制机插秧苗徒长，用 15%可湿性粉剂 1500 倍液浸种 36 小时后再催芽播种，使 35 天秧龄的秧苗高度不超过 25 厘米，使之适于机插。防止倒伏，在水稻抽穗前 30～40 天，每亩用 15%可湿性粉剂 18 克，兑水 50～60 千克喷雾，可缩短稻株基部节间长度、矮化植株、降低重心、增强抗倒伏能力。

多效唑在稻田应用最易出现残留药害，伤及后茬作物。为此，同一块田不能一年多次或连年使用；用过药的秧田，应翻耕曝晒后，方可插秧或种其他后茬作物，也不能在秧田拔秧留苗；与其他作物生长延缓剂或生根剂混用，以减少多效唑的用量。

（2）小麦　在麦苗1叶1心期，每亩用15%可湿性粉剂60～70克，兑水75千克，喷麦苗和地表，喷后可灌水1次，可培育越冬壮苗，增加冬前分蘖、增穗、增粒、增产。或在小麦返青后、拔节前，每亩用40～45克，兑水50千克喷茎叶，主要是防倒，也有增产作用。

为减轻多效唑在土壤中的残留，可使用多唑·甲哌鎓混剂代替单用多效唑。

在小麦组织培养时，将冬小麦花粉再生植株培养在含3毫克/千克多效唑和8%蔗糖的MS培养基中，有利于培育根系发达、茎秆粗壮、叶色深绿的壮苗，提高再生苗移栽成活率。

（3）玉米　用15%可湿性粉剂250倍液浸种12小时，捞出晾干、播种，有壮苗、控高、防倒之功效。

（4）甘薯　在栽插前，用15%可湿性粉剂1500倍液，浸秧苗基部2小时，有促进生根、提高成活率、壮苗的功效。插后50～70天，每亩喷1500～3000倍液50千克，可控制蔓徒长，促进薯块增大。

503. 多效唑在花卉上如何使用?

对需要控制株高、防止徒长的花卉，使用多效唑可延缓其生长。一般为土壤浇灌，也可叶面喷洒。一年生花坛植物，种子出芽1～2周后，用15%可湿性粉剂30000倍液喷雾，效果明显。春季生长的苗木，用15%可湿性粉剂7000～7500倍液喷雾。

也可应用多效唑延长某些花卉的开花期。

（1）菊花　用药浇灌，可使植株矮化。直径10厘米的花盆，每盆用15%可湿性粉剂2.5～5毫克，如效果不显著，2周后再施药1次。如植株高达15～20厘米，每盆可施7～15毫克。

在菊花蕾期用15%可湿性粉剂3000倍液喷洒，可延长观赏期。用药处理后，花茎可能略有减小，但对花色无不良影响。

（2）水仙　冬季室内培养水仙，会因温度高、光照弱，使植株徒长，茎叶细长而倒伏，可用15%可湿性粉剂3000倍液浸泡水仙球根。3000～6000倍液喷洒叶面，每周1次，共2～3次，亦可控制株高。

（3）月季　花发育早期（小绿芽期），喷施15%可湿性粉剂2000倍液，可延长开花期。

（4）一品红　扦插定植后，每盆浇灌15%可湿性粉剂7500倍液5～10毫克；摘心后2～3周的植株，每盆浇灌药液10～20毫克；或在植株长到5节时，用15%可湿性粉剂900倍液喷洒叶面，均可使植株矮化，分枝多，叶色浓绿。

（5）八仙花　两年生以上的盆栽植株，用15%可湿性粉剂5000倍液喷洒叶面，每10～15天喷1次，共喷3～5次，可防止徒长，使株形紧凑，提高观赏价值。

（6）金鸡菊　经过1～2次摘心、苗高10厘米左右的盆栽植株，用15%可湿性粉剂1500倍液喷洒叶片，每10～14天喷1次，共喷3～4次，可防止徒长，使株形紧凑、叶色浓绿，提高观赏价值。

（7）矮牵牛　用15%可湿性粉剂3000倍液喷洒基部叶片，可防止盆栽植株徒长，株形紧凑。为防止花期延后，施药时不要使花朵沾上药液。

（8）玉簪　两年生以上、生长健壮的盆栽玉簪，用15%可湿性粉剂1500～3000倍液喷洒叶片，每10天喷药1次，共喷1～2次，可使株形紧凑、叶色浓绿，减少叶片焦边现象。

（9）墨兰　三年生以上、生长健壮的栽培植株，用15%可湿性粉剂150～300倍液喷洒叶片，每7～10天喷1次，共1～2次，可使株形紧凑，提高观赏价值。

（10）黄杨　用4克/升悬浮剂30～60倍液喷雾，可调节黄杨生长、矮化效果显著。

504. 吲丁·萘乙酸的主要功能是什么？如何使用？

吲丁·萘乙酸是由萘乙酸与吲哚丁酸复配的混剂，产品有10%、20%可湿性粉剂，50%粉剂，2%、5%可溶性粉剂，主要功能是促进生根，药剂经由根、叶、发芽的种子吸收后，刺激根部内鞘部位细胞分裂生长，使侧根生长快而多，促使植株生长健壮，还刺激不定根形成，促进插条生根，提高扦插成活率，因而它是广谱性生根剂，使用方法简便灵活。

（1）水稻　干稻种用2%可溶粉剂500～750倍液或20%可湿性粉剂4000～5000倍液浸泡10～12小时再浸种催芽后播种，能提高发芽率，根多、壮苗、抗病。在秧苗生长时、寒流来之前喷50%粉剂33000～50000倍液，可防止烂秧。移栽前1～3天喷50%可溶性粉剂33000～50000倍液或用50%可溶性粉剂25000～50000倍液或2%可溶粉剂1000～2000倍液，浸10～20分钟，可使栽插后缓苗快。

(2) 玉米　播种前用10%可湿性粉剂5000～6600倍液浸种8小时或浸种2～4小时再闷种2～4小时后，播种，可提高出芽率，使苗齐、苗壮，气生根多，抗逆性强，增产。

(3) 其他作物　如小麦、花生、大豆、蔬菜、棉花等，都可以浸种或拌种方式处理。一般用10～20毫克/升浓度药液1～2小时再闷种2～4小时。拌种，一般用25～30毫升浓度药液1千克拌种子15～20千克，再闷种2～4小时。烟草，在苗期或移栽前1～2天用5～10毫升/克浓度药剂喷洒，可以促进新根的生长。

505. 硝钠·萘乙酸适用于哪些作物?

硝钠·萘乙酸是萘乙酸与复硝酚钠复配的混剂，产品为2.85%水剂，其中含萘乙酸0.9%、邻硝基酚钠0.6%、2,4-二硝基酚钠0.15%，主要用于促进作物生长、开花、结实、增产。

(1) 水稻　于小穗分化期和齐穗期各施药1次，每亩用制剂3000～4000倍液30～40千克。

(2) 小麦　于齐穗期和灌浆期各喷药1次，每亩用制剂2000～3000倍液30～40千克。

(3) 花生　于结荚期喷药2次，间隔期10天。每亩用制剂5000～6000倍液30～40千克。

(4) 大豆　于结荚期和鼓粒期各喷药1次，每亩用制剂4000～6000倍液30～40千克。

(5) 柑橘树　一般在谢花后至果实膨大期，用制剂6000～7000倍液喷树冠。

(6) 黄瓜　生长期内用制剂5000～6000倍液喷茎叶。

506. 氯胆·萘乙酸在甘薯上如何使用?

氯胆·萘乙酸是氯化胆碱与萘乙酸复配的混剂，产品有50%可溶性粉剂、18%可湿性粉剂，用于甘薯，能显著增产，使用方法有如下两种。

(1) 浸薯秧　用50%可溶粉剂1000倍液，将扎成小捆的薯秧基部1～2节在药液中浸泡6～10小时后栽插，能促进薯秧发根，使块根早膨大。

(2) 喷茎叶　薯秧栽插后30～50天，每亩用50%可溶性粉剂12～15克，兑水20～25千克喷雾，能提高单株结薯数，增加大、中薯块的比例。

本混剂还可用于马铃薯、萝卜、洋葱、人参等根、茎作物。例如，用于姜，在生长期内，每亩次用18%可湿性粉剂50～70克，兑水喷茎叶，能促使营养物质向根茎输送，增加产量。

507. 萘乙·乙烯利在荔枝上如何使用?

10%萘乙·乙烯利水剂是萘乙酸与乙烯利复配的混剂，在荔枝上主要用于控制花穗上的小叶。

此时可用10%萘乙·乙烯利水剂1000～1200倍液喷雾，杀伤嫩叶，使其脱落，保护花芽。

508. 控杀荔枝冬梢的混合植物生长调节剂如何使用?

在荔枝栽培上常遇到幼年结果树或生长健壮的中年树萌发冬梢，特别是萌发较晚的冬梢不仅耗费营养，还会减少第二年开花结果数量，过去都是用人工摘除冬梢，现在可用药剂控杀冬梢。一般是在冬梢发生前10～15天喷药控制冬梢萌发，或在冬梢出5厘米以下时喷药杀冬梢。可选用的药剂有以下三种。

① 12%丁酰肼可溶性粉剂+5%乙烯利水剂。一般用300～500倍液喷雾，1周后嫩梢即可自然脱落。

② 5.2%烯效·乙烯利水剂，又称乙·唑合剂，是由乙烯利与烯效唑复配的混剂，用制剂500～1000倍液喷洒叶面。

③ 25.5%多效·乙烯利可湿性粉剂，商品名杀梢灵，是乙烯利与多效唑复配的混剂，一般是用制剂600～800倍液喷洒叶面。

这三种药剂都是由乙烯利分别与植物生长抑制剂丁酰肼、烯效唑、多效唑复配的混剂。众所周知，乙烯利是具有促进成熟、衰老、脱落作用的植物生长调节剂，与烯效唑、多效唑等混用有加成作用，在控杀荔枝冬梢上效果较明显。但须注意，不同荔枝品种可能有差异，应先试验、示范，再大面积推广。

509. 胺鲜·乙烯利在玉米上如何使用?

胺鲜·乙烯利是乙烯利与胺鲜酯复配的混剂，产品为30%水剂，内含乙烯利27%、胺鲜酯3%。复配目的是为克服乙烯利单用易使玉米早衰，且有促使气生根增多、叶色深绿、叶片增厚的效应。一般是在玉米刚开始抽雄时施药，每亩用制剂20～25毫升，兑水调制后，用长杆喷雾器自上而下喷洒植株上部茎叶。

510. 苄氨·赤霉酸在果树上如何使用?

本混剂已在元帅系的红星、新红星、短枝红星、玫瑰红、红富士和青香蕉苹果上应用，一般是盛花期（中心花开70%以上）施药1次，或是在盛花期对花喷药1次，隔15～20天再喷幼果1次。使用浓度为3.6%乳油（或液剂）600～800倍液或3.8%乳油800～1000倍液。本混剂对猕猴桃的生长有很好的调节效果，于盛花期用3.6%乳油400～800倍液喷雾1次，主要着药部位为花朵，能显著提高果形指数、果实硬度，增加单果重、产量，并可延长货架期。

511. 赤霉·氯吡脲在葡萄上如何使用?

葡萄于谢花后10～15天用10～20毫克/升药液浸渍幼果，可提高坐果率，使果实膨大，增加单果重。

512. 芸薹·赤霉酸在果树上如何使用?

主要用于果树促进开花、坐果，一般在花期使用。例如，柑橘和龙眼树用制剂800～1600倍液，荔枝用800～1800倍液，喷洒树冠。

513. 芸·吲·赤霉酸如何使用?

（1）调节小麦生长，可在小麦拔节期，每亩用制剂7～14毫升，兑水常规喷雾。如与播前浸种相结合，效果更好。

（2）调节保护地黄瓜，可在幼苗生长期，每亩用制剂7～14毫升，兑水常规喷雾。

（3）调节苹果树生长，增加产量，在萌芽期和开花前后，每亩用制剂6～9毫升，兑水喷树冠调节茶树生长，增加茶叶产量，每亩用制剂3.5～7毫升，兑水喷雾。

514. 矮壮·甲哌鎓在棉花、番茄上如何使用?

矮壮·甲哌鎓是由甲哌鎓与矮壮素两个植物生长延缓剂复配的混剂，产品有45%、20%、18%水剂。

用于调控棉花生长，在控制旺长上表现有加成作用，但对棉花纤维品质没有明显的影响。一般在棉花初花期，每亩用有效期成分3～5.4克，相当于45%水剂8～12毫升或者20%水剂15～25毫升或者18%水剂 15～25 毫升，兑水 50 千克，自上而下均匀喷雾。本混剂还可以用于调剂番茄生长和增产，每亩用 18%水剂 20～30 毫升，兑水喷雾。

515. 胺鲜·甲哌在大豆上如何使用？

80%胺鲜·甲哌可溶性粉剂是由 7%胺鲜酯与 73%甲哌鎓复配的混剂。用于调节大豆的生长，可在结荚初期，用制剂 5～6 克，兑水喷雾，可提高大豆根系活力，矮化植株，增加荚果数量和重量。

516. 多效·甲哌在小麦等作物上如何使用？

多效·甲哌又称哌·唑合剂，是多效唑与甲哌鎓复配的混剂。

（1）拌种　每 10 千克种子，用 20%微乳剂 2～3 毫升（冬小麦）或 4～6 毫升（春小麦），兑水 500～1000 毫升，拌种后晾干播种。

（2）叶面喷雾　一般每亩用 20%微乳剂 30～40 毫升，兑水 25～30 千克喷雾或用 10%可湿性粉剂 330～500 倍液喷雾。冬小麦在春季麦苗返青至起身期施药，春小麦在 3～4 叶期施药。

（3）花生在初花期至盛花期　每亩用 20%微乳剂 20～25 毫升，兑水 30 千克喷雾，或用 10%可湿性粉剂 400～500 倍液喷雾。

（4）大豆　播前用 20%微乳剂 250 倍液拌种，或大豆出苗后第一片复叶展开期，用 1000 倍液喷雾。

（5）水稻　用 20%微乳剂 670 倍液浸种 24 小时，可培育壮苗。移栽后基本无缓苗期，分蘖多，抗逆性强，并减轻立枯病为害。

（6）甘薯　在薯蔓长 0.5～1 米、块茎膨大早期，每亩用 20%微乳剂 30 毫升，兑水 50 千克喷雾。

（7）马铃薯　地上茎 15 厘米高或开花期，每亩用 20%微乳剂 25～30 毫升，兑水 50～60 千克喷雾。

517. 烯腺·羟烯腺可调节哪些作物生长？

烯腺·羟烯腺是烯腺嘌呤与羟烯腺嘌呤复配的混剂，产品有 0.004%、0.0025%、0.0004%可溶性粉剂，0.0001%可湿性粉剂，0.0002%、0.0001%水剂。

（1）番茄　用于调节生长，增产，可用 0.0025%可溶性粉剂 600～800 倍液或 0.0004%可溶性粉剂 1600 倍液或 0.004%可溶性粉剂1000～1500 倍液或 0.0001%水剂 200～400 倍液，喷 3 次。

（2）大豆　用于调节生长，用 0.0002%水剂 800～1000 倍液或

0.0001%可湿性粉剂600倍液喷雾。

(3) 水稻、玉米　用于调节生长，可在播前用0.0001%可湿性粉剂100～150倍液浸水，或在生长期用0.0001%可湿性粉剂600倍液喷雾。

(4) 茶树　用于调节茶树生长，用0.0004%可溶性粉剂800～1200倍液喷雾。

(5) 柑橘　用于调节、增加果实产量，用0.0004%可溶性粉剂1200～1600倍液喷雾。

(6) 甘蓝　用于调节生长和增产，用0.0002%水剂800～1000倍液喷雾。

参 考 文 献

[1] 袁章虎主编．菜园农药安全使用百问百答．北京：中国农业出版社，2009.

[2] 张志恒主编．果园农药安全使用百问百答．第 2 版．北京：中国农业出版社，2014.

[3] 张浩等编著．农药使用技术百问百答．北京：中国农业出版社，2009.

[4] 潘文亮主编．生物农药使用技术百问百答．北京：中国农业出版社，2009.

[5] 罗林明，黄耀蓉，蒋凡主编．农药·种子·肥料简易识别及事故处置百问百答．北京：中国农业出版社，2011.